中国寒旱区地表关键要素监测
科学报告

主　编　　丁永建

副主编　　李新荣　李忠勤　张　宇
　　　　　赵　林　赵文智　赵学勇

气象出版社
China Meteorological Press

内容简介

本书依据近 20 个野外台站长期的监测资料,围绕中国寒旱区荒漠、草地、绿洲等生态类型及冰川、冻土和积雪等环境要素,通过系统整编、综合对比、集成分析,以结论性的科学论述为主,用图、表方式展示了半个世纪以来中国寒旱区生态与环境变化的特点及科学认识。内容涉及生物过程、地表能水循环和冰冻圈变化三大领域,涵盖植被动态、生物多样性、土壤理化性质、蒸散发、能量与水分收支、高山降水与黄土高原水热过程、强对流天气与大气环境、冰川物质平衡、冰川变化、积雪变化、季节和多年冻土变化及寒区水文过程等寒旱区地表要素的监测结果。

本书可供生态、环境、地理、地质、大气、水文、水利、农业、林业等领域科技人员、大专院校师生及相关管理和决策人员参考。

图书在版编目(CIP)数据

中国寒旱区地表关键要素监测科学报告 / 丁永建主编.
—北京:气象出版社,2015.4
ISBN 978-7-5029-6126-8

Ⅰ.①中… Ⅱ.①丁… Ⅲ.①寒冷地区-干旱区-地表-环境监测-研究报告-中国 Ⅳ.①P931.2②X83

中国版本图书馆 CIP 数据核字(2015)第 074280 号

Zhongguo Hanhanqu Dibiao Guanjian Yaosu Jiance Kexuebaogao
中国寒旱区地表关键要素监测科学报告

出版发行:气象出版社		
地　　址:北京市海淀区中关村南大街 46 号	邮政编码:100081	
总 编 室:010-68407112	发 行 部:010-68409198	
网　　址:http://www.cmp.cma.gov.cn	**E-mail**:qxcbs@cma.gov.cn	
责任编辑:蔺学东	终　审:黄润恒	
封面设计:八　度	责任技编:吴庭芳	
印　　刷:北京地大天成印务有限公司		
开　　本:787 mm×1092 mm　1/16	印　张:28.5	
字　　数:730 千字		
版　　次:2015 年 9 月第 1 版	印　次:2015 年 9 月第 1 次印刷	
定　　价:158.00 元		

《中国寒旱区地表关键要素监测科学报告》编写委员会

主　编：丁永建

副主编：李新荣　李忠勤　张　宇　赵　林　赵文智　赵学勇

主要贡献者（按姓氏拼音排序）：

车　涛　　陈　继　　陈仁升　　冯　起　　韩海东　　何晓波

何元庆　　胡泽勇　　马明国　　秦　翔　　屈建军　　王文华

谢忠奎　　余　晔　　张景光

参编人员（按姓氏拼音排序）：

常学向　　车　涛　　陈　继　　陈仁升　　陈　星　　戴礼云

丁光熙　　丁永建　　杜文涛　　冯　起　　高艳红　　高永平

韩春坛　　韩海东　　何晓波　　何玉惠　　何元庆　　何志斌

胡泽勇　　黄广辉　　吉喜斌　　贾荣亮　　金　爽　　李　芳

李慧林　　李茂善　　李　韧　　李小军　　李新荣　　李玉霖

李玉强　　李振朝　　李忠勤　　刘继亮　　刘　婧　　刘俊峰

刘立超　　刘新平　　罗亚勇　　马明国　　潘颜霞　　庞强强

乔永平　　秦　翔　　屈建军　　尚伦宇　　沈晓燕　　苏永中

孙方林　　孙维君　　孙志忠　　谭会娟　　王飞腾　　王璞玉

王少影　　王圣杰　　王文彬　　吴通华　　谢昌卫　　谢忠奎

杨　荣　　阳　勇　　姚济敏　　余　晔　　岳广阳　　张格非

张鸿发　　张克存　　张堂堂　　张　彤　　张铜会　　张伟民

张小由　　张　宇　　张志山　　赵　林　　赵素平　　赵文智

赵学勇　　周　平　　邹德富　　左小安

本书由以下项目/单位联合资助出版：

- 全球变化研究国家重大科学研究计划项目《冰冻圈变化及其影响研究》（**2013CBA01800**）

- 国家重点基础研究发展计划（"**973**"）项目《植物固沙的生态—水文过程、机理及调控》（**2013CD429900**）

- 国家科技基础性工作专项《青藏高原多年冻土本底调查》项目（**2008FY110200**）

- 中国科学院科技服务网络计划（"**STS 计划**"）《西北地区生态变化综合评估》项目（**KFJ-EW-STS-004**）

- 中国科学院寒区旱区环境与工程研究所

序 一

我国寒区和旱区面积广阔,沙漠、戈壁、沙地、草地、绿洲、湿地、冰川、冻土、积雪等构成了特殊的生态与环境系统。寒旱区地表要素的监测是深入了解这一广袤地区生态与环境变化规律、探寻生态保护与恢复对策的科学基础。

中国科学院寒区旱区环境与工程研究所是专门从事寒区旱区生态与环境的科研机构。长期以来,针对冰川、冻土、沙漠、绿洲等寒旱区地表要素开展了定位观测研究,形成了较完整的寒旱区生态与环境监测网络。在这一监测网络中,有针对寒区地表要素观测的天山冰川站、祁连山冰川站、玉龙雪山冰川站、托木尔冰川站、格尔木冻土站、北麓河冻土工程站、黑河上游冰冻圈站、唐古拉冰冻圈站、那曲高寒气候站、玛曲气候环境站;也有针对旱区地表要素的奈曼沙漠化站、沙坡头沙漠生态站、临泽荒漠绿洲站、皋兰生态农业站、阿拉善荒漠生态站、敦煌戈壁荒漠站;还有寒旱区遥感站及平凉雷电与雷暴站等。在长期的野外观测研究中,已经为生态保护、重大工程实施等起到重要科研支撑作用,有些台站已经成为国际著名观测试验站。例如,沙坡头站是中国最早建立的定位观测研究站,开创了我国流沙治理与沙漠研究的先河,1955年建站以来,在腾格里沙漠南缘构建了生态屏障,为确保包兰铁路50多年的畅通起到了重要作用,也为同类地区生态治理、恢复与保护提供了范式。同样,格尔木站的长期观测数据是青藏铁路多年冻土问题得以迎刃而解的重要科学依据。在青藏高原这样高海拔多年冻土区修建铁路,世界上绝无仅有。如果没有长期坚持不懈的冻土观测,就没有对高原多年冻土的深入了解,也就不可能提出科学合理的解决方案。野外观测不仅为社会经济提供科学支撑,也在国际科学研究领域声名远播,天山站、沙坡头站等都是世界知名野外观测站。天山站乌鲁木齐河源1号冰川是世界冰川监测中心(WGMS)遴选确定的全球重点观测冰川之一,被列为全球10条重点监测冰川,其50多年的观测研究结果为国际上深入认识大陆性冰川做出了重要贡献,观测资料被定期刊登在由国际水文协会雪冰委员会、联合国环境规划署以及教科文组织(IAHS(ICSI)－UNEP－UNSCO)主编的刊物上。这些资料被广泛地用于各种全球变化研究计划中，并为各种资料报告和数据库所收录，受到包括IPCC报告在内的广泛引用。当然，还有许多台站在科学研究和解决国民经济重大科学问题中起到了重要作用，这里就不一一列举了。通过以上典型事例，我们不难看出野外台站所发挥的极其独特、不可替代的作用。

寒旱区野外观测台站条件十分艰苦，几代人能够在高寒冰雪和干旱沙漠地区进行长期的野外科研观测，为深化对寒旱区地表科学的认识日积月累地获取数据，一点一滴地积累寒旱区地表过程的科学知识，这种奉献精神难能可贵。现在，他们将这些台站观测的数据汇集和整理，以分析报告形式出版，通过空间比较、时间序列变化分析，从中提炼出一些科学认识结果，是一项具有重要科学价值的工作。这也是长期奋战于我国寒区旱区一线科研工作者几代人辛勤工作的结晶。相信这一报告的出版，对于关注西部生态与环境变化的人们，无论是科研工作者，还是政策制定者，无论是教育工作者，还是普通民众，都会从中有所收获，或得到启迪。这是我对本报告的期待，也是报告写作者们共同的心愿。

中国科学院院士 程国栋

2015 年 1 月 1 日

序 二

  《中国寒旱区地表关键要素监测科学报告》出版之际,邀我为之作序,我欣然接受。这是因为不仅这本报告以台站观测数据为依据给出第一手观测结果,而且也是因为我本身就是一个长期从事野外科研工作的学者,对野外观测研究情有独钟。

  我国寒区旱区地域十分广阔,面积占陆地面积的 60% 以上,寒区包括所有的多年冻土区、冰川区和绝大多数稳定性季节积雪区;旱区包括干旱区和半干旱区,北方沙漠、戈壁及沙漠化地区多在此范围内。寒旱区生态和环境系统具有相对独立性,对这一地区的特殊生态系统和特殊环境要素开展长期监测,获取其动态变化系列数据,是认识寒旱区地表系统变化规律、保护生态、维持社会经济可持续发展的重要基础性工作,是广袤的寒旱区资源持续利用不可或缺的科学依据。

  在长期的野外监测研究中,从内蒙古科尔沁沙漠化土地的治理到腾格里沙漠生态恢复重建,从内陆河绿洲—荒漠平衡维系到黑河流域水资源调控持续利用,从黄土高原生态农业发展到高寒地区生态演变规律,寒旱区生态监测为我国生态保护与恢复重建起到了重要的作用。冰冻圈变化机理及其影响的研究,不仅为全球变化研究提供了重要的科学数据,也为重大工程建设、生态保护及水资源合理利用起到了不可替代的基础支撑作用。这份报告依据对沙漠与沙漠化、绿洲与荒漠、山地冰川、多年冻土等寒旱区特殊地表要素的长期监测数据,以图、表为成果主要表达方式,围绕数据图表,阐释寒旱区生态与环境要素的变化特征,通过空间对比和时间序列分析归纳科学结论,从而获得对寒旱区地表过程一些基本规律的科学认识。相信它的出版必将为西部生态与环境保护提供重要科学依据,为进一步深化对寒区旱区地表过程的科学认识提供科学参考。

  本报告主要由 20 个野外台站的观测数据总结而成,涉及生态、沙漠、农业、水文、冰川、冻土、积雪等生态和环境要素,基本上形成了覆盖我国整个寒旱区的监测网络,构成了一个较为完整的寒旱区生态和环境监测系统(CAREEMS),监测最长的已经有 60 年资料。以台站监测数据为依据,从中总结和凝练出具有一定规律性或结论性或阶段性的科学结果,为认识我国寒旱区生态与环境变化提供参考依据,为科学利用和保护寒旱区资源、生态和环境提供实际观测数据支持,这是编写本报告的主要特色。

参加本报告撰写的是各野外台站的站长及科研骨干,他们长期工作在野外科研一线,在高寒、干旱极端环境下从事科研观测与试验研究,他们不仅是第一手资料的直接获取者,也是这些观测成果的辛勤耕耘者。因此,他们对我国寒旱区生态与环境的点滴变化及科学适应途径最有发言权,由他们直接参与、集体完成该报告,科学权威性不言而喻。我为他们能够完成这一报告由衷地感到高兴,作为一名长期从事野外科学研究的学者,也为此感到欣慰和骄傲,更对他们的艰苦付出和辛勤工作表示崇高敬意。

中国科学院院士 秦大河

2014 年 12 月 29 日

前　言

　　全球变化影响的广泛和深入已成为人类可持续发展所面临的最重要的环境科学问题,而解决问题的能力则完全依赖于对全球生态与环境系统变化的认识程度,其认识的基础就是对生态和环境变化的观测、试验和宏观监测。

　　中国地域广阔,生态类型多样,地表过程复杂。以寒区和旱区为代表的生态和环境要素的监测结果对认识我国生态与环境的变化机理、影响机制和适应对策具有十分重要的作用。中国科学院寒区旱区环境与工程研究所(中科院寒旱所)是主要从事寒区旱区生态与环境研究的专门机构,有近20个野外观测研究站(国家站、院级站、所级站和项目站)。这些站分布于东起科尔沁沙地的奈曼、西抵我国天山西段国界的阿克苏河上游、北自中蒙边界的阿拉善荒漠、南到珠穆朗玛峰下的绒布冰川,分布在我国国土陆地面积三分之二以上的广阔区域内。监测内容涉及寒旱区荒漠、草地、绿洲等生态类型及冰川、冻土和积雪等环境要素。这一工作是认识我国生态与环境变化最基础性的第一手数据来源。将这些台站的监测资料进行对比分析、将分析结果进行综合集成,无疑将会对系统认识这一区域内生态与环境变化提供重要科学依据。有鉴于此,在寒旱所支持下,于2010年启动了"寒旱区野外台站联网协同观测研究计划",在此期间,由寒旱所主持的一些国家重大项目也先后启动,由于对台站数据的共同需求及本着提高资源共享的目的,在多项目共同合作下完成了本报告。

　　参加本计划的国家级台站有沙坡头站(生态)、奈曼站(生态)、临泽站(生态)、天山站(冰川)、格尔木站(冻土),院级站有平凉站(大气)、张掖站(遥感),所级站有皋兰站(生态)、阿拉善站(生态)、祁连山站(冰川)、玉龙站(冰川)、北麓河站(冻土工程)、黑河上游站(冰冻圈)、敦煌站(荒漠)、玛曲站(陆面)、那曲站(大气),项目站有托木尔站(冰川)、唐古拉站(冰冻圈)、珠峰站(冰川)。其中生态类站有5个,环境类(包括大气)站15个。本报告就是依托这些站点的实测资料,在整理、综合、集成分析基础上完成的。报告的主导思想是以数据为依据,以图、表为展示手段,围绕图、表阐释科学结果,在此基础上尽可能地提炼出具有一定认识水平的总结性结论。

　　本报告由丁永建研究员总负责。分为三个课题进行,即寒旱区生态过程、寒旱区能水循环、冰冻圈变化,分别由李新荣站长(沙坡头站)和赵学勇站长(奈曼站)、赵文智站长(临泽站)和张宇站长(玛曲站)、李忠勤站长(天山站)和赵林站长(格尔木站)负责,其他各站参与。

　　本报告共18章。第1章由丁永建完成;第2~8章由李新荣、赵学勇、赵文智、刘立超、潘颜霞、冯起、谢忠奎、屈建军、李玉霖、刘继亮、何玉惠、张小由、赵林、秦翔、何晓波、张宇、张格非、罗亚勇、何志斌、苏永中、贾荣亮、谭会娟、张铜会、岳广阳、左小安、李玉强、刘新平、丁永建等完成；第9章由赵文智、赵学勇、李新荣、赵林、刘继亮、张志山、杨荣、李芳等完成；第10章由张宇、赵文智、马明国、赵林、余晔、胡泽勇、李新荣、秦翔、刘继亮、杜文涛、王少影、陈星、何玉惠、高艳红、吉喜斌、尚伦宇、李振朝、姚济敏、乔永平、李韧、孙维君、高永平、黄广辉、张伟民、张克存、孙方林、张堂堂、沈晓燕、金爽等完成；第11章由陈仁升、余晔、谢忠奎、胡泽勇、何晓波、刘俊峰、何玉惠、李振朝、陈星、李茂善、韩春坛、阳勇、丁永建等完成；第12章由余晔、秦翔、杜文涛、张鸿发、张彤、赵素平、丁永建等完成；第13～14章由李忠勤、王文彬、王飞腾、秦翔、何元庆、陈仁升、韩海东、何晓波、王圣杰、李慧林、王璞玉、周平、金爽、刘俊峰、刘婧、丁永建等完成；第15章由车涛、戴礼云、丁永建完成；第16～17章由赵林、吴通华、李韧、陈继、孙志忠、乔永平、庞强强、邹德富、丁光熙、李小军、常学向、李玉霖、尚伦宇、谢昌卫、丁永建等完成；第18章由陈仁升、李忠勤、韩海东、何晓波、秦翔、王文彬、李慧林、刘俊峰、韩春坛、阳勇、杜文涛、丁永建等完成。附录由张宇负责完成。由丁永建负责全报告的章节编排、修改、编审和统稿。寒旱所科研处刘光琇、张景光全程参与了本报告的组织管理工作，张景光负责协调、会议及研讨的组织管理。冰冻圈科学国家重点实验室的王文华副主任参与了会议组织、出版联系等工作。

本报告得到"全球变化研究国家重大科学研究计划项目《冰冻圈变化及其影响研究》"，"国家重点基础研究发展计划（'973'）项目《植物固沙的生态一水文过程、机理及调控》"，"国家科技基础性工作专项《青藏高原多年冻土本底调查》"及"中国科学院科技服务网络计划（STS计划）《西北地区生态变化综合评估》"等项目的支持。这些项目的研究，部分依赖于野外台站的观测、试验及长期积累，也涉及寒旱区广泛领域，将其相关结果及一些科学认识纳入一体，不仅有利于从寒旱区整体认识问题，也有助于推动寒区和旱区研究向有机融合、交叉集成方向迈进，同时也为对寒旱区不同学科领域感兴趣的学者提供广视角、宽领域的科学参考。

本报告得到程国栋院士和秦大河院士的大力支持，并写序鼓励，在此表示衷心感谢！

本报告是在中国科学院寒区旱区环境与工程研究所的大力支持下完成的。研究所除给予专门经费支持外，原领导班子王涛所长、吕世华书记、马巍副所长和张小军副所长以不同形式多次给予鼓励和支持，现任所领导班子亦给予了持续支持，这也是本报告能够得以完成的主要保障。在此对他们的支持表示由衷的感谢！

在本报告即将出版之际，我们也深切地感谢中国科学院原资源环境科学与技术局傅伯杰局长、冯仁国副局长，以及黄铁青、庄绪亮、杨萍、周桔、翟金良、赵涛、牛栋等领导长期以来对野外台站工作的支持，他们考察了本报告涉及的许多野外台站，对野外观测研究感同身受、热爱有加。借此机会，对他们以及中国科学院领导和同仁长期的的支持、理解和帮助深表感谢！

编　者

2015 年 4 月 16 日于兰州

目　录

中　篇　能水过程

下 篇 冰冻圈过程

第1章　引　言

1.1　中国寒旱区

　　中国地域广阔,地理环境复杂,自然生态类型与环境要素多样。其中占国土陆地面积60％以上的寒区和旱区(图1.1),生态脆弱、自然环境要素特殊,沙漠、戈壁、冰川、冻土广泛分布,导致这一地区干旱与沙漠化过程、冰川融水与绿洲过程、冻土变化与生态过程紧密相关。在这一脆弱的生态与环境系统中,人类活动的影响对沙漠化的演进、绿洲的扩张、生态的变化起着十分重要的作用。在气候变化加剧和人类活动影响不断扩大的背景下,寒旱区生态与环境的变化、影响及适应已经成为这一地区可持续发展的重大科学问题。

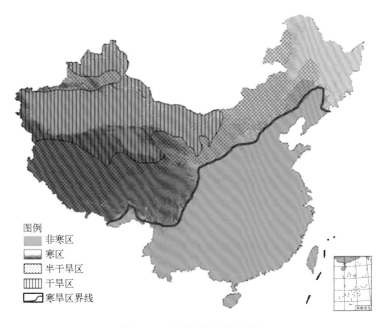

图例
- 非寒区
- 寒区
- 半干旱区
- 干旱区
- 寒旱区界线

图1.1　中国寒旱区分布图

Fig. 1.1　Distributive map of cold and arid regions in China

　　中国寒区包括所有的多年冻土区、冰川区和绝大多数稳定性季节积雪区,寒区气候系统和植被覆盖具有相对独立性。寒区划分采用最冷月平均气温＜－3.0℃、平均气温＞10℃的月份不超过5个和年平均气温≤5℃等3项指标,由此获得的中国寒区面积为417.4万km²,占我国陆地面积的43.5％。旱区一般指蒸发量超过降水量,因而"缺水"的地区,包括干旱区和半干旱区。干旱区一般是指年降水量在 200 mm 以下的地区,半干旱区是指年降水量在 200～450 mm 的地区。北方沙漠、戈壁及沙漠化地区多在此范围内。根据降水量划分的我国旱区总面积为 454 万 km^2,占我国陆地面积的 47.3%,其中干旱区面积为 224 万 km^2,占我国陆地面积的 23.3%,半干旱区面积为 230 万 km^2,占我国陆地面积的 24.0%。寒区与旱区面积有重叠,也有独立的部分,以寒旱区南界为界,我国寒旱区面积 593.5 万 km^2,占我国陆地面积的 61.8%。包括新疆、甘肃、内蒙古、黑龙江、宁夏、青海和西藏的全部及云南、四川、陕西、山西、河北、辽宁和吉林部分地区。

在寒旱区内,广泛分布着沙漠、戈壁、冰川、冻土等特殊环境要素。其中沙漠面积 $71×10^4 km^2$,戈壁面积 $66×10^4 km^2$,冰川面积约 $6×10^4 km^2$,多年冻土面积 $150×10^4 km^2$。在寒旱区大约 55% 以上的地区由沙漠、戈壁、冰川、冻土等所覆盖(表 1.1)。

表 1.1 中国寒旱区特殊环境要素

Table 1.1 Special environmental elements of cold and arid regions in China

环境要素	面积($×10^4 km^2$)	占寒旱区面积(%)	占全国陆地面积(%)
沙漠	71	12.0	7.4
戈壁	66	11.1	6.9
沙漠化土地	38	6.4	4.0
冰川	6	1.0	0.6
多年冻土	150	25.3	15.6
合计	331	55.8	34.5

1.2 寒旱区地表过程关键要素的监测

中国科学院寒区旱区环境与工程研究所是专门从事寒旱区生态与环境研究的国家级科研机构。为掌握我国寒旱区生态与环境变化的第一手资料,在科研实践中已先后建立了不同级别的野外观测试验研究站,开展生态与环境的长期监测研究。这些野外监测台站有国家级站、院级站、所级站及项目站近 20 个,涉及生态、沙漠、农业、水文、冰川、冻土、积雪等生态和环境要素,基本上形成了覆盖我国整个寒旱区的监测网络,构成了一个较为完整的"中国寒旱区生态和环境监测系统(CAREEMS)"(图 1.2)。

国家级站(5 个):沙坡头站(生态)、奈曼站(生态)、临泽站(生态)、天山站(冰川)和格尔木站(冻土);院级站(2 个):平凉站(雷电与陆面)和阿柔站(遥感);所级站(9 个):皋兰站(农业生态)、阿拉善站(生态)、敦煌站(荒漠)、玛曲站(陆面)、那曲站(大气边界层与气候变化)、玉龙站(冰川)、祁连山站(冰川)、黑河上游站(冰冻圈)、北麓河站(冻土工程);项目站:托木尔峰站(冰川)、唐古拉站(冰冻圈)等。多年冻土监测点分布于以青藏高原为主体的多年冻土区及高山和东北地区,同时还有许多沙尘和冰川监测点。

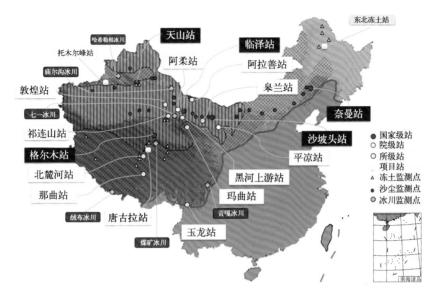

图 1.2　寒旱区监测站点分布图

Fig. 1. 2　Observed stations and sites of environmental elements of cold and arid regions in China

CAREEMS 各台站监测内容各有侧重，针对寒旱区生态与环境特殊生境，突出所在地的关键地表要素，形成了各具特色的台站监测体系（表 1.2）。

表 1. 2　寒旱区监测台站主要信息表

Table 1. 2　Main information on the stations in the cold and arid regions of China

序号	站名	经/纬度	海拔高度(m)	建站时间(年)	主要观测内容
1	中国科学院沙坡头沙漠研究试验国家站	104°57′E，37°27′N	1300	1956	气象数据、碳通量监测、水分数据、大型蒸渗、土壤数据、生物数据
2	中国科学院奈曼沙漠化研究试验国家站	120°42′E，42°55′N	358	1985	气象、土壤、水分、生物、沙漠化
3	中国科学院临泽沙漠生态研究试验国家站	100°07′E，39°20′N	1384	1999	气象、土壤、水分、生物、沙漠化、通量
4	中国科学院天山冰川观测试验国家站	86°49′E，43°07′N	2130	1958	冰川物质平衡、冰川动力特性、冰川变化、冰川水文、微气象
5	中国科学院青藏高原冰冻圈国家观测研究站	94°54′E，36°23′N	2700	1987	活动层温度、水分、多年冻土温度、通量、微气象
6	中国科学院平凉雷电与雹暴试验站	106°41′E，35°34′N	1630	1972	边界层微气象、地表辐射收支、土壤温湿廓线、近地层热量和物质交换、对流云及雷电活动
7	中国科学院寒旱区遥感监测试验站	100°29′E，38°50′N	1525	2009	气象数据、通量监测、土壤温湿度廓线、大型蒸渗、大气气溶胶厚度、地物光谱、遥感产品地面验证观测

续表

序号	站名	经/纬度	海拔高度(m)	建站时间(年)	主要观测内容
8	中科院寒旱所皋兰生态与农业观测试验站	103°47′E,36°13′N	1780	1990	气象、土壤、水分、生物
9	中科院寒旱所阿拉善荒漠生态水文试验研究站	100°21′E,42°01′N	920	2007	微气象、通量、水文、土壤温湿、生物、物候。
10	中科院寒旱所敦煌戈壁荒漠研究站	94°40′E,40°06′N	1149	2007	荒漠区生态退化过程,风沙尘迁移、致灾过程,雅丹、戈壁形成发育过程
11	中科院寒旱所若尔盖高原湿地生态系统研究站	102°08′E,33°53′N	3420	2008	微气象观测、地表通量/物质收支观测
12	中科院寒旱所那曲高寒气候环境观测研究站	91°54′E,31°22′N	4509	1997	边界层气象过程、地表辐射收支、土壤温湿廓线、风温廓线及云、能、天等天气现象
13	中科院寒旱所玉龙雪山冰川与环境观测研究站	100°13′E,27°10′N	2400	2002	冰川物质平衡、动力特性、冰川变化、冰川水文、微气象
14	中科院寒旱所祁连山冰川与环境综合观测研究站	96°30′E,39°30′N	4200	2005	冰川、积雪、冻土、气象、水文、生态和大气化学等
15	中科院寒旱所黑河上游冰冻圈水文试验研究站	99°53′E,38°16′N	3011	2008	冰川物质和能量平衡,冰川、雪和冻土水文,森林、灌丛及寒漠水文,地下水,微气象
16	中科院寒旱所青藏高原北麓河冻土工程与环境综合观测研究站	92°56′E,34°51′N	4628	2002	地温、水分、位移量(路基变形)、气象要素
17	天山托木尔峰冰川与环境观测研究站	80°10′E,41°42′N	3020	2003	冰川物质平衡、动力特性、冰川变化、冰川水文、微气象
18	唐古拉冰冻圈与环境观测研究站	92°00′E,33°04′N	5100	2005	冰川物质能量平衡,微气象,动力学特性,冰川变化;多年冻土水热过程,地表能量平衡,微气象;冰川、雪和冻土水文;高寒植被生态;水化学,雪、冰、降水和河水氢氧稳定同位素;降水对比观测

这些台站主要针对寒旱区生态系统、沙漠化过程、沙漠环境、冰川变化、冰川水文过程、冻土变化、冻融作用、陆气相互作用等开展观测试验研究,监测最长的已经有 57 年资料。大多数台站是 2000 年以后建立的。以台站监测数据为依据,通过数据资料的归集、综合和对比,分析寒旱区生态与环境的变化特征,从中总结和凝练出具有一定规律性或结论性或阶段性的科学结果,为认识我国寒旱区生态与环境变化提供参考依据,为科学利用和保护寒旱区资源、生态和环境提供实际观测数据支持,这是编写本报告的主要目的所在。

1.3 CAREEMS 各台站基本情况

CAREEMS 各台站按其监测的主要内容,可分为寒旱区生态监测和环境监测两大类型。为了较好地理解和把握本报告内容,将各观测台站基本信息按生态类和环境类分述如下。

1.3.1 寒旱区生态类野外观测研究站

1. 沙坡头沙漠国家试验研究站

简称沙坡头站,是中国科学院最早建立的野外观测研究站。位于宁夏中卫市境内,地处腾格里沙漠东南缘。年降雨量 186 mm,主要集中在 6—8 月份,年蒸发量约 3000 mm,年平均温度 9.6℃,年平均风速 2.8 m/s,是钙积正常干旱土与沙质新成土的土壤复域,属草原化荒漠地带(图 1.3)。

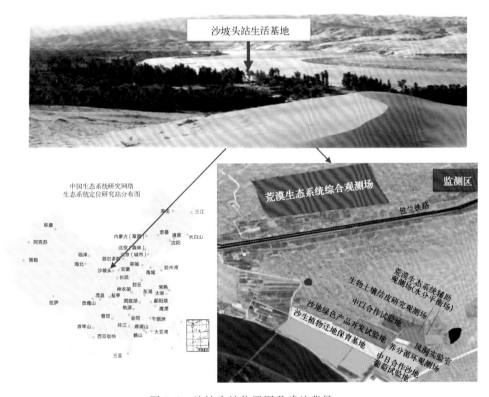

图 1.3 沙坡头站位置图及建站背景

Fig. 1.3 Shapotou station and its background messages

包兰铁路是我国第一条通过沙漠的铁路干线,它穿越腾格里沙漠东南缘,长达 42 km,其中沙坡头地区长 16 km,沿线全为高大密集的格状流动沙丘。如何固定铁路沿线两侧的流沙,保证列车畅通,是当时修建该干线亟待解决的一个重大课题。沙坡头站正是基于这一国家重大科学问题的迫切需求而建立的。由于试验站位于东部季风尾闾区,所以在自然地理、农业区划及全球变化的研究中具有特殊的地位,在开展多学科综合分析研究、生态过程研究、区域环境与资源调查研究和对区域经济建设所进行的基础性研究中,具有重要的科学意义。

沙坡头站主要监测内容有:微气象、碳通量、水分、土壤和生物几大类(表 1.3)。

表 1.3　沙坡头站主要监测内容

Table 1.3　Main measured contents in Shapotou station

监测类型	主要监测内容
地面气象要素	常规地面气象要素、总辐射、净辐射、反射辐射、光合有效辐射、土壤热通量、土壤湿度、土壤温度等
碳通量	二氧化碳通量、水汽通量、动量通量、土壤热通量
水分	降水量、水面蒸发、大气湿度、土壤湿度、地下水埋深、灌丛截留、树冠径流等
土壤	土壤动物、土壤微生物、土壤有机质、微生物量碳氮
生物	植物物种组成与群落特征、植物生长动态、草地净初级生产力、植物生理生态特征
物候	杨树、榆树、沙拐枣、泡泡刺、柠条、柽柳、红砂、珍珠等 300 余种植物的芽开放期、开花始期、果实或种子成熟期、叶秋季变色期和落叶期等物候数据

2. 奈曼沙漠化国家研究试验站

简称奈曼站。位于蒙古高原与东北平原的过渡区,地处中国北方半干旱农牧交错带东端的科尔沁沙地腹地,地理位置为 $120°42'E, 42°55'N$,海拔 358 m。行政区划上位于内蒙古自治区通辽市奈曼旗境内(图 1.4)。

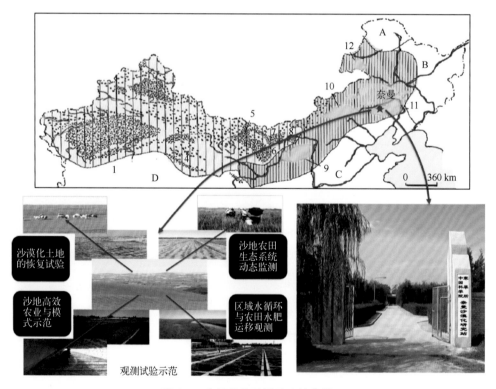

图 1.4　奈曼站位置图及建站背景

Fig. 1.4　Naiman station and its background messages

奈曼站地处东北平原与内蒙古高原、半湿润与半干旱、农与牧三条过渡带的交汇处,农田、草地、沙地三种生态系统并存,土壤、植被、微气候梯度变化明显,是我国北方农牧交错区过渡带特征最典型的地区。这里土壤基质不稳定,起沙风频繁强劲,降水变率大,生态环境十分脆弱,是我国北方沙漠化动态过程十分敏感的地区,既是我国沙漠化最严重的地区,也是我国十大沙漠(地)中水热条件最好的沙地。开展沙漠化及沙地农田生态系统结构、功能和演变过程的长期定位监测、试验和研究,对认识半干旱农牧交错区农田生态系统的演变规律和土地退化过程,提出土地退化的综合防治和可持续利用对策、技术和模式,为半干旱农牧交错带的农牧业经济持续发展和生态环境建设决策服务具有重要意义。

奈曼站主要观测试验有:水分、土壤、气候和生物等生态要素的长期定位监测,沙地农田生态系统演变过程与机制的长期定位监测研究,沙漠化土地综合治理与高效利用技术与模式的试验示范(表1.4)。

表1.4 奈曼站主要监测内容

Table 1.4 Main measured contents in Naiman station

监测类型	主要监测内容
地面气象要素	常规地面气象要素、总辐射、净辐射、反射辐射、光合有效辐射、土壤热通量、土壤湿度、土壤温度等
水分	降水量、水面蒸发、大气湿度、土壤湿度、地下水埋深、灌丛截留、树冠径流等
土壤	土壤动物、土壤微生物、土壤有机质、微生物量碳氮、土壤呼吸、轻组有机碳、重组有机碳等
生物	植物物种组成与群落特征、植物生长动态、草地净初级生产力、植物生理生态特征

3. 临泽农田生态系统国家观测研究站

简称临泽站。位于黑河流域中游,地处甘肃省河西走廊中部的临泽县平川镇境内。该区属大陆干旱气候,多年平均降水 117 mm,年蒸发量 2390 mm,年均气温 7.6℃,最高气温 39.1℃,最低气温−27℃,≥10℃的年积温为 3088℃。地带性土壤为灰棕漠土,绿洲农业靠黑河水资源灌溉,在长期的耕种和熟化下,形成绿洲潮土和灌漠土,并有大片的盐碱化土壤和风沙土分布(图1.5)。

临泽站位于我国十分典型的干旱内陆河流域,主站区在绿洲—荒漠过渡带,绿洲、沙漠、戈壁为主要景观类型。中游绿洲的动态过程与下游生态系统密切相关,是干旱区水资源利用和调控的核心区。荒漠绿洲农业生态系统生产力形成机制和高效调控、荒漠—绿洲动态过程及互馈机制、水资源持续利用及流域生态保护等研究课题对这一地区乃至全国具有重要作用。围绕上述问题开展绿洲形成演变过程和绿洲可持续农业观测、试验与示范、绿洲荒漠化过程监测、水文水资源高效利用试验和水资源可持续利用管理示范等是本站的主要任务。

临泽站设有环境综合观测场、气象观测场、农业试验地、水肥试验场、荒漠植物引种圃及温室等设施,在周边地区设有水分、土壤、植被、地下水等长期观测样地。主要观测内容有绿洲小气候系统、荒漠小气候系统、涡度相关系统、ENVIS 环境观测系统(表1.5)。

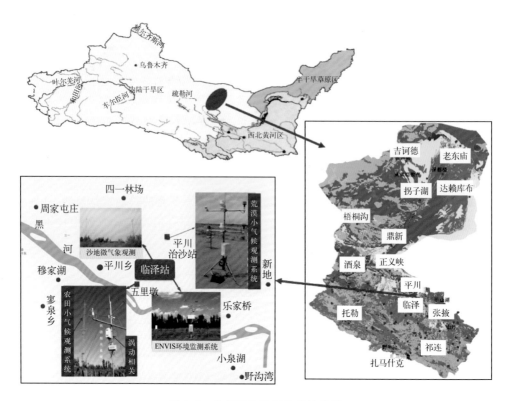

图 1.5 临泽站位置图及建站背景

Fig. 1.5 Linze station and its background messages

表 1.5 临泽站主要监测内容

Table 1.5 Main measured contents in Linze station

监测类型	主要监测内容
地面气象要素	常规地面气象要素、总辐射、净辐射、反射辐射、光合有效辐射、土壤热通量、土壤湿度、土壤温度等
碳通量	二氧化碳通量、水汽通量、动量通量、土壤热通量
水文	降水量、水面蒸发、大气湿度、土壤湿度、地下水埋深等
土壤	土壤动物、土壤有机质、土壤质地等理化性质
生物	植物物种组成与群落特征、植物生长动态、杨树、沙拐枣、梭梭、泡泡刺、柠条、怪柳、红砂、珍珠等植物的芽开放期、开花始期、果实或种子成熟期、叶秋季变色期和落叶期等物候数据

4. 皋兰生态与农业观测研究站

简称皋兰站。位于甘肃省皋兰县境内,距兰州市 20 km 的一个沟谷台地上,海拔 1780～1870 m,气候干旱冷凉,属半干旱偏旱区。年均温度 6.3℃,年日照时数 2768 h,总辐射 5666 MJ/m²,年降水量 263 mm(图 1.6)。

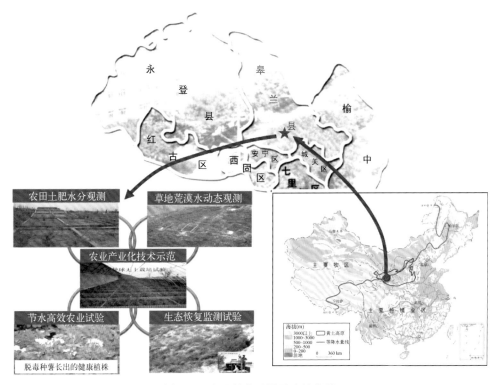

图 1.6 皋兰站位置图及建站背景

Fig. 1.6 Gaolan station and its background messages

皋兰站位于干旱冷凉气候和干旱与半干旱过渡区,其所在地的农业与生态在西北地区,特别是在占黄土高原1/3面积的西部地区具有典型代表性。该站主要围绕提高黄土高原中西部地区有限水资源的利用率,在确保农业生态环境得到有效改善的前提下,重点开展集雨节水型生态高效农业的观测试验与示范研究。观测试验研究既可面向中西部冷凉灌溉农业区,也可兼顾黄土高原东部雨养农业区,成果有很广阔的应用空间,在西北冷凉半干旱区将荒漠化农业生态的改善和农业高效发展相结合,建立节水高效农业生态系统的研究具有不可替代的作用。

皋兰站主要观测试验内容有:水分、土壤、生物和气象等生态要素的定位监测,以及旱地农田生态系统演变过程与机制的试验研究和雨水高效利用技术与模式的试验示范(表1.6)。

表 1.6 皋兰站主要监测内容

Table 1.6 Main measured contents in Gaolan station

监测类型	主要监测内容
气象	温度、湿度、水汽压、风向、风速、辐射、净光合辐射等
水分	降雨量、水面蒸发量、径流量和侵蚀量、土壤重量含水量、径流水质、土壤水分物理参数
土壤	表层土壤养分含量、酸度和阳离子交换量,剖面土壤养分含量、微量元素和重金属元素含量,土壤质地
生物	植被类型、面积与分布,植物种类组成和群落特征,凋落物季节动态,植物生长动态,优势植物种子产量,优势植物和凋落物元素含量与能值

5. 阿拉善荒漠生态—水文观测研究站

简称阿拉善站。位于阿拉善高原西部,黑河流域下游,酒泉东风航天基地北部。地理坐标为 42°01′N,100°21′E,海拔 920.46 m。该站深居内陆,气候极端干旱,年降水量 40 mm 左右,是中国最干旱的地区之一。具有降水稀少、蒸发强烈、风大沙多、日照时间长等特点。荒漠绿洲主要植被以河流两岸的乔木胡杨和灌木柽柳为主(图 1.7)。

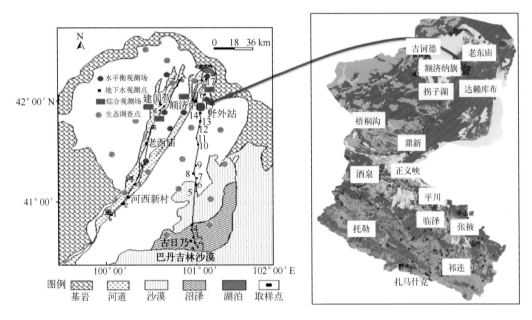

图 1.7 阿拉善站位置图及建站背景

Fig. 1.7 Alxa station and its background messages

阿拉善站以荒漠生态—水文系统长期定位监测为任务,以内陆河流域水—生态—经济—社会系统综合管理为主线,以干旱区生态水文学、恢复生态学、可持续管理学、生态经济学、沙漠工程、内陆河流域环境演变为研究方向。立足荒漠生态系统研究,为干旱区生态环境恢复与重建提供理论支持和技术示范,形成科研—示范—推广体系,实现科研成果向生产力转化,发展为极端干旱地区基础数据的收集、研究、试验和示范的重要基地和平台。

阿拉善站的主要观测项目有:生态、土壤、水文、地下水位、气象等(表 1.7)。

表 1.7 阿拉善站主要监测内容

Table 1.7 Main measured contents in Alxa station

监测类型	主要监测内容
气象	绿洲内、绿洲边缘常规气象测定
碳通量	用 Li-6400 多通道对胡杨林、柽柳灌丛等 3 个样地土壤碳通量监测
地下水位与土壤水分	绿洲内部不同利用类型(7 个样地)、河道断面(5 个样地)一月一次监测地下水位埋深、土壤含水量
土壤	对绿洲主要类型土壤监测
生物	对绿洲主要类型(7 种)植物群落多个指标(盖度、生长量等)测定
物候	对 15 种主要植物进行观测

1.3.2 寒旱区环境类野外观测研究站

1. 天山冰川国家观测研究站

简称天山站。位于新疆维吾尔自治区乌鲁木齐河上游及河源区。监测区地处欧亚大陆腹地的天山中段,北临准噶尔盆地的古尔班通古特沙漠,南依塔里木盆地塔克拉玛干沙漠,具有典型的中国西部和中亚地区的干旱、半干旱环境(图1.8)。

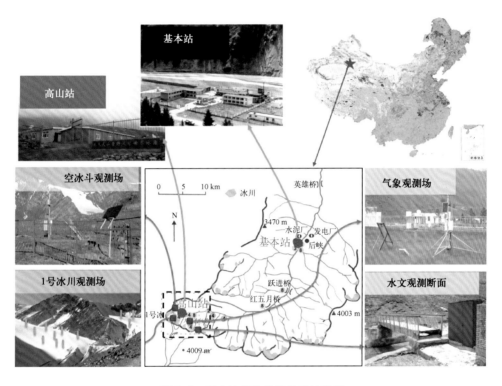

图 1.8 天山冰川站位置及建站背景

Fig. 1.8 Tianshan station and its background messages

天山站由基本站、高山站和观测研究区三部分组成。主要监测的天山乌鲁木齐河源1号冰川(下简称乌源1号冰川或1号冰川)是我国监测时间最长的冰川,同时也是世界冰川监测处(World Glacier Monitoring Service, WGMS)网络中唯一的中国冰川,其监测数据典型地反映了欧亚大陆腹地大陆型冰川的变化,其所处的地理位置,填补了亚洲中部冰川监测的空白,在世界冰川监测网络中具有十分重要的地位。通过冰冻圈长期监测,为冰冻圈与全球变化研究提供第一手的野外观测资料;雪、冰现代过程的观测试验研究,揭示冰川对气候的响应与动力过程,为认识冰川—气候—环境相互关系提供科学数据;通过冰雪水文过程的监测试验,为干旱区流域水资源可持续利用提供科学依据。

天山站的监测内容包括冰川内部和外部的物理、化学、热力学特性及过程和所包含的环境、气候信息,包括冰川与其他地球圈层(大气圈、地圈、生物圈)之间的相互作用;冰川作用区的研究主要包括积雪、冰缘地貌与第四纪地质地貌、冰川水文与气象、冻土、高寒区的生态环境及资源利用等方面(表 1.8)。

表 1.8　天山站主要监测内容

Table 1.8　Main measured contents in Tianshan station

监测类型	主要监测内容
冰川特征监测	①在天山乌源 1 号冰川、托木尔峰 72 号冰川、哈密庙尔沟冰帽和哈希勒根 51 号冰川以及阿尔泰山的喀纳斯冰川和布尔津河 18 号冰川,监测冰川物质平衡、冰川末端变化、冰川厚度、冰川运动、冰川温度和冰川面积等基本参数; ②在乌源 1 号冰川末端的冰川监测塔能够对冰川的面积、末端位置、表面高程、表面运动等进行动态实时监测
积雪监测	在乌鲁木齐河源及阿尔泰山喀纳斯冰川站,监测积雪深度、雪密度、含水量、温度及季节性积雪的起止时间
冰川水文与气象监测	①在乌源 1 号冰川水文断面、空冰斗水文断面和总控水文断面,托木尔峰 72 号冰川及喀纳斯河流域,监测河流的水温、水位及流速; ②气象观测项目主要为风向、风速、气温、相对湿度、气压、降水、总辐射、地表辐射温度、浅层土壤温度
气象要素监测	①在基本站、高山站、乌源 1 号冰川末端及喀纳斯冰川站分别建立了标准气象观测场,观测项目包括气温、气压、湿度、风、云、能见度、蒸发、辐射、日照及天气现象; ②在天山乌源 1 号冰川和托木尔峰 72 号冰川、阿尔泰山冰川站、祁连山七一冰川架设了 T200B 固态降水观测仪器,对高山区固态降水进行观测
冻土监测	在乌鲁木齐河流域设有 5 个温度观测孔及大西沟冻土观测场
雪冰过程监测	包括大气气溶胶、雪冰物理及化学过程,降水化学和降水同位素的观测取样
冰缘地貌	冰缘地貌特征的描述及定年,观测内容包括冰坎、羊背石、冰川擦痕、冰碛垄、石环、热熔塌陷、冻胀丘
冰缘植被与生态	在生态学方面,主要研究高寒植物、微生物与环境相互作用的关系,在基因水平、生理水平、细胞组织水平、器官水平和个体水平上揭示高寒植物的抗性机制
高寒环境监测系统	①在乌源 1 号冰川空冰斗处建设了高寒环境监测系统,监测项目包括气象、地温、辐射、CO_2 浓度等; ②在乌源 1 号冰川末端建设了涡动观测系统,进行碳通量观测

2. 玉龙雪山冰川与环境观测研究站

简称玉龙站。玉龙雪山位于云南省丽江市北部 25 km 处,属于横断山系,是中国最南的一座冰川覆盖山区,也是欧亚大陆距赤道最近的海洋型冰川区。它的西北临金沙江大峡谷——虎跳峡,东麓是海拔约 3000 m 的干海子山间盆地,南面是丽江盆地。玉龙雪山南北长 35 km,东西宽 13 km,海拔高度超过 5000 m 的山峰有 13 座,号称玉龙 13 峰,最高峰扇子陡海拔 5596 m(图 1.9)。玉龙雪山分布有 19 条现代冰川,冰川形态类型齐全,有悬冰川、冰斗冰川、山谷冰川、冰斗悬冰川、冰斗山谷冰川等,冰川面积为 11.5 km²,冰川覆盖区和冻土区面积达 200 km²。

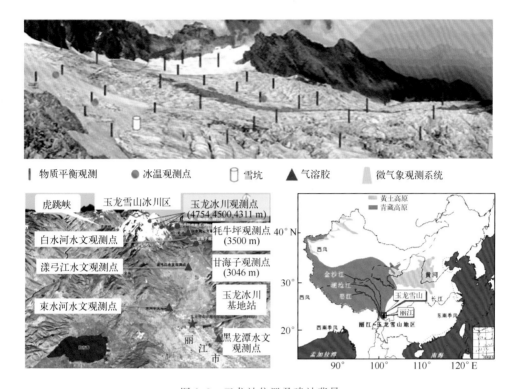

图1.9　玉龙站位置及建站背景

Fig. 1.9　Yulong station and its background messages

　　玉龙雪山位于低纬度区,接近亚热带地区,金沙江从玉龙雪山西南到东北环绕而过,从金沙江水面到玉龙雪山主峰垂直跨度近4000 m。具备了从亚热带、温带到冰川寒漠完整的7个自然带,海拔4000 m以上为冰雪冻土荒漠地带,构成了完整的区域冰冻圈体系。在全球变化,特别是全球气候快速变暖的今天,玉龙雪山地区的生态环境也在发生深刻变化,研究全球变化背景下海洋性冰川区冰冻圈动态、生态环境的演化及其对全球气候变化响应的过程和机制,合理开发利用和科学保护本区水与生态资源的意义重大。玉龙站以海洋性冰川与环境为研究主线,通过对玉龙雪山白水1号冰川的持续监测,对我国季风海洋性冰川区和青藏高原南缘的冰雪、气候、水文、生态环境、水资源、旅游开发和人类活动等方面进行多学科交叉渗透的综合性野外观测与研究,为我国海洋性冰川区及其周围区域的经济可持续发展及环境保护提供科学依据。经过6年多的野外观测,已积累了大量的基础观测数据。

　　玉龙站的监测内容包括冰川内部和外部的物理、化学、热力学特性及过程和所包含的环境、气候信息,包括冰川与其他地球圈层(大气圈、地圈、生物圈)之间的相互作用;冰川作用区的研究主要包括积雪、冰缘地貌与第四纪地质地貌、冰川水文与气象、冻土、高寒区的生态环境及资源利用等方面(表1.9)。

表 1.9 玉龙站主要监测内容

Table 1.9 Main measured contents in Yulong station

监测类型	主要监测内容
冰川变化	冰川物质平衡、末端海拔变化、平衡线变化、冰厚度、冰舌进退、冰川区气象要素观测
冰川水文	冰雪消融过程观测、冰川径流
冰川动力参数	冰川温度、能量平衡、面积、厚度、表面运动速度及冰川地形图绘制和表面高程变化等观测
冰缘环境	冰川退缩迹地土壤植被原生演替调查、冰缘区生态样方观测
第四纪冰川	古冰川遗迹地质地貌学、年代学、沉积学调查
冰川区大气环境	大气环境本底观测、气溶胶组分变化、气溶胶光学特性及辐射效应观测、大气黑碳环境效应观测
人类活动影响	旅游开发对冰雪水资源及区域环境的影响调查、冰雪旅游与社会经济发展关系的调查
冰冻圈灾害	冰川区雪崩、冰崩、冻融崩塌及泥石流等灾害的监测与预报

3. 祁连山冰川与环境综合观测研究站

简称祁连山站。位于甘肃河西走廊西部、祁连山西端的疏勒河流域。该野外站以祁连山老虎沟 12 号冰川及疏勒河上游地区冻土、生态、水文等为观测主体,着力开展冰川与生态环境综合监测、试验和研究,以期了解并掌握疏勒河流域上游地区冰冻圈－生物圈－大气圈相互作用关系。监测冰川处于我国内陆腹地,降水少、温度低,属于典型的大陆性冰川。同时疏勒河流域属于内陆干旱地区,上游山区多年冻土分布广泛,生态系统极其脆弱;而且冰川融水对河流补给作用突出,是疏勒河流域中下游地区重要水资源。目前,其观测试验系统由老虎沟高山站、流域多圈层相互关系监测点和研究基地组成,研究基地在玉门市(图 1.10)。

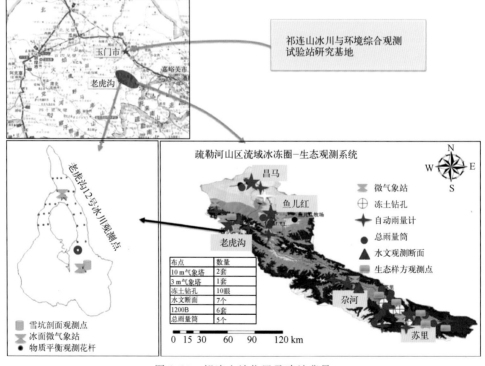

图 1.10 祁连山站位置及建站背景

Fig. 1.10 Qilianshan station and its background messages

祁连山老虎沟冰川是我国典型的大陆性冰川,也是祁连山规模最大的冰川,同时也是我国最早开展研究的冰川。其所在的疏勒河流域是祁连山补给河西走廊绿洲的三大河流中冰川补给率最高的流域。开展冰川及流域相关要素的监测,对干旱区内陆河流域水资源持续利用具有重要作用。

祁连山站的监测内容包括冰川、积雪、冻土、气象、水文、生态和大气化学等方面(表1.10)。

表 1.10　祁连山站主要监测内容
Table 1.10　Main measured contents in Qilianshan station

监测类型	主要监测内容
冰川	物质平衡、运动、末端、面积、厚度与体积、温度,雪坑与冰芯化学
积雪	温度、深度、密度、粒径和反照率
冻土	活动层温度和水分;钻孔温度
气象	气温、湿度、风、辐射,涡动、降水
水文	流域不同断面流速、水位和流量,各种水体化学组成
生态	植物群落种类组成与结构、地上与地下生物量、土壤环境和土壤温室气体、冰缘植被演替
大气化学	气溶胶、黑碳、O_3、温室气体(CO_2 和 CH_4)

4. 托木尔峰冰川与环境观测研究站

简称托木尔峰站。位于中国天山西端、托木尔峰南坡。观测试验区为阿克苏河上游的台兰河流域和科其喀尔冰川小流域,主要监测对象为科其喀尔冰川。该冰川属亚大陆性冰川,是具有代表性的托木尔型山谷冰川。其主要特点是粒雪盆窄小不明显,冰川补给少,主要靠两侧山坡的冰崩和雪崩补给,消融区分布大量表碛,冰舌上表碛层较厚,冰裂隙互相串通,以冰内和冰下消融为主,冰下河发育,表面常有大冰井。科其喀尔冰川的海拔上限达到 6342 m,下限 3020 m。冰川总长 25.1 km,面积 83.56 km²(其中消融区面积约 30.6 km²,长度 19.0 km),冰储量 15.80 km³。本区处于副热带急流控制范围之内,影响本区的气流有:西风急流、西北和北方气流、蒙古—西伯利亚高压、西南气流及塔里木盆地的局地环流。雪线附近年降水量为 750～850 mm(图 1.11)。

托木尔峰地区是天山最大的现代冰川作用中心,冰川面积是珠穆朗玛峰地区冰川面积的 1.7 倍,冰储量是珠峰地区冰储量的近 4 倍。托木尔型冰川(山谷冰川)在该地区处于主导地位,具有冰川规模大、积累区狭小、表碛发育等特点,是进行复杂下垫面冰川变化研究的理想试验场。处于塔里木盆地北部的托木尔峰地区,充沛的冰雪融水是阿克苏河和伊犁河径流的主要来源之一,对塔里木干旱区的人民生活和工农业生产具有重要意义。因此,对该地区的冰川、水文及气候环境开展深入研究,特别是在典型冰川开展长期的基础观测研究,对于了解该地区冰川变化对气候变化的响应机理及其对水资源的影响,预测冰川水资源的未来变化趋势,都具有重大的理论与现实意义。

图 1.11　托木尔峰站位置及建站背景

Fig.1.11　Tuomuer station and its background messages

托木尔峰站的主要观测项目有:常规气象要素观测、辐射、自动雨雪量站,花杆消融观测(人工)、冰温、冰川运动速度观测、冰川厚度测量,径流观测,降水观测等(表 1.11)。

表 1.11　托木尔峰站主要监测内容

Table 1.11　Main measured contents in Tuomuer station

监测类型	主要监测内容
冰川区气象	利用分布于不同海拔高度的 6 台自动气象站,对冰川区近地层的气温、相对湿度、风速、风向、辐射、地(冰)温等进行连续观测;此外,在大本营进行天气过程的人工观测
降水观测体系	利用 11 套称重式雨雪计、3 套翻斗式雨量计和 50 个散布于冰川区及其周边区域的总雨量计,构建了冰川区的降水观测网络,通过自动或定期手动测量,获得详细的降水数据
冰川物质平衡	通过对分布于冰川区的 55 根花杆的出露长度进行定期(每月)测量,结合积累区的雪坑测量,进行连续的冰川物质平衡观测
冰川表面运动	利用高精度 GPS 对 55 根花杆的位置变化进行定期(每月)观测,获得冰川表面的运动信息
冰川水文监测	在科其喀尔冰川末端附近建立了水文观测断面,通过连续的水位、水质观测和定期流量测量,获得长序列的冰川径流资料
草地径流观测	通过在不同坡度、坡向草地上建立草地径流场,对草地的产流过程进行观测
特殊冰下垫面消融观测	对不同厚度表碛下的埋藏冰和不同坡度、坡向冰崖的消融进行观测

5. 青藏高原冰冻圈国家观测研究站

简称格尔木站。由格尔木基地和青藏高原观测站网组成(图1.12)。研究基地位于青海省格尔木市,观测场位于青藏公路西大滩至那曲800多千米沿线的高原腹地,跨越整个青藏高原主体的冰冻圈分布区。部分监测场点已经被纳入"国际全球监测系统"中"多年冻土温度监测网"(GOS-GTNP)、国际多年冻土协会活动层监测网(CALM)及国际雪冰冻土数据网络中心的相关监测网络。是我国位于高原腹地开展多年冻土系统监测研究的唯一国家级野外观测研究站。

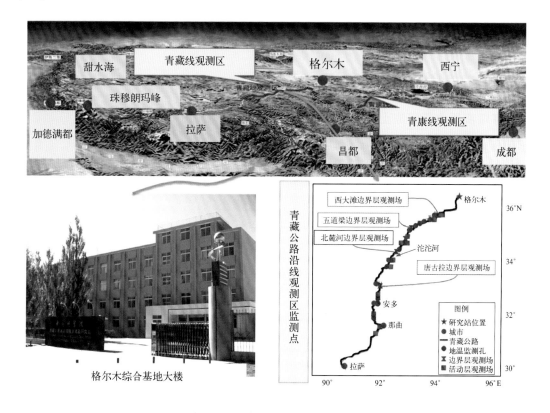

图1.12 格尔木站位置及建站背景

Fig.1.12 Golmud station and its background messages

青藏高原多年冻土面积(约150万km²)约占全国多年冻土总面积的65%,是我国最主要的多年冻土分布区,也是地球上中低纬度面积最大、海拔最高、温度最低的多年冻土区。多年冻土是地质、地理历史综合体,是地气系统能量交换的产物。多年冻土的形成和演化过程不仅直接影响区域的植物生态系统变化,而且伴随季节和多年变化导致的土壤水分相变对区域气候的形成及变化具有非常重要的作用。青藏高原也是我国与多年冻土相共生的冷湿地主要分布区。全球冷湿地中温室气体的源汇效应、存储量、动态变化及其对全球变化的影响是目前研究全球气候变化的主要热点之一。青藏高原多年冻土的存在及伴随冻土活动层冻融过程的水分迁移和成冰作用,是导致冻土区各类工程建筑物破坏的主要原因。

格尔木站的主要监测内容有：活动层水热动态及变化过程观测、典型地区陆面水热动态过程监测、冻土区碳排放监测。监测点由 13 个多年冻土地温监测系统，13 个活动层水热监测系统，4 个气象、生态环境、地气、水热通量等组成综合监测场（表 1.12）。

表 1.12   格尔木站主要监测内容
Table 1.12   Main measured contents in Golmud station

监测类型	主要监测内容
气象	气温、风速、风向、相对湿度、气压、降水、辐射四分量、浅层土壤温湿度及热通量、光合有效辐射、雪深、红外地表温度
涡动相关通量	气温、湿度、浅层土壤热通量、地表感热、潜热、二氧化碳通量
活动层	空气温湿度、活动层内地温、土壤未冻水含量、浅层土壤热通量
多年冻土	钻孔剖面不同深度地温

6. 青藏高原北麓河冻土工程与环境综合观测研究站

简称北麓河站。位于青藏高原腹地，海拔高度 4628 m，距格尔木市 320 km。为青藏高原腹地唯一的集冻土、气候、寒区道路工程、生态环境和植被恢复等研究于一体的综合观测研究站。是青藏铁路与青藏公路建设、运营和维护的科学试验平台。为青藏高原生态环境气候变化提供重要数据积累。布设地温变形监测断面 100 多个，地温监测孔 400 多个，变形监测点 700 多个，综合气象站 3 套。是冻土工程国家重点实验室冻土区气候、环境与工程等科研工作的重要基地（图 1.13）。

图 1.13   北麓河站位置及建站背景
Fig. 1.13   Beiluhe station and its background messages

北麓河站位于高原腹地,地理位置 92°56.395′E,34°51.236′N,海拔高度为 4628 m,距格尔木市以南 320 km,青藏公路(109 国道)里程 K3056 处。青藏高原已建成青藏铁路、青藏公路、格拉 400 kV 直流输变电、格拉输油管线、格拉通讯光缆及格拉 110 kV 输变电线路等重大工程,同时青藏高速公路也在积极的筹备中。这些工程与多年冻土密切相关,多年冻土变化将对这些重大工程稳定性构成较大的威胁。在气候变化背景下,多年冻土变化尤为显著。近十年来,青藏高原多年冻土正在发生着显著的变化,多年冻土升温、活动层厚度增大、地下冰融化、多年冻土退化等。为了对青藏铁路和公路等多年冻土区重大工程稳定性进行预测、预报和冻融灾害防治,必须对工程下部多年冻土进行监测,以揭示多年冻土变化所引发的重大工程稳定性问题。因此,北麓河站的设立对于冻土工程学科发展具有极为重要的科学和社会意义。

北麓河站的主要监测内容有:活动层、多年冻土温度、路基稳定性及气象要素等(表1.13)。

表 1. 13　北麓河站主要监测内容
Table 1. 13　Main measured contents in Beiluhe station

监测类型	主要监测内容
活动层	天然场地不同下垫面活动层内地温、水
多年冻土	不同路基结构内及其下部多年冻土地温
路基稳定性	路基总变形
气象要素	气温、风速、风向、相对湿度、气压、降水、净辐射、浅层土壤温湿度及热通量

7. 敦煌戈壁荒漠观测研究站

简称敦煌站,位于甘肃省河西走廊最西端,由研究基地和观测网点组成。研究基地位于国家历史文化名城敦煌市区南郊 2.5 km 处的敦月公路和 212 国道十字的西南角,观测网点散布于疏勒河中下游和党河流域的瓜州—敦煌盆地,已布观测站点 30 余处,预布观测站点 20 余处。本区内戈壁、沙漠、风蚀地广布,年降水量 40 mm,蒸发量 2500 mm,属典型的暖温带极端干旱区气候(图 1.14)。

敦煌站地处河西走廊西端,戈壁、荒漠广布,属于内陆极端干旱区。区域内分布有莫高窟、鸣沙山、月牙泉、雅丹地貌等世界著名的自然和人文遗产,但区域生态环境日趋恶化,戈壁、风蚀雅丹、沙漠呈规律性分布,是研究干旱荒漠区风沙尘吹蚀、搬运、堆积过程的天然实验室。在此进行文化遗产保护、环境整治及风沙(尘)的产生、输送及其环境效应的研究,不仅具有重要理论价值,而且具有重要的实践意义。

敦煌站主要观测内容有:荒漠区生态退化过程,风沙尘迁移、致灾过程,雅丹、戈壁形成发育过程(表 1.14)。

鸣沙山观测　　　　莫高窟观测

敦煌站俯视图　　　　涡动系统观测　　　　沙尘暴观测

图 1.14　敦煌站位置及建站背景

Fig. 1.14　Dunhuang station and its background messages

表 1.14　敦煌站主要监测内容

Table 1.14　Main measured contents in Dunhuang station

监测类型	主要监测内容
荒漠区生态退化过程	潜热、显热、风的脉动、动量通量、摩擦风速、空气温度/相对湿度、水和二氧化碳含量、植被参数、土壤参数
风沙尘迁移、致灾过程	温度、湿度、风向、风速、降尘量、积沙量
雅丹、戈壁形成发育过程	温度、湿度、风向、风速、积沙量、雅丹风蚀量及变化监测、戈壁形态测量及变化监测

1.3.3　寒旱区大气－水文观测试验站

1. 中国科学院平凉雷电与雹暴试验站

简称平凉站。位于六盘山东麓、泾河上游的黄土高原西南部的白庙塬塬区。是中国科学院设立在西北地区最早开展强对流天气和云雾降水物理观测实验研究的基地,也是国内唯一以雷电、冰雹、干旱、局地暴洪等天气灾害为主要研究方向的野外观测站(图 1.15)。

黄土高原横跨干旱半干旱区,该地区陆－气间能量和水分循环过程直接影响着我国黄土高原地区的气候和环境变化,对东亚乃至全球的气候和环境变化可能产生重要的影响。黄土高原地貌复杂,目前对该地区陆面过程及其气候响应的研究还不多。平凉站以我国黄土高原特殊的雷电、冰雹、陆气能量和物质交换为主要监测对象,进行雷电物理与探测技术、雷达气象及人工影响天气、陆面过程与气候变化等方面的研究。以探索黄土高原陆－气相互作用的过程及其与气候变化和灾害性天气发生发展之间的关系为基础,开展黄土高原气候变化、灾害天气及区域可持续发展研究。重点探讨和解决黄土高原陆面过程、强对流天气及其相互影响和响应的科学问题,发展对雷电、冰雹等强对流天气的探测、预警和防治的新技术和新方法,为解决黄土高原生态环境问题提供科技支撑。

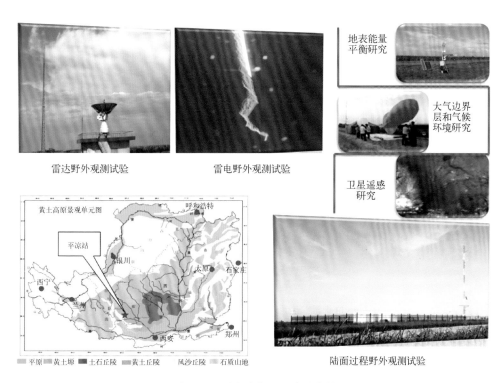

图 1.15　平凉站位置及建站背景

Fig. 1. 15　Pingliang station and its background messages

平凉站主要监测项目有:边界层气象要素、地表辐射、地表通量、土壤温湿、雷电活动、对流天气等(表 1.15)。

表 1. 15　平凉站主要监测内容

Table 1. 15　**Main measured contents in Pingliang station**

监测类型	主要监测内容
边界层气象要素	1,2,4,8,16 m 五层风速、风向、气温和相对湿度,地表红外温度,大气压,降水量
地表辐射	净辐射、光合有效辐射、总辐射
地表通量	三维超声风速温度计和红外线气体分析仪测量地表动量、感热、潜热和 CO_2 通量
土壤温湿	5 cm 和 20 cm 土壤热通量,5 cm,10 cm,20 cm 和 40 cm 土壤温度和湿度
雷电活动	多站闪电 VHF 辐射源定位,闪电高速摄像,雷暴高能辐射,云内电场,快、慢电场变化,大气平均电场,DF 雷电定位
对流云	XDR 常规天气雷达回波、LLX 多普勒天气雷达回波、714XDP 双线偏振多普勒天气雷达回波、雨滴谱

2. 若尔盖高原湿地生态系统研究站

简称若尔盖站。地处青藏高原东部边缘的黄河源区,位于甘肃、青海、四川三省交界处,平均海拔 3300～3700 m,是长江和黄河的自然分水区,多属于黄河水系;是我国东部湿润森林区、西北干旱半干旱草原区和青藏高原区的过渡带,有泥炭沼泽、苔草沼泽、湖泊湖滨等湿地和高寒草原。多年平均降水量 595 mm,多年平均气温 1.3℃,属高寒湿润区,具有典型的代表性(图 1.16)。台站在四川的若尔盖沼泽湿地和甘肃的玛曲草原建有长期观测场。站址原在玛曲,后迁至若尔盖,本报告中所用到的数据源于玛曲高寒草原观测场。

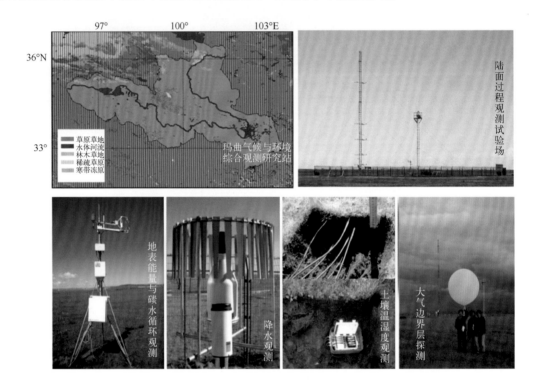

图 1.16 若尔盖站(玛曲观测场)位置及建站背景

Fig. 1. 16 Ruoergai (Maqu) station and its background messages

若尔盖高原处于我国地貌单元中的第二和第三阶梯交界带,地貌以宽谷缓丘为基本特征,广泛发育了高原草甸土和泥炭沼泽土,是黄河上游的重要水源涵养区,属典型的生态系统过渡带,同时也是生态系统敏感区。若尔盖站以青藏高原气象学、黄河水源涵养区的水文功能与生态功能、高寒草原生态系统生物地球化学循环过程及其驱动机制、高寒草原生态系统能量收支和物质循环对区域气候与全球变化的响应及影响为代表性学科,通过对大气、水文、土壤和生物因子的长期监测,系统研究若尔盖高原气候特征、高寒草原生态系统及环境要素的变化规律、演变趋势及驱动机理,探讨高寒草原退化机制及逆转途径;研究若尔盖高原向青藏高原过渡带的地球物理和化学循环过程,揭示高寒草原的演化过程和对全球气候变化的响应;为保护、利用和恢复重建高寒湿地、草原及促进区域发展提供理论基础和长期数据支持。

若尔盖站主要开展不同的下垫面生态系统空气风、温、湿、土壤温湿度等气象观测，以及感热通量、潜热通量和 CO_2 通量、大气压、地表温度、光合有效辐射观测（表 1.16）。

表 1.16 若尔盖站玛曲高寒草地观测场主要监测内容
Table 1.16 Main measured contents in Maqu（Ruoergai）station

监测类型	主要监测内容
微气象	近地层风向、风速、气温、相对湿度廓线，大气压，地表辐射收支（总辐射、反射辐射、天空长波辐射、地面长波辐射、光合有效辐射），地表能量收支（感热、潜热、土壤热通量）
碳通量	净生态系统交换量、CO_2 浓度、CH_4 浓度
水分	降水、土壤含水量、土壤水势
土壤	土壤温湿廓线（土壤温度、土壤含水量）、土壤机械组成、有机碳、全氮、全磷、全钾

3. 那曲高寒气候环境观测研究站

简称那曲站。基地位于西藏自治区那曲县罗玛镇娘曲村/十三村，观测区域介于昆仑山与念青唐古拉山之间的青藏公路/铁路沿线，是中国科学院寒区旱区环境与工程研究所唯一设在西藏自治区的野外台站（图 1.17）。那曲站是以观测和研究青藏高原天气气候变化、水资源利用、生态环境保护和人类活动影响为主要目的的综合性科研平台。主要任务是为国家基础研究发展提供基础数据支持和科学考察服务，为当地的气候资源评估、气象灾害防治、生态环境保护、重大工程建设等重要政策制定和决策部署提供科学依据，最大限度地为地方经济社会和谐和可持续发展提供理论基础和技术支撑。

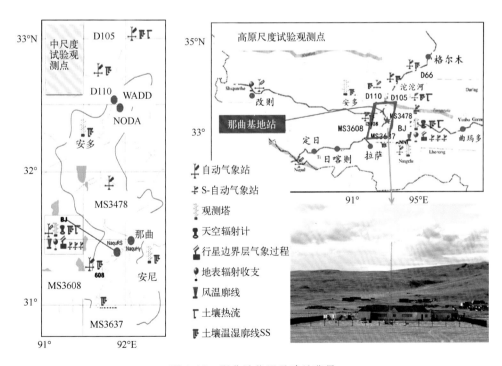

图 1.17 那曲站位置及建站背景
Fig. 1.17 Nagqu station and its background messages

青藏高原大地形和高海拔造成强烈的热力作用和动力作用,对亚洲季风气候的形成和全球大气环流的布局有着重要的贡献。高热动转化效率的"中空加热"及地处我国天气气候系统的"上游区",使得青藏高原成为全球气候变化的敏感区和我国天气气候变化的启动区。藏北高原平均海拔在 4500 m 以上,位于昆仑山脉、唐古拉山脉与冈底斯—念青唐古拉山脉之间,长约 2400 km、宽约 700 km,是青藏高原及东亚区域气候变化的主影响区。为此,在中日合作项目"亚洲季风能量水分循环青藏高原试验"(GAME—Tibet,1996—2000 年)和全球协调加强观测计划之亚澳季风能量水分循环青藏高原试验(CEOP/CAMP—Tibet,2000—2005 年)在藏北高原沿青藏公路建立的观测站点的基础上,形成了一个以那曲/BJ观测点为基地,由 8 个观测点组成的大气边界层和区域气候观测网络——那曲高寒气候环境观测研究站。

那曲站的主要观测内容有:气候变化监测,近地层微气象过程监测、行星边界层(PBL)监测、地表辐射平衡监测、土壤温湿廓线监测、近地层热量物质交换监测、大气边界层和对流层观测、云能天观测等(表 1.17)。

表 1.17　那曲高寒气候环境观测研究站观测点及内容
Table 1.17　Main measured contents in Nagqu station

监测类型	观测点	主要监测内容
气候变化监测	D66,NewD66,D105,D110,Amdo,MS3478,BJ,MS3608	风向、风速、气温、相对湿度、气压、降水、总辐射、地表辐射温度、浅层土壤温度
近地层微气象过程监测	NewD66,D105,MS3478,BJ	2 层风、温、湿梯度
行星边界层(PBL)监测	Amdo,BJ	4～6 层风、温、湿梯度
地表辐射平衡监测	NewD66,D105,Amdo,MS478,BJ	总辐射、反射辐射、天空长波辐射、地面长波辐射
近地层热量和物质交换监测	NewD66,Amdo,MS478,BJ	感热、潜热、CO_2 通量
土壤温湿廓线监测	NewD66,D105,Amdo,MS3478,BJ	土壤温度、土壤含水量、土壤热流
大气边界层和对流层观测	BJ	大气边界层风向、风速、气温、湿度、气压
云、能、天观测	BJ	云量、云状、能见度、天气现象

4. 黑河上游冰冻圈水文试验研究站

简称黑河上游站。地处青海省祁连县扎麻什乡黑河祁连山区扎马什克水文站附近,距祁连县 38 km,距兰州市 500 km。属大陆性高寒山区气候,年降水量 400～600 mm。该站承袭1958—1968 年祁连山冰川水文观测站及 1984—1994 年祁连山冰沟冻土水文站研究和观测积累,2004 年兴建中科院寒旱所水文与水土资源研究室野牛沟寒区水文过程定位观测站,2008年 1 月正式成为中科院寒旱所重点野外观测研究站。重点观测区葫芦沟小流域海拔 2980～4800 m,涵盖冰川、寒漠、沼泽、高山灌丛、高寒草甸和高寒草原等下垫面类型,植被类型以高山灌丛、高寒草甸及高寒草原为主,土壤主要有高山寒漠土、高山灌丛草甸土、高山草甸土、高山草原土等(图 1.18)。

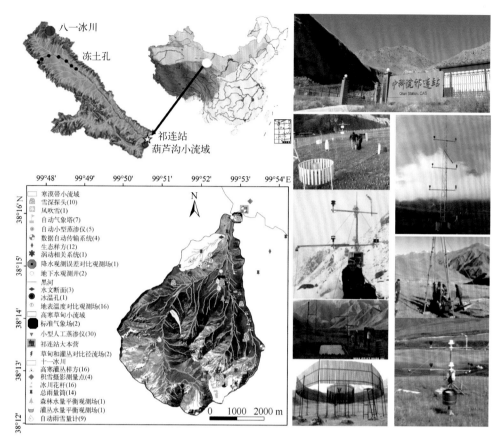

图 1.18　黑河上游站位置及观测网络

Fig. 1.18　Heihe upstream station and its background messages

　　黑河上游站针对我国寒区流域水文—生态过程机理及其对全球变化的响应,目标是在全球变暖大背景下高精度预测冰冻圈要素的变化对出山径流的影响。本站以寒区水文学和寒区生态水文学为代表性学科,研究寒区水文过程机理及其水资源效应,寒区水文与生态相互作用关系及其对全球变化的响应机理。沿试验点、山坡、小流域、山区流域及我国寒区的空间尺度,以观测试验、机理模型和模型集成为手段,分析变化环境条件下寒区水文、寒区生态及其相互作用关系和变化,发展和建立我国寒区流域水文和寒区生态水文学科体系。提出山区水资源、生态和环境变化的适应性对策,为保护水源地提供理论和技术支持,为出山径流预报和水资源预测提供科学依据,更好地服务于国家和地区经济的发展。

　　黑河上游站主要监测内容有:微气象、冰川水文、寒漠水文、冻土水文、雪水文、灌丛水文、森林水文、河流水文、地下水、生态等(表1.18)。

表 1.18 黑河上游站主要监测内容
Table 1.18 **Main measured contents in Heihe upstream station**

监测类型	主要监测内容
微气象	降水类型及降水量、气温、相对湿度、风速、风向、气压、日照时数、4 分量辐射、地表温度、地温、土壤含水量、地热通量
冰川水文	八一及十一冰川物质和能量平衡、反照率、冰面温度、冰湖水位、水温、冰川摄影(雪冰区分)
寒漠水文	降水、蒸发、凝结、入渗、SVATs 系统、小流域径流
冻土水文	地表温度观测场、冻结深度、多层地温及含水量、地热通量、径流场、小流域流量
雪水文	DFIR 双层隔栅积雪对比观测场、雪深、密度、含水量、积雪面积空间分布摄影测量、升华
灌丛水文	灌丛截留、穿透雨、蒸散、灌丛径流场
森林水文	茎秆流、穿透雨、郁闭度、林内蒸发、树木蒸腾、叶面积指数
地下水	水位、水温
河川径流	流速、水深、泥沙含量、水温
同位素水文	降水、泉水、融水、地下水及河水氢、氧同位素监测
土壤微生物	BIOLOG(土壤多样性指标、功能性指标)、土壤微生物生物量氮及碳、土壤理化性质
植被	草地种类组成、盖度、高度、密度、灌木生物量、地径、叶面积、乔木胸径、叶面积

5. 唐古拉冰冻圈水文综合观测研究站

简称唐古拉站。位于长江源区、唐古拉山山口附近的冬克玛底小流域(图 1.19)。流域地处青藏高原腹地唐古拉山中段山区,是长江源区具典型代表性的高寒山区流域,流域面积 50.96 km²。流域呈东北—西南走向,东北方向海拔高(最高点海拔为 6104 m),发育着两个分支的冬克玛底冰川,冰川积雪融水汇聚的冬克玛底河就发源于此。顺河流而下,海拔高度逐渐下降为流域终点处的 5000 m,河谷谷地受古冰川作用平坦开阔。该流域没有明显的四季之分,仅有寒、暖二季之别。冬半年在西风环流控制下,寒冷晴燥而又多风,冷季长达 8 个月(10月至翌年 5 月);夏半年受西南印度洋暖湿气流影响,气候温凉较湿润。暖季仅有 4 个月(6—9月)。流域年平均气温为 −6.0℃,年平均相对湿度为 65%,年降水量 500 mm 左右,降水集中于 6—9 月。高寒草甸和高寒沼泽草甸是该区面积最大、分布最广的两种植被类型。植被普遍比较低矮,多在 5～10 cm。物种组成以莎草科、禾本科、菊科和豆科植物较多,植被生活型组成均以耐低温的多年生草本植物为主。高寒草甸随着环境梯度变化景观上呈现不同程度退化状态。

唐古拉站位于高原腹地的唐古拉山冬克玛底河流域,平均海拔在 5000 m 以上,流域内冰川、多年冻土、积雪等冰冻圈要素齐全,寒区植被较为典型,湖泊、河流等水文过程受冰冻圈和生态变化影响显著,是开展冰冻圈变化对寒区水文、生态过程影响观测试验的理想场所。冬克玛底冰川与气候环境观测始于 1989 年并且一直延续至今,是青藏高原唯一的、我国第二个长期监测的冰川。

唐古拉站主要监测项目有:自动气象观测、冰川观测、冻土观测、水文观测、植被样方观测等(表 1.19)。

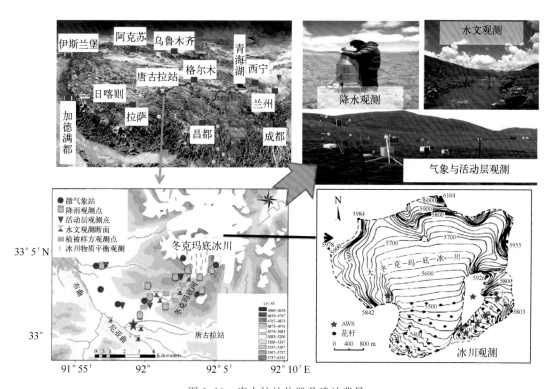

图 1.19　唐古拉站位置及建站背景

Fig. 1.19　Tanggula station and its background messages

表 1.19　唐古拉站主要监测内容

Table 1.19　Main measured contents in Tanggula station

监测类型	主要监测内容
降水	降水对比观测(降水修正),降水梯度变化观测(海拔 5100~5600m),山区降水分布观测
冰川	冰川物质平衡观测(花杆),梯度能量平衡观测(海拔 5400 m,5500 m,5600 m,5700 m,单层风湿温、辐射平衡、雪深、红外冰雪面温度),冰面涡动相关(海拔 5500 m),冰川温度(10 m),冰川运动,冰舌末端变化,冰川形态,冰川体积(探地雷达),冰川面积
冻土	不同植被盖度土壤温湿廓线(1.5 m),土壤热导率,土壤水势,土壤水分 pH 值,土壤水分电导率,土壤质地,土壤蒸渗,能量平衡观测(双层风湿温、辐射平衡、雪深、红外冰雪面温度),冻土活动层厚度变化,人工气象常规观测
水文	冰舌末端水文断面,悬冰川水文断面,冻土小流域断面,大本营断面,冬克玛底河流域断面,尼亚曲河断面,布曲河断面(径流流速、水位、电导率、水温)
积雪	雪盖面积变化、雪深、积雪密度、雪水当量、积雪含水量
生态	植被样方、样地物种数和频度、植被类型、植被盖度、植被高度、NDVI、土壤碳氮含量、地上地下生物量、OTC 增温实验
冰雪水化学	雪冰、降水样品稳定同位素组成、主要可溶性离子、微量元素、悬移质、pH 值、电导率、碱度

6. 寒旱区遥感监测试验站

简称遥感站。位于甘肃省张掖市甘州区党寨镇的张掖市绿洲现代农业试验示范区,是中国科学院设立在中国西部的第一个以遥感科学为主要观测和研究对象的野外试验站(图1.20)。

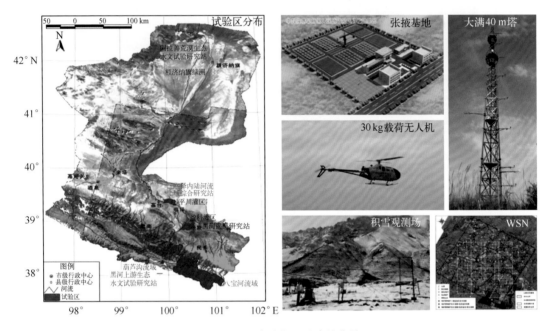

图 1.20　遥感站位置及建站背景

Fig. 1.20　Remote sensing station and its background messages

遥感站的地面观测系统架构为:"基地—试验区—区域"的观测和试验模式。张掖基地位于中游绿洲试验区内,上接上游寒区试验区,下连下游荒漠绿洲试验区,交通位置便利,与张掖军民两用机场仅 20 km 路程,周边数十千米内有水库、沙漠、戈壁等用于机载传感器定标的理想场地,位于国家设置在敦煌和青海湖两个卫星定标场的中间。观测试验场区包括:八宝河流域冻土水文遥感试验区、葫芦沟流域积雪水文遥感试验区、盈科灌区生态水文遥感试验区、平川灌区生态水文遥感试验区、阿拉善荒漠生态遥感试验区。这些试验区以遥感站为主,依托流域上中下游定位站联合两种方式进行建设和维护。遥感站定位于寒旱区生态与水文试验遥感基地和寒旱区定量遥感产品真实性检验基地,重点开展寒旱区遥感机理研究、遥感产品生产与检验和遥感产品应用研究。

遥感站主要监测项目有:气象数据、通量观测、土壤温湿度廓线、大气气溶胶厚度、地物光谱、遥感产品地面验证观测(表1.20)。

表 1.20　遥感站主要监测内容

Table 1. 20　Main measured contents in remote sensing station

监测类型	主要监测内容
气象数据	风、温、湿、压、四分量辐射(反照率)、PAR,地表红外温度,降水量,雪深
通量观测	涡动测量地表感热、潜热和 CO_2 通量
土壤温湿	3 层土壤热通量、6 层土壤温度和湿度、COSMOS(600 m 直径内)
大型蒸渗	土壤蒸发($2 \ m^2$、2.5 m 深)
大气光学	大气气溶胶厚度(SPUV 太阳分光光度计)
地物光谱	地面光学特征观测
遥感产品地面验证观测	土壤温湿度、地表温度观测网(无线传感器网络 50 套)、雪深观测网(无线网络 50 套)

上篇

生态过程

第 2 章　植被动态及时空变化

2.1　沙坡头地区人工固沙植被时空变化特征

这里所说的沙坡头地区是指以中国科学院沙坡头沙漠试验研究站为中心,东到中卫绿洲东缘,西至甘肃和宁夏交界处的营盘水,南到香山北麓,北至内蒙古阿拉善左旗的通湖山及腾格里乡。全区处于腾格里沙漠东南缘,东西长 80 余 km,南北约 41 km,总面积超过 3000 km²。包兰铁路沿东西走向穿过本区。

该区地处荒漠与荒漠化草原过渡地带,有平原、山地、湖盆滩地、黄河阶地和固定、半固定及流动沙地、沙丘等多种地形地貌。土壤类型则包括灰棕钙土、灰钙土、草甸土、沼泽土、耕作土及风沙土等。自然背景生态复杂多样。

2.1.1　研究区概况

1. 沙坡头地区的天然植被

沙坡头地区的天然植被主要有 5 大类型共 22 个类型(植物群系),如表 2.1 所示。

表 2.1　沙坡头地区主要天然植被类型

Table 2.1　The major vegetation types in Shapotou area

植被类型	植被群系
灌丛	温性落叶阔叶灌丛、多枝柽柳灌丛、白刺灌丛
荒漠草原	短花针茅、猫头刺草原;骆驼蓬、猫头刺与牛心朴子草原;狭叶锦鸡儿草原
灌木荒漠和半灌木荒漠	灌木荒漠主要包括沙冬青荒漠,霸王和荒漠锦鸡儿,柠条荒漠和川藏锦鸡儿荒漠;半灌木荒漠、小半灌木荒漠主要包括红砂、珍珠荒漠,珍珠、红砂荒漠,驼绒藜荒漠,合头草、红砂荒漠,盐爪爪荒漠和籽蒿荒漠
草甸	包括典型草甸、沼泽化草甸和盐生草甸。典型草甸主要为拂子茅草甸,沼泽化草甸主要是苔草草甸,盐生草甸则主要包括赖草草甸和芦苇草甸
沼泽	芦苇沼泽和香蒲沼泽

2. 沙坡头地区的人工植被

20 世纪 50 年代中期筑建的包兰铁路,银川至兰州段有 6 次穿越腾格里大沙漠,总计超过40 km。其中沙坡头地区迎水桥至孟家湾长达 16 km 的地段,为高大的格状新月形流动沙丘。为了保障铁路畅通、防止路基受到沙害的威胁,中国科学院沙坡头站于 1956 年正式建立。经过科研人员无数次的科学实验,探索和建立了"以固为主、固阻结合"的人工植被建立模式,在沙坡头地区沿包兰铁路两侧建立了无灌溉人工植被防护体系,保障了包兰铁路自通车以来的安全运营,收到了良好的经济和社会效益,于 1988 年获得国家科技进步特等奖。这一技术模式先后在国内外风沙灾害较大的地区广泛推广,获得了巨大效益。

为了选择合适的固沙植物,先后从100余种固沙植物种筛选出8种主要的固沙灌木,包括柠条、油蒿、花棒、黄柳、头状沙拐枣、乔状沙拐枣、沙木蓼、中间锦鸡儿。在人工植被建立过程中,主要采用了油蒿、柠条和花棒。经过近60余年的变化,目前沙坡头人工植被已经由最初的单纯的人工灌木演变成由灌木、草本和隐花植物组成的半天然复合植被系统。

2.1.2　人工植被的变化

在年降水量200 mm左右的沙漠化和流动沙漠影响区,是否可通过适度的人工干预、依靠天然降水重建和维持一个相对稳定的生态系统,以起到恢复生态和稳固流沙的目的,这既是一个十分基础性的科学问题,也是具有重大实践意义的应用科学问题。在腾格里沙漠边缘包(头)兰(州)铁路穿越的流动沙漠区,近60余年以来针对植被固沙与生态系统恢复监测结果表明,在这样干旱环境下通过人为促进实现流沙固定是完全可能的。

在固沙植被建立初期,在沙面扎设草方格使流沙得到初步固定。但此时由于沙面蒸发强烈,沙面形成较厚的干沙层(10~25 cm),在无灌溉条件下种植草本不易成活,而旱生灌木幼苗由于较草本植物根系深,栽植时根系处于较深的湿沙层,其次灌木抵抗沙区冬春季节的风蚀能力也较强,因此在植被建设时选择灌木种进行栽植。在此期间植被组成中出现的草本植物仅为流沙中原有的天然零星分布的一年生沙米。当栽植灌木3 a后,草本植物开始在灌木植被区萌发和定居,优势种仍以在流沙上散生的沙米为主,其盖度小于1‰;植被建立5 a后,一些一年生草本如雾冰藜、小画眉草、叉枝鸦葱等开始在群落中定居。固沙植被建立15 a后灌木层的最大盖度达到33‰,随着进一步的演变,一些灌木种如中间锦鸡儿、沙木蓼和沙拐枣等从原来植被中逐渐退出。30 a后,草本植物种达到14种,其中除了雾冰藜、小画眉草仍为优势种外,沙蓝刺头、三芒草、狗尾草、刺沙蓬、虫实在植被区成为常见种,一些种禾本科多年生草本如沙生针茅也在植被区出现。50余年后灌木的盖度也逐渐下降至9‰。此时植被生态系统已基本达到稳定状态(图2.1~图2.6)。

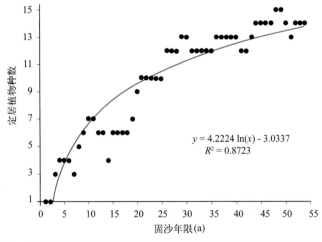

图 2.1　腾格里沙漠东南缘流沙固定后定居植物种数随时间的动态变化
Fig. 2.1　Variation of the plant species with the time of the sand stabilization in southeastern fringe of the Tengger desert

　　由图 2.1 可知,固沙植被建立后 30～47 a 间,草本种的丰富度一直介于 12～15 种。而相邻天然植被组成成分中草本种多达 34 种。这在一定程度上反映了植物多样性的恢复是一个漫长的过程。

　　由图 2.2 可看到,从草本植物的侵入和定居开始以来,草本植物盖度随时间有逐渐增加的趋势;灌木植被在固沙植被建立 15 a 后最大盖度达到 33%,随着进一步演变,一些灌木种从原来植被中逐渐退出,40 余年后灌木的盖度下降至 9%。总体来看,固沙植被建立后 20 a 左右,定居植被物种数持续增加,草本盖度在波动中增加,说明草本植被在此生态系统演化中变化较大,灌木物种逐渐减少。表明了在这样干旱的环境下,灌木在初期起到稳定流沙的作用后,由于水分条件的限制,它为适于定居的草本植物提供了较稳定的生态寄居环境后会逐渐退出不适应其长期生存的干旱环境,随之而入的草本植被将向适宜其稳定定居的物种方向演化。

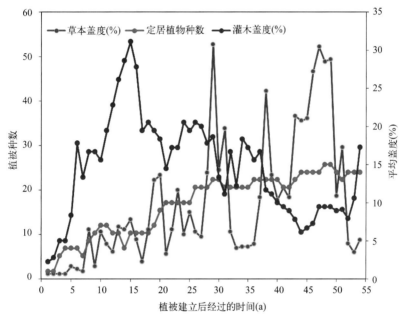

图 2.2　腾格里沙漠东南缘流沙固定后固沙植被盖度随时间的动态变化

Fig.2.2　Variation of the plant cover following the sand stabilization

in southeastern fringe of the Tengger desert

　　由图 2.3 可知,从草本植物的侵入和定居开始到 50 余年的时间内,草本植物盖度随时间有逐渐增加的趋势,但与年降水量有较高的相关性。

　　固沙植被建立 15 a 以后,一些灌木开始退出,40 余年后灌木的盖度下降至 9%。而植被中灌木的盖度与年降水量无显著的相关关系(图 2.4)。

　　固沙植被建立 15 a 以后,灌木盖度与深层土壤含水量呈显著相关($P<0.05$),而与浅层土壤含水量相关性不显著($P>0.05$)(图 2.5)。

　　固沙植被建立 15 a 后,草本植物的盖度与浅层土壤含水量密切正相关($P<0.05$),而与深层土壤含水量无显著相关($P>0.05$)(图 2.6)。

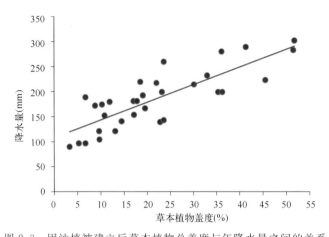

图 2.3　固沙植被建立后草本植物总盖度与年降水量之间的关系

Fig. 2. 3　The relationship between herb cover and the annual rainfall amounts following the sand stabilization

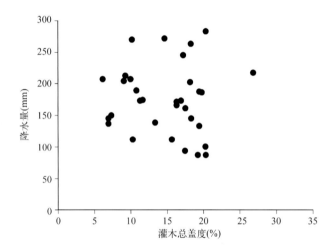

图 2.4　固沙植被建立 15 a 后灌木总盖度与年降水量之间的关系

Fig. 2. 4　The relationship between shrub cover and the annual rainfall amounts since 15 years following the sand stabilization

　　人工植被建立后随着植被演替的进行,群落的结构由单一的灌木半灌木组成到一年生草本层逐渐占优势的复杂结构。由于土壤深层水分含量的下降驱使深根系的灌木从群落中逐渐退出,使植被中的灌木盖度和生物量随演替的时间呈降低的趋势,但植被组成中物种在增多。可以看出,经过 40 余年后植被组成中新种侵入的概率逐渐变小,种的组成渐趋一个相对的平衡状态(种数介于 12~14 之间),其中除油蒿更新较好外,其余均为一年生植物,如小画眉(*Eragrostis poaeoides*)、雾冰藜(*Bassia dasyphylla*)、虫实(*Corispermum sp.*)、刺沙蓬(*Salsola rthenica*)、三芒草(*Arstida adscensionis*)等。值得注意的是,沙生针茅的出现和黄河阶地老固沙区本氏针茅(*Stipa bungeana*)的出现,使人工植被草原化特征日趋明显。

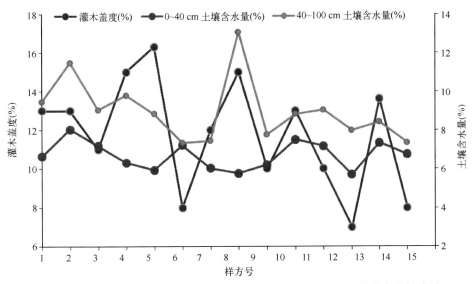

图 2.5　人工固沙植被区灌木盖度与 0～40 cm 和 40～100 cm 土壤含水量的关系

Fig. 2.5　The relationship between shrub cover and the soil water contents
in the soil layers of 0～40 cm and 40～100 cm in the revegetated area

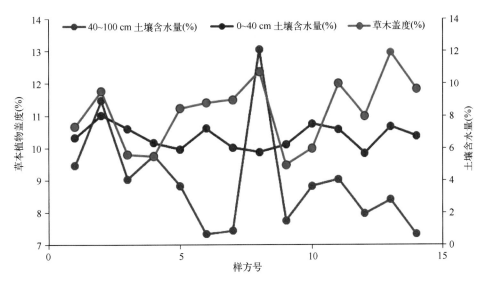

图 2.6　人工固沙植被区草本植物盖度与 0～40 cm 和 40～100 cm 土壤含水量的关系

Fig. 2.6　The relationship between herb cover and the soil water content
in the soil layers of 0～40 cm and 40～100 cm in the revegetated area

　　总之，经过 50 a 的演变，固沙植被系统中隐花植物拓植繁衍到 40 种，草本 16 种，动物种方面，鸟类 28 种，昆虫 50 种，大型动物 23 种(图 2.7)。植物种的组成趋于动态平衡，植物多样性在时间尺度上的变化表现出随群落演替的进程而增加，1956 年建立的人工植被多样性指数达到 $D = 0.706～0.822$ 或 $H' = 1.393～1.893$，1987 年建立的人工植被其多样性仅为 $D = 0.501～0.702$ 或 $H' = 0.819～1.074$；β 多样性的测度表明，沙坡头地区人工植被在其演变的历程中经历了 2 次物种周转速率较快的阶段，这一特点与植被演替密切相关。

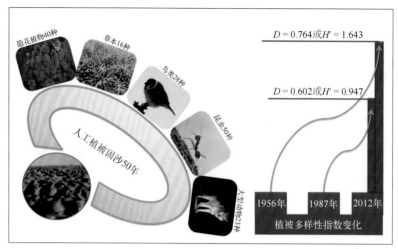

图 2.7　人工植被固沙 50 a 成效示意图

(图中 D 为辛普森植物多样性指数，H' 为香农植物多样性指数)

Fig. 2.7　Diagram of effect of artificial sand fixing revegetation in recent 50 years

2.2　科尔沁沙地长期封育植被动态过程

2.2.1　研究区概况

1. 地理环境

试验研究在中国科学院奈曼沙漠化研究站完成。研究区位于内蒙古通辽市奈曼旗境内，地处科尔沁沙地腹地，地理位置 $120°19' \sim 121°35'$ E，$42°14' \sim 43°32'$ N，海拔 $340 \sim 360$ m，代表中国北方半干旱地带东部农牧交错地区以风力作用为主的荒漠化土地，地表由深厚的沙质沉积物组成，厚度在 $20 \sim 120$ m。属大陆性半干旱气候，年均气温 6.4℃，≥10℃ 年积温 3151.2℃，无霜期 151 d。年均降水量 364.6 mm，年均蒸发量 1972.8 mm，年平均风速 3.5 m·s^{-1}，大风日数 $20 \sim 60$ d。原生景观为沙地疏林草原，植被盖度在各个地区随人为活动强度的大小而有所差异，在 5%～50% 之间。由于近 200 余年来过度农垦、放牧和樵采破坏植被，导致固定沙丘不同程度的活化，而呈现出流动沙丘、半流动沙丘与固定沙丘相间的景观。大致流动沙丘占沙区面积的 17.8%，半流动沙丘占 22.5%，半固定沙丘占 34%，固定沙丘占 25.7%。近几十年来，沙质荒漠化发展迅速，20 世纪 50 年代末期沙漠化土地占这一地区土地面积的 20%，70 年代中期发展到占 53%，而到 80 年代末期则占 77.6%。植被也普遍处于"疏林草场→灌丛＋多年生禾草→多年生禾草、蒿类草原→蒿类、杂类草草原→沙生植被"的逆行演替之中。目前，疏林草原的原生景观植被已消失殆尽，而代之以沙生植物为优势种的杂草群落。

农田大多位于沙质草甸地或坨间缓坡地，土壤类型主要为退化的沙质栗钙土和风沙土，其特点是沙物质含量高，养分含量低，保水保肥性能差，土壤中沙粒含量占 60%～98%，极易遭受风蚀，尤其在干旱多风的春季，风蚀更为强烈。成为中国北方沙质荒漠化严重的地区之一。

2. 沙漠化与草地退化特征

根据中国科学院寒区旱区环境与工程研究所对沙漠化不同阶段的划分标准(赵哈林，

2003)，以及科尔沁沙地的实际情况，本研究中样地类型划分为 5 个沙漠化阶段，即：潜在沙漠化(potential desertification)、轻度沙漠化(light desertification)、中度沙漠化(moderate desertification)、重度沙漠化(severe desertification)和严重沙漠化(most-severe desertification)。不同沙漠化阶段所对应的典型样地及其植物群落优势物种组成见表 2.2。

表 2.2　科尔沁沙地不同沙漠化阶段植物群落组成

Table 2.2　Vegetation community composition in different desertification stages in Horqin sandy land

样地	沙漠化程度	优势植物	植被盖度(%)
丘间低地	潜在沙漠化	小叶锦鸡儿(*Caragana microphylla*)、冷蒿(*Artemisia frigida*)、糙隐子草(*Cleistogenes squarrosa*)、胡枝子(*Lespedeza davurica*)、狗尾草(*Setarria viridis*)	>70
固定沙丘	轻度沙漠化	小叶锦鸡儿、黄蒿(*Artemisia scoparia*)、狗尾草、猪毛菜(*Salsola collina*)、灰绿藜(*Chenopodium glaucum*)	50~70
半固定沙丘	中度沙漠化	差巴嘎蒿(*Artemisia halodendron*)、狗尾草、扁蓿豆(*Melissitus ruthenicus*)、地锦(*Euphorbia humifusa*)	30~50
半流动沙丘	重度沙漠化	差巴嘎蒿、狗尾草、白草(*Pennisetum centrasiaticum*)	10~30
流动沙丘	严重沙漠化	沙米(*Agriophyllum squarrosum*)	<10

科尔沁沙地植被的破坏是相当严重的，面积锐减，生态系统功能退化严重。垦荒是对天然植被破坏最严重的一种形式。它对植被和地被的破坏是极其迅速和毁灭性的，垦荒造成的植被破坏在短期很难恢复。由于受传统的轮闲耕作的影响，科尔沁沙地的滥垦问题相当严重。据统计，科尔沁的撂荒地和轮耕轮歇地每年达 40 万 hm²，占通辽市可利用草地面积的 10.8%。扎鲁特旗原分布大面积连片成林的山杏，科左中旗和科左后旗坨沼地密集丛生天然榆树林，都是由于垦荒和滥伐全部被破坏，成了流沙地。

由于沙漠化的不断发展，风沙危害对植被的破坏也相当严重。风吹沙打可造成不耐风沙的植物迅速消亡，使群落结构简化，盖度和生产力下降，严重时只能生长一些雨季植物或喜沙埋的沙地先锋植物。沙埋是沙丘移动过程中对植被的一种破坏方式，其破坏程度要比风吹沙打严重得多，它可导致植被的彻底毁灭。由于风沙危害和超载过牧等自然和人为因素的共同作用，科尔沁沙地草地植被退化相当严重。仅据奈曼旗调查，全旗沙地草场退化面积达 20.76 万 hm²，占全旗可利用草场面积的 90.7%，其中轻度退化面积 8.26 万 hm²，占退化草场总面积的 39.8%；中度退化面积 7.23 万 hm²，占 34.8%；重度退化面积 5.27 万 hm²，占 25.4%。据统计，近 40 a 通辽市流沙已吞没草场 40 万 hm²、农田 26.7 万 hm²，可见沙埋危害之严重。

沙地草场植被的退化，是群落建群种逐步更替，植被盖度、密度和地上生物量逐步下降的过程。从榆树(*Ulmus pumila*)疏林草场的退化过程看，在草地发生轻度退化时，群落种的饱和度由 30~35 种降至 25~30 种，榆树逐步消失或呈灌丛状，灌木层和草本层盖度均有增加，但产量大幅度下降。在草场中度退化时，群落植物种降至 15~20 种，小叶锦鸡儿(*Caragana microphylla*)由优势种降为亚优势种，冷蒿(*Artemisia frigida*)、糙隐子草(*Cleistogenes squarrosa*)消失，差巴嘎蒿(*Artemisia halodendron*)地位增强，此时植被高度、盖度和草群产量均大幅度下降(表 2.3)。如果草场进一步退化，则差巴嘎蒿、黄柳(*Salix gordejevii*)成为群落建群种，沙蓬(*Agrophyllum squarrosum*)、虫实(*Corispermum* sp.)、猪毛菜(*Salsola colina*)

等一年生杂类草在草本层中占优势。重度退化草场的植被盖度和草层高度及产量都最低,其中产量不到正常草场的 1/3。在草场退化过程中,草群质量明显下降。如重度退化草场产草量中,低劣牧草的比重占到 35.5%,而正常草场只占 20.5%。但和植被高度和产量等指标变化相比,草场质量的下降相对较小。

表 2.3　不同退化程度沙地草场群落退化特征

Table 2.3　Degradation character of sandy grassland communities with different degree of degradation

类群		正常草场	轻度退化草场		中度退化草场		重度退化草场	
			数值	占正常草场(%)	数值	占正常草场(%)	数值	占正常草场(%)
草群高度(cm)	灌木层	91.2	70.8	77.6	77.4	84.9	90.2	77.0
	草本层	20.9	25.6	122.5	18.2	87.1	17.3	82.8
植被盖度(%)	乔木层	5.2	—	—	—	—	—	—
	灌木层	22.0	27.2	123.6	28.2	128.2	21.0	95.5
	草本层	25.3	39.0	154.2	17.5	69.2	7.3	28.9
	总盖度	46.0	55.0	119.6	30.0	65.2	26.0	56.5
鲜草产量 (kg/hm²)	灌木	1635.0	1174.5	718.0	1672.5	102.2	78.3	47.9
	草本	2602.5	1572.0	60.4	67.2	0.26	426.8	16.4
	合计	4237.5	2746.5	64.7	2344.5	55.2	1209.0	28.5

3. 观测试验期的降水特征

2004—2012 年针对不同草地类型开展了降水与植被动态观测研究。2004—2012 年生长季(5—9 月份)降雨量变化表明,科尔沁沙地降雨在年际间存在着较大的波动变化,变异系数为 24.7%(图 2.8)。由年生长季降雨量计算得到,2004 年为 249.2 mm,2005 年为 287.8 mm,2006 年为 224.5 mm,2007 年为 315.5 mm,2008 年为 201.1 mm,2009 年为 173.3 mm,2010 年为 236.6 mm,2011 年为 222 mm,2012 年为 376.9 mm。2012 年生长季降雨量超过 2004 年

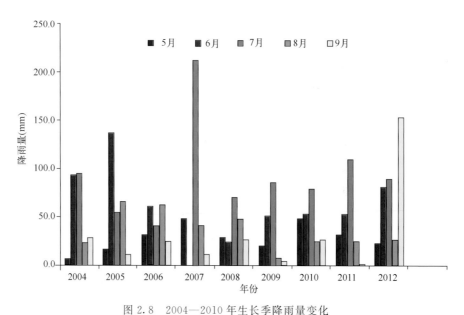

图 2.8　2004—2010 年生长季降雨量变化

Fig. 2.8　Variation of precipitation in growing season during 2004—2010

来的以往年份同期降雨量,比以往年份(2004—2011 年)分别增加了 51.3%、31.0%、67.9%、19.5%、87.4%、117.5%、59.3% 和 69.8%。2012 年 5、6、7、8 和 9 月份降雨量也存在波动变化,分别为 23.2 mm、82.2 mm、91.0 mm、26.7 mm 和 153.8 mm,5、6、7 月份降雨量占生长季降雨量的 52.1%,这一比例虽然低于以往年份同期降雨量占生长季降雨量的比例,但与 2004 年、2011 年同期降雨量差别不大,高于除 2005 年和 2007 年外的其他年份;8 月份降雨仍然偏少,比较干旱;9 月份生长末期降雨较多,降雨量占生长季的 40.8%。这些分析结果表明,2004—2012 年的生长季内降雨量分配极不均匀,降雨仍然主要集中在植物生长的 5、6、7 月份。

2.2.2　降水与草地植被动态的关系

1. 沙质草地

沙质草地丰富度、盖度、高度、生物量与降雨量月动态变化如表 2.4 所示。从 5 月份到 9 月份,物种丰富度小于 20 种,丰富度在 7 月份达到最大值 19 种;植被盖度、高度和生物量从 5 月份到 8 月份逐渐增加,高度和生物量在 8 月末达到最高值;盖度从 5 月份到 9 月份表现出逐渐增加的趋势,9 月份达到最高值(表 2.4,图 2.9)。由相关性分析得到,生物量与盖度和高度的关系显著($P<0.05$)(表 2.5)。这些结果表明,除了降雨能够影响植被的生长外,其他一些因素,如地形、土壤和物种中的竞争等影响到了植被的生长状况。

表 2.4　沙质草地植被月动态变化特征
Table 2.4　Monthly variation character of sandy grass land vegetation

月份	丰富度(种)	盖度(%)	高度(cm)	生物量(g/m²)	降雨量(mm)
5	12	19.5	9.58	10.199	23.2
6	15	42.0	24.92	59.553	82.2
7	19	49.0	32.67	108.530	91.0
8	16	51.0	38.27	164.822	26.7
9	16	51.5	32.53	123.740	153.8

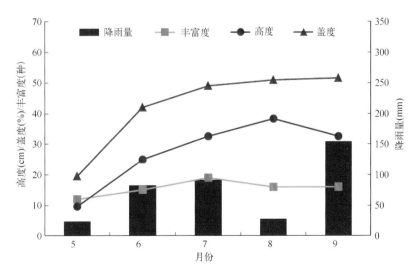

图 2.9　沙质草地物种丰富度、植被盖度和高度月动态与降雨量的变化
Fig. 2.9　Relationship of precipitation and monthly dynamic of
vegetation abundance, coverage and height of sandy grass land

表 2.5　沙质草地植被特征与降雨量的相关系数

Table 2.5　Relative coefficient of precipitation and vegetation character of sandy grass land

	丰富度	盖度	高度	生物量	降雨量
丰富度	1				
盖度	0.83	1			
高度	0.81	0.97**	1		
生物量	0.69	0.90*	0.97**	1	
降雨量	0.46	0.55	0.36	0.25	1

注：*：$P<0.05$；**：$P<0.01$。

2. 固定沙地

固定沙地植被丰富度、盖度、高度、生物量和降雨量月动态变化如表 2.6 所示。5—7 月份，丰富度、高度和生物量表现出逐渐增加的趋势（表 2.6，图 2.10）。物种丰富度在 7 月份达到最大值为 20 种，9 月份丰富度下降为 17 种；生物量在 7 月份达到最大；盖度和高度 8 月份最大。这些结果看出，在 7、8 月份物种丰富度、盖度和生物量高于植物生长末期的 9 月份。这些结果与 2011 年相比，除 9 月份外，5、6、7 和 8 月份生物量都有所增加；2012 年 7、8 和 9 月份的丰富度、盖度、高度比 2011 年同期要高一些。由相关性分析表明（表 2.7），丰富度和盖度与生物量关系显著（$P<0.05$），植被特征与降雨量之间的关系不显著（$P>0.05$）。

表 2.6　固定沙地植被月动态变化特征

Table 2.6　Monthly variation character of sand-fixed land vegetation

月份	丰富度(种)	盖度(%)	高度(cm)	生物量(g/m²)	降雨量(mm)
5	13	39.0	7.33	44.01	23.2
6	17	51.5	13.58	72.60	82.2
7	20	53.5	17.86	116.06	91.0
8	19	55.5	18.51	90.93	26.7
9	17	49.0	19.17	72.23	153.8

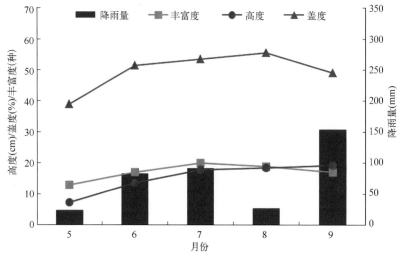

图 2.10　固定沙地物种丰富度、植被盖度和高度月动态与降雨量的变化

Fig. 2.10　Relationship of precipitation and monthly dynamic of vegetation abundance，coverage and hight of sand-fixed land

表 2.7　固定沙地植被特征与降雨量的相关系数

Table 2.7　Relative coefficient of precipitation and vegetation character of sand-fixed land

	丰富度	盖度	高度	生物量	降雨量
丰富度	1				
盖度	0.95 *	1			
高度	0.86	0.84	1		
生物量	0.96 **	0.84	0.75	1	
降雨量	0.28	0.21	0.56	0.22	1

注 * : $P<0.05$; ** : $P<0.01$。

3. 流动沙地

流动沙地丰富度、盖度、高度、生物量和降雨量月动态变化如表 2.8 所示。从 5 月到 9 月份，物种丰富度保持在 12 种左右；从 5 月到 7 月份，盖度、高度和生物量波动增加，7 月份盖度、高度和生物量均达到最大值（表 2.8，图 2.11）。由这些结果可以看出，2012 年各月份丰富度要比 2011 年同期高；7、8 和 9 月份盖度、高度和生物量均低于 2011 年；5、6 月份的盖度高于 2011 年，而高度也小于 2011 年；2011 年和 2012 年 6 月份生物量相差不大。由相关性分析看出（表 2.9），植被特征之间及与降雨量之间的关系不显著，表明植被变化不仅受降雨影响，还受外界其他因素的影响。

表 2.8　流动沙地植被特征月动态变化

Table 2.8　Monthly variation character of shifting sandy land vegetation

月份	丰富度（种）	盖度（%）	高度（cm）	生物量（g/m²）	降雨量（mm）
5	10	15.8	6.11	3.434	23.2
6	10	17.1	6.50	6.301	82.2
7	11	17.2	7.52	6.858	91.0
8	12	14.5	7.39	5.329	26.7
9	9	10.2	6.22	1.707	153.8

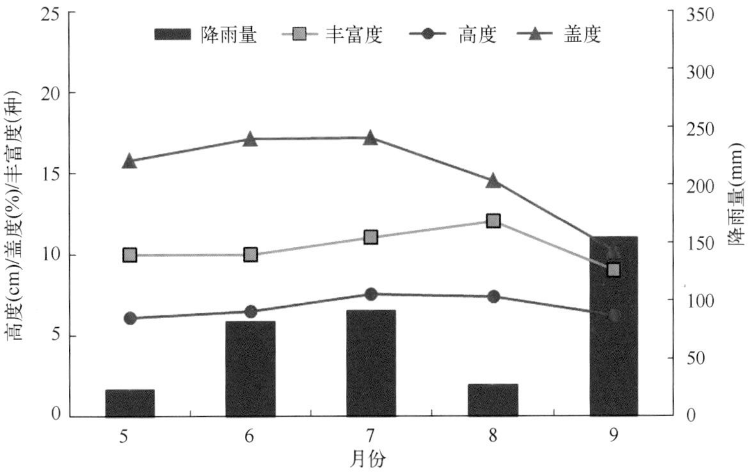

图 2.11　流动沙地物种丰富度、植被盖度和高度月动态与降雨量的变化

Fig. 2.11　Relationship of precipitation and monthly dynamic of vegetation abundance, coverage and hight of shifting sand

表 2.9　流动沙地植被特征与降雨量的相关系数

Table 2.9　Relative coefficient of precipitation and vegetation character of shifting sand

	丰富度	盖度	高度	生物量	降雨量
丰富度	1				
盖度	0.46	1			
高度	0.86	0.38	1		
生物量	0.65	0.86	0.72	1	
降雨量	−0.65	−0.56	−0.20	−0.34	1

注：$P < 0.05$。

2.2.3　封育对草地植被动态的影响

1. 沙质草地

随着植被的封育恢复，沙质草地的物种丰富度、盖度和生物量在波动变化（表 2.10，图 2.12），

表 2.10　沙质草地植被年际变化

Table 2.10　Annual dynamic of sand grass land vegetation

年份	月份	丰富度（种）	盖度（%）	高度（cm）	生物量（g/m²）
2004	8	16	40.0	18.50	177.28
2005	8	18	60.0	24.10	189.97
2006	8	21	66.0	25.14	174.03
2007	8	23	71.5	23.78	97.30
2008	8	11	45.0	30.06	72.96
2009	8	13	49.0	38.42	106.69
2010	8	20	53.5	41.04	212.39
2011	8	13	61.5	38.13	247.64
2012	8	16	51.0	38.27	164.82

注：高度为样方内物种高度的平均值，以下图表中均相同。

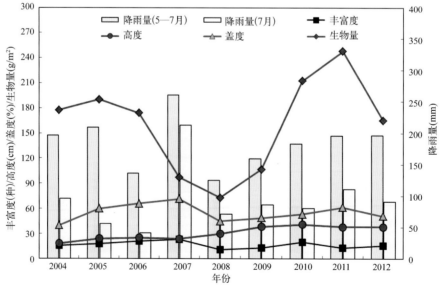

图 2.12　沙质草地物种丰富度、植被盖度和高度年际动态与降雨量的变化

Fig. 2.12　Relationship of precipitation and annual dynamic of vegetation abundance，coverage and height of sandy grass land

植被高度从 2004—2012 年在波动增加；而 2008 年和 2009 年出现的低值，主要是由于 2008 年的病虫害和 2009 年 8 月份的严重干旱影响。植被特征与 5—7 月份降水总量的关系分析表明，植被特征与降雨量无相关关系（$P>0.05$）。

沙质草地是科尔沁沙地内生境相对较好、植被稳定性相对较高的群落类型，由于降雨、物种竞争和群落演替恢复作用，2012 年沙质草地内是以黄蒿、尖头叶藜、狗尾草、芦草和白草等植物为主的杂草群落，而且黄蒿和狗尾草优势度特别明显。

2. 固定沙地

随着植被的封育恢复，固定沙地的物种丰富度、盖度和高度在波动变化中增加（表 2.11），生物量从 2004—2011 年在波动变化。植被特征与降水的关系分析表明，植被特征与 5、6、7 月份的降雨总量没有相关关系（$P>0.05$）（图 2.13）。这些结果表明，在沙丘的固定恢复过程中，除自然气候因素外，外界干扰如风沙活动及地形和土壤等因素也决定植被的动态特征。

表 2.11　固定沙地植被年际变化

Table 2.11　Annual dynamic of vegetation in sand-fixed land

年份	月份	丰富度（种）	盖度（%）	高度（cm）	生物量（g/m²）
2004	8	13	35.0	12.27	77.94
2005	8	15	53.0	12.58	114.43
2006	8	17	61.0	14.60	82.56
2007	8	20	54.0	10.75	59.38
2008	8	12	52.5	22.47	77.41
2009	8	15	45.0	16.80	71.42
2010	8	17	54.0	24.60	84.69
2011	8	17	47.5	17.49	61.54
2012	8	19	55.5	18.51	90.93

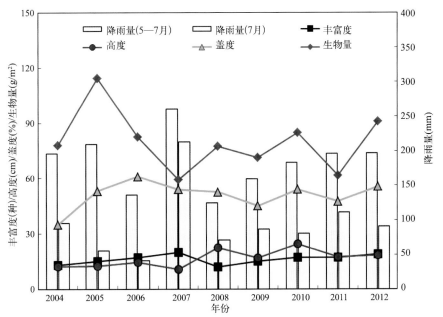

图 2.13　固定沙地植被丰富度、盖度和高度年际动态与降雨量的变化

Fig. 2.13　Relationship of precipitation and annual dynamic of vegetation abundance，coverage and height in sand-fixed land

3. 流动沙地

流动沙地植被2004—2012年的动态变化如表2.12所示。其中,2012年物种丰富度高于以往年份,达到历年来的最大值;盖度比2005、2009、2010和2011年有所下降,与其余年份相比有所增加;高度和生物量达到历年来的最低值(图2.14)。总体来看,流动沙地物种丰富度维持波动变化,盖度在波动增加;然而,高度和生物量在2012年很低,这可能与自然状况下的放牧干扰和风沙活动有关。

表 2.12　流动沙地植被年际变化

Table 2.12　Annual dynamic of vegetation in shifting sandy land

年份	月份	丰富度(种)	盖度(%)	高度(cm)	生物量(g/m²)
2004	8	7	12.0	11.67	28.93
2005	8	7	15.0	18.28	90.74
2006	8	9	9.5	13.38	17.42
2007	8	7	8.1	10.26	12.91
2008	8	8	17.0	16.26	9.81
2009	8	9	24.0	11.89	13.46
2010	8	11	25.5	11.26	12.48
2011	8	8	21.1	10.20	12.71
2012	8	12	14.5	7.39	5.33

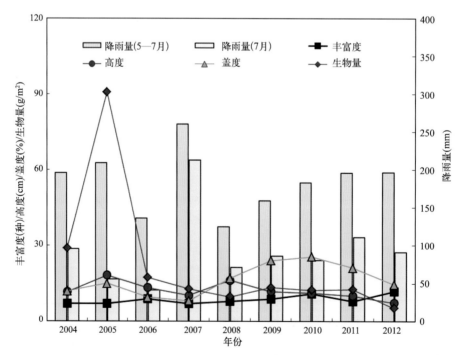

图 2.14　流动沙地植被丰富度、盖度和高度年际动态变化与降雨量的变化

Fig. 2.14　Relationship of precipitation and annual dynamic of
vegetation abundance，coverage and height in shifting sandy land

2.2.4　长期封育下的植被动态变化

　　科尔沁沙地 20 年长期封育的草地植被盖度、高度和物种丰富度的变化表明,在封育初期,草地植被盖度明显增加,1993—1999 年在一个高水平下波动变化,之后又明显降低(图 2.15)。其中,1991—1992 年植被盖度增加了 72.2%,1994—1998 年基本维持在 100%～130%,1999—2010 年保持着一个 60% 左右的波动变化。植被高度从 1991—1993 年增加了近 4.9 倍,1994—2004 年在 38 cm 左右波动变化,2005 年降至 19 cm,之后又开始逐渐增加至 2010 年的 61 cm,达到 20 年来最高值。1991—1994 年,草地平均物种丰富度呈明显增加的趋势,1995—1998 年草地物种丰富度呈小幅波动式变化,基本是在 10 个/m² 左右稳定变化。但从 1999 年开始,草地物种丰富度明显下降,从 1999 年的 7.43 个/m² 下降到 2010 年的 3.78 个/m²。许多研究表明,气候条件的变化,特别是降水和气温的变化,往往会引起植被的波动。由平均物种丰富度与降雨和温度的相关分析表明,物种丰富度和降水量呈显著的正相关关系($P<0.05$)。

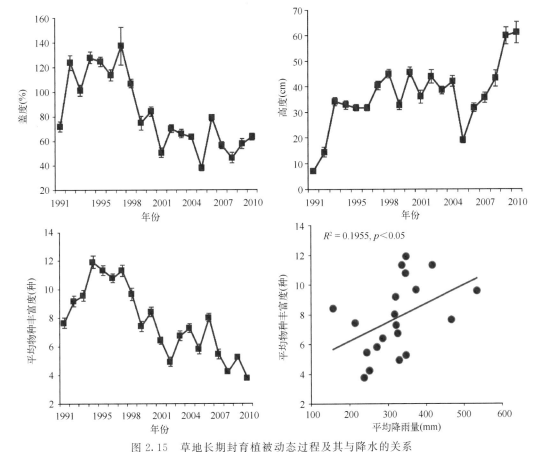

图 2.15　草地长期封育植被动态过程及其与降水的关系

Fig. 2.15　Vegetation dynamic process and their relation to precipitation in the enclosure grassland for long term

　　2000 年以后的干旱可能加剧了植物对水分的竞争,致使耐旱植物优势更加明显及对水分依赖性强的植物消失,从而降低草地的物种多样性。

与气候变化比较(图 2.16),从长期的降水和气温变化来看,其对植被的影响还是十分显著的。如 2000 年以来降水的显著减少、温度的上升均与同时段植被盖度和物种丰富度的低水平有密切关系。

总之,2004 年开始封育观测后,科尔沁沙地沙质草地、固定沙地和流动沙地生长季的植被丰富度、高度、盖度和生物量呈现出波动变化的趋势,沙质草地植被高度和生物量在 8 月末达到最大值,固定沙丘丰富度和生物量在 7 月份达到最大值,流动沙丘的盖度、高度和生物量在 7 月份达到最大值。沙地不同类型植被特征与降雨量无显著的相关关系。这一结果说明,沙地植被在生长季不仅受降雨不均匀分布的影响,而且也受外界干扰以及土壤、地形和植物竞争等因素的影响。20 a 的封育结果表明,封育 10 a 后,盖度、丰富度由高突变到低,盖度趋于稳定,丰富度仍在波动中趋于减小;高度在封育 5 a 后突变性增长,在维持相对稳定 10 a 后又出现显著的波动性增长趋势。植被动态过程与年降水量的关系不显著,但与长期降水趋势有关。

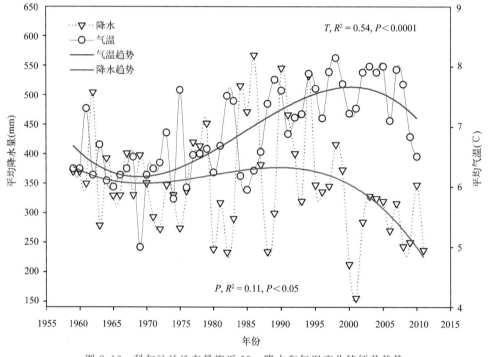

图 2.16　科尔沁沙地奈曼旗近 55 a 降水和气温变化特征及趋势

Fig. 2.16　Changes of precipitation and temperature in the past 55 a

in Naiman area of Horqin sandy land

2.3　河西荒漠绿洲边缘固沙植被生态水文过程

在河西走廊,为了防止风沙侵袭,1970 年代以来,陆续在绿洲边缘建立了大量的人工固沙植被。这些人工固沙植被能够在降水量 100~200 mm 的沙丘上生存,经过近 40 a 的自然演化,已出现点状或带状等类似天然植被的、相对稳定的空间格局,在景观上植被和裸地呈斑块状镶嵌。固沙植被生态和水文过程及生态水文的相互作用及反馈机制是干旱区生态建设关注的重要问题。

2.3.1　研究区概况

风沙侵袭是荒漠绿洲的重要危害之一，为此从 1970 年代初开始绿洲风沙体系的建设。采取的主要措施就是在绿洲丘间低地栽植杨树、柽柳，在沙丘上栽植梭梭、花棒，在农田内部营造杨树农田防护林，在绿洲外围封育保护天然植被，形成一个相对完整的防、封、固、阻的防沙体系。

荒漠绿洲过渡带植被类型为杨树防风阻沙林、灌木固沙林和荒漠固沙植被组成，主要植物有二白杨、新疆杨等乔木，梭梭、柠条、花棒、泡泡刺等灌木，以及雾冰藜和画眉草等一年生植物组成。典型植物群落的特性见表 2.13。

表 2.13　研究区典型植被群落特征

Table 2.13　Typical vegetation community character of research region

群落类型	优势种			盖度(%)	高度(cm)	物种数
	盖度(%)	高度(cm)	密度(个体数/m²)			(个体数/m²)
梭梭	55.2±8.2	179.5±60.8	0.22±0.06	59.7±7.6	102.6±46.4	6
泡泡刺+沙拐枣	18.2±5.6	63.9±15.8	3.62±1.46	21.4±6.2	40.7±6.9	9
柽柳	13.6±4.6	204.3±112.6	0.42±0.12	15.3±5.5	33.8±7.36	13
杨树	65±0.53	1450±0.87	0.15±0.01	72±5.2	29±0.15	6
红砂+泡泡刺	1.56±0.23	13.2±3.5	0.35±0.11	3.86±0.56	0.67±0.21	11

2.3.2　人工梭梭固沙植被的动态变化

随着样地中人工梭梭林建植年限增加(3～5 a、5～10 a、10～20 a、20～30 a、30～40 a、40 a 以上)，优势种梭梭的盖度呈现先增大后减小的变化趋势，而林下草本植物的盖度却呈逐渐增大的变化趋势；灌木半灌木在梭梭种植初期阶段有少量分布，而在演替后期的群落中较为罕见；由此群落的总盖度先增大后减小，并在 20～30 a 间达到最大值(图 2.17)。

表 2.14　梭梭种群特征与群落物种丰富度随建植年限的动态变化

Table 2.14　Changes in population characteristics of *Haloxylon ammodendron* and species richness in sites of different stabilization years

建植年限(a)	密度(hm⁻²)	高度(cm)	冠幅(m²)	枯枝比例(%)	物种丰富度
3～5	2872	127± 39.6	1.17±0.74	35.0±13.19	4.7±0.82
5～10	2475	141± 33.6	1.21±0.68	41.0±13.73	5.0±1.10
10～20	2320	311±100.4	4.93±3.74	73.7±20.16	5.0±0.89
20～30	2516	262±100.8	4.34±4.67	73.1±17.52	5.6±1.68
30～40	1600	199±110.9	4.22±6.38	61.8±22.60	6.3±2.25
>40	1861	135± 92.6	2.26±4.44	53.9±18.33	5.3±1.21

群落物种多样性指数随年龄变化呈抛物线分布，在梭梭林建成后约 30 a 达到峰值，但在演替早期与晚期均较低(图 2.18)。同样 20～30 a 间的群落稳定性指数要显著高于梭梭林建成之初，而之后群落稳定性又开始迅速下降(图 2.18)。

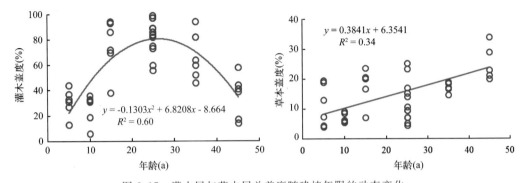

图 2.17 灌木层与草本层总盖度随建植年限的动态变化

Fig. 2.17 Changes in shrub coverage and grass coverage of
Haloxylon ammodendron in sites of different stabilization years

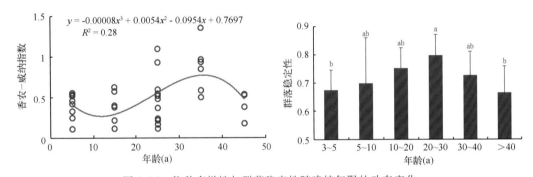

图 2.18 物种多样性与群落稳定性随建植年限的动态变化

Fig. 2.18 Changes in Shannon-Wiener index and community stability of
Haloxylon ammodendron in sites of different stabilization years

　　人工梭梭林建植初期,植物群落以沙拐枣、泡泡刺等天然灌木物种以及雾冰藜、白茎盐生草、沙米等草本植物为主。随着人工固沙植被年龄的增加,沙拐枣和泡泡刺在群落内的盖度逐步减小,重要性不断下降,泡泡刺甚至在 30 a 后从植物群落中退出。而在梭梭建植之初较为罕见的如柠条、红柳及花棒等物种随着建植年限的增加而逐步开始在群落内定居。然而,在 40 a 以上的人工梭梭林内,却并未发现柠条、红柳等物种的分布。随着人工梭梭固沙植被种植年限的增加,雾冰藜、白茎盐生草等该地区常见草本植物的盖度在不断增大。固沙植被建成 10 a后,猪毛菜、虎尾草、小画眉草、刺蓬等草本植物开始入侵并定居,成为常见物种(表 2.15)。

表 2.15 群落内各物种分盖度随建植年限的动态变化(%)

Table 2.15 Changes in species coverage in sites of different stabilization years

	建植年限	3~5 a	5~10 a	10~20 a	20~30 a	30~40 a	>40 a
	沙拐枣	1.67	3.5	0.17	0.42	0.17	1.87
	泡泡刺	4.17	0.17	2.5	0.17	0	0
灌木层	柠条	0	0	0	0.08	0.17	0
	红柳	0	0	0	1.08	0.33	0
	花棒	0	0	0	0	0	0.83

续表

建植年限	3～5 a	5～10 a	10～20 a	20～30 a	30～40 a	＞40 a
雾冰藜	3.47	2	11.6	6.88	8.77	20.1
白茎盐生草	0.17	0.03	2.6	1.9	2.87	2.53
沙米	1.53	1	0.03	0.27	0.2	1.03
虫实	0.03	0.03	0	0.08	1.07	0.1
猪毛菜	0	0	0.43	0.37	1.13	0.07
虎尾草	0	0	0.23	0.17	0.73	1.2
驼蹄瓣	0	0	0	0	1	0
狗尾草	0	0	0.03	0	0	0
小画眉草	0	0	0.1	0.47	0	0
刺蓬	0	0	0	0	0.1	0

（草本层，对应左侧合并单元格）

本小节通过系统研究恢复重建了 40 a 来的梭梭人工固沙植被盖度、物种多样性和群落稳定性，发现建群种梭梭的盖度在 25 a 左右达到最大，约 75％左右。一、二年生草本植物随群落发育而增加，其盖度由 3％逐步上升至 30％左右。由群落多样性指数与稳定性的变化可以看出，在人工梭梭林建植之初，不论是地上草本层还是优势种梭梭，自身都处于一个稳定增长的过程。然而，群落并未达到一种稳定状态。30 a 后，灌木层开始退化，伴随出现了地表植被盖度、物种多样性与群落稳定性下降的现象，同时草本植物在群落中的重要性稳步提升。

2.3.3　人工梭梭固沙植被土壤水分变化

利用植被建设初期和最近 10 a 梭梭人工固沙植被区土壤，如水分监测数据及统计拟合相结合，恢复重建了 40 a 来梭梭人工固沙植被土壤水分变化过程，如图 2.19 所示。

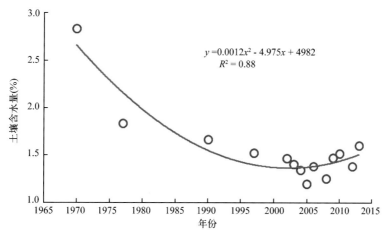

图 2.19　40 a 来梭梭人工固沙植被土壤水分变化过程

Fig. 2.19　Soil moisture change process of sand-fixed land vegetation

Haloxylon ammodendron from 1970 to 2012

可以看出，经过 40 多年的植被固沙，从流动沙丘到半流动沙丘及半固定沙丘，梭梭人工固沙植被土壤水分尽管因降水量的变化有所波动，但整体上呈逐渐降低的趋势，土壤水分在梭梭建植 25 a 左右达到最低值,由植被建植前期的 2.5% 下降到 25 a 左右的 1.5% 左右,但是从 25 a 之后土壤水分则表现为稳定且小幅增长的趋势,可能原因是 25 a 之后梭梭盖度和稳定性的降低,使得其更新能力有所增加,加上降水的小幅增加,使得 0~5 a 的梭梭幼苗数量增加而表现出土壤水分的小幅增加。

2.3.4 人工梭梭固沙植被生产力变化及其水文要素阈值

本节利用遥感数据结合地面同步调查数据,建立了固沙植被区 NDVI 与生产力的关系,然后恢复重建了 1987—2012 年梭梭固沙植被的地上净初级生产力(ANPP)变化过程。同时结合近 30 a 土壤水分的恢复数据和 30 a 的降水数据,分析固沙植被区和梭梭植被类型的生产力与降水和土壤水分生态水文的相互作用及其变化阈值。

从 1987 年至今,包括杨树、梭梭在内的固沙植被区植被生产力在 80~120 g/m² 范围内波动变化,而梭梭固沙植被的生产力在 50~110 g/m² 波动(图 2.20)。固沙植被区和梭梭植被类型的 ANPP 都表现出在 2000 年左右为最低,与降水和土壤水分的变化规律相似,说明固沙植被区和梭梭的地上净初级生产力的主要驱动力为降水和土壤水分的变化。

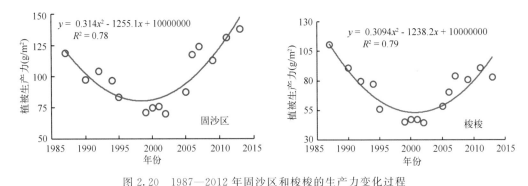

图 2.20　1987—2012 年固沙区和梭梭的生产力变化过程

Fig. 2.20　Vegetation productivity change process of sand-fixation area and

Haloxylon ammodendron from 1987 to 2012

如图 2.21 可见,当前一年 6 月到当年 8 月的累积降水量小于 160 mm 时,固沙植被区植被生产力值在 75 g/m² 附近波动。当降水量从 160 mm 增加到 190 mm 时,ANPP 表现为从 75 g/m² 增加到 120 g/m²,而当降水量小于 160 mm 时,表现为 ANPP 的高值区,在 120 g/m² 附近波动;而梭梭的 ANPP 的变化按降水量大小分为两个变化区:当累积降水量小于 160 mm,为 ANPP 的低值稳定区,固沙区植被生产力值在 45 g/m² 附近波动;当降水量大于 160 mm 时,表现为植被生产力的高值区,在 85 g/m² 附近波动。梭梭的生产力随降水量的变化出现突变,阈值为 160 mm。通过对固沙区植被生产力与降水量相关分析表明,当年和上一年生长季的累积降水量与生产力呈逻辑斯蒂(logistic)关系,其中梭梭固沙植被的相关性要显著高于固沙区的,这可能因为前者靠降水及其转化的土壤水维持,后者有一部分是杨树,需要补充灌溉。

从图 2.22 可以看出,当土壤水分小于 1.4% 时,梭梭的 ANPP 处于低值稳定区,即勉强可以维持梭梭的生长和生产,梭梭的 ANPP 在 45 g/m² 附近波动。当土壤水分从 1.4% 增加到 1.5% 时,ANPP 表现为从 45 g/m² 增加到 90 g/m²。表现为梭梭 ANPP 的突变生长,为梭梭

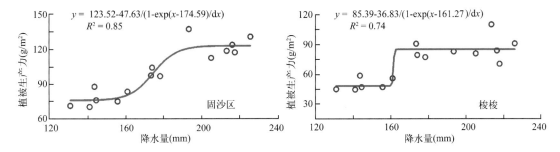

图 2.21　固沙区和梭梭植被生产力与累积降水量的阈值关系
（横坐标降水指的是前一年 6 月份到当年 8 月的累积降水量）

Fig. 2.21　The relationship between vegetation productivity of sand-fixation area and
Haloxylon ammodendron and precipitation (the precipitation is the accumulation
from last year in June to August this year)

生产力急速变化的土壤水分阈值；当降水量大于 1.5％时，表现为 ANPP 的高值区，即梭梭的生长和生产不受水分胁迫的影响而达到最大程度的生长，ANPP 在 90 g/m² 附近波动。结果表明，梭梭植被生产力突变的土壤含水量（当年 4—10 月，深度 0～180 cm 的平均值）阈值区间为 1.4％～1.5％。

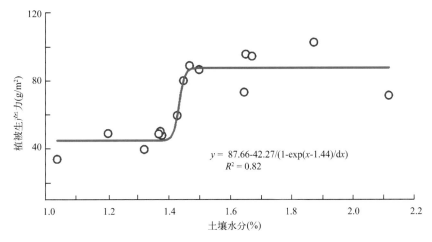

图 2.22　梭梭植被生产力与土壤水分的阈值关系
（横坐标土壤水分指的是当年 4—10 月深度为 0～180 cm 的平均土壤水分值）

Fig. 2.22　The relationship between vegetation productivity of *Haloxylon ammodendron*
and soil moisture(the soil moisture is the average depth of 0～180 cm
soil moisture from April to October)

　　总之，在降水量 120 mm 左右的荒漠绿洲边缘采用技术栽植梭梭植被后可以有效地固定流沙，其植被盖度和稳定性在 25 a 左右达到最佳状态，但植被的发育也会导致土壤湿度的降低。在土壤湿度下降到 1.5％左右，如果连续两个生长季的累积降水量低于 160 mm 时，可能会导致生产力降低，甚至发生突变。

第 3 章　植物多样性

3.1　腾格里沙漠植物多样性

通过对沙坡头干旱沙漠地区无灌溉人工植被生物多样性的长期定位研究,发现建立旱生灌木为主的植被恢复体系是草原化荒漠与荒漠化草原沙地生态系统恢复的最佳模式。人工固沙植被的演变验证了干旱区植被和生物多样性恢复的许多生态学原理。

3.1.1　人工植被物种组成的变化

为了达到长期定位监测的目的,先后建立了沙坡头站人工植被综合观测场和红卫荒漠生态系统辅助观测场。沙坡头站综合观测场(105.006°E,37.472°N)代表了近 60 a 来植被恢复过程中荒漠生态系统的正向演变过程。物种组成除了人工种植的灌木柠条、花棒、中间锦鸡儿、沙木蓼、籽蒿、油蒿和沙拐枣外,还包括天然繁衍的小画眉草、雾冰藜、狗尾草、刺沙蓬、虎尾草、三芒草、虫实、沙蓝刺头和油蒿等。红卫辅助观测场(105.006°E,37.472°N)选在以油蒿为主的天然植被区,样地地势平坦,不存在微地形对土壤性质的影响,其地表状况和植被类型均类似于人工植被区,选择该样地是对荒漠综合观测场一种必要的补充。灌木种以油蒿、驼绒藜、柠条、狭叶锦鸡儿等为主,草本种以叉枝鸦葱、雾冰藜、小画眉草、地锦、沙葱、早熟禾等为主,盖度 32%。

对不同时期人工固沙植被,采用 Sφrensen 指数、Bray-Curtis 指数和 Morista-Horn 指数进行了 β 多样性的测度(表 3.1)。结果发现,1981 年与 1987 年的植被在物种组成上差异最大,即物种的周转速率最大;其次是 1956 年与 1964 年的植被之间的多样性指数也较高。说明人工植被在近 60 a 的演变过程中,在时间序列上即 1981—1987 年、1956—1964 年两个阶段,物种的周转速率最大,即这两个阶段群落组成和结构的变化最大。根据不同年代固沙植被种类组成调查分析,其中第一阶段表现为大量的一年生草本植物的侵入和定居,群落从单纯的灌木层向多层次的结构转变;第二阶段表现为灌木种的退出和半灌木植物油蒿大量地成功繁衍,群落结构更复杂,明显地表现出三个片层结构,即灌木层、草本层与生物土壤结皮层隐花植物层。由此可见,β 多样性的变化时间动态在一定程度上较好地反映了植被演替进程的特点。

表 3.1　荒漠综合观测场不同年龄固沙植被 β 多样性测度
Table 3.1　β diversity of sand-fixed vegetation of different ages in desert comprehensive observation field

植被建立年份	1956 年	1964 年	1973 年	1981 年	1987 年
辛普森指数(D)	0.706~0.822	0.595~0.856	0.627~0.777	0.631~0.788	0.501~0.702
平均值	0.767	0.752	0.696	0.711	0.539
香农指数(H')	1.393~1.893	1.232~1.814	1.274~1.633	1.171~1.690	0.819~1.074
平均值	1.642	1.515	1.385	1.390	0.859

续表

植被建立年份	1956 年	1964 年	1973 年	1981 年	1987 年
Pielou 均匀度	0.638~0.961	0.661~0.862	0.554~0.743	0.658~0.877	0.524~0.712
平均值	0.701	0.775	0.646	0.745	0.534
Søensen 指数(C_j)	—	0.832	0.657	0.573	0.826
Bray-Curtis 指数(C_N)	—	0.222	0.189	0.032	0.362
Morista-Horn 指数(C_{MH})	—	0.833	0.307	0.248	0.912

注:β多样性根据前后两个不同年代的植物群落计算,故无第一个年代的β多样性值。

对不同时期人工植被 α 多样性的测度(表 3.2,表 3.3)表明(辛普森指数和香农指数反映了一致的结果),经过 40 余年(1956 年栽植)演变的植被,其植物种的多样性相对较高(D:0.706~0.822;H':1.393~1.893),而 10 余年前建立的植被其多样性较低(D:0.501~0.702,H':0.819~1.074)。此外,1973 年人工植被由于曾间断地受放牧的影响,其多样性指数低于 1981 年的人工植被。从 α 多样性指数来看,沙坡头人工植被的演替进行至今其植物多样性指数仍较低,这说明人工植被的结构相对简单,群落的稳定性较低,对干扰反应敏感。

表 3.2 荒漠生态系统各观测场灌木植物多样性指数
Table 3.2 Plant diversity index of shrubs in observation fields of desert ecosystem

	翠柳沟	小红山	红卫	路北	水分平衡场
优势度指数	0.31	0.51	0.57	0.75	0.76
丰富度(/100 m²)	6.83	3.6	2.79	2.31	1.73
均匀度指数	0.77	0.69	0.58	0.49	0.52

注:根据 2010 年各观测场野外植被调查数据计算,下表同。

表 3.3 荒漠生态系统各观测场草本植物多样性指数
Table 3.3 Plant diversity index of grasses in observation fields of desert ecosystem

	翠柳沟	小红山	红卫	路北	水分平衡场
优势度指数	0.53	0.57	0.75	0.68	0.62
丰富度(/m²)	5.23	2.9	5.00	2.08	2.67
均匀度指数	0.81	0.7	0.33	0.56	0.63

在表 3.1 中列出了 Søensen、Bray-Curtis 和 Morista-Horn 三种指数对 5 个不同时期的植被进行多样性的测度,虽然前者为二元数据的计算公式,后两者为定量数据的计算公式,但其计算结果是相同的。比较 5 个不同时期的群落,同时考虑到 1973 年的植被曾受放牧的干扰,计算了 1964 年与 1981 年植被之间的 β 多样性指数(C_{MH}=0.328;C_N=0.024;C_j=0.412),发现 1987 年与 1981 年的植被在物种组成上差异最大(C_{MH}=0.912;C_N=0.362;C_j=0.826),即物种的周转速率最大。其次是 1964 年与 1956 年的植被之间的多样性指数也较高。

由此可见,人工植被在 40 多年的演变过程中,在时间序列上即 10~20 a、30~40 a 两个阶段物种的周转速率最大,也就是说,这两个阶段的群落结构变化最大。第 1 阶段表现为大量的一年生草本的侵入,群落从单纯的灌木层向多层次结构演变;第 2 阶段表现为高大灌木种的退出,人工种植的半灌木油蒿已开始衰退和大量种子成功地繁衍,群落结构更复杂,明显地表现出3个层片结构,即半灌木、草本与藻类—苔藓层,而草本成为优势层片(其盖度大于灌木层和藻类—苔藓层)。由此可见,多样性的时间动态在一定程度上较好地反映了植被演替进程的特点。

3.1.2　物种多样性指数的变化

　　物种多样性指数的大小与群落中物种丰富度和均匀度有关,主要体现在群落的结构类型、组织水平、发展阶段、稳定程度和生境差异。图3.1~图3.4分别为荒漠生态系统综合观测场、辅助观测场的灌木和草本群落的丰富度、物种多样性指数(Shannon-Wiener多样性指数H)以及Pielou均匀度指数和Simpson优势度指数的变化曲线图。从图中可以看出,均匀度指数和物种多样性指数表现出基本一致的变化趋势,而生态优势度指数与前两类指数相比,呈相反的变化趋势。由于物种组成的明显差异,辅助观测场中丰富度指数变化的幅度相对较大。2007—2009年按物种多样性指数从大到小排列观测场中各群落依次为:辅助观测场的灌木群落>辅助观测场的草本群落>综合观测场的灌木群落>综合观测场的草本群落。

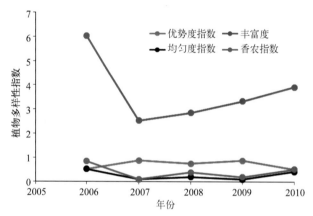

图3.1　荒漠生态系统综合观测场草本植物多样性指数

Fig. 3.1　The herbaceous plant diversity index in the desert integrated observation field

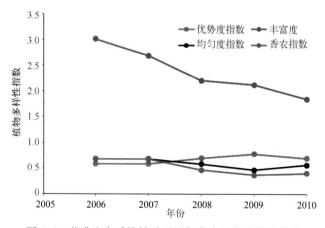

图3.2　荒漠生态系统辅助观测场草本植物多样性指数

Fig. 3.2　The herbaceous plant diversity index in the desert auxiliary observation field

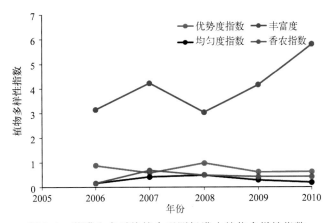

图 3.3 荒漠生态系统综合观测场灌木植物多样性指数

Fig. 3. 3 The shrub diversity index in the desert integrated observation field

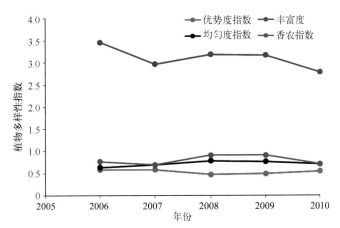

图 3.4 荒漠生态系统辅助观测场灌木植物多样性指数

Fig. 3. 4 The shrub diversity index in the desert auxiliary observation field

　　荒漠生态系统辅助观测场灌木群落的均匀度最高,随后依次为综合观测场的灌木群落、辅助观测场的草本群落,综合观测场的草本植物群落均匀度最低。由于荒漠生态系统综合观测场是在流动沙丘上通过种植固沙植物,经过 50 余年的演变而形成的人工—天然群落,也是一个相对简单的群落,而辅助观测场内的植物群落是天然植物群落。比较而言,综合观测场中的植物物种相对匮乏,表现为均匀度指数高,而丰富度指数和物种多样性指数皆较低。

　　不同生境的植物种在丰富度上差异明显（表 3.4）。在固定沙地种的丰富度最高(19.25±2.56),半流动沙丘最低(3.47±1.46)。尽管总的植物种丰富度在固定沙地最高,但不同生境灌木种的丰富度差异不显著($P>0.05$),而不同生境草本植物种的丰富度差异显著($P<0.01$)。冲积扇分布的大多数植物种具有草原植物种的特征,半流动沙丘、半固定沙丘上分布的植物种多为沙生植物,而固定沙丘物种组成具有沙漠与草原化荒漠过渡带的特点。

表 3.4　不同生境灌木与草本植物种的丰富度、盖度和生物量

Table 3.4　Richness，coverage and biomass of shrubs and grasses in different habitats

	半流动沙丘	半固定沙丘	固定沙丘	冲积扇
总种数	3.47 ± 1.46^a	13.87 ± 2.70^b	19.25 ± 2.56^c	15.50 ± 2.62^d
灌木丰富度	2.53 ± 1.19^a	2.57 ± 0.90^a	3.58 ± 0.67^b	2.00 ± 0.53^a
草本丰富度	1.20 ± 0.77^a	11.30 ± 2.55^b	15.67 ± 2.19^c	13.50 ± 2.33^b
灌木盖度（%）	15.42 ± 3.43^a	26.69 ± 6.95^b	20.57 ± 4.15^c	26.35 ± 5.69^b
草本盖度（%）	2.08 ± 0.76^a	12.46 ± 5.72^b	20.68 ± 1.97^b	33.49 ± 2.05^c
灌木生物量（kg/100 m²）	11.43 ± 3.27^a	17.32 ± 6.06^b	13.30 ± 3.25^a	28.59 ± 3.85^c
草本生物量（kg/100 m²）	0.28 ± 0.14^a	1.93 ± 1.33^b	2.26 ± 0.57^b	5.32 ± 0.32^c

注：表中数据为平均值与标准误差，标有不同字母间差异显著，相同者差异不显著。

生物多样性的恢复使原有的相对单一的固沙植被系统演变成一个结构和功能相对复杂的荒漠生态系统。半个世纪的连续监测研究，科学地证实了在我国干旱区通过生态工程建设实现区域生态和生物多样性的恢复是可行的，为国家西部生态建设提供了科学依据。

3.2　科尔沁沙地植被物种丰富度的变化

3.2.1　不同植被类型动态变化特征

对科尔沁沙地草地、固定沙丘和流动沙丘植被物种数、盖度和生物量动态分析表明，三者植被过程存在明显差异（图 3.5）。

2004—2009 年，物种数表现出草地＞固定沙丘＞流动沙丘，而 2010 年后草地和固定沙丘无显著差异；在从 2004 年开始封育的 8 a 里，草地物种数呈波动变化趋势，固定沙丘和流动沙丘物种数表现出逐渐增加的趋势，2011 年比 2004 年分别增加了 72.7% 和 42.9%。草地和固定沙丘植被盖度无显著差别，表现出波动变化的趋势，但均高于流动沙丘；流动沙丘植被盖度表现出缓慢增加的趋势，2011 年达到了 24.50%，比 2004 年增加 94.3%。除了 2008 年（虫灾）以外，生物量表现出草地＞固定沙丘＞流动沙丘，草地生物量表现出波动变化的趋势，最大的波动幅度为 298%；固定沙丘和流动沙丘生物量除 2005 年较高外，其他年份维持相对稳定变化。

流动沙丘作为一种极端严酷的生境，具有较低的物种多样性，然而流动沙丘的固定能够导致物种多样性的增加。通过测定沙丘固定过程中的流动沙丘、半固定沙丘和固定沙丘内 1，10，100 和 1000 m² 的物种丰富度、植物盖度、土壤特性和地形特征，分析表明，物种丰富度随着研究尺度和沙丘固定程度在增加，并且具有明显的尺度依赖性（图 3.6）。沙丘植物的分布主要受土壤 C、全 N、C/N、pH、EC、土壤水分、细沙、极细沙、黏粉粒和海拔高度形成的环境梯度所决定（图 3.7）。

在 1 m² 的研究尺度上，流动沙丘的物种丰富度与土壤 C 和全 N 有显著的正相关关系；半固定沙丘上物种丰富度与土壤 C、全 N、C/N、pH、EC、细沙和黏粉粒有密切的正相关关系；固定沙丘物种丰富度与环境因素没有关系。这些结果表明，沙丘上小尺度的物种丰富度取决于沙丘的固定程度及其土壤资源的可利用性，而由关键环境因素决定的沙丘固定程度、生境和空间尺度是影响沙地生态系统物种多样性的重要因素。

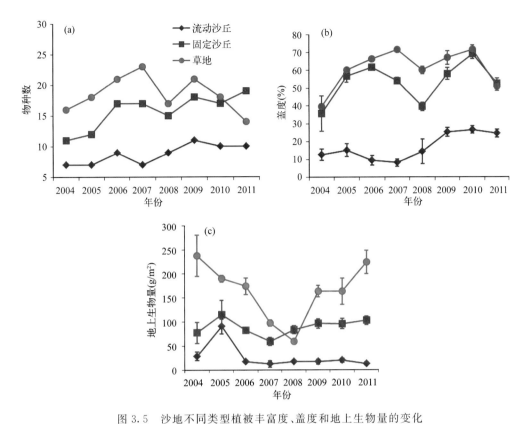

图 3.5　沙地不同类型植被丰富度、盖度和地上生物量的变化

Fig. 3.5　Changes of richness，cover degree and above-ground biomass
in different types of vegetation of desert

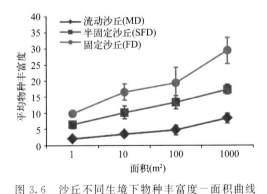

图 3.6　沙丘不同生境下物种丰富度－面积曲线

Fig. 3.6　Species-area curve of sand dune of different habitats

3.2.2　沙地不同植被类型生活型组成动态特征

　　草地、固定沙丘和流动沙丘植被生活型组成动态变化也表现出明显差异（图 3.8）。一年生草本是草地、固定沙丘和流动沙丘中的优势植物，具有较高的盖度。草地中，一年生草本和多年生草本盖度表现出波动变化的趋势，灌木维持较为稳定的变化趋势，其盖度不超过 10%。

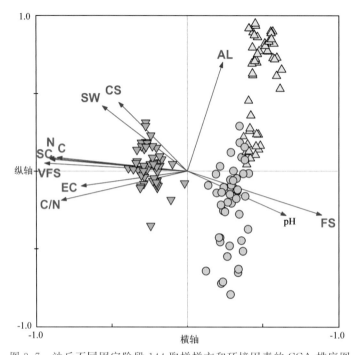

图 3.7 沙丘不同固定阶段 144 取样样方和环境因素的 CCA 排序图

Fig. 3.7 CCA sequence diagram of 144 quadrat and environmental factors in different fixed phases of sand dune

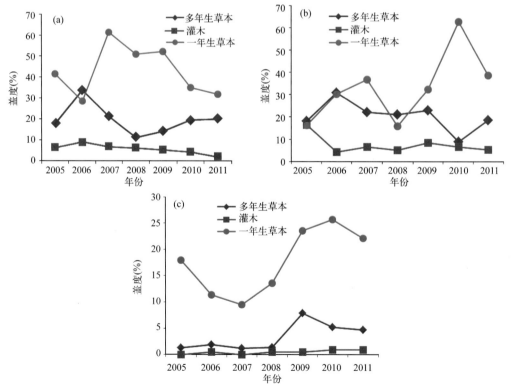

图 3.8 科尔沁沙地不同类型生活型组成动态变化 （a）草地；（b）固定沙丘；（c）流动沙丘

Fig. 3.8 Change of different types of life form in Horqin sandy land

固定沙丘中,一年生草本盖度表现波动增加的趋势,2011 年达到 38.2%,比 2005 年增加了 135.4%;多年生草本表现出波动变化,灌木维持较为稳定的变化趋势。流动沙丘中,一年生草本和多年生草本盖度波动增加,2011 年分别达到了 22.1% 和 4.7%,分别比 2005 年增加了 23.5% 和 261.5%;灌木维持较为稳定的变化趋势。

3.2.3　草地不同退化植被恢复过程

科尔沁沙地不同放牧强度干扰后草地恢复植被特征分析表明,在 15 a 封育过程中,植被盖度、高度和物种丰富度的变化有所差异,不同处理恢复后植被盖度和丰富度整体上表现出初期急剧增加、而后波动下降的趋势;高度表现为初期急剧增加、中间相对稳定波动变化、而后逐渐增加的趋势(图 3.9)。分析表明,在最初的 2 a,重牧和中牧恢复后的植被盖度、高度、物种丰富度和轻牧的植被盖度、高度均是增加的,增加幅度分别是:重牧区(1993.4%、3022.3% 和 69.5%)>中牧区(52.0%、181.6% 和 13.2%)>轻牧区(11.2%、91.4% 和 -10.9%)。

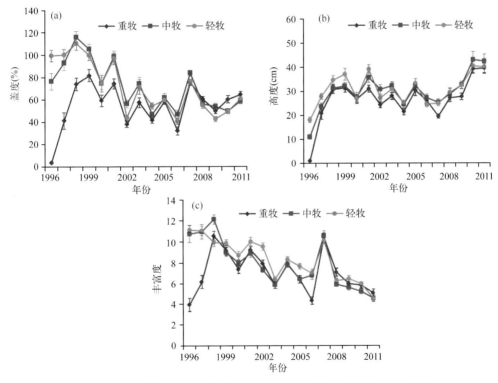

图 3.9　草地不同退化植被恢复动态变化　(a)盖度;(b)高度;(c)丰富度

Fig. 3.9　Revegetation of degradation vegetation in grassland

1996—2004 年,重牧恢复后草地植被盖度、高度要低于中牧和轻牧;重牧恢复 8 a 后植被盖度、高度与中牧和轻牧恢复后的草地无显著差异。1996—1998 年,重牧恢复后草地物种丰富度要低于中牧和轻牧,而后三者开始波动下降。这些结果表明,重牧干扰后物种丰富度的恢复要快于植被的盖度和高度。

3.3 额济纳绿洲植物多样性

额济纳绿洲植物多样性调查采用固定样方法,按照额济纳森林二类调查结果及植被沿河、沿湖的空间分布特征,布设 50 m×50 m 样方 53 个。在样方内记载基本状况及群落学特征。乔木和灌木调查以布设样方为基本单位,对高度<1.3 m 的乔木,分株记载其树种、高度、冠幅及株数,对高度>1.3 m 的乔木进行每木检尺,记载其树种、树高、枝下高度、胸径、生长状况。对林下灌木及草本植物群落调查,在样方内设置 5 个 1 m×1 m 的小样方进行调查,分种记载其种类、多度、盖度、高度、株数、新梢生长量、生物量。

3.3.1 物种组成

根据 53 个样方调查统计显示,调查样方的植物种类组成共有 12 科 26 属 28 种(表 3.5)。以藜科 6 种、菊科 4 种为主,分别占 21.43% 和 14.29%。其他各科较少,比例≤10%,分别为:豆科 3 种、蒺藜科 3 种、禾本科 3 种、柽柳科 2 种、杨柳科 1 种、麻黄科 1 种、胡颓子科 1 种、茄科 1 种、莎草科 1 种、苋科 1 种、蓼科 1 种。额济纳绿洲植物群落的种类优势现象明显,重要值>10 的物种主要有胡杨、梭梭、柽柳、白刺、沙拐枣、苦豆子等。结合前人研究成果与额济纳绿洲实际,在此以重要值>10 为依据,将额济纳绿洲整个群落划分为 6 个群落类型,以分析主要群落的数量特征(表 3.6)。

表 3.5 额济纳绿洲样方调查的植物种类组成及重要值
Table 3.5 Vegetation species composition and important value in plots in Ejin oasis

植物名称	科/属	频度	相对多度	相对频度	相对优势度	重要值
胡杨 *Populus euphratica*	杨柳科杨属	47.17	15.17	17.61	58.65	91.43
梭梭 *Haloxylon ammodendron*	藜科梭梭属	35.85	43.82	10.56	0.53	54.91
柽柳 *Tamarix chinensis*	柽柳科柽柳属	28.30	2.15	10.56	23.68	36.40
白刺 *Nitrariatangutorum*	蒺藜科白刺属	28.30	6.53	13.38	5.88	25.79
沙拐枣 *Calligonum mongolicunl*	蓼科沙拐枣属	18.87	12.94	5.63	0.47	19.04
苦豆子 *Sophora alopecuroides*	豆科槐属	15.09	9.05	1.41	0.00	10.46
白茎盐生草 *Halogeton arachnoideus*	藜科盐生草属	13.21	1.49	7.04	0.56	9.09
骆驼蓬 *Peganum harmala*	蒺藜科骆驼蓬属	9.43	1.49	4.93	1.37	7.79
蒿草 *Artemisia annua*	菊科篙属	7.55	1.82	3.52	1.52	6.86
芨芨草 *Achnatherum splendens*	禾本科芨芨草属	5.66	0.21	1.41	3.25	4.86
芦苇 *Phragmites communis*	禾本科芦苇属	5.66	0.54	1.41	2.81	4.75
甘草 *Glycyrrhiza uralensis*	豆科甘草属	5.66	0.50	2.82	0.09	3.40
霸王 *Zygophyllum xanthoxylum*	蒺藜科霸王属	5.66	0.29	2.11	0.91	3.31
黑果枸杞 *Lycium ruthenicum*	茄科枸杞属	3.77	0.83	2.11	0.00	2.94
红砂 *Reaumuria soongorica*	柽柳科红砂属	3.77	0.74	2.11	0.00	2.86
骆驼刺 *Alhagi sparsifolia*	豆科骆驼刺属	3.77	0.45	2.11	0.03	2.60
赖草 *Leymus secalinus*	禾本科赖草属	3.77	0.37	1.41	0.00	1.78
莎草 *HerbofNutgrass Galingale*	莎草科莎草属	3.77	0.37	1.41	0.00	1.78
花花柴 *Cyperusrotundus*	菊科花花柴属	3.77	0.37	1.41	0.00	1.78

植物名称	科/属	频度	相对多度	相对频度	相对优势度	重要值
草霸王 *Artemisia desterorum*	菊科蒿属	3.77	0.08	1.41	0.06	1.55
盐爪爪 *Kalidium foliatumMoq*	藜科盐爪爪属	1.89	0.08	0.70	0.15	0.93
滨藜 *Atriplex patens*	藜科滨藜属	1.89	0.17	0.70	0.00	0.87
沙米 *Agriophyllum squarrosum*	藜科沙蓬属	1.89	0.12	0.70	0.00	0.83
木本猪毛菜 *Salsola arbuscula*	苋科猪毛菜属	1.89	0.12	0.70	0.00	0.83
麻黄 *Herbal Ephedrae*	麻黄科麻黄属	1.89	0.08	0.70	0.03	0.82
沙枣 *Elaeagnus angustifolia*	胡颓子科胡颓子属	1.89	0.08	0.70	0.00	0.79
黄蒿 *Artemisia annua*	菊科蒿属	1.89	0.08	0.70	0.00	0.79
虫实 *Corispermum hyssopifolium*	藜科虫实属	1.89	0.04	0.70	0.00	0.75

表 3.6 主要植物群落类型的数量特征

Table 3.6 Quantity character of major vegetation community types

群落类型	$Cd(\%)$	D(株/m²)	H(m)	DBH(cm)	Cr(cm)	$Dw(\%)$	Sg(kg)	B(kg)
胡杨群落	21.91	0.042	9.64	40.06	576×590	25.23	—	—
梭梭群落	12.43	0.009	1.88	8.10*	238×259	—	80.17	31.12
柽柳群落	21.08	0.016	2.70	3.68*	360×369	11.97	11.97	73.27
白刺群落	19.00	0.009	0.20	2.96*	349×434		71.34	3.50
沙拐枣群落	12.00	0.007	0.83	3.11*	202×196		21.42	2.82
苦豆子群落	22.41	0.031	0.22	1.56*	—	—	—	0.28

注:数据均为样方平均值;Cd 为郁闭度;D 为密度;H 为高度;DBH 为胸径,其中 * 表示测量值为地径;Cr 为冠幅;Dw 为枯枝;Sg 为新梢生长量;B 为生物量。

由表 3.5、表 3.6 可知,不同群落中胡杨的重要值最高,为 91.43,在样方中分布数量最多,频度最大,为 47.17%,其群落平均郁闭度略低于苦豆子,为 21.91%,平均密度最大,为 0.042 株/m²,平均高度最高,为 9.64 m,平均胸径最大,为 40.06 cm,平均冠幅最大,为 576×590 cm,平均枯枝也最多,为 25.23%。其次是梭梭和柽柳,重要值分别为 54.91 和 36.40,频度分别为 28.30% 和 35.85%。梭梭群落的平均新梢生长量最高,为 80.17 g,柽柳群落的平均生物量最高,为 73.27 kg,其他数量指标均介于各群落之间。白刺的重要值为 25.79,频度为 35.85%,其群落平均郁闭度为 19.00%,平均密度略高于梭梭群落和沙拐枣群落,平均高度最低,为 0.20 cm,平均地径为 2.96 cm,略高于苦豆子群落,平均冠幅略大于沙拐枣群落,平均新梢生长量略低于梭梭群落。沙拐枣的重要值为 19.04,频度为 18.87%,其群落平均郁闭度最低,平均密度最低,平均高度略高于白刺和苦豆子,平均地径略高于白刺群落而低于其他,冠幅最小,新梢生长量略高于柽柳群落,生物量略高于苦豆子群落。苦豆子重要值为 10.46,频度为 15.09%,其群落平均郁闭度最高,平均密度略低于胡杨群落而高于其他,平均高度略高于白刺群落而低于其他,平均地径最小,平均生物量最小。

3.3.2 植物多样性的种间变化

额济纳绿洲植物多样性指数的描述性统计见表 3.7,各多样性指数的均值与中值均较为接近,说明离群值对样本数据的分布影响不大。各多样性指数的 CV 值大小为:$H' > D_s >$

$J'>M_a$。根据变异系数 $CV \leqslant 0.1$ 时为弱变异性，$0.1<CV \leqslant 1$ 时为中等变异性，$CV \geqslant 1$ 时为强变异性，各植物多样性指数均属中等变异性。额济纳绿洲各植物多样性指数的偏度、峰度接近于 0，$K\text{-}S$ 值的检验结果服从正态分布。

表 3.7　额济纳绿洲植物多样性指数的描述性统计

Table 3.7　Discription statistics of herb abundance index of Ejin oasis

指数	均值	中值	变异系	偏度	峰度	$K\text{-}S$ 值
Margalef 丰富度指数(M_a)	0.75	0.61	55.8	0.98	-0.43	1.62
Simpson 多样性指数(D_s)	0.38	0.46	67.8	-0.17	-1.21	1.12
Shannon 多样性指数(H')	0.87	0.86	74.0	0.54	-0.09	0.84
Pielou 均匀度指数(J')	0.58	0.68	60.5	-0.56	-1.15	1.22

表 3.8 为主要植物群落的植物多样性指数。整体而言，主要植物群落的植物多样性指数较低，且存在较大差异。Margalef 丰富度指数(M_a)在 0.0273~0.5677 间变化，各群落按由大到小的顺序为：胡杨群落(*Populus euphratica* community)＞梭梭群落(*Haloxylon ammodendron* community)＞苦豆子群落(*Sophora alopecuroides* community)＞柽柳群落(*Tamarix chinensis* community)＞白刺群落(*Nitraria tangutorum* community)＞沙拐枣群落(*Calligonum mongolicunl* community)；Shannon-Wiener 多样性指数(H')在 0.1688~0.5224 间变化，以胡杨群落最高(0.3673)，梭梭群落、柽柳群落、沙拐枣群落、白刺群落等较高(0.2525~0.4484)，苦豆子群落最低(0.1688)。Simpson 多样性指数(D_s)在 0.6778~0.9988 间变化，变化趋势与 H' 相反。Pielou 均匀度指数(J')在 0.0911~0.3669 间变化，各群落以梭梭群落最高(0.3669)，柽柳群落、胡杨群落、白刺群落、沙拐枣群落等较高(0.1397~0.3340)，苦豆子群落最低(0.0911)。

表 3.8　额济纳绿洲各主要植物群落类型的植物多样性(以重要值计算)

Table 3.8　Plant diversity of major vegetation community of Ejin oasis(calculated by the important value)

群落类型	M_a	H'	D_s	J'
胡杨群落	0.5677	0.5224	0.9071	0.3340
梭梭群落	0.5602	0.4484	0.9665	0.3669
柽柳群落	0.3477	0.3692	0.9853	0.2096
白刺群落	0.1750	0.3043	0.9926	0.1920
沙拐枣群落	0.0273	0.2525	0.9960	0.1397
苦豆子群落	0.5278	0.1688	0.9988	0.0911

注：数据为多个样方的平均值。

3.3.3　植物多样性的空间变化

植物多样性指数的纬向和经向梯度变化如图 3.10 所示。由图可见：Margalef 丰富度指数(M_a)在 0~1.8 间变化，随纬度的变化(由南向北)呈连续波动的变化趋势，而随经度的增加(由西向东)呈逐渐降低的趋势，在 101.14°E 处达到最小值，而后呈上升趋势，在 101.5°E 达到最大值。Simpson 多样性指数(D_s)在 0~0.9 之间，Shannon-Wiener 多样性指数(H')在 0~2.5 间变化，纬向变化中在 42.02°N 附近存在一个明显的高值区，与 Margalef 指数不同的是，D_s 和 H' 的经向变化呈先增后减的趋势，在 101.11°E 处达到最大值，两高值区在区域上对应于绿洲核心区(达来库布镇)所在地。Pielou 均匀度指数(J')在 $0\sim1$ 间变化,纬向变化与 D_s 和 H' 变化趋势较为一致,呈先增加后减小的趋势,在 42.02°N 附近达到最大值,经向变化趋势不明显,呈连续波动的复杂变化特征。整体而言,样方统计的植物多样性指数纬向变化没有经向变化趋势明显,其原因可能与距离河流的远近有关(图 3.11)。

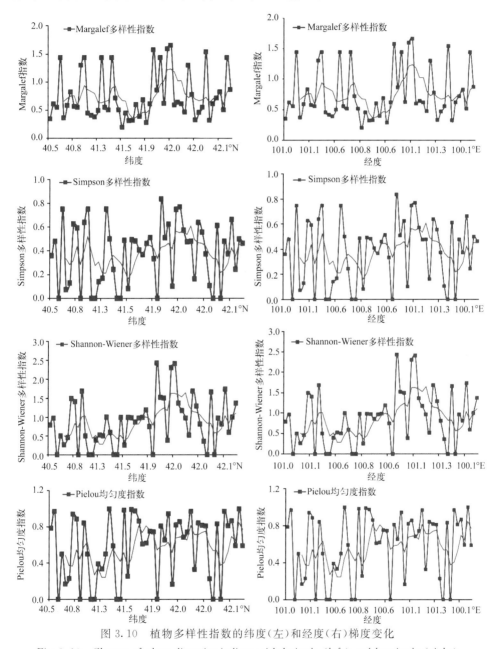

图 3.10　植物多样性指数的纬度(左)和经度(右)梯度变化

Fig. 3.10　Change of plant diversity indices with latitude (left) and longitude (right)

由图 3.11 可见,M_a 的变化范围为 $0.2\sim1.6$,垂直于河流方向(图中实线)呈整体逐渐增大的格局;D_s、H' 和 J' 的变化范围分别为 $0\sim0.8$,$0\sim2.3$ 和 $0\sim1.0$,平行于河流方向(图中虚线),均呈先增大后减小的格局。整体而言,额济纳绿洲各植物多样性指数沿河流方向的格局变化明显,在 $42°N,101°E$ 附近均存在一个明显的高值区,此处为绿洲核心区达来呼布镇,在 $100°30'\sim101°30'E$ 和 $41°00'\sim42°00'N$ 的带状范围内呈明显的低值区,主要包括东、西戈壁及巴丹吉林沙漠腹地。

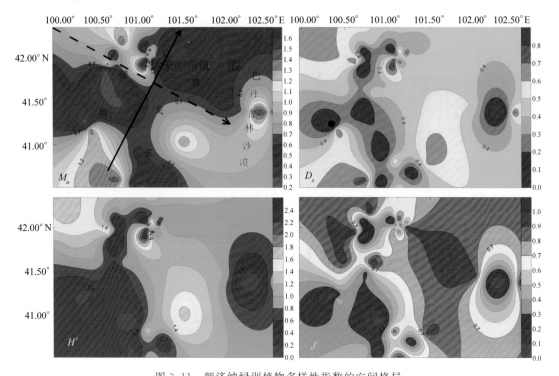

图 3.11　额济纳绿洲植物多样性指数的空间格局

Fig. 3.11　Spatial pattern of plant diversity indices in Ejin oasis

3.4　土壤种子库多样性

3.4.1　沙坡头地区种子库特征

人工促进生态恢复过程,即利用旱生灌木进行流沙固定后,生物土壤结皮在沙表形成,并随固沙植被的演替不断拓殖演替,并有初期的蓝藻结皮经 40 余年后演变为以藓类和地衣为优势的结皮。生物土壤结皮与维管束植物关系是生物土壤结皮对维管束植物种子萌发、定居、存活的影响,及对维管束植物土壤种子库的影响。在人工植被区,藓类结皮种子库的物种数均为 5,天然植被区土壤种子库物种数增加了 2 倍。表明土壤种子库物种数在人工植被区很少增加,从人工植被区到天然植被区,土壤种子库物种数急剧增加。人工植被区土壤种子库的物种组成基本相似,主要组成是油蒿、小画眉草、狗尾草、雾冰藜及虎尾草;而天然植被区土壤种子库的物种除了与人工植被区中相同的物种小画眉草、狗尾草、虎尾草以外,还有糙隐子草(*Cleistogenes squarrosa*)、茵陈蒿(*Artemisia capillaris*)、蒺藜、锋芒草(*Tragus mongolorum*)、地锦(*Euphorbia humifusa*)、苣荬菜(*Sonchus brachyotus*)和达乌里胡枝子(*Lespedeza durica*)等植物(表 3.9)。

表 3.9   不同年龄结皮土壤种子库的密度

Table 3.9   Seed bank density in different aged crust soil

植物	生活型	样地 A	样地 B	样地 C	样地 D	F	P
油蒿	Ⅲ	1263.36±309.94	2017±179.11	2421.44±318.17	4263.83±564.17	11.878	<0.010
小画眉草	Ⅰ	140.37±52.05	193.01±78.86	193.01±17.55	0	3.600	<0.010
狗尾草	Ⅰ	649.23±223.19	1035.25±149.92	1070.34±191.09	210.56±81.55	5.599	0.006
雾冰藜	Ⅰ	122.83±17.55	193.01±57.13	210.56±47.08	105.28±47.08	1.333	0.292
虎尾草	Ⅰ	70.19±22.19	105.28±38.44	122.83±32.35	0	3.912	0.024
糙隐子草	Ⅱ	35.09±22.19	87.83±42.26	105.28±38.44	70.18±35.09	0.720	0.552
茵陈蒿	Ⅱ	0	0	0	87.73±68.86	1.632	0.216
蒺藜	Ⅰ	0	0	0	2333.70±341.05	46.821	<0.010
锋芒草	Ⅰ	0	0	0	193.05±50.25	14.756	<0.010
地锦	Ⅰ	0	0	0	87.73±42.26	4.300	0.017
苣荬菜	Ⅰ	0	0	0	140.37±35.09	16.000	<0.010
达乌里胡枝子	Ⅲ	0	0	0	35.09±22.19	2.500	0.089

注：$R^2=0.493$（调整后 $R=0.398$），$P=0.05$。Ⅰ：1 年生草本；Ⅱ：多年生草本；Ⅲ：半灌木；F 为显著性差异的水平，P 为显著性值；A：1981 年人工植被区；B：1964 年人工植被区；C：1956 年人工植被区；D：自然植被区。

研究结果表明：荒漠植物种子库密度随着藓类结皮的演替而增加，即藓类结皮与荒漠植物土壤种子库密度呈正相关。物种多样性在苔藓结皮发育最好的天然植被区最高，而在人工植被区，物种多样性随着苔藓结皮的发育而下降，即物种多样性与苔藓结皮的演替呈负相关（表 3.10）。

表 3.10   不同年龄苔藓结皮土壤种子库物种多样性、丰富性和均匀性指数

Table 3.10   Species diversity, richness and evenness of different aged moss crust soil

样地	物种数	Margalef 指数	Simpson 指数	Shannon-Wiener 指数	Pielou 指数
A	5	0.56	0.615	0.837	0.167
B	5	0.53	0.556	0.666	0.133
C	5	0.51	0.421	0.435	0.087
D	10	1.08	0.693	1.001	0.111

注：A：1981 年人工植被区；B：1964 年人工植被区；C：1956 年人工植被区；D：自然植被区。

在腾格里沙漠东南缘，人工植被区的土壤种子库相似性较高，而人工植被区与相邻天然植被区的种子库相似性指数较低。这一方面是由于在沙面固定初期，不同年代的固沙植被区所选择的植物种相同，另一方面，可能是天然植被区苔藓结皮粗糙度远远大于人工植被区，对不同形态种子的截获能力高于人工植被区，表明生物土壤结皮的演替是种子库的物种结构发生改变的主要原因。

生物土壤结皮种子库的物种多样性指数与生物土壤结皮的发育呈现一定的关系。在生物土壤结皮发育较短的一个时期内，物种多样性随着结皮的演替而下降，结合相邻天然植被区的苔藓结皮上的物种多样性可以发现，结皮的进一步演替有利于物种多样性的提高。

通过大量的野外定点观测和温室实验,认为生物土壤结皮是影响该地区土壤种子库的主要因素,对生物土壤结皮与维管束植物种子库、种子萌发与定居关系进行了较系统的研究;分析和解释了目前国际上对该科学问题存在的争议,认为生物土壤结皮对维管束植物种子库、种子的萌发与定居的影响主要取决于结皮的类型、组成结皮的隐花植物的种类和区域气候条件(如风蚀情况与降水分配),此外还与植物种子本身的生物学特性(种子的大小、形状,是否具有刺穿结皮层的结构和具有易受风力传播的结构等,种子的休眠特性)等密切相关,并证实了生物土壤结皮为荒漠系统提供了土壤 N 和 C 的来源。该结论为干旱区生物土壤结皮的保护与旱地管理提供了科学依据。

3.4.2 科尔沁沙地种子库特征

以科尔沁沙地内处于封育恢复过程中的流动、半流动、半固定和固定沙丘以及该区的顶级植被——榆树疏林草地这一植被恢复梯度作为研究对象,从土壤种子种群与功能群特征、多样性变化、种子库与地上植被的相互关系,来探讨土壤种子库在沙质草地植被恢复过程中的作用,为退化生态系统的恢复和重建提供科学依据。

1. 土壤种子库与地上植被群落的特征

表 3.11 是不同沙质草地土壤种子库的可萌发种子库密度。可以看出,流动沙丘、半流动沙丘、半固定沙丘、固定沙丘和疏林草地土壤种子库物种数依次为 6,14,16,21 和 27,土壤种子总量依次为 498.33 粒/m²,1250.4 粒/m²,2384.67 粒/m²,4962.08 粒/m² 和 5122.48 粒/m²,表明各沙质草地土壤中均存在着大量的植物种子,而且有 Kruskal-Wallis H 测验不同沙质草地间种子密度存在显著差异(Chi-Square=25.575,df=4,$P<0.001$)。

表 3.11 不同沙质草地种子库密度(粒/m²)
Table 3.11 Seedbank density in different sandy grassland

植物名称	流动沙丘	半流动沙丘	半固定沙丘	固定沙丘	榆树疏林草地
虫实	260.83±94.44	750.00±842.41	467.92±425.15	876.25±492.75	0.83±4.56
猪毛菜	5.00±9.05	95.00±144.26	190.42±157.20	717.50±885.50	—
沙蓬	143.75±97.42	20.00±54.30	—	—	—
五星蒿	—	6.25±14.21	70.83±82.69	10.42±29.01	—
狗尾草	50.42±154.55	132.5±139.84	457.08±357.59	424.17±620.31	53.33±94.63
绿藜	—	3.75±15.10	1.25±5.03	13.75±28.31	2.50±7.63
毛马唐	21.25±38.16	23.33±59.52	127.5±163.93	62.08±150.59	12.50±21.63
差巴嘎蒿	17.08±41.59	104.17±93.49	45.00±73.34	5.83±15.99	—
三芒草	—	—	258.75±188.46	154.17±125.01	0.83±4.56
画眉草	—	28.75±91.04	325.42±283.10	1056.25±928.42	1508.33±995.95
虎尾草	—	—	3.75±9.37	300.75±14.37	132.50±146.83
灰绿藜	—	—	—	12.50±27.85	30.83±45.81
苦苣菜	—	1.25±5.03	—	—	—
细叶苦荬菜	—	—	1.67±5.43	—	—
黄蒿	—	2.5±10.06	2.50±6.89	335.42±438.97	2800.83±944.69
地锦	—	45.83±53.43	417.5±229.66	171.25±276.14	5.00±12.11
扁蓿豆	—	12.5±12.42	5.00±16.61	21.25±66.88	—

续表

植物名称	流动沙丘	半流动沙丘	半固定沙丘	固定沙丘	榆树疏林草地
达乌里胡枝子	24.58±20.17	8.75±27.10	204.16±209.79	10.00±22.36	—
糙隐子草	—	—	2.50±6.89	685.42±693.18	3.33±18.26
太阳花	—	—	—	1.25±5.03	7.50±41.08
鹤虱	—	—	—	1.25±5.03	11.67±35.19
反枝苋	—	—	—	2.08±6.63	—
草地风毛菊	—	—	—	0.83±4.56	6.67±32.12
野黍	—	—	—	2.50±6.89	—
蒺藜	—	—	—	—	43.33±46.86
砂蓝刺头	—	—	—	—	40.83±223.65
野艾蒿	—	—	—	—	2.50±13.69
赖草	—	—	—	—	4.17±9.48
羊草	—	—	—	—	9.17±24.99
总密度(粒/m²)	498.33	1250.41	2384.67	4962.08	5122.48
物种数	6.00	14.00	16.00	21.00	27.00

由表3.11可知,流动沙丘中土壤种子占优势的植物为虫实、沙蓬和狗尾草,半流动沙丘为虫实、狗尾草和差巴嘎蒿,半固定沙丘为虫实、狗尾草、地锦和三芒草,固定沙丘为画眉草、虫实、猪毛菜、糙隐子草和狗尾草,疏林草地为黄蒿、画眉草和苔草,由此表明不同沙质草地植被的土壤种子库种类组成及其优势植物存在一定的差别,从而影响到地表植物群落组成及其结构。此外,也说明沙蓬主要分布在流动沙丘,是典型的沙地先锋植物;差巴嘎蒿的种子库密度在半流动沙丘最大,其次是半固定和流动沙丘,在固定沙丘的种子库密度很低,说明差巴嘎蒿主要分布在半流动、半固定和流动沙丘。尽管在各沙质草地中流动沙丘物种最少、种子数量最低,但其土壤中仍然保留着一定的植物种子,这为沙丘植被恢复奠定了一定的种源基础。

由表3.12中可以看出,从流动沙丘到半流动沙丘、半固定沙丘、固定沙丘和疏林草地幼苗植物群落植物种数依次为9,15,19,23和30,随着植被的恢复物种数增加幅度明显,也表明定植群落的物种数随着沙质草地的恢复而表现出增加的趋势。各群落中优势植物也有所差别,流动沙丘为虫实、狗尾草和猪毛菜,半流动沙丘为虫实、猪毛菜、狗尾草和差巴嘎蒿,半固定沙丘为虫实、猪毛菜、狗尾草和地锦,固定沙丘为狗尾草、虎尾草和画眉草,疏林草地为黄蒿、羊草、虎尾草、白草和苔草。从种子库、幼苗库和成株库密度中占优势的物种及其组成可以看出,种子库、幼苗库和成株库植物之间存在必然的相互关系,土壤种子密度高,幼苗植物和定植植物的密度也高,反之亦然。

表3.12　不同沙质草地植物定植库密度(个数/m²)
Table 3.12　Colonization bank density in different sandy grassland

植物名称	流动沙丘	半流动沙丘	半固定沙丘	固定沙丘	榆树疏林草地
虫实	94.52±25.45	97.95±30.08	101.62±20.55	41.53±17.89	0.43±0.65
猪毛菜	8.67±20.56	28.87±25.68	48.45±59.17	107.45±81.06	0.23±0.63
沙蓬	2.64±3.75	0.30±0.71	—	—	—
五星蒿	—	0.63±1.27	1.38±2.35	1.80±4.11	0.07±0.37

续表

植物名称	流动沙丘	半流动沙丘	半固定沙丘	固定沙丘	榆树疏林草地
狗尾草	14.20±27.01	19.87±28.06	35.58±41.16	182.20±113.28	3.17±3.56
画眉草	—	—	12.65±39.96	49.93±72.67	12.70±10.03
虎尾草	—	—	0.02±0.09	71.72±234.52	8.03±8.16
三芒草	—	—	20.87±44.61	33.07±57.52	—
毛马唐	1.20±2.09	0.52±0.92	7.23±7.35	3.07±7.55	0.97±2.43
细叶苦荬菜	0.65±2.62	0.58±1.49	4.86±11.86	—	0.13±0.73
芦苇	0.13±0.43	—	0.15±0.44	—	2.37±4.36
差巴嘎蒿	1.22±2.53	10.42±13.50	2.67±2.53	0.60±1.87	—
小叶锦鸡儿	0.07±0.25	0.07±0.35	—	—	—
地锦	—	1.18±2.87	27.78±36.04	12.55±28.20	0.07±0.37
扁蓿豆	—	0.07±0.37	0.05±0.20	1.57±4.73	0.20±0.55
地梢瓜	—	2.47±5.17	0.23±0.63	0.13±0.43	0.03±0.18
乳浆大戟	—	0.25±1.01	—	—	—
达乌里胡枝子	—	1.07±5.10	1.05±3.81	28.48±33.66	0.63±1.40
灰绿藜	—	—	—	0.07±0.37	0.37±0.81
绿藜	—	—	0.05±0.20	0.95±2.65	—
砂蓝刺头	—	—	0.06±0.22	—	—
白山蓟	—	—	0.05±0.20	—	—
野黍	—	—	—	0.05±0.20	—
黄蒿	—	—	—	0.23±0.69	10.9±11.25
柳穿鱼	—	—	3.42±6.53	—	—
太阳花	—	—	—	1.20±3.36	—
马齿苋	—	—	—	0.30±1.06	1.70±3.16
糙隐子草	—	—	—	22.80±30.39	1.17±1.80
赖草	—	—	—	0.50±1.72	0.33±1.15
防风草	—	—	—	0.05±0.20	—
白草	—	—	—	1.10±3.33	7.20±14.42
米口袋	—	—	—	—	0.13±0.73
蒲公英	—	—	—	—	0.77±2.49
大籽蒿	—	—	—	—	0.07±0.25
羊草	—	—	—	—	8.03±14.22
苔草	—	—	—	—	5.47±9.55
问荆	—	—	—	—	0.53±1.36
车前	—	—	—	—	0.03±0.18
物种数	9	15	19	23	30

从不同沙质草地间土壤种子库、幼苗库和定植库物种的增加幅度看,流动沙丘到半流动沙丘增幅最大,三者分别为133.33%,114.29%和66.67%,表明流动沙丘到半流动沙丘阶段是沙质草地植被恢复的关键阶段。

2. 植物土壤种子库、幼苗库和定植植物的生活型组成

植物功能多样性在生态系统功能中的作用一直是研究热点。一些研究表明,物种多度的年度变化可以稳定群落的生物量,而功能群的变化则对群落的生态功能起主导作用。因此,对功能群的划分及多样性的研究不仅能帮助我们解释物种对生态系统过程影响的机理,而且可以简化对具有众多物种生态系统的研究。

由植物土壤种子库、幼苗库和定植植物的生活型组成(表3.13)可以看出,从流动沙丘到疏林草地,随着植被的恢复,种子库、幼苗库和定植库中一、二年生草本和多年生草本物种数均逐渐增加;一、二年生植物在种子库、幼苗库和定植库中从流动沙丘到疏林草地,表现出波动下降的趋势,但其百分比均超过65%,表明一、二年生植物是沙质草地中的优势植物,主要维持群落的功能;多年生草本百分比波动增加,在种子库中固定沙丘中所占百分比最大,疏林草地其次,而在幼苗库和成株库中疏林草地所占百分比最大,这表明沙丘恢复、生境不断改善,多年生草本得以恢复,对群落组成、稳定及其功能有一定的贡献作用。此外,在生活型组成中草本植物占有明显的优势,说明环境因子对群落组成及其多样性的影响主要是通过影响草本层的植物变化从而影响整个群落的组成结构和物种多样性。

表 3.13 植物土壤种子库、幼苗库和定植植物的生活型组成
Table 3.13 Composition of soil seed bank, seedling bank and colonized plants life form

群落		一、二年生草本		多年生草本		灌木	
		种数	百分比(%)	种数	百分比(%)	种数	百分比(%)
土壤种子密度	流动沙丘	5	96.57			1	3.43
	半流动沙丘	11	88.70	1	1.00	2	10.30
	半固定沙丘	12	97.43	2	0.31	2	2.25
	固定沙丘	16	81.51	3	14.26	2.00	4.23
	榆树疏林草地	16	92.35	8	7.43	2.00	0.21
幼苗植物群落	流动沙丘	4	98.99	2	0.97	1.00	0.04
	半流动沙丘	9	99.15	3	0.30	3.00	0.55
	半固定沙丘	10	99.23	5	0.31	2.00	0.47
	固定沙丘	13	93.43	7	1.17	1.00	5.40
	榆树疏林草地	13	86.76	9	13.02	1.00	0.10
定植植物群落	流动沙丘	6	98.85	1	0.11	2.00	1.04
	半流动沙丘	7	91.21	4	1.71	3.00	7.08
	半固定沙丘	11	96.83	5	1.62	2.00	1.55
	固定沙丘	14	89.94	6	4.76	2.00	5.30
	榆树疏林草地	14	67.19	14	31.23	1.00	0.75

3. 植物土壤种子库、幼苗库和定植植物的多样性

由表3.14土壤种子库、幼苗库和定植植物的多样性可以看出,不同沙质草地土壤种子库的物种优势度和多样性与幼苗植物与定植植物群落的变化有所差别,在土壤种子库

中从流动沙丘到半流动沙丘、半固定沙丘和固定沙丘物种优势度逐渐减小,到疏林草地有所增加,物种多样性则先增大后减小;在幼苗库中,沙丘群落中物种优势度波动减小,到疏林草地有所增加,物种多样性则先波动增大后减小;在定植库中,物种优势度逐渐减小,而多样性逐渐增加。

表 3.14 土壤种子库、幼苗库和定植植物的多样性

Table 3.13 Composition of soil seed bank, seedling bank and colonized plants life form

样地类型	土壤种子密度		幼苗植物群落		定植植物群落	
	D	H'	D	H'	D	H'
流动沙丘	0.41	1.23	0.39	1.15	0.61	0.85
半流动沙丘	0.39	1.48	0.58	0.87	0.41	1.26
半固定沙丘	0.15	2.06	0.55	1.03	0.21	1.86
固定沙丘	0.17	2.03	0.21	1.80	0.17	2.03
榆树疏林草地	0.39	1.89	0.58	1.08	0.11	2.45

这些结果表明,由于在土壤种子库和幼苗库中,以一、二年生植物为主的可萌发的种子在不同的沙质草地中所占优势不同并受到环境、竞争等影响而引起的萌发和生长状况不一样,从而导致土壤种子库和幼苗库中的优势度和多样性的波动变化,随着一、二年生植物的竞争及其部分植物的最终定植和多年生植物的生长定植,植物群落相对于种子库和幼苗库趋于稳定,故而优势度逐渐减小、多样性逐渐增加。

放牧除了引起植被退化、生物量降低和植物无效分蘖增加以外,对种子库的影响也非常明显。研究结果表明,在不同研究尺度上,土壤种子密度大小顺序为:放牧草地>放牧灌丛草地>封育草地,三者存在显著差异($P < 0.01$)。封育草地土壤种子丰富度要小于放牧的草地和灌丛草地。地统计学分析表明,不同土地利用方式下沙质草地的土壤种子库的密度和丰富度的空间变异规律均能较好地拟合成变异函数的理论模型,都具有空间自相关性。沙质草地的土壤种子库的密度和丰富度的空间自相关范围表现出封育草地大于放牧草地和灌丛草地(表 3.15,图 3.12)。分维数分析可以看出,封育草地的土壤种子库的密度和丰富度的空间依赖性大于放牧的沙质草地,表明放牧导致了沙质草地土壤种子库的密度和丰富度空间依赖性减小。

表 3.15 不同土地利用下土壤种子库变异函数分析

Table 3.15 Variogram analysis of soil seed bank in different land use types

特征	类型	模型	Mean ± SD	Co	Co+C	C/(Co+C)	A(m)	F	RSS
密度	FG	球函数	3122.62±1428.82[a]	0.02	0.04	0.50	14.21	1.92	0.000
	GG	球函数	5532.14±2946.18[b]	0.00	0.04	1.00	2.38	1.97	0.000
	SG	球函数	4049.41±2726.89[c]	0.00	0.03	1.00	1.82	1.98	0.000
丰富度	FG	指数函数	6.381±1.913[a]	1.98	3.97	0.50	19.20	1.94	2.860
	GG	指数函数	7.607±1.939[b]	0.01	3.54	1.00	2.10	1.99	1.260
	SG	指数函数	7.655±1.911[b]	0.55	3.64	0.85	3.66	1.95	4.670

注:FG—封育草地;GG—放牧草地;SG—放牧灌丛草地。

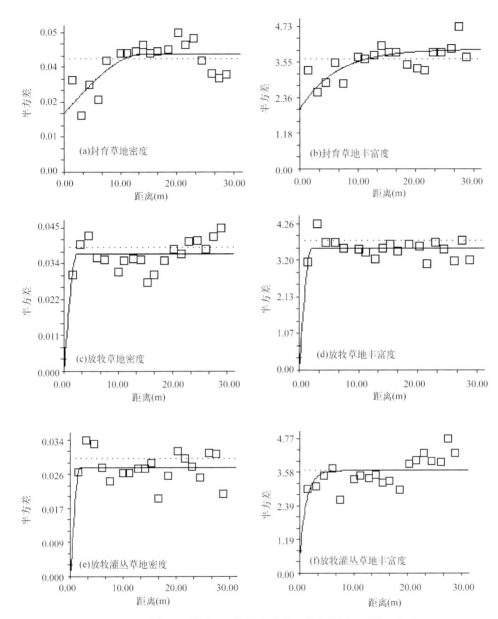

图 3.12　不同土地利用下土壤种子密度和丰富度的空间半方差图

Fig. 3.12　Spatial semivariogram of soil seed density and richness under different land use types

　　由土壤种子库的密度和丰富度的空间格局分布图(图 3.13)可以看出,在放牧草地和灌丛草地空间破碎化程度较高,分布呈现出小斑块格局,也表明了放牧导致了沙质草地土壤种子库的密度和丰富度具有较高的空间异质性。

　　在所研究的三个尺度上,沙质草地土壤种子密度随着尺度的增加而减小,三者存在显著差异($P < 0.01$)。沙质草地土壤种子丰富度随着尺度的增加而增加。地统计学分析表明,不同空间尺度下沙质草地土壤种子库的密度和物种数的空间变异规律均能较好地拟合成变异函数

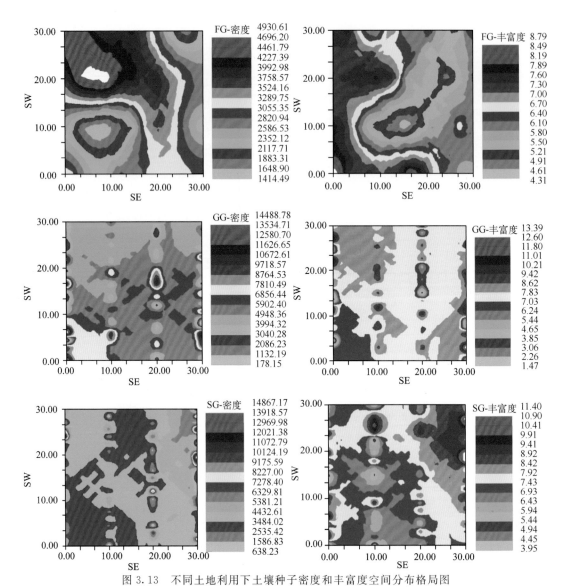

图 3.13　不同土地利用下土壤种子密度和丰富度空间分布格局图

Fig. 3.13　Spatial distribution patterns of soil seed density and richness
under different land use types

的理论模型,都具有空间自相关性。沙质草地的土壤种子库密度的空间自相关范围表现出随着研究尺度的增加而增加,而土壤种子库丰富度的空间自相关范围随着研究尺度的增加没有明显变化,范围在 2.35~3.50 m 变化(表 3.16)。分维数分析表明,沙质草地的土壤种子库密度的空间依赖性随着尺度的增加而增加,土壤种子库丰富度空间依赖性没有明显变化,表明放牧能够导致沙质草地土壤种子库丰富度在研究尺度增加过程中仍具有较小的空间依赖性。从土壤种子库的密度和丰富度的空间格局分布图(图 3.13)可以看出,沙质草地土壤种子库丰富度在 30 m×90 m 尺度上空间破碎化程度较高,分布呈现出小斑块格局,土壤种子库密度表现出较强的空间依赖性、大斑块格局分布。

表 3.16 不同尺度上土壤种子库变异函数分析
Table 3.16 Variogram analysis of soil seed bank in different scales

特征	尺度	模型	Mean ± SD	Co	Co+C	C/(Co+C)	A(m)	F	RSS
密度	30 m×30 m	球函数	11081.25±6671.05[a]	0.10	0.03	0.69	8.49	1.92	0.000
	30 m×60 m	球函数	8263.42±5922.93[b]	0.01	0.03	0.69	43.00	1.85	0.001
	30 m×90 m	球函数	6905.43±5459.01[c]	0.01	0.03	0.81	74.00	1.81	0.002
丰富度	30 m×30 m	球函数	6.82±1.54[a]	0.09	2.35	0.96	2.42	1.99	1.020
	30 m×60 m	球函数	7.17±1.85[b]	0.06	3.29	0.98	2.50	1.99	7.740
	30 m×90 m	指数函数	7.37±1.86[b]	0.43	3.46	0.88	3.30	1.98	4.380

由不同沙丘类型土壤种子库与地上植被种类组成上的相似性分析(表 3.17)可以看出,随着沙丘固定和植被的恢复,土壤种子库与幼苗群落、定植群落的共有种数逐渐增加。从计算出的 4 种类型退化沙质草地土壤种子库与幼苗群落、定植群落组成的相似性系数可知,土壤种子库与地上植被组成的相似性程度较高;除半固定土壤种子库和幼苗库的相似系数与土壤种子库和幼苗库的相似系数无差别外,其余沙质草地土壤种子库和幼苗库的相似系数均小于土壤种子库和幼苗库的相似系数。

表 3.17 不同沙丘类型土壤种子库与地上植被种类组成上的相似性分析
Table 3.17 Similarity analysis of soil seed bank and above ground plant species composition in different types of dunes

样地类型	种子库与幼苗库		种子库与定植植物群落	
	共有种数	相似性系数	共有种数	相似性系数
流动沙丘	4	0.62	6	0.80
半流动沙丘	8	0.65	9	0.62
半固定沙丘	12	0.75	13	0.74
固定沙丘	15	0.70	17	0.77
榆树疏林草地	14	0.56	18	0.64

土壤种子库被认为是特定时期内储藏在土壤中的有活力的种子的数量或密度,是一个区域现有植被和未来潜在植物更新能力及其格局的综合表现。因此,在土壤中的种子种群在植物种群和群落的结构及其动态演变过程中具有非常重要的作用。种源是植被恢复的基础,对于一、二年生植物来说,土壤种子库是维持种群稳定的基础,群落中较高的密度说明群落中较大的种群数量,表明土壤种子库足以提供保证植被恢复和群落稳定的种源条件。从流动沙丘到疏林草地,随着植被的恢复,种子库、幼苗库和定植库中一、二年生草本和多年生草本物种数均逐渐增加,其百分比均超过 65%,表明一、二年生植物是沙质草地中的优势植物,主要维持群落的功能。这些大量种源得以产生和维持的原因在于:一方面草本植物特别是一、二年生草本植物能够产生大量的种子,能够形成持久种子库;另一方面植物种子能够在土壤种子库中长期积累而保持萌发力,并形成库容庞大的土壤种子库。一个库容庞大的土壤种子库也是植被能够恢复和保持稳定的原因之一。

　　应用对应分析(CA)土壤种子库与地上幼苗库和地上定植植被之间的关系,得到对应分析图如图 3.14 所示。从图中可以看出,五种沙质草地的土壤种子库密度、地上幼苗植物密度和定植植物密度沿着横轴从左到右按着流动沙丘(MD)、半流动沙丘(SMD)、半固定沙丘(SFD)、固定沙丘(FD)和疏林草地(SG)有序排列,表现出土壤种子库及其地上植被密度按照一定的环境梯度而变化。从流动沙丘到疏林草地,随着植被的恢复、生境条件的改善,土壤基质的稳定性增加,有机质含量和土壤肥力有效性随之增加,因而植被与土壤种子库的密度和物种数相应增加,这与其他人的研究结果相一致(Wilson,1993),支持了富含有机质的土壤中保存了较高的土壤种子库和植物的物种数。

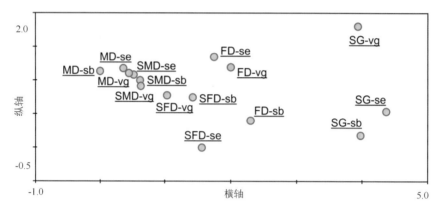

图 3.14　不同沙质草地的植被定植—幼苗库—种子库的对应分析

Fig. 3.14　Correspondence analysis on engraftment-seedling bank-seed bank of vegetation in different sandy grasslands

　　由 CA 分析也可以看出,同一沙质草地内土壤种子库密度、地上幼苗植物密度和定植植物密度的关系较为密切,土壤种子库的组成对地上植被的存在和发育具有分异作用。图上种子库与幼苗库和定植库两点之间的距离沿流动沙丘、半流动沙丘、半固定沙丘、固定沙丘和疏林草地顺序逐渐增大,说明它们之间的相关性也随这一顺序降低,而且后一个沙质草地的三库的位置与前一个沙质草地的三库的位置也顺着这一顺序减弱,由此表明在植被恢复的前期物种种子库的种源作用非常突出,在流动沙丘和半流动沙丘阶段土壤种子库为地被植物的发育提供了大量的种源,而随着沙质草地恢复到沙丘的中后期向顶级群落演替,由于多年生植物的恢复,其土壤种子库提供种源的作用有所减弱,必然导致土壤种子库、幼苗库和定植库间的相似性有所减小。这一研究结果在其他人的研究中得到证实,Chang et al.(2001)的研究表明,受干扰和破坏的研究区其地上植被与土壤种子库的相似性明显大于未受干扰的研究区。

　　从沙质草地植物群落的恢复潜力度(revegetation potentiality,RP)可以看出(表 3.18),低一级演替阶段群落总是向相邻更高一级演替阶段群落恢复,且群落自然恢复潜力较高。在群落自然恢复演替过程中,由流动向半流动、半流动向半固定和半固定向固定,其群落恢复潜力度依次为 0.57,0.71 和 0.75,说明流动沙丘向半流动沙丘植被恢复潜力最小,这一阶段为流动沙丘植被恢复的关键阶段;同时固定沙丘向疏林草地的群落恢复潜力度低于半流动向半固定和半固定向固定,表明沙丘植被向顶级群落演替仍然需要很长的时间。

表 3.18 沙质草地植物群落的恢复潜力度

Table 3.18 Restoration potentiality of sandy grassland plant community

	半流动沙丘			半固定沙丘			固定沙丘			榆树疏林草地		
	RP_{sb}	RP_{se}	RP	RP_{sb}	RP_{se}	RP	RP_{sb}	RP_{se}	RP	RP_{sb}	RP_{se}	RP
流动沙丘	0.60	0.55	0.57	0.45	0.50	0.48	0.44	0.36	0.40	0.19	0.19	0.19
半流动沙丘				0.80	0.63	0.71	0.69	0.50	0.59	0.40	0.36	0.38
半固定沙丘							0.81	0.68	0.75	0.52	0.44	0.48
固定沙丘										0.64	0.62	0.63

上述结果表明,土壤种子库在植被整个恢复过程中都发挥着重要的作用,但更决定于植被恢复的早期阶段,对其恢复起始速度和进程起着关键的作用。

在科尔沁沙地,无论是流沙还是裸地,土壤中残留着植物体的数量和种类,以及植被次生演替所留下的大量有性繁殖体和营养繁殖体,这些繁殖体可以在生态条件改善时使潜在植被迅速演变成现实植被,从而引起不同沙丘植被在其群落结构、组成和物种在空间分布上的差异性。

3.4.3 临泽站沙丘土壤种子库特征

本节以临泽荒漠—绿洲过渡带内天然固沙植被泡泡刺(*Nitraria sphaerocarpa*)为研究对象,研究土壤种子库的水平与垂直分布特征,并从种子埋深与出苗特征角度,探讨沙埋对土壤中种子的空间分布格局、萌发建植能力与幼苗生长状况的影响,为荒漠绿洲天然植被的保护和生态系统重建提供科学依据。

一般而言,每一面积单元内(不考虑深度)的土壤种子数由灌丛中心位置到灌丛间裸地而逐渐减小(图 3.15)。灌丛下的土壤种子库密度较高,而灌丛间裸地的土壤内种子数几乎为零。由于聚集生长的灌丛往往可以产生大量的种子,同时对随风传播的种子具有很强的拦截能力,此外还可以协助其他植物抵御天敌。所以灌丛斑块(或灌丛沙堆)内常形成规模庞大的土壤种子库,且由中心位置向边缘位置逐渐缩小。因此,灌丛在维持荒漠生态系统稳定性和退化生态系统恢复过程中具有重要的生态意义。

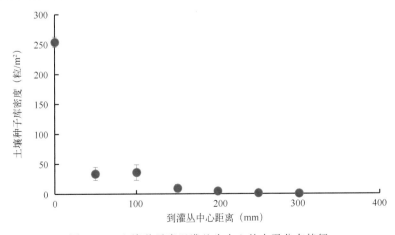

图 3.15 土壤种子库以灌丛为中心的水平分布特征

Fig. 3.15 Horizontal seed distribution from the center of shrub canopies to intershrub areas

土壤种子库密度在 4 个土层深度上的垂直分布呈现出一定的规律性(图 3.16)。多达 82.6％的种子主要集中在 5～10 cm 的土层深度内,而只有 3.5％的种子分布在 0～2 cm,6.2％的种子分布在 2～5 cm,7.7％的种子分布在 10～20 cm 的土层中。对于某一土壤类型而言,具有一定大小的种子总是会出现在特定深度的土层。土壤内种子的垂直运动与最终分布状况与种子的形态学特征、土壤结构与颗粒大小、动物分布及其他一些物理过程有关。

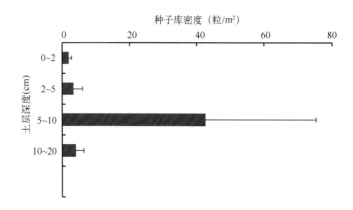

图 3.16　土壤种子库在 4 个土层深度的垂直分布特征

Fig. 3.16　Vertical seed distribution at the four soil depths

沙埋与种子大小显著地影响着泡泡刺的出苗率($F=98.134, P<0.001$)与其幼苗大小($F=18.67, P<0.001$)。由图 3.17 可见,出苗率在沙埋 2 cm 左右时达到最大值,之后随着沙埋深度的增加而逐渐下降。不同大小种子的萌发状况在各土层深度间的变化趋势基本一致。当沙埋深度为零时,由于受干旱环境的胁迫作用,种子出苗率通常较低。而当沙埋深度达到 4 cm 或 5 cm 时,出苗率开始呈现一个显著的下降趋势。在土层深度达到 6 cm 时,个体较小的种子已无法成功出苗。幼苗大小同样与沙埋深度($F=22.66, P<0.001$)和种子大小($F=22.744, P<0.001$)等因素有关。幼苗在 2 cm 左右沙埋深度下最大,之后随深度的进一步增加而变小(图 3.17)。出苗时间随沙埋深度的增加而增加,且大种子出苗所需时间普遍较少(图 3.18)。

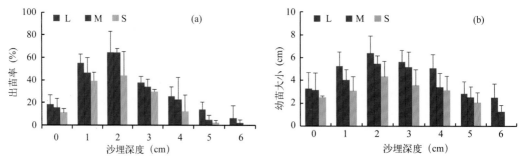

图 3.17　泡泡刺大种子(L)、中等大小种子(M)及小种子(S)的
出苗率(a)与幼苗大小(b)对沙埋深度的响应

Fig. 3.17　Mean (±S. E.) emergence percentage of seedlings(a) and
seedling mass(b) at various sand burial depths for large (L), medium (M)
and small (S) sized seeds of *Nitraria sphaerocarpa*

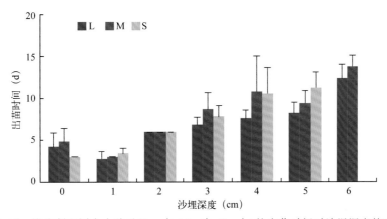

图 3.18　泡泡刺不同大小种子(L—大;M—中;S—小)的出苗时间对沙埋深度的响应

Fig. 3.18　Mean number of day to the first emergence of seedlings at various sand burial depths for large(L),medium(M) and small (S) sized seeds of *Nitraria sphaerocarpa*

　　在荒漠生态系统,以灌丛为中心的土壤种子库分布特征大致上决定了地表植被的分布格局。尽管风沙侵蚀及沙埋现象严重,但土壤中仍可保有可观的持久种子库,为维持群落稳定与日后生态重建提供有利条件。然而,种子是否能够顺利萌发、出苗、建植还取决于其在土壤中的垂直运动及最终分布状况。研究同时证实沙埋是影响种群更新的重要因素之一。该结论为退化生态系统恢复重建与荒漠—绿洲过渡带土地管理提供了科学依据。

3.5　隐花植物多样性

3.5.1　沙坡头地区隐花植物多样性特征

　　在沙坡头地区利用草方格进行沙面固定,由于大量降尘和黏粒与粉粒等细物质在沙表的积累,再经过雨季雨滴的冲击迫使沙表颗粒排列紧密,使表层中的部分细粒处于悬浮状态,并依次沉积,使包括大气降尘在内的细粒堆积在已固定的沙表面,为结皮的形成提供了丰富的物质基础。整个结皮的发育和演化过程是从以降尘和细粒经降水冲击形成的灰白色的风积物结皮阶段发展到黑褐色的藻类为主的微生物结皮和以苔藓为主微植物的隐花植物结皮。这一过程显著地改变了固定沙丘表面环境,包括沙土养分的改善。反之,沙丘草方格沙障和栽植的植被为这一过程创造了有利的条件,具体地表现在固沙植被区的风速减缓,植物枯枝落叶的积累,土壤微生物种群的增加等。

　　通过研究发现,沙坡头地区藻类植物共计 40 种(包括 1 变种),其中蓝藻 17 种、绿藻 10 种、硅藻 9 种、裸藻 4 种,全为普生种,陆地生境中种类最丰富。陆地生境中蓝藻在种类数(除灌溉林地结皮)、生物量方面占主导地位,贫瘠水体生境中硅藻占主要地位,营养较丰富水体中绿藻处于优势地位。另外,陆生生境中多以具鞘微鞘藻(*Microcoleus vaginatus*)为优势种,小席藻（*Phormidium tenue*）为主要种。

通过对沙坡头地区生物土壤结皮中藻类的垂直分布研究，结果发现，结皮层有藻类植物 24 种，蓝藻及其丝状种类的比例最大；结皮下 0～50 mm 和 50～100 mm 层次分别有 15 种、10 种，且都以硅藻及单细胞种类最丰富；深层次出现的种类在浅层次都出现；100 mm 以下层次没有任何藻种发现。生物量从表及里随深度的增加而锐减，99％的分布在结皮层；结皮层中有 78％在 0～0.1 mm 层次，96％在 0～1.0 mm 层次。种类数变化在结皮层和结皮下 0～50 mm 层次都与降水量相关，而结皮下 50～100 mm 层次基本不变。

表 3.19 反映了结皮层中隐花植物种类组成随固沙时间的变化。在沙坡头地区人工植被建立 1 a 后硅藻类的 *Navicula minima* var. *atomoides* 在固定沙丘表层出现；固沙植被建立 4 a 后固定沙丘表层有硅藻 2 种（*Pinularia microstaucon* 和 *Hantz chiaamp hioxys* var. *capitata*），出现蓝藻 3 种，即 *Lyngbya martensiana*，*Hydrocoleus violacens* 和 *Phormidium amblgum*，当固沙植被发展到 19 a 后，植被区已有藻类 14 种；44 a 后共有藻类 24 种在固沙植被区出现。由表 3.19 可见，随着固沙植被的发展，微生物结皮中的藻类多样性增加显著，但这种增加趋势在植被建立 36 a 后趋于平缓，种的多样性渐趋饱和，同时，藻类的覆盖度可达到 50％～55％。

表 3.20 是微生物结皮中另一重要隐花植物组成苔藓的多样性变化，与藻类相似，人工固沙植被的建立促进了苔藓植物多样性在这一地区的恢复。相对于藻类，苔藓种类的变化较小，固沙植被建立 5 a 后，在局部地区，如丘间低地的结皮中出现了 *Byum argenteum*，经 44 a 的植被演变后，结皮中仅有苔藓 5 种，少于天然固定沙地种类的一半。因此，从结皮中苔藓植物的多样性来看，结皮的发育上处于不稳定阶段。

表 3.19　腾格里沙漠固沙植被建立后藻类多样性随时间的变化

Table 3.19　The changes of algel diversity after establishing sand-fixing vegetation in Tengger desert

固沙年限（植被始建年份）	1 a(2001 年)	4 a(1998 年)	20 a(1982 年)	29 a(1973 年)	38 a(1964 年)	46 a(1956 年)
Anabaena azotica		++	++		++	++
Chrococcus epiphyticus		++		++	+	++
Chlamyd omonas sp.		++			+	++
Chlorella vulgaris Beij.					+	++
Chlorococcum humicola					+	++
Euglena sp.		++	++	++	++	++
Gloeocapsa sp.			++	++	++	++
Hantz schiaamphioxys var. *capitata*	+++	++	++	+++	+++	+++
Lyngbya crytoraginatus Schk.		+			+	+
Microcolous vaginatus		+	++		++	++
Navicula minima var. *atomoides*		+	+++		++	++
Nostoc flagelliforme						+
Nostoc sp.		+			+	+
Oscillatoria pseudogeminate			++		++	++
Oscillatoria obscura			++		++	++
Oscillatoria subbreris			+		+	+
Phormidium autumnale			+		+	+
Phormidium luridum			++		++	++
Phormidium foveolarum						+

续表

固沙年限(植被始建年份)	1 a(2001 年)	4 a(1998 年)	20 a(1982 年)	29 a(1973 年)	38 a(1964 年)	46 a(1956 年)
Pseudo geminate				+		+
Pinnularia borealis			+		+	+
Protococcus viridis			+		+	+
Phomidium tenue			+	+	+	+
Scytonema javanicum			+	+	+ +	+
Scytonema millei				+	+	
Schizothrix rupicola					+	
Navicula minima Var. *atomoides*	+ + +			+ +		
Synechocystis aqutillis				+		
Lyngbya martensiana		+ +				
Hydrocoleus violacens		+ +				
Phormidium amblgum		+ +				
Pinularia microstaucon		+ +				
Euglena sp.			+			
盖度(%)	0	1	20	42	50	55
种数总计	1	5	14	17	23	24

注:优势种＋＋＋,亚优势种＋＋,稀有种＋。

表 3. 20　腾格里沙漠固沙植被建立后藓种多样性随时间的变化
Table 3. 20　The changes of moss diversity after establishing sand-fixing vegetation in Tengger desert

苔藓植物	固沙年限(植被始建年份)			对照
	4 a(1998 年)	38 a(1964 年)	46 a(1956 年)	
Byum argenteum	+ +	+ + +	+ + +	+ + +
Didymodon nigrescens		+ +	+ +	+ +
D. constrictus			+	+ +
Dnigrescens var. *ditrichoides*				+ +
D. tectorum				+ +
D. perobtusus				+ +
D. reedii				+ +
Tortula bidentata		+ +	+ + +	+ + +
T. desertorum			+	+ +
Aloina rigida				+ +
A. cornifolia				+ +
A. breviristris				+ +
Pterygoneurum subsessile				+
总计	1	3	5	13
盖度(%)	25	75	80	86
生物量(g/m²)	588	531.8	661.6	742.1

注:优势种＋＋＋,亚优势种＋＋,稀有种＋。

　　研究发现,生物结皮的物种多样性与沙质草地的不同退化程度密切相关。由图 3.19a 不同退化程度沙质草地发育的结皮盖度可知,对照区有零星分布的藻类结皮,苔藓结皮微乎其微；轻牧区内以小面积、斑块分布的藻类结皮为主；中牧区内以大面积苔藓结皮分布为主，间或有斑块状藻类结皮分布在地势起伏处，而重牧区内则有成片的苔藓结皮分布。中牧与重牧区藻类结皮盖度均达到20％以上。对照无牧区内的结皮盖度很小，苔藓结皮盖度小于2％，而其他3个样地苔藓结皮盖度在10％左右。

不同退化程度的沙质草地，重牧、中牧、轻牧和对照区的总盖度都有不同程度的增加趋势。地被物（凋落物等杂物）盖度为：轻牧＞中牧＞对照＞重牧，植被盖度为：中牧＞重牧＞轻牧＞对照（图3.19b）。

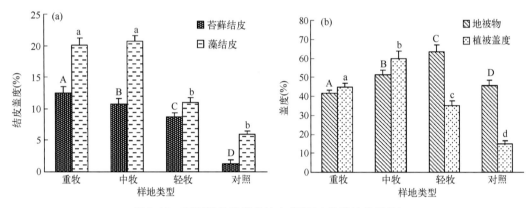

图 3.19　不同样地类型的结皮盖度（a）及植被盖度（b）

Fig. 3.19　Crust and vegetation coverage in different sandy grassland types

3.5.2　科尔沁沙地围封沙质草地生物土壤结皮发育及隐花植物组成特征

科尔沁沙地不同退化程度沙质草地中生物结皮的主要生物成分有细菌、真菌、放线菌、藻类、苔藓和地衣。其中苔藓植物共4科、6属、10种，以真藓科的银叶真藓（*Bryum argenteum*）和真藓新纪录种（*Bryum kunzei*）为优势种，土生对齿藓（*Didymodon vinealis*）和厚肋流苏藓（*Crossidium crassinerve*）为伴生种，还有芦荟藓（*Aloina rigida*）和葫芦藓等偶见种（表3.21）。

表 3.21　封育草地围栏苔藓结皮物种组成

Table 3.22　Species composition of crusts in enclosure grassland

科	属	种	百分比（％）
丛藓科 Pottiaceae	对齿藓属 *Didymodon*	土生对齿藓 *Didymodon vinealis*（Bridel）Zender	10
	流苏藓属 *Crossidium*	厚肋流苏藓 *Crossidium crassinerve*（De Notaris）Juratzka	10
	芦荟藓属 *Aloina*	芦荟藓 *Aloina rigida*（Hedw.）Limpr	10
真藓科 Bryaceae	真藓属 *Bryum*	银叶真藓 *Bryum argenteum* Hedw.	50
		高山真藓 *Bryum alpinum* Huds. *ex With*	
		丛生真藓 *Bryum caespiticium* Hedw.	
		垂蒴真藓 *Bryum ulginosum*（Brid.）B. S. G.	
		真藓新记录种 Bryum *kunzei* Hoppe et rnsch	

科	属	种	百分比（%）
葫芦藓科 Funariaceae	葫芦藓属 *Funaria*	葫芦藓 *Funaria hygrometrica Hedw.*	10
钱苔科	钱苔属 *Riccia L.*	片叶钱苔 *Riccia crystallina L. Spec.*	10
总计:4 科	6 属	10 种	100

　　不同退化程度沙质草地中生物结皮的总盖度为:重牧＞中牧＞轻牧＞对照,结皮总盖度与沙质草地的不同退化程度、细沙含量和地形高度呈极显著的正相关关系($P<0.01$),与地表凋落物盖度和极细沙含量呈极显著的负相关关系($P<0.01$)。中牧围栏的苔藓结皮每公顷可固定沙土 18381.25 kg/hm²,是对照区结皮固沙量的 11.2 倍。不同退化程度沙质草地的固沙功能为:中牧＞重牧＞轻牧＞对照。随着地形高度的增加,苔藓结皮代替了藻类结皮的生态位,生物结皮的原生演替由低级向高级发生正向演替。

　　由表 3.22 可以看出,苔藓结皮的厚度明显大于藻类结皮,这种现象的主要原因是藓类植物逐年生长的分枝、假根与大气降尘的沙土共同组成结皮层,苔藓植物体不断生长、繁殖、死亡,枯死的部分不断累积,形成腐殖质又为新个体的生长提供了充足的养分。不同退化程度沙质草地苔藓结皮的苔藓植物特征和生物量之间也存在着显著的差异:苔藓结皮层的厚度和结皮层上苔藓植株高度均为中牧＞轻牧＞对照＞重牧,说明苔藓结皮层越厚,其上苔藓植株体也越高。对照和轻牧区的结皮层总重明显大于中牧和重牧区的,而苔藓植物的干重则是中牧区最大,对照区最小,可能是由于苔藓植物生长量的增加,其根系越密集,下层土壤越疏松,使得其黏结的沙土有所减少。

表 3.22　生物结皮特征变化比较

Table 3.22　Comparison of biocrust character

样地类型	苔藓结皮				藻类结皮
	结皮厚度（cm）	植株高（cm）	苔藓干重（g/dm²）	结皮总重（g/dm²）	结皮厚度（cm）
对照	1.30±0.082a	0.18±0.017a	5.62±0.25a	158.45±18.5a	0.68±0.18a
轻牧	1.30±0.118a	0.16±0.019a	10.97±0.33b	156.11±23.2a	0.94±0.19b
中牧	1.47±0.142b	0.16±0.046a	11.45±0.46b	142.55±17.9b	1.08±0.20b
重牧	1.22±0.092c	0.14±0.027a	7.85±0.58c	134.46±22.3c	0.82±0.21c

注:同列之间不同字母表示差异显著（$P<0.05$）。

第4章 寒旱区典型区植被调查

4.1 阿拉善荒漠生态系统调查

4.1.1 调查区概况

阿拉善高原属于阿拉善荒漠省的一部分,而阿拉善荒漠省是亚非荒漠区最东端的一省,位于 99°~109°E 及 37.5°~44°N 之间,包括阿拉善高原、鄂尔多斯高原西北部及黄河河套平原。本省北部跨入蒙古人民共和国境内,可达戈壁阿尔泰山麓;南部止于祁连山下的河西走廊;东部与草原区相连;西边与中戈壁荒漠省以额济纳河为界。本省的东界也就是亚洲中部荒漠区和草原区的分界线,而且是一条极为重要的植物地理学界限。

阿拉善荒漠省内的区域分异是十分明显的,东部和西部、山地和高原各自形成迥然不同的植被组合。在高原范围内可划分出:东阿拉善草原化荒漠州、西阿拉善荒漠州;山地可以分为:贺兰山山地植被州及龙首山山地植被州。

植被类型主要由旱生半灌木组成,植物区系以中亚成分为主,地带性代表植被为红砂群系。2010 年以来,先后对这一地区荒漠生态系统的水热梯度样带开展了系统的综合调查工作,主要针对阿拉善荒漠植被随水热梯度变化呈现自东向西的明显梯度变化特征,通过典型样地的植被、土壤、水分的要素的调查取样,获取高原典型植被分布格局、丰富度和多度与环境要素关系、封育初期植被生态恢复的特征及恢复的潜力及关键环境影响因素等方面的相关数据,从而为认识这一地区荒漠生态系统植被格局的空间分布及影响因素提供了丰富的背景资料,为退化荒漠生态系统的生态修复与重建提供科学依据。

4.1.2 阿拉善高原典型荒漠植被的调查

1. 样地群落学调查

2010 年 10 月初分别对阿拉善左旗、阿拉善右旗、额济纳旗及贺兰山低山带等区域开展了综合调查。对 65 个样地的植被、土壤水分以及土壤、植物样品进行了调查和采集(表 4.1,图 4.1)。

表 4.1 阿拉善荒漠生态系统调查指标
Table 4.1 Survey index of Alxa desert ecosystem

项目	方法	内容
群落学调查指标	灌木样方 10 m×10 m,草本样方 1 m×1 m	植被总盖度、冠幅、高度、生物量;植物组成、丰富度、多度、草本层片的物种组成及干、鲜重
土壤含水量的测定	每个样地采集三个点的土壤含水量数据,采样深度为表层、10 cm、20 cm、50 cm 及 100 cm	

续表

项目	方法	内容
土壤样品的采集与化验分析	每个样地采集5个土壤样品，混合，风干，过2 mm的筛，去除砾石和其他杂物	土壤粒度、容重、pH、电导率、有机质、全氮、Ca^{2+}、Mg^{2+}、Cl^-、CO_3^{2-}、HCO_3^-、K^+等

图 4.1　阿拉善荒漠生态系统调查样地分布图

Fig. 4.1　Sample plots of desert ecosystem in Alxa area

2. 植被物种组成特征

通过对阿拉善荒漠植被的综合调查，植被的群落类型在空间分布上差异显著，阿拉善左旗调查到40种植被类型，主要以唐古特白刺、蒙古沙冬青、藏锦鸡儿、珍珠、红砂、蒙古扁桃、霸王、猫头刺、针茅等为建群种；阿拉善右旗19种植被类型，主要以泡泡刺、盐爪爪、柠条、蒙古短舌菊、红砂、珍珠等为建群种；额济纳旗为6种，主要以胡杨、怪柳、苦豆子等为建群种（表4.2）。

阿拉善荒漠一年生植物层片由37种植物组成，可划分为4个类群：其中一年生藜科（17种）、一年生禾草（6种）、一年生蒿类（5种）和一年生杂类草（9种），分别占总数的45.95%、16.22%、13.51%和24.32%。这些植物隶属于9科28属，分别是藜科（Chenopodiaceae）（10属17种）、禾本科（Graminaea）（6属6种）、菊科（Compositae）（4属5种）、紫草科（Boraginaceae）（1属2种）、十字花科（Cruciferae）（2属3种），其余石竹科（Caryophyllaceae）、牻牛儿苗科（Geraniaceae）、大戟科（Euphorbiaceae）、车前科（Plantaginaceae）均为1属1种。由此可见，阿拉善荒漠区一年生植物层片主要由藜科的猪毛菜类构成，占总数的一半以上，其次为禾本科的小禾草类和菊科的蒿类。

表 4.2　阿拉善荒漠调查样地信息表

Table 4.2　Informations of sample plots in Alxa desert ecosystem

样方号	群落类型	样方号	群落类型
1	唐古特白刺群落	34	珍珠＋红砂群落
2	唐古特白刺群落	35	红砂群落
3	蒙古沙冬青群落	36	膜果麻黄＋泡泡刺群落
4	藏锦鸡儿群落	37	柽柳群落
5	藏锦鸡儿＋矮脚锦鸡儿群落	38	柽柳群落
6	珍珠群落	39	泡泡刺＋红砂群落
7	红砂群落	40	柽柳群落
8	沙冬青群落	41	柽柳＋苦豆子群落
9	泡泡刺群落	42	红砂＋驼蹄瓣群落
10	唐古特白刺群落	43	红砂群落
11	绵刺群落	44	红砂＋泡泡刺群落
12	绵刺＋红砂群落	45	泡泡刺群落
13	绵刺＋多根葱群落	46	红砂群落
14	蒙古扁桃群落	47	绵刺＋霸王群落
15	霸王＋沙冬青群落	48	绵刺＋红砂群落
16	盐爪爪群落	49	绵刺＋霸王群落
17	绵刺＋霸王群落	50	沙冬青＋白刺群落
18	唐古特白刺群落	51	沙冬青＋霸王群落
19	柠条群落	52	猫头刺群落
20	绵刺＋霸王群落	53	红砂群落
21	红砂群落	54	紫花针茅群落
22	沙蒿群落	55	刺旋花＋松叶猪毛菜群路
23	蒙古短舌菊群落	56	红砂＋珍珠群落
24	珍珠＋红砂群落	57	珍珠＋红砂群落
25	珍珠群落	58	红砂群落
26	盐爪爪群落	59	珍珠＋红砂群落
27	珍珠＋白刺群落	60	珍珠＋红砂群落
28	盐爪爪群落	61	珍珠＋红砂群落
29	盐爪爪＋白刺群落	62	珍珠＋红砂群落
30	唐古特白刺群落	63	珍珠＋红砂群落
31	假木贼＋盐爪爪群落	64	红砂群落
32	珍珠＋盐爪爪群落	65	藏锦鸡儿群落
33	梭梭群落		

4.1.3　荒漠植被(灌木、草本)的空间分布格局

图 4.2 表征了阿拉善荒漠灌木、草本丰富度在空间尺度上的分布特征,通过分析灌木丰富度随经纬度的变化,发现二者之间没有显著的关系(图 4.2a,c);草本丰富度在水平地带上分布具有明显的变化趋势,和纬度呈负相关关系,即随着纬度的增加,草本的丰富度逐渐减小;

和经度呈正相关关系,随经度的增加而增加。灌木和草本的丰富度在空间上表现出不同的规律性。

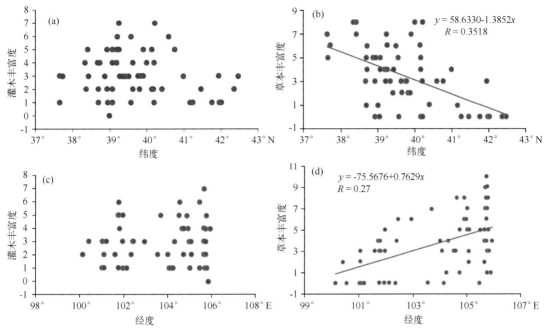

图 4.2　灌木、草本丰富度的空间分布

Fig. 4.2　The spatial distribution of shrubs and herbs richness

通过对阿拉善荒漠植被 0 cm、10 cm、20 cm、50 cm 和 100 cm 深度土壤含水量进行统计分析(图 4.3,表 4.3)发现,土壤表层的土壤含水量最低(1.99%),且变异系数较大(0.88),10~50 cm 的土壤含水量相对稳定,在 5.88%~6.69%,变异系数在 0.63~0.77;100 cm 深度的土壤含水量在 6.00%,但变异系数最大(1.02)。以上结果说明,表层土壤含水量因受到降水时空分布差异的影响,变幅较大;土壤深层(100 cm)含水量的变异主要取决于灌木、草本层的根系分布和土壤质地等因素的影响。

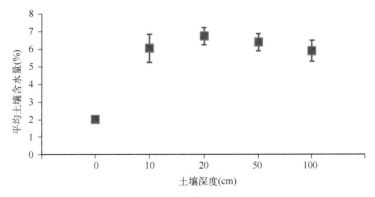

图 4.3　土壤含水量的变异系数

Fig. 4.3　The variable coefficient of soil water contents (SWC)

表 4.3　阿拉善荒漠土壤统计分析表

Table 4.3　Statistical tables of soil in Alxa desert

土壤深度(cm)	土壤平均含水量(%)	SE	minSWC	maxSWC	变幅	变异系数
0 cm	1.99	0.21775	0.24	6.8	6.56	0.88
10 cm	6.69	0.52847	0.51	25.09	24.58	0.64
20 cm	6.36	0.49523	1.19	21.91	20.72	0.63
50 cm	5.88	0.56317	1.1	19.87	18.77	0.77
100 cm	6.00	0.76273	0.93	28.74	27.81	1.02

　　图 4.4 表示土壤分层含水量的频率分布特征。土壤表层(0 cm)含水量集中在 0.5%～1.5%,频率占 46.88%,说明土壤表层的保水性很弱,主要通过深层入渗和蒸发方式将水分快速转移;土壤 10 cm 的含水量主要集中在 3%～9%,累积频率为 79.69%,该层土壤水分决定了草本层片的发育和生长,土壤含水量是表层的 2～6 倍;土壤 20 cm 深度的含水量集中在 3%～7%,累积频率占 68.75%,该层的土壤含水量区间和 10 cm 深度相似,作为草本层片

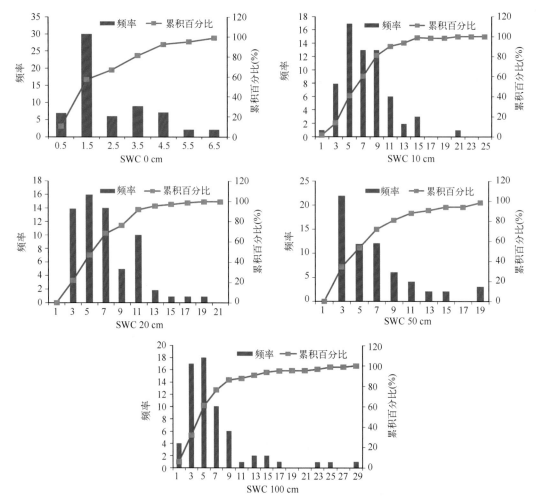

图 4.4　土壤分层含水量的频率分布特征

Fig. 4.4　The frequency distribution characteristics of soil water contents(SWC) in different depths

根系分布的主要深度,土壤水分条件决定着草本的丰富度和多度。土壤 50 cm 深度的含水量主要在 3%～7%,累积频率占 71.88%,该层土壤含水量决定着浅根系灌木层片的生长。土壤 100 cm 深度的含水量主要在 3%～7%,累积频率占 70.31%,该层土壤含水量影响着深根系灌木层片的生长。通过上述分析发现:土壤表层含水量变异较大,而 10～100 cm 的土壤含水量相对稳定,主要集中在 3%～7%。

4.1.4 荒漠植被丰富度与土壤水分的相关性

1. 植被群落与土壤水分空间分布特征

阿拉善荒漠土壤水分在空间尺度的分布特征如图 4.5 所示,分析结果如下:土壤表层(0 cm)含水量较高的群落包括沙冬青群落(6.8%)、红砂群落(6.39%)、绵刺＋多根葱群落(6.22%)、柽柳群落(6.02%)和唐古特白刺群落(5.24%),主要分布区在草原化荒漠区及额济纳旗绿洲区,其中柽柳群落的土壤水分主要取决于绿洲区地下水的供给,其他区域主要依赖季节性降水。10 cm 深度土壤含水量在 10%～25% 的区域主要集中于草原化荒漠区、额济纳旗绿洲区及阿拉善右旗低湿盐碱地区域,包括柽柳群落(25.09%)、梭梭群落(19.69%)、珍珠＋红砂群落(14.45%)、盐爪爪群落(12.35%)、藏锦鸡儿群落(10.75%)等;20 cm 深度土壤含水量在 10%～22% 的区域主要集中在额济纳旗绿洲区、阿拉善右旗低湿盐碱地区域及阿拉善左旗草原化荒漠区,主要包括柽柳群落(21.91%)、盐爪爪群落(10.52%～15.54%)、珍珠＋红砂群落(10.03%～17.45%)、紫花针茅群落(11.21%)和蒙古短舌菊群落(10.06%)等。50 cm 深度土壤含水量在 10%～20% 的分布区域和上述相似,主要包括柽柳＋苦豆子群落(19.87%)、盐爪爪群落(14.63%～18.51%)、唐古特白刺群落(17.32%)、珍珠＋红砂群落(10.04%～12.93%)等;100 cm 深度土壤含水量在 10%～20% 的分布区域和上述相似,主要包括柽柳群落(28.74%)、盐爪爪群落(16.51%～23.72%)、泡泡刺＋红砂群落(28.74%)、唐古特白刺群落(13.28%～16.51%)和珍珠＋红砂群落(11.69%)等。

通过上述分析发现,土壤含水量较高的区域主要集中在阿拉善左旗草原化荒漠区域、荒漠地区以盐爪爪为建群种的群落及额济纳旗绿洲区。

2. 植被丰富度与土壤水分的关系

通过对阿拉善植被灌木丰富度、草本丰富度及总丰富度对土壤水分的相关性分析发现(图 4.6),群落的总丰富度和表层、10 cm 和 20 cm 水分没有显著的相关性,而与 50 cm、100 cm 土壤含水量呈负相关关系,即随着土壤深层含水量的增加,群落丰富度减小。灌木丰富度和 0～20 cm 的土壤含水量没有显著的相关性,而与土壤深层含水量(50～100 cm)呈负相关关系。草本丰富度与 0 cm 的土壤水分关系不明显,与 10 cm 土壤含水量呈正相关关系,与土壤深层(50～100 cm)含水量呈负相关关系,说明草本层片浅根系植物的水分主要来源于土壤表层,而如果土壤沙粒含量较大,水分入渗较快且主要集中在深层,从而不利于表层草本植物的水分利用。

阿拉善高原主要样地包括 4 种类型(表 4.4),其中类型 1 代表珍珠猪毛菜(*Salsola passerine*)—合头草(*Sympegma regelii*)—红砂(*Reaumuria soogorica*)—狭叶锦鸡儿(*Caragana stenophylla*)草原化荒漠灌木群落类型,灌木多度较高(表 4.6)。这一灌木类型的生境特征如粉粒和黏粒含量、全氮、土壤有机质及土壤含水量高于其他 3 个类型。很多样地分布于阿拉善高原南部和中部的典型荒漠化草原亚带(图 4.1)。

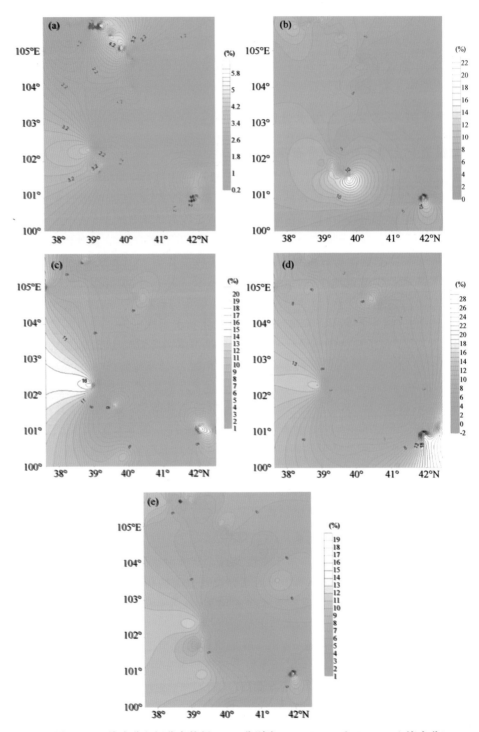

图 4.5 土壤水分空间分布特征(a～e 分别为 0、10、20、50 和 100 cm 土壤水分)

Fig. 4.5 Spatial distribution of soil moisture

(a～e are soil moisture in depths of 0、10、20、50 and 100 cm，respectively)

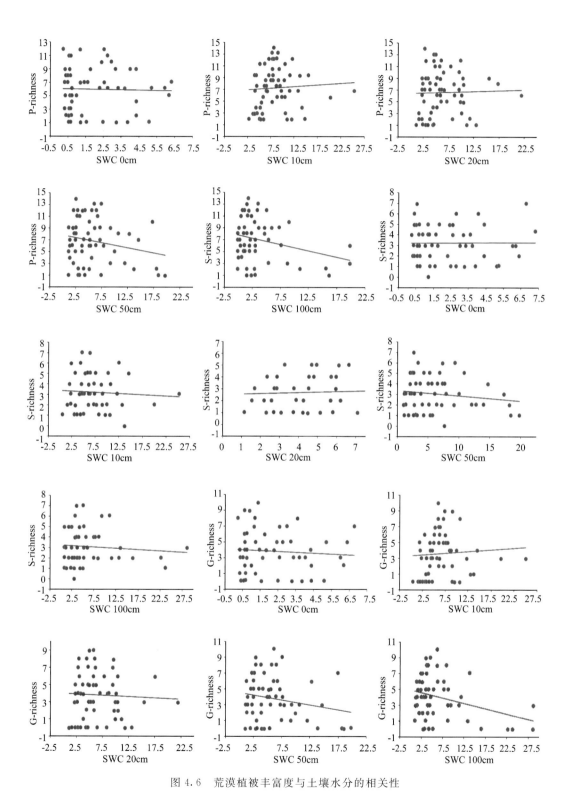

图 4.6　荒漠植被丰富度与土壤水分的相关性

Fig. 4.6　The relationship between desert vegetation richness and soil moisture

表 4.4　阿拉善高原研究样地类型描述
Table 4.4　Description of plot type in Alxa Plateau

植被类型	分布区域	优势种	气候条件		土壤类型
			年均温 (℃)	年降水量 (mm)	
典型荒漠植被	贺兰山北部地区,腾格里沙漠和乌兰布和沙漠以西	红砂(*Reaumuria songolica*)、绵刺(*Pataninia mongolica*)、珍珠猪毛菜(*Salsola passerina*)、膜果麻黄(*Ephedra przewalskii*)、合头草(*Sympegma regelii*)、梭梭(*Haloxylon ammodendron*)	2~7	150~250	棕壤,山地灰褐土和粗质栗钙土
草原化荒漠植被	贺兰山和腾格里沙漠及低山带的冲积扇	珍珠猪毛菜、红砂、泡泡刺(*Nitraria sphaerocarpa*)、霸王(*Zygophyllum xanthoxylon*)、藏锦鸡儿*Caragana tibetica*)、猫头刺(*Oxytropis acciphylla*)	6~8	100~150	表层风蚀的灰漠土
荒漠化草原植被	桃花山和龙首山的低山带	小叶锦鸡儿(*C. microsphylla*)、狭叶锦鸡儿(*C. stenophylla*)、驼绒藜(*Ceratoides latens*)、尖叶盐爪爪(*Kalidium cuspidatum*)、白刺(*N. tangutorum*)和猫头刺	7~8.2	50~100	灰棕漠土、棕色沙土和盐土
沙生植被	巴丹吉林沙漠,腾格里沙漠,乌兰布和沙漠	青沙蒿(*Artemisia desertorum*)、沙鞭(*Psammochloa villosa*)、细枝岩黄芪(*Hedysarum scoparium*)、和梭梭(*Haloxylon ammodendron*)	8.3~9.4	80~180	风蚀土

　　类型 2 代表泡泡刺(*Nitraria sphaerocarpa*)—尖叶盐爪爪(*Kalidium cuspidatum*)等喜盐类型,主要分布于 pH 呈碱性并且具有相对较高的土壤含水量地区。样地主要分布于腾格里沙漠南缘及阿拉善高原西部地区。

　　类型 3 以白刺(*Nitraria tangutorum*)和阿拉善沙拐枣(*Calligomum alashanicum*)为优势种,物种丰富度和多度较小,主要分布于腾格里沙漠、乌兰布和沙漠和巴丹吉林沙漠的半固定沙丘上,以及荒漠和草原化荒漠的过渡带上。

　　类型 4 代表沙生灌木群落类型,特征灌木种为细枝岩黄芪(*Hedysarum scoparium*)、柠条锦鸡儿(*C. korshinskii*)、小叶锦鸡儿(*C. microsphylla*)和油蒿(*Artemisia ordosica*),主要分布于半固定沙丘或沙地,土壤质地粗糙,土壤全氮和有机质含量较低,土壤含水量小。植被调查及各样方土壤性质结果见表 4.5~表 4.7。

表 4.5　调查样方（$n=133$）中主要灌木种频度（$>5\%$）

Table 4.5　Frequency（$>5\%$）of major shrubs in surveyed plots（$n=133$）

灌木	拉丁学名	频度	缩写
骆驼刺	*Alhagi sparsifolia* Shap. ex Keller et Shap	5.05	Alhspa
蒙古沙冬青	*Ammopiptanthus mongolicus* Cheng	7.01	Ammmon
蒙古扁桃	*Amygdalus mongolicus* Ricker	5.07	Amymon
油蒿	*Artemisia ordosica* Krasch	13.02	Artord
沙木蓼	*Atrphaxis bracteata* ex Keller et Shap	5.22	Atrbra
阿拉善沙拐枣	*Calligomum alashanicum* A. Los.	5.66	Calala
蒙古沙拐枣	*Calligomum mogolicum* Turcz.	7.26	Calmog
柠条锦鸡儿	*Caraga korshinskii* Kom.	10.77	Carkor
小叶锦鸡儿	*Caragana microsphylla* Lam.	7.01	Carmic
矮锦鸡儿	*Caragana pygmaea*（L）DC. Prodr.	8.27	Carpyg
狭叶锦鸡儿	*Caragana stenophylla* Pojark.	8.51	Carste
藏锦鸡儿	*Caragana tibetica* Kom.	6.26	Cartib
驼绒藜	*Ceratoides lateens* Reveal et Holmgren	11.52	Cerlat
高氏木旋花	*Convoivulus gortschakovii* Schrenk	11.52	Congor
膜果麻黄	*Ephedra przewalskii* Stapf	7.01	Ephprz
梭梭	*Haloxylon ammodendron* Bge.	6.26	Halamm
细枝岩黄芪	*Hedysarum scoparium* Fisch. & Mey.	9.26	Hedsco
尖叶盐爪爪	*Kalidium cuspidatum*（Ung. －Sternb.）Grub.	7.01	Kalcus
细枝盐爪爪	*Kalidium gracile* Fenzl	5.12	Kalgra
泡泡刺	*Nitraria sphaerocarpa* Maxim.	10.02	Nitsph
小果白刺	*Nitraria sibirica* Pall.	5.05	Nitsib
白刺	*Nitraria tangutorum* Bobr.	7.76	Nittan
猫头刺	*Oxytropis aciphylla* Ledeb.	21.29	Oxyaci
绵刺	*Potaninia mongolica* Maxim.	7.01	Potmon
红砂	*Reaumuria soogorica*（Pall.）Maxim.	21.29	Reasoo
珍珠猪毛菜	*Salsola passerine* Bge.	10.02	Salpas
松叶猪毛菜	*Salsola laricifolia* Turcz.	6.26	Sallar
合头草	*Sympegma regelii* Bge.	7.01	Symreg
柽柳	*Tamarix chinensis* Lour.	7.51	Tamchi
四合木	*Tetraena mongolica* Maxim.	7.01	Tetmon
霸王	*Zygophyllum xanthoxylon* Maxim.	19.79	Zygxan

注：频度$<5\%$的物种未列出。

表 4.6　TWINSPAN 的不同类型中灌木物种丰富度、多度和环境参数（mean ± s. e.）

Table 4.6　Species richness，abundance and environment parameter of different shrub types in TWINSPAN

灌木类型	物种丰富度	物种多度（$n/100\text{m}^2$）	砂粒（%）	粉粒（%）	黏粒（%）	容重
1	3.38±1.19	116.84±86.02	47.35±26.56	43.30±23.21	9.30±4.09	1.25±0.17
2	3.28±1.76	96.84±98.86	74.28±19.98	20.82±16.73	4.65±4.10	1.28±0.17
3	2.68±1.28	70.62±123.33	80.36±15.64	15.26±14.03	4.34±3.22	1.44±0.20
4	2.58±1.64	48.12±48.15	86.50±8.55	9.55±6.35	3.99±3.24	1.42±0.11

表 4.7　不同类型中灌木样地土壤性质及含水量

Table 4.7　Soil characteristics and water content in different shrub plots

灌木类型	pH	全氮（g/kg²）	有机质（g/kg²）	含水量(%)(0~40 cm)	含水量(%)(40~300 cm)
1	8.53±0.31	0.07±0.04	0.65±0.37	1.33±0.62	2.46±0.77
2	8.72±0.27	0.04±0.04	0.34±0.38	1.18±0.32	2.08±0.62
3	8.85±0.23	0.02±0.02	0.29±0.18	0.98±0.66	2.07±0.78
4	8.80±0.27	0.02±0.02	0.23±0.14	0.89±0.43	1.89±0.70

3. 灌木多样性格局对环境梯度的响应

图 4.7 是调查样地灌木组成的 DCA 排序图。DCA 排序轴的前两轴可以解释 92% 的物种数据信息（物种总数为 33）。第一排序轴主要代表土壤质地的梯度，其中土壤粉粒和黏粒含量在排序轴由左向右逐渐增加。旱生灌木如珍珠猪毛菜、梭梭、怪柳、红砂和排序轴相关性高，而沙生灌木如油蒿、细枝岩黄芪、蒙古沙拐枣和排序轴相关性低。第二排序轴代表样地深层土壤水分含水量（0.4~3 m）的增加。超旱生灌木松叶猪毛菜和排序轴相关性较弱，而泡泡刺、小果白刺、矮锦鸡儿和合头草与排序轴相关性强。如图 4.7 所示，这些灌木大多集中在水分条件较好的样地。

DCA 排序结果表明大多数灌木在第二排序轴的得分为 300 和 500，这表明土壤含水量显著地决定着灌木物种丰富度。然而，除了土壤含水量以外，灌木物种的丰富度与其他环境因子的相关性不明显。物种的多度在 DCA 的前两排序轴没有明显的变化趋势。但是，CCA 排序分析的二维点图上表明类型 1 的物种多度和很多土壤参数相关，如有机质、粉粒和黏粒，以及土壤浅层和深层含水量。类型 2 的灌木种多度与土壤砂粒含量、土壤 pH 相关，类型 3 的与土壤容重相关。但类型 4 中灌木种多度和环境变量之间的关系不明显；其中一些种（如油蒿和细枝岩黄芪）的多度和砂粒含量、pH 及土壤容重相关（图 4.8）。

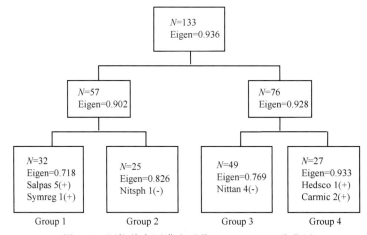

图 4.7　阿拉善高原灌木群落 TWINSPAN 分类图

Fig. 4.7　Classification chart of fruticetum TWINSPAN in the Alxa Plateau

4. 灌木丰富度和多度格局与土壤特性之间的关系

阿拉善高原灌木种丰富度格局和多度格局与土壤参数之间的关系存在显著差异。通常灌木种的丰富度和多数土壤特性之间没有显著的相关性，但与砂粒含量及深层土壤含水量呈正相关关系，与有机质呈负相关关系（5% 显著性水平）（图 4.8）。

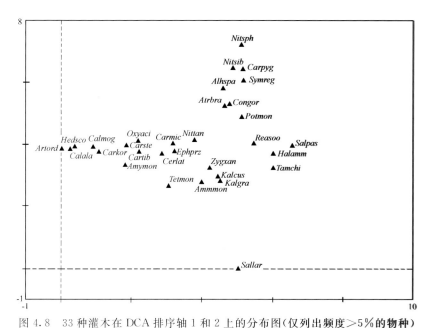

图 4.8　33 种灌木在 DCA 排序轴 1 和 2 上的分布图（仅列出频度＞5％的物种）

Fig. 4.8　Distribution diagram of DCA ordination axes 1 and 2 in 33 shrubs

物种丰富度和其他土壤参数（如黏粒、粉粒、容重、表层土壤含水量、全氮和 pH）没有显著的相关性。所有测定的土壤参数却与灌木种多度呈显著的相关关系（图 4.9，$P < 0.05$）。其

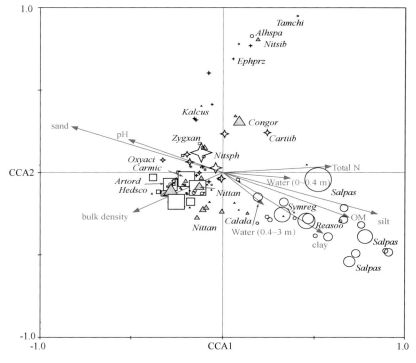

图 4.9　阿拉善高原灌木多度和环境因子的二维点图

Fig. 4.9　The two-dimensional point diagram of abundance and environmental

factors in shrub of the Alxa Plateau

中,多度与土壤粉粒、黏粒、表层土壤含水量、深层土壤含水量及有机质呈正相关关系,而与砂粒含量、容重及 pH 呈负相关关系。逐步回归分析发现,灌木物种丰富度主要与深层土壤含水量相关。灌木多度主要和深层土壤含水量及全氮相关($R^2 = 0.64$,$P < 0.0001$)。物种丰富度和多度回归模型的置信度分别达到了 75% 和 64%。这表明在我国干旱荒漠地区干旱胁迫是生物多样性维持的主要限制因素(表 4.8)。

表 4.8　灌木物种丰富度、多度和土壤参数的逐步回归方程列表
Table 4.8　Stepwise regression equation of richness, abundance and soil parameter of shrub

方程	决定系数 R^2	显著性水平 P
Richness(丰富度)$= 1.543 + 0.525$ soil water content$_{(0.4 \sim 3\ m)}$	0.750	$P < 0.0001$
Abundance(多度)$= 0.339 + 0.501$ soil water content$_{(0.4 \sim 3\ m)} + 4.842$ TN	0.640	$P < 0.0001$

排序轴和环境因子间的泊松相关系数用箭头的长度和方向来表示,不同符号的大小代表物种的多度值。其中,"○"代表 TWINSPAN 类型 1 中的优势灌木种;"☆"代表类型 2 的优势物种;"▲"代表类型 3;"□"代表类型 4。物种缩写见表 4.5。

总之,由于物种的匮乏和灌木在植被组成中的优势地位,维持其种的多样性在干旱荒漠生态系统中要比草地生态系统中显得更为重要。灌木种的分布格局不仅与系列环境因子(如土壤质地、pH 及土壤含水量)相关,而且还与他们的生物学特征相关。除土壤水分以外,灌木种多样性对其他环境因子没有显著的响应关系,而灌木多度格局与很多的土壤性质(如深层土壤含水量、土壤有机质、全氮和 pH)相关。维持阿拉善高原稳定的深层土壤含水量是遏制灌木多样性丧失的有效途径。

4.2　额济纳绿洲生态系统调查

4.2.1　调查区概况

额济纳绿洲($40°20' \sim 42°41'$ N,$97°36' \sim 102°08'$ E)地处黑河流域下游,海拔 900 ~ 1100 m,总面积 5.99×10^4 km^2。该地区深居内陆,年均温 8.3℃,年均降水量 42 mm,年均蒸发量 3755 mm,是中国极端干旱区之一。额济纳绿洲的土壤类型主要分为地带性土壤灰棕漠土,非地带性土壤包括林灌草甸土、潮土、盐土和风沙土等,土壤盐碱化现象严重。由于降水稀少,额济纳绿洲主要接受黑河下泄补给,植被多沿河岸分布;而黑河来水量的减少及季节性断流使得植被大部分出现衰退。研究区植被以旱生、超旱生、耐盐碱的亚洲中部荒漠成分为主,主要群落类型有胡杨(*Populus euphratica* Oliv.)群落、柽柳(*Tamarix ramosissima* Ledeb.)群落、梭梭(*Haloxylon ammodendron* (C. A. Mey.) Bge.)群落、苦豆子(*Sophora alopecuroides* L.)群落、白刺(*Nitraria tangutorum* Bobr.)群落,植物种类较为单一贫乏。

据调查和统计,该区植物共 49 科 151 属 268 种。在 49 科中,含 30 种以上的有菊科(81 种)、藜科(47 种)、禾本科(33 种),其他种类较多的科有豆科(15 种)、蓼科(11 种)、莎草科(11 种)、柽柳科(10 种),这 7 科共有 208 种植物,占该区总种数的 72%,是该区植物的优势种(图 4.10)。在植被类型上,以旱生、超旱生、耐盐碱的亚洲中部荒漠成分占优势。分布格局上,在沿额济纳河两岸与湖积平原地带,由生长着中生和湿生的乔灌木和草本植物组成河岸疏林灌丛－草甸系统；在绿洲外围的沙漠分布区，主要以各种沙生灌木和草本植物为主，构成柽柳灌丛杂草系统和湖盆梭梭灌丛；在干旱的低山丘陵和广大的戈壁平原，生长着稀疏的耐旱荒漠植被，主要构成戈壁荒漠草场。

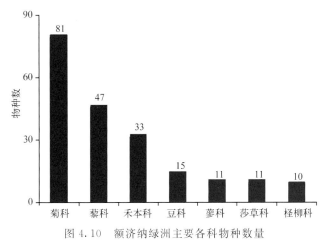

图 4.10　额济纳绿洲主要各科物种数量

Fig. 4.10　Number of species in Ejin oasis

4.2.2　额济纳绿洲植被的生态状况分析

额济纳绿洲的植被条件根据土壤及水文地质特征的不同大致可分为两大类型：一是戈壁平原为代表的高平原荒漠植被，二是以河岸、湖盆为代表的河泛低地草甸植被。

1. 高平原荒漠草地植被

这一类型在项目区分布较大，河西戈壁、中戈壁、河东以北部边境地区均有分布。地形多为起伏平缓的冲积、沉积高平原，地表广布戈壁和砾石。主要优势植物为红砂，其次有霸王、泡泡刺、梭梭、沙拐枣、西伯利亚白刺、柽柳、沙冬青、麻黄、白皮绵鸡儿等。在不同的小地貌类型往往形成不同的植物群落：中戈壁上主要分布红砂植物群落，盖度 5％～6％；赛汉陶来以西的戈壁上生长着梭梭和红砂群落，盖度 5％～10％；在旗境西部和东部戈壁分布有泡泡刺和红砂群落，盖度 10％左右，夹心河滩小戈壁上主要为麻黄、红砂、霸王、沙拐枣群落，盖度 15％左右。两河附近的覆沙戈壁上，生长着蒙古沙拐枣、红砂、泡泡刺和沙蒿、霸王、红砂群落，盖度一般为 10％～13％。最好的植物群落是沿河两岸和湖盆外围柽柳灌丛及盐爪爪、红砂、西伯利亚白刺群落，盖度高达 25％～30％。

2. 河泛低地草甸草地植被

该类植被分布于额济纳河两岸和湖盆低地。由于水分条件较好，植物覆盖度较大。河岸周围以胡杨和柽柳为主，湖盆地带以芦苇为主。建群优势种有胡杨、多枝柽柳、沙棘、芦苇、芨芨草和杂草，伴生植物有苦豆子、白刺、麻黄、红砂、碱草、盐爪爪、珍珠、枸杞、骆驼刺等。植被盖度随群落组成有差异，一般均在 30％～50％，是额济纳绿洲最好的一类草场。

4.2.3　额济纳绿洲植物群落物种结构组成及重要值

在调查的 61 个样方资料记录的 30 个种，额济纳绿洲植被群落的物种组成以杨柳科、柽柳科、豆科、禾本科、藜科植物为主，剔除频度＜5％的物种后，只剩 15 个物种，物种较为单一。重要值是综合衡量物种在群落中地位和作用的有效指标，通过对物种重要值的分析可以了解群落种群的变动情况。由表 4.9 看出，重要值最大的前 3 位物种为柽柳、胡杨和苦豆子。

表 4.9 主要植物种的重要值及生态位宽度

Table 4.9 Important value and niche width of major plant species

中文名	拉丁文名	科、属	重要值	物种编号	生态位宽度
柽柳	*Tamarix hohenackeri* Bge.	柽柳科柽柳属	28.17	6	0.503
胡杨	*Populus euphratica* Oliv.	杨柳科杨属	23.00	1	0.377
苦豆子	*Sophora alopecuroides* L.	豆科槐属	15.59	8	0.327
芦苇	*Phragmites australis* Trin.	禾本科芦苇属	10.59	9	0.181
白刺	*Nitraria tangutorum* Bobr.	蒺藜科白刺属	7.49	5	0.165
梭梭	*Haloxylon ammodendron* (C. A. Mey.) Bge.	藜科梭梭属	6.12	2	0.102
戈壁霸王	*Zygophyllum rosovii* Bge.	蒺藜科霸王属	6.00	15	0.098
骆驼蓬	*Peganum harmala* L.	蒺藜科骆驼蓬属	4.93	11	0.142
甘草	*Glycyrrhiza uralensis* Fisch.	豆科甘草属	4.11	14	0.093
沙拐枣	*Calligonum mongolicum* Turcz.	蓼科沙拐枣属	3.79	3	0.069
骆驼刺	*Alhagi camelorum* Fisch.	豆科骆驼刺属	3.50	13	0.085
黑果枸杞	*Lycium ruthenicum* Murr.	茄科枸杞属	3.49	7	0.098
红砂	*Reaumuria soongarica* (Pall.) Maxim.	柽柳科红砂属	3.49	4	0.084
芨芨草	*Achnatherum splendens* (Trin.) Nevski	禾本科芨芨草属	2.93	10	0.138
花花柴	*Karelinia caspia* (Pall.) Less.	菊科花花柴属	2.80	12	0.076

4.2.4 额济纳绿洲天然植被分布与地下水位的关系

额济纳河流域地表植被的组成、分布及长势与地下水分条件有着密切的关系。由狼心山到东、西河下游，随地下水埋深变化，植物群落由乔、灌、草群落组成逐渐演变为单一的灌木群落。在东、西河上游的部分地段，为乔、灌、草群落组成，乔木主要是胡杨，灌木有柽柳和白刺，草本植物有甘草、罗布麻、芦苇、苦豆子和胖姑娘等。基中胡杨和柽柳是该群落的优势种。从群落的水平结构看，群落内植株间生长稀疏，草本植物分布多呈碎片状，且沿河道向下在种类、数量上有减少趋势；在东、西河中游断面为乔灌群落，以胡杨与柽柳为主，还伴生有白刺，草本植物稀少，除偶见深根系骆驼刺外，几乎无其他草本植物，且植被多呈衰败状态；而西河下游断面为单一灌木群落，植被构成单一，仅剩下柽柳包，严重退化。可见，额济纳河植被的数量与组成的变动指示着这种生态条件的变化。

额济纳地区植物种类贫乏，群落结构简单，受水分条件的限制，在环境蜕变的过程中，抗旱性较强的物种存留，植株间稀疏，显示出植物个体退化的明显特征。调查分析表明，额济纳地区水分条件是影响区域生态环境的关键因子(图 4.11)，植被在其数量与组成的变动中因水分条件不同而变化，二者存在密切关系。从图 4.12 额济纳河沿河 5 个断面地下水变化与野外实地调查数据的统计分析可见，额济纳河流域植被盖度、密度、群落丰富度等，随着地下水位埋深的增加，均呈现出递减的趋势。并且，详尽分析该流域植被特征变化还可发现，随地下水埋深加大，植被的盖度、密度递减幅度较大，而群落丰富度增长趋势较缓，这与流域环境因素分布不均匀及植物个体有关。同种植物在局部条件较好的小生境内退化相应较慢，同时，成年植株比幼年植株利用环境资源的能力强,由于植物的向水性特点,成年植物个体大、根系深,因此,同种植物的光消亡先后次序也不同,表现为植物种类的消失是一个缓慢的过程。而物种丰富度降低、群落层次结构简单化是整个植物群落退化的明显特征。

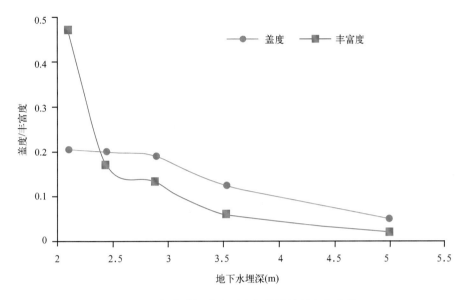

图 4.11 额济纳绿洲地下水与植被特征变化曲线

Fig. 4.11 Change curve of ground water and vegetation feature in Ejin oasis

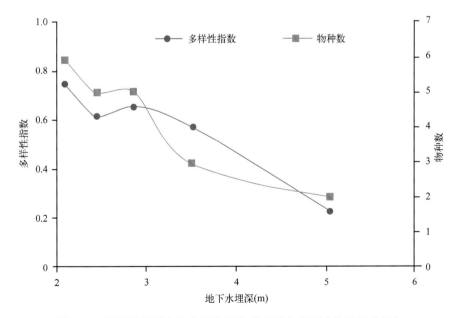

图 4.12 额济纳绿洲生物多样性指数、物种数与地下水位埋深的变化

Fig. 4.12 Relationships of biodiversity index, species number and buried depth of ground water in Ejin oasis

4.3 黄土高原荒漠草原和青藏高原高寒草甸植被调查

4.3.1 黄土高原西部的荒漠草原植被

观测试验研究区位于黄土高原西北部的皋兰县境内,距兰州市 19 km 的一个沟谷台地上,海拔 1800 m 左右。多年平均降水量为 263 mm,降水的变率很大,70% 的降雨分布在 6—9 月,最大年降水量为 392.4 mm,最小年降水量为 154.9 mm,年降水量相对变率为 21.9%。多年月平均气温为 7.1℃,最低气温为 −9.1℃(1 月),最高气温为 20.7℃(7 月),≥0℃ 的年积温 3324.5℃。年潜在蒸发量为 930.6 mm,年水分亏缺量为 681.6 mm。本区地带性土壤为灰钙土、黄土母质,在中国土壤系统分类中为简育雏形干旱土。

本地区天然植被以干草原和荒漠草原类型为主,主要植物种有灌木亚菊(*Ajania fruticulosa*)、短花针茅(*Stipa breviflora*)、多裂骆驼蓬(*Peganum multisectum*)、蝎虎驼蹄瓣(*Zygophyllum mucronatum*)、糙隐子草(*Cleistogenes squarrosa*)、阿尔泰狗娃花(*Heteropappus altaicus*)、茵陈蒿(*Artemisia capillaris*)、刺蓬(*Salsola ruthenica*)等。并有大量的红砂(*Reaumuria soongorica*)、珍珠(*Salsola passorina*)、锦鸡儿(*Caragana sp.*)等耐旱灌木及半灌木和小半灌木侵入草原区,共同组成了荒漠草原类型。该区由于地处气候干旱、植被稀疏、水土流失严重的黄土高原西部,地形因子成为控制植被分布的主要非地带性因子。受地形特别是坡向的影响,兰州地区荒漠草原植被形成了阴、阳坡分异的植被类型景观分布格局。同时,物种分布、土壤水分、养分等生态系统要素亦呈现出明显的空间变化。

观测结果显示,灌木观测样地内植物种以红砂和珍珠猪毛菜主要,其盖度分别为 11.3% 和 2.0%(表 4.10)。草本植物观测样地按照植被群落物种组成及坡面朝向设置了三个类型,分别为:样地类型 1 为处于阳坡的以蝎虎驼蹄瓣为主的荒漠草原(阳坡样地);样地类型 2 为处于阴坡的以灌木亚菊为主的荒漠草原(阴坡样地);样地类型 3 为处于半阴坡的以灌木亚菊+短花针茅为主的荒漠草原(半阴坡样地)。通过调查发现,草本样地以阴坡样地上植物种类最多,植物盖度最大,物种数达到 17 种,半阴坡样地次之,植物种类为 11 种,而阳坡样地上植物盖度最小,植物种类也仅为 7 种(表 4.11)。从阳坡植被样地到阴坡植被样地,植物群落表现为灌木、半灌木物种增加,多年生草本种类明显增多,主要植物由一年生草本植物转变为多年生草本和半灌木植物。

表 4.10 黄土高原西部荒漠草原植被灌木层种类组成
Table 4.10 Species composition of shrub in west desert steppe of Loess Plateau

植物种名	基径(cm)	高度(cm)	盖度(%)
红砂	1.052	46.6	11.3
珍珠猪毛菜	0.567	15.4	2.0

由图 4.13 可以看出,黄土高原西部荒漠草原草本层植被物种数、密度、优势种平均高度、盖度均表现为阴坡高于阳坡。从时间动态来看,三种坡向的植物种数、盖度表现为:2011 年 > 2012 年 > 2010 年,优势种平均高度均为 2012 年最大;阴坡和半阴坡的植被密度以 2010 年最大,而阳坡植被以 2012 年更高,植被的这种变化可能与降雨变化有关。

表 4. 11　黄土高原西部荒漠草原草本层植被种类组成及基本特征

Table 4. 11　Species composition and basic character of herb in west desert steppe of Loess Plateau

样地类型	植物种名	株(丛)数	叶层平均高度(cm)	盖度(%)	地上绿色部分总干重(g)
阳坡	蝎虎驼蹄瓣	33	2.18	1.94	4.048
	狗尾草	1	12.42	0.28	0.295
	刺蓬	4	9.74	1.95	1.787
	细叶车前	2	3.47	0.28	3.754
	冠芒草	3	2.90	0.21	0.465
	画眉草	1	3.90	0.10	0.120
	单脉大黄	1	5.50	0.57	1.090
阴坡	灌木亚菊	54	17.18	21.20	47.837
	短花针茅	22	11.38	7.47	5.071
	蝎虎驼蹄瓣	6	11.10	2.94	7.414
	刺蓬	9	15.45	3.35	14.590
	野葱	2	17.09	0.71	0.611
	糙隐子草	6	5.43	1.10	0.560
	茵陈蒿	3	15.92	0.64	1.390
	骆驼蓬	3	16.20	1.67	6.730
	阿尔泰狗娃花	3	14.28	1.00	1.730
	铁线莲	7	25.44	3.33	7.057
	野胡麻	2	10.67	0.40	0.363
	鸢尾	2	8.17	0.50	0.120
	细叶车前	5	2.25	0.30	0.520
	黄芪	2	4.50	0.75	0.270
	单脉大黄	2	6.67	1.25	1.070
	地锦	1	0.50	0.50	0.050
	狗尾草	1	14.00	0.50	0.100
半阴坡	灌木亚菊	36	17.64	19.73	40.012
	短花针茅	26	11.93	12.14	12.279
	冰草	4	21.83	0.78	1.338
	茵陈蒿	1	27.17	0.70	2.083
	刺蓬	1	21.50	1.55	4.620
	地锦	6	1.39	0.27	0.083
	阿尔泰狗娃花	2	11.00	1.00	0.500
	细叶车前	9	2.33	0.20	0.510
	骆驼蓬	1	6.00	0.10	0.100
	打碗花	2	8.50	0.20	0.440
	狗尾草	1	10.00	0.10	0.050

注:植被样方为 1 m×1 m。

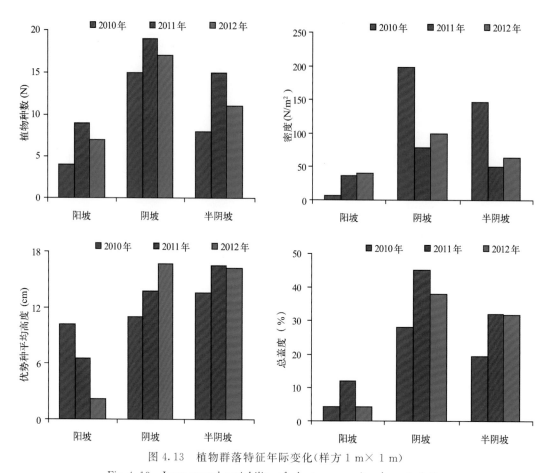

图 4.13　植物群落特征年际变化(样方 1 m× 1 m)

Fig. 4.13　Inter-annual variability of plant community characteristics

4.3.2　祁连山植被类型

　　疏勒河流域地处青藏高原东北缘祁连山中西段,是我国河西走廊内陆干旱区三大内陆河流域之一,主要水源补给依赖于冰雪融水;其上游地带广泛分布典型极大陆性冰川,同时也发育大面积多年冻土。根据本区域 4 个气象站(苏里乡草改场、孕河乡政府、祁连山站大本营和鱼儿红)2008—2009 年数据资料,年均气温约−4.85℃,年降水量 100～300 mm。该地区属阿尔金山—祁连山高寒带山地多年冻土,低温多年冻土是主要的多年冻土类型,下界高程在海拔3750 m 左右。植被类型按垂直带分布主要有高寒冰缘植被、高寒草甸、高寒草原、温性草原、荒漠等,代表性植物主要有四裂红景天(Rhodiola quadrifida)、甘肃雪灵芝(Arenaria kansuensis)、高山嵩草(Kobresia pygmaea)、藏嵩草(Kobresia tibetica)、粗壮嵩草(Kobresia robusta)、青藏苔草(Carex moocrofii)、紫花针茅(Stipa purpurea)、沙生风毛菊(Saussurea arenaria)、火绒草(Leontopodium leontopodioides)、早熟禾(Poa annua)、西伯利亚蓼(Polygonum sibiricum)、芨芨草(Achnatherum splendens)和盐爪爪(Kalidium foliatum)等。土壤类型主要有高山寒漠土、高山草甸草原土、栗钙土、淡栗钙土和山地灰钙土等。

选择在植物生长旺盛期的 7 月底—8 月中旬进行野外植被调查。沿海拔垂直梯度在疏勒河上游地区苏康线和石梦线公路两侧分别选取 9 种植被类型的 21 处样地作为调查对象(图 4.14,表 4.12),面积 50 m×50 m,调查植物种并采集标本。在每一样地随机布设 50 m 长样线,沿此样线随机设置 50 cm×50 cm 的一级样方 3~5 个。用目测法观测各样方内植物群落种类组成与结构特征值,包括植物种名、株数、平均高度、分种盖度、频度和群落盖度等。在此基础上用剪刀齐地面刈割地上部分,并按禾本科、莎草科、豆科和杂草类 4 个主要功能类群分装。然后,在每个一级样方随机选取 25 cm×25 cm 的二级样方,用土钻或环刀法分 4 个层次(0~10,10~20,20~30 和 30~40 cm)获取地下部分(各 5 次重复),装入布袋带回室内后倒入细筛并用水洗除土壤部分,捡去石块和其他杂物,然后连同地上部分在 85℃ 烘干箱内烘干至恒重后称重,测定地上、地下生物量值(精度为 0.01 g)。

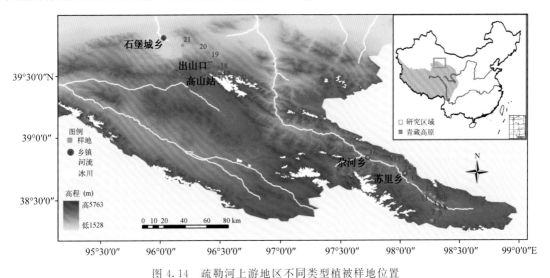

图 4.14 疏勒河上游地区不同类型植被样地位置

Fig. 4.14 Location of sample plots for different types of vegetation of the upstream of Shule River

表 4.12 祁连山站 7 处试验样地的地理位置和植被类型

Table 4.12 Geographical position and vegetation types of seven plots in Qilian mountain station

样号	经度(N)	纬度(S)	海拔(m)	植被类型	代表性植物
SB1	96°11′24″	39°44′43″	2519	荒漠	盐爪爪、碱韭、地肤、红砂
SB3	96°24′59″	39°37′57″	3438	山地草原	甘青早熟禾、驼绒藜、蚓果芥、波伐早熟禾
SLP8	97°57′32″	38°46′32″	3636	高寒草原	羽柱针茅、巴隆补血草、垫状驼绒藜、阿尔泰狗娃花
SLP6	98°12′20″	38°33′02″	3832	高寒草原	紫花针茅、沙生风毛菊、青藏苔草、火绒草、早熟禾
SLP1	98°18′31″	38°25′16″	3882	高寒草甸	线叶嵩草、青藏苔草、柔软紫菀、棘豆、西伯利亚蓼、细柄茅、早熟禾
SLP4	98°19′25″	38°28′33″	3890	草原化草甸	紫花针茅、青藏苔草、火绒草、菊叶委陵菜、二裂委陵菜、阿尔泰狗娃花
SB5	96°30′09″	39°32′13″	4105	冰缘植被	华西委陵菜、缘毛紫菀、红景天、青藏雪灵芝、早熟禾、火绒草

　　表4.13中不同样地的优势植物是通过各植物优势度大小值得出的,从而表现出疏勒河上游地区高寒沼泽草甸植被主要由莎草科湿生植物藏嵩草和小苔草(*Carex parva*)组成;高寒草甸植被由中旱生的高山嵩草、青藏苔草、紫花针茅及杂草类等植物组成;高寒草原植被以禾本科紫花针茅、赖草(*Leymussecalinus*)及杂草类植物为主;而高寒冰缘植被、黑土滩、沙化草地和荒漠植被主要生长一些杂草类植物,伴生一些禾本科类植物;温性草原和荒漠化草原植被则以旱生禾本科类植物为主。

表4.13　疏勒河上游地区不同类型植被样地基本概况

Table 4.13　Basic condition of different types of plots in upper region of Shule River to degradation of permafrost

植被类型	样地编号	样地位置 经/纬度(°E /°N)	海拔(m)	优势植物	群落盖度 (C;% ± SD)	冻土类型
高寒冰缘植被 VT1	17	96°30′21″/39°30′14″	4216	四裂红景天(*Rhodiola quadrifida*)+早熟禾(*Poa annua*)	16.0 ± 0.4	
	18	96°30′09″/39°32′13″	4105	早熟禾(*P. annua*)+沙生风毛菊(*Saussureaarenaria*)	37.0 ± 0.8	
高寒沼泽草甸 VT2	08	98°20′51″/38°27′59″	3863	藏嵩草(*Kobresia tibetica*)+小苔草(*Carex parva*)	88.7 ± 0.7	
高寒草甸 VT3	01	98°16′15″/38°19′39″	4030	高山嵩草(*Kobresia pygmaea*)+青藏苔草(*Carex moorcroftii*)	41.8 ± 2.8	多年冻土
	03	98°18′31″/38°25′16″	3882	线叶嵩草(*Kobresia capillifolia*)+青藏苔草(*C. moorcroftii*)	66.5 ± 2.2	
	05	98°19′24″/38°28′33″	3890	青藏苔草(*C. moorcroftii*)+紫花针茅(*Stipapurpurea*)	46.8 ± 1.5	
	07	98°21′02″/38°27′58″	3877	高山嵩草(*K. pygmaea*)+紫花针茅(*S. purpurea*)	72.0 ± 0.8	
	11	98°14′49″/38°32′29″	3936	粗壮嵩草(*Kobresia robusta*)+昆仑蒿(*Artemisia nanschanica*)	45.6 ± 1.5	
高寒草原 VT4	12	98°12′20″/38°33′02″	3832	紫花针茅(*S. purpurea*)+沙生风毛菊(*S. arenaria*)	32.5 ± 2.1	多年冻土
	13	98°05′37″/38°38′11″	3750	紫花针茅(*S. purpurea*)+赖草(*Leymussecalinus*)	21.7 ± 0.8	
	14	98°02′19″/38°42′44″	3780	紫花针茅(*S. purpurea*)+赖草(*L. secalinus*)	16.3 ± 0.6	
	15	97°57′32″/38°46′31″	3636	紫花针茅(*S. purpurea*)+火绒草(*Leontopodium leontopodioides*)	16.5 ± 0.3	季节冻土
	19	96°24′59″/39°37′57″	3438	紫花针茅(*S. purpurea*)+火绒草(*L. leontopodioides*)	31.0 ± 1.3	

| 植被类型 | 样地编号 | 样地位置 | | 优势植物 | 群落盖度 (C;% ± SD) | 冻土类型 |
		经/纬度(°E /°N)	海拔(m)			
黑土滩 VT5	06	98°21′19″/38°28′07″	3870	早熟禾(*P. annua*) + 西伯利亚蓼(*Polygonum sibiricum*)	20.2 ± 0.6	
	09	98°20′50″/38°27′48″	3859	西伯利亚蓼(*P. sibiricum*) + 鹅绒委陵菜(*Potentilla ansrina*)	32.3 ± 2.4	
	10	98°17′14″/38°30′53″	3904	柔软紫菀(*Aster flaccidus*) + 亚菊(*Ajania pallasiana*)	21.3 ± 0.8	多年冻土
沙化草地 VT6	02	98°18′21″/38°25′24″	3890	沙生风毛菊(*S. arenaria*) + 亚菊(*A. pallasiana*)	10.5 ± 0.5	
	04	98°19′00″/38°24′58″	3894	昆仑蒿(*A. nanschanica*) + 西伯利亚蓼(*P. sibiricum*)	16.2 ± 0.4	
温性草原 VT7	16	97°43′31″/38°50′12″	3448	芨芨草(*Achnatherum splendens*) + 蒿(*Artemisia* spp).	31.2 ± 0.9	
荒漠化草原 VT8	20	96°18′26″/39°41′09″	3016	西北针茅(*Stipa sareptana* var. *krylovii*) + 垫型蒿(*Artemisia minor*)	15.1 ± 0.6	季节冻土
荒漠 VT9	21	96°11′24″/39°44′43″	2519	盐爪爪(*Kalidium foliatum*) + 碱韭(*Allium polyrhizum*)	18.2 ± 1.3	

物种多样性测度结果(表 4.14)表明,所研究的各类型植被物种多样性变化主要分为 3 个层次:第 1 个层次植被类型以高寒冰缘植被、VT3(高寒草甸)~VT7(温性草原)植被为主,具有较高的 R、H' 和 D 值;第 2 个层次具有中等的 R、H' 和 D 值,是由高寒沼泽草甸植被组成;由荒漠化草原和荒漠植被组成的第 3 个层次中上述三个指标值都较低。各类型植被 R 与 H' 和 D 之间分别存在显著的线性正相关关系($H' = 0.09 R + 0.47$,$R' = 0.85$,$P < 0.01$;$D = 0.03R + 0.42$,$R' = 0.87$,$P < 0.01$;$D = 0.27H' + 0.30$,$R' = 0.99$,$P < 0.01$)。尽管各类型植被中均匀度指数的变化幅度不明显,但结合表 4.14 中有关物种多样性间相关性系数结果,J_{si} 与 H' 和 D 的相关性均较显著($r = 0.71, 0.74$;$P < 0.05$)。由此可见,从第 1 个层次至第 3 个层次随着植被类型发生变化,物种丰富度和 α 多样性呈降低的趋势。

β 多样性主要用以测度沿着环境梯度变化植被群落间物种组成的差异,表现出不同环境梯度群落间共有种越少其多样性值就越高的特征。由表 4.15 可以看出,处于最高海拔范围内的高寒冰缘植被同次高海拔范围内的 VT3(高寒草甸)~VT6(沙化草地)间 β 多样性(β_{cj} 和 β_{cs})值较低,而且 VT3~VT6 之间的 β 多样性值也较低,而高寒冰缘植被同高寒沼泽草甸和温性草原植被之间的值较高,同荒漠化草原和荒漠植被达到最大,温性草原、荒漠化草原和荒漠植被之间值也很高。这就表明,处于多年冻土及过渡区域的不同类型高寒植被群落间共有种较多,但高寒沼泽草甸除外,这是由于其独特的湿生环境而创造了一些特有的植物；然而，上述区域的植被与温性干旱区的植被间共有种较少，尤其同荒漠区植被基本无共有种存在。

表 4.14 不同类型植被群落物种丰富度和 α 多样性（平均值±SD）

Table 4.14 Abundance and α diversity of different types of plant community

植被类型	物种丰富度指数（R）	α 多样性（α diversity）				
		Shannon-Wiener 指数（H'）	Simpson 指数（D）	Pielou 均匀度指数		Alatalo 均匀度指数（E_a）
				J_{sw}	J_{si}	
VT1	13.5 ± 0.9	2.03 ± 0.13	0.85 ± 0.02	0.95 ± 0.01	0.97 ± 0.01	0.90 ± 0.03
VT2	10.0 ± 0.6	1.27 ± 0.45	0.65 ± 0.16	0.80 ± 0.10	0.82 ± 0.11	0.78 ± 0.02
VT3	17.8 ± 1.6	2.22 ± 0.15	0.88 ± 0.02	0.93 ± 0.02	0.97 ± 0.01	0.87 ± 0.03
VT4	10.6 ± 0.4	1.45 ± 0.21	0.71 ± 0.07	0.91 ± 0.04	0.92 ± 0.04	0.85 ± 0.06
VT5	14.3 ± 0.9	1.54 ± 0.32	0.74 ± 0.08	0.91 ± 0.04	0.93 ± 0.03	0.87 ± 0.05
VT6	11.5 ± 0.7	1.86 ± 0.26	0.82 ± 0.05	0.93 ± 0.02	0.96 ± 0.01	0.88 ± 0.03
VT7	17.0 ± 1.1	1.55 ± 0.13	0.74 ± 0.03	0.82 ± 0.01	0.88 ± 0.02	0.78 ± 0.04
VT8	4.0 ± 0.2	0.65 ± 0.03	0.46 ± 0.03	0.94 ± 0.05	0.92 ± 0.07	0.93 ± 0.06
VT9	5.0 ± 0.4	0.93 ± 0.51	0.55 ± 0.19	0.92 ± 0.07	0.90 ± 0.09	0.89 ± 0.07

表 4.15 不同类型植被 Jaccard 多样性（β_{cj}）和 Sorenson 多样性（β_{cs}）二元矩阵

Table 4.15 Binary matrix of Jaccard diversity（β_{cj}）and Sorenson diversity（β_{cs}）of different types of vegetation

B_{cs}	β_{cj}								
	VT1	VT2	VT3	VT4	VT5	VT6	VT7	VT8	VT9
VT1	—	0.96	0.80	0.84	0.82	0.84	0.91	1.00	1.00
VT2	0.93	—	0.93	0.94	0.88	0.92	0.92	1.00	1.00
VT3	0.67	0.86	—	0.71	0.69	0.74	0.84	0.96	1.00
VT4	0.73	0.89	0.55	—	0.74	0.85	0.77	0.93	1.00
VT5	0.70	0.78	0.53	0.59	—	0.62	0.82	0.93	1.00
VT6	0.73	0.86	0.59	0.73	0.45	—	0.91	1.00	0.96
VT7	0.83	0.85	0.73	0.63	0.69	0.83	—	0.95	0.95
VT8	1.00	1.00	0.92	0.87	0.88	1.00	0.90	—	1.00
VT9	1.00	1.00	1.00	1.00	1.00	0.92	0.91	1.00	—

　　生物多样性沿海拔梯度的变化是多样性环境梯度格局研究中的一个热点问题。研究发现，随着海拔的升高，物种多样性呈先增加后降低的趋势，即"中度膨胀"变化（图 4.15）。

　　通过对各类型植被物种多样性与群落盖度进行回归分析，发现二者呈较显著的线性正相关关系（图 4.16，图 4.17）。

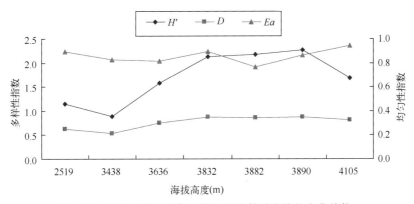

图 4.15　物种多样性指数和均匀度指数随海拔的变化趋势

Fig. 4.15　Changes of diversity index and evenness index with altitude

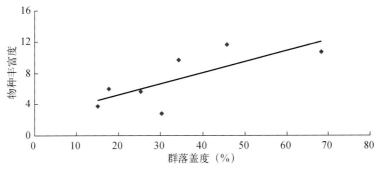

图 4.16　植被物种丰富度与群落盖度的关系

Fig. 4.16　Relationship between species richness and community coverage

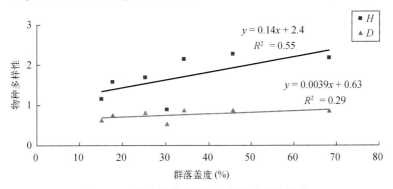

图 4.17　植被物种多样性与群落盖度的关系

Fig. 4.17　Relationship between diversity of species and community coverage

4.3.3　青藏高原高寒草甸植被

青藏高原地区是世界上海拔最高、生态环境最为脆弱的地区,也是目前世界上受人类扰动影响最少的地区之一。青藏高原高寒、干旱、少氧的严酷自然条件,导致了青藏高原高寒生态系统十分独特、脆弱及对自然和人类扰动极其敏感的自然属性。大部分地区年降雨量在 $250\sim300$ mm。

1. 高原腹地典型高寒流域植被调查

青藏高原特殊地理单元和特殊气候特征下的生态系统极其脆弱,受严酷气候影响,处于脆弱地表系统平衡条件下的环境因子常常处于临界阈值状态,气候变化或人类活动的轻微干扰也会使生态系统产生强烈的响应与反馈,影响到气候、土壤、植被、生物多样性、生态系统生产力和稳定性等,使高寒生态系统受到严重威胁。鉴于此,加强高寒生态系统植物群落物种组成、结构及功能过程与机理的研究,阐明高寒生态系统的服务功能及其影响因素,揭示环境梯度变化对物种、种群和植物群落特征变化等生态系统中各个层面间的影响,有益于生态安全调控和科学管理,对实现高寒生态系统可持续发展具有重要的理论和实践意义。为此,以唐古拉站为核心,在其重点监测的冬克玛底小流域开展了生态与冻土环境调查。

沼泽草甸和高寒草甸两种植被类型,是青藏高原高寒生态系统典型的地带性植被类型。冬克玛底高寒生态系统物种组成相对丰富,平均为 15～26 种/m²。调查到有 23 个科,其中豆科、禾本科、菊科、莎草科及毛茛科物种数较丰富,物种数均超过 8 种(图 4.18)。植物株高一般在 5～10 cm,普遍低矮,垂直结构简单,层次分化不明显,一般仅有草本一层,灌木物种仅有矮生金露梅(*P. fruticosa*)1 种,且只有局部见有分布。一般草本物种生长密集,覆盖度较高,绝大多数物种具有较强的抗寒性,部分物种呈丛生或垫状分布,植株矮小且叶型小,一些植物叶表面或背面有茸毛,如矮火绒草(*Leontopodium nanum*)、沙生风毛菊(*Saussurea arenaria*)、鹅绒委陵菜(*Potentilla ansrina*)等。

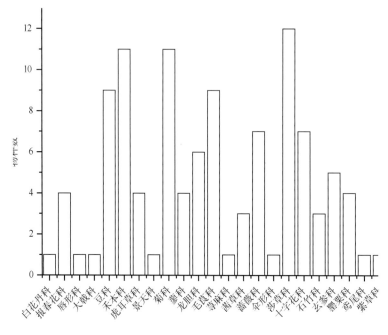

图 4.18　冬克玛底流域各科物种的数量

Fig. 4.18　The number of species in Dongkemadi basin

采用最常用的双向指示种分析法对冬克玛底的植物群落类型进行了划分。TWINSPAN双指示种法将 112 个植被样方划分为 5 种群落类型(表 4.16)。

表 4.16　冬克玛底流域主要植物群落类型

Table 4.16　Major types of plant community in Dongkemadi basin

群落编号	群落类型(重要值)	群落拉丁名	科拉丁名	优势种科属
1($n=21$)	西藏嵩草(65.3)+矮生嵩草(54.1)	*Kobresia schoenoides + Kobresia humilis*	莎草科	Cyperaceae
2($n=25$)	西藏嵩草(69.1)+青藏苔草(35.5)	*Kobresia schoenoidesv + Carex moorcroftii*	莎草科	Cyperaceae
3($n=23$)	粗壮嵩草(79.2)+线叶嵩草(51.2)	*Kobresia robusta + Kobresia capillifolia*	莎草科	Cyperaceae
4($n=24$)	西藏风毛菊(43.3)+藓生马先蒿(38.0)	*Saussurea tibetica + Pedicularis muscicola*	菊科和玄参科	Compositae/Scrophulariaceae
5($n=19$)	柔软紫菀(48.2)+鸦跖花(40.2)	*Aster flaccidus + Oxygraphis glacialis*	菊科和毛茛科	Compositae/Ranunculaceae

注:表中 n 为 TWINSPAN 聚类分析时各分组的样方数。

冬克玛底流域的 5 个主要植物群落类型的土壤养分差异主要表现在土壤有机质含量的高低上。从不同植被类型的角度来看,沼泽草甸植物群落与高寒草甸植物群落生境具有很大的差异(表 4.17),沼泽草甸的植物群落(西藏嵩草+矮生嵩草群落($K.$ $schoenoides+K. humilis$ comm.),各土壤养分指标高于高寒草甸的 4 个植物群落,全氮、全磷、全钾和有机质含量在沼泽草甸达到最大值(分别为:0.24%、0.046%、2.91%和 5.59%),两植被类型间存在显著差异;沼泽草甸植物群落冻土上限埋深较浅,平均在 1.5 m 左右,而高寒草甸的 4 个植物群落上限埋深介于2.1~4.3 m;沼泽草甸植物群落下土壤的饱和导水率和土壤容重均小于高寒草甸。

表 4.17　冬克玛底流域植物群落类型及环境因子特征(平均值)

Table 4.17　Types of plant community and environment factors in Dongkemadi basin

群落编号	群落类型	植被类型	TK (%)	TP (%)	TN (%)	SOM (%)	PF (m)	K_{fs} (cm/sec)	Bd (g/m³)	ELV (m)
1	西藏嵩草+矮生嵩草 *Kobresia schoenoides+Kobresia humilis*	沼泽草甸	2.91ᵃ	0.046ᵃ	0.24ᵃ	5.59ᵃ	1.5ᵈ	4.95×10⁻⁴ᵃ	2.02ᵇ	5112
2	西藏嵩草+青藏苔草 *Kobresia schoenoides+Carex moorcroftii*	高寒草甸	2.34ᵇ	0.043ᵃ	0.20ᵃ	4.17ᵇ	2.1ᵈ	4.05×10⁻⁴ᵇ	2.08ᵃᵇ	5234
3	粗壮嵩草+线叶嵩草 *Kobresia robusta+Kobresia capillifolia*	高寒草甸	2.51ᵇ	0.037ᵃ	0.17ᵃ	4.75ᵃ	2.7ᶜ	4.93×10⁻⁴ᵃᵇ	2.21ᵃ	5214
4	西藏风毛菊+藓生马先蒿 *Saussurea tibetica+Pedicularis muscicola*	高寒草甸	2.01ᵇ	0.045ᵃ	0.16ᵃ	3.36ᵇ	3.5ᵇ	5.17×10⁻⁴ᵃ	2.34ᵃ	5178
5	柔软紫菀+鸦跖花 *Aster flaccidus+Oxygraphis glacialis*	高寒草甸	2.17ᵇ	0.031ᵃ	0.13ᵃ	2.07ᶜ	4.3ᵃ	6.75×10⁻⁴ᵃ	2.36ᵃ	5181

注:PF:冻土上限埋深;ELV:样地高程;TN:全氮;TP:全磷;TK:全钾;SOM:有机质;K_{fs}:土壤 40 cm 饱和导水率;Bd:土壤容重。不同字母(a,b,c)表示 LSD 检验的差异显著性。

冬克玛底流域高寒植被与冻土环境存在着密切的依存关系。环境因子对植被盖度、生物量和物种多样性分布格局具有重要的影响,但土壤有机质含量和冻土上限埋深是影响其分布格局变化的关键环境因子,而多年冻土活动层的融化是植被发育所需土壤水分来源的主要供应者。因此,青藏高原高寒草甸生态系统的稳定性依赖于冻土环境的变化。

2. 高原多年冻土区植被分布

青藏高原多年冻土北界分布在西大滩附近,南界分布在两道河附近。其地表典型覆被为高寒草甸、高寒草原及高寒沼泽草甸三种高寒草地植被。由于高寒生态系统与多年冻土之间有着十分密切的联系,因此针对多年冻土与生态关系开展了大量的野外调查(表 4.18,图 4.19)。

表 4.18　青藏公路格尔木至安多段沿线植被调查样地信息表
Table 4.18　Information of survey plots in Golmud to Ando, Qinghai-Tibet highway

样号	样地	群落类型	样号	样地	群落类型
1	两道河1	藏嵩草+小嵩草群落	12	可可西里	苔草+小嵩草群落
2	两道河2	高山嵩草群落	13	五道梁2	小嵩草群落
3	唐古拉	高山嵩草群落	14	五道梁1	扇穗茅群落
4	温泉	小嵩草群落	15	楚玛尔河	蕨叶马先蒿+沙生风毛菊群落
5	通天河	金露梅群落	16	清水河	青藏苔草群落
6	乌丽1	紫花针茅群落	17	特大桥	青藏苔草群落
7	乌丽2	火绒草群落	18	66道班	青藏苔草群落
8	风火山	矮嵩草群落	19	昆仑山垭口1	早熟禾群落
9	北麓河1	小嵩草群落	20	昆仑山垭口2	少穗/朱碱茅群落
10	北麓河2	藏嵩草+矮嵩草群落	21	西大滩1	异叶青蓝群落
11	北麓河3	火绒草+小嵩草群落	22	西大滩2	点地梅群落

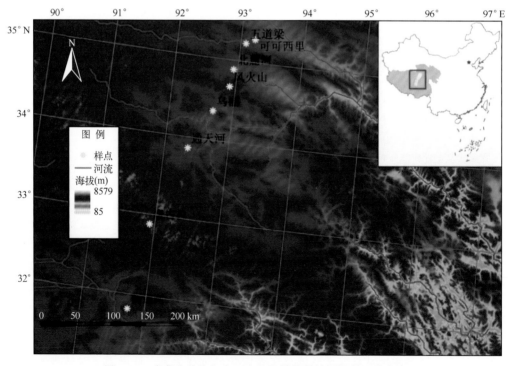

图 4.19　青藏公路格尔木至安多段沿线植被调查样地分布图
Fig. 4.19　Vegetation survey sample area along Golmud to Ando of Qinghai-Tibet highway

青藏铁路格尔木至安多段沿线高寒植被的主要分布种有 88 种,其中主要建群种有:紫花针茅、青藏苔草、藏嵩草、小嵩草、高山嵩草、矮嵩草、点地梅、金露梅等。调查的 88 种植物中只有 43 种平均盖度大于 1％。由 TWINSPAN 分类显示,青藏铁路格尔木至安多段沿线高寒植被的分布可以被分为 4 个生态类型,它们分别为类型 1:包括样地 2、3,均为高山嵩草群落;类型 2:包括样地 1、4、8、9、10、12、13、22,为小嵩草、藏嵩草和点地梅群落;类型 3:包括样地 19、20,主要有早熟禾、少穗/朱碱茅群落;类型 4:包括样地 5、6、7、11、14、15、16、17、18、21,主要有金露梅、青藏苔草、紫花针茅、火绒草等群落(图 4.20)。

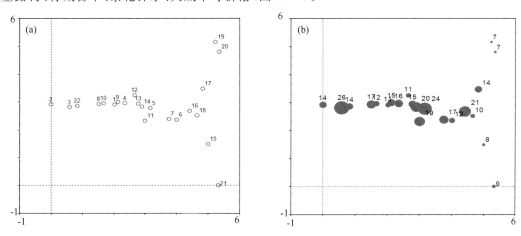

图 4.20　青藏铁路格尔木至安多段沿线高寒植被物种丰富度(a)和频度(b,大于 1％)DCA 排序分布图
Fig. 4.20　DCA ordination diagram of species richness (a) and frequentness (b) of
alpine vegetation along Golmud to Ando of Qinghai-Tibet highway

　　总之,对本区植被特征的研究揭示了植被物种数、平均盖度和生物量主要随海拔的增高而变大(图 4.21~4.23)。所调查的 22 个样地中,植物种最丰富的地点分别是唐古拉(26 种)、通

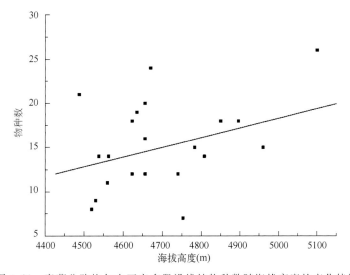

图 4.21　青藏公路格尔木至安多段沿线植物种数随海拔高度的变化特征
Fig. 4.21　Change of plant species number with altitude along Golmud to
Ando of Qinghai-Tibet highway

天河(24 种)、清水河(21 种)和北麓河(20 种)的高寒草甸区,物种数最少的是格尔木附近西大滩样地的高寒草原样地,植物种仅有 7 种。所有调查样地中平均盖度最高的是两道河高寒沼泽植被样地,其盖度达到 83%,其次,风火山的高寒草原样地的盖度也超过 75%,而楚玛尔河样地的平均盖度最小,仅为 9%。高寒植被的这种分布与多年冻土发育程度有密切关系。多年冻土随海拔高度增加而更加发育,因此在高原腹地的唐古拉、北麓河等地形成物种丰富的高覆盖度高寒草甸,而多年冻土边界附近冻土退化严重,植被稀少,如西大滩为青藏高原多年冻土北界,楚玛尔河受河流影响形成多年冻土的融区,导致这些地方植被盖度和物种数均很低。

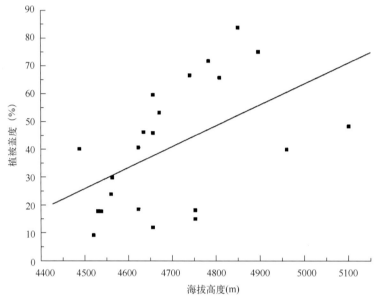

图 4.22　青藏公路格尔木至安多段沿线植被盖度随海拔高度的变化特征

Fig. 4.22　Change of vegetation coverage with altitude along Golmud to Ando of Qinghai-Tibet highway

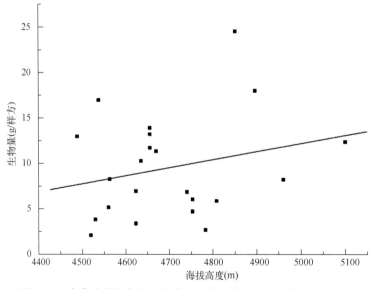

图 4.23　青藏公路格尔木至安多段沿线生物量随海拔高度的变化特征

Fig. 4.23　Change of biomass with altitude along Golmud to Ando of Qinghai-Tibet highway

4.4 典型寒旱区生物量调查

4.4.1 荒漠植被生物量

1. 黄土高原西部荒漠植被

由图 4.24 可以看出,2010—2012 年间,各类型样地地上、地下生物量均表现为阴坡大于阳坡。从时间动态来看,三种坡向植被的地上、地下部生物量均为 2012 年最大;阴坡和半阴坡的植物密度以 2010 年最大,而阳坡植被以 2012 年更高。草本植物绿色部分生物量以阴坡样地最多,而阳坡样地最少,立枯和凋落物生物量在坡向间大小随年际变化而变化,绿色部分、立枯和凋落物三部分生物量的总量变化为阴坡和半阴坡较大,而阳坡较小(图 4.25),这与之前不同坡向坡面上植物群落组成和物种多样性分析结果一致。

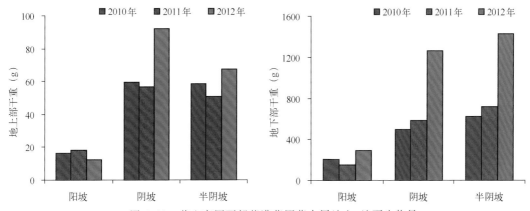

图 4.24　黄土高原西部荒漠草原草本层地上、地下生物量

Fig. 4.24　Aboveground and underground biomass of herb layer vegetation in desert grassland in Western Loess Plateau

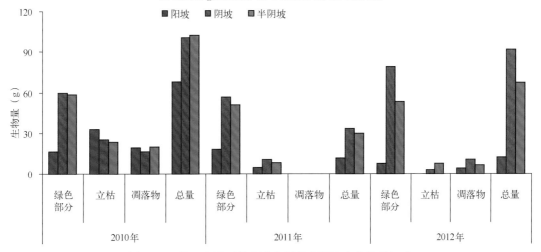

图 4.25　黄土高原西部荒漠草原草本层地上生物量组成

Fig. 4.25　Aboveground biomass composition of herb layer vegetation in desert grassland in Western Loess Plateau

　　由表 4.19 可以看出,黄土高原西部荒漠草原植被区灌木样地上两种主要灌木的生物量分配均为地上生物量＞地下生物量,其中,红砂的地上生物量是地下生物量的 4.7 倍,珍珠猪毛菜的地上生物量是地下生物量的 2.5 倍。红砂较珍珠猪毛菜具有较高的株高和基径,且红砂的地上、地下及各器官生物量均明显高于珍珠猪毛菜。

表 4.19　黄土高原西部荒漠草原植被灌木生物量

Table 4.19　Biomass of shrub of west desert steppe of Loess Plateau

植物种名	基径(cm)	高度(cm)	枝干重(g)	叶干重(g)	地上总干重(g)	地下总干重(g)
红砂	1.052	46.6	5728.879	347.208	6076.159	1288.854
珍珠猪毛菜	0.567	15.4	531.517	283.812	815.329	322.220

　　从 2010—2012 年凋落物生物量季节动态表可以看出(表 4.20),草本植物样方凋落物最大值出现在 10 月,其中枯枝/叶所占比例最高。2012 年凋落物总量较 2011 年有所增加,但均少于 2010 年。2012 年枯枝和杂物干重较前两年有所增加,而枯叶和落花(果)干重呈减少趋势。

表 4.20　黄土高原西部荒漠草原草本样地凋落物季节动态(单位:g)

Table 4.20　Seasonal dynamic of litter in plots of west desert steppe of Loess Plateau

项目	年份	6 月	7 月	8 月	9 月	10 月	合计
枯枝干重	2010 年	0.786	2.437	1.257	1.838	—	6.318
	2011 年	0.890	0.890	0.970	1.240	1.000	4.990
	2012 年	3.193	1.628	0.745	1.196	1.887	8.649
枯叶干重	2010 年	1.259	1.095	2.713	1.568	—	6.635
	2011 年	0.310	0.310	0.260	0.570	1.160	2.610
	2012 年	1.591	0.374	0.198	0.202	0.244	2.609
落果(花)干重	2010 年	0.159	0.024	0.000	0.000	—	0.183
	2011 年	0.130	0.080	0.050	0.080	0.340	0.680
	2012 年	0.052	0.027	0.020	0.020	0.032	0.152
杂物干重	2010 年	0.013	0.016	0.000	0.000	—	0.029
	2011 年	0.000	0.010	0.010	0.000	0.010	0.020
	2012 年	0.190	0.179	0.150	0.077	0.038	0.634

2. 沙丘固定对植被特征和土壤特性多尺度的影响

　　由科尔沁沙地流动沙丘、半固定沙丘和固定沙丘不同尺度上植被特征及土壤特性变化分析表明(图 4.26),在 10 m², 100 m² 和 1000 m² 尺度上的植被盖度和 10 m² 尺度上的物种丰富度与碳氮比,随着沙丘的固定在增加。在三个尺度上,流动沙丘的地上植物生物量要低于半固定沙丘和固定沙丘;固定沙丘的土壤 C、全 N、EC、极细沙和黏粉粒要高于半固定和流动沙丘。

　　这些结果表明,沙丘的固定对物种丰富度的影响具有明显的尺度依赖性。沙丘固定过程中,植物盖度、生物量和土壤特性在所有尺度上表现出一致的变化趋势,表明沙丘固定对这些研究变量影响是尺度独立的。

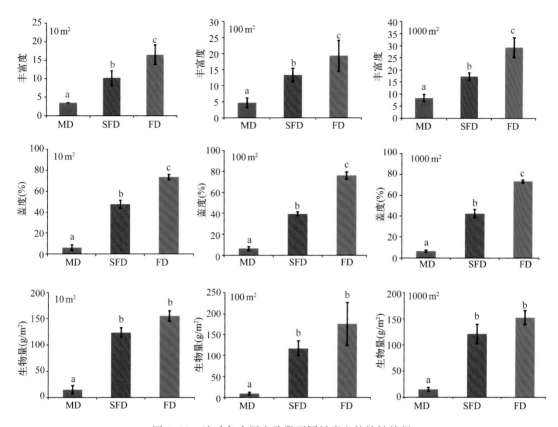

图 4.26　沙丘各个固定阶段不同尺度上的植被特征
（MD:流动沙丘;SFD:半固定沙丘;FD:固定沙丘）

Fig. 4. 26　Vegetation feature of sand dune in different scales of a certain duration

4.4.2　高寒植被生物量

1. 祁连山疏勒河上游植被生物量

祁连山冰川与生态环境综合观测研究站在疏勒河上游地区沿海拔梯度选取 7 处试验样地作为长期生态观测场,包括荒漠、山地草原、冰缘植被、高寒草原、草原化草甸和高寒草甸 6 种植被类型。

各类型植被地下生物量远大于地上生物量,且不同类型植被的生物量存在较大差异,主要由地下生物量差异所致(图 4.27)。

SLP1 样地(高寒草甸)的生物量最大,其地上生物量和地下生物量分别为 57.19 和 2277.95 g/m^2;SB5 样地(冰缘植被)的生物量最小,其地上生物量和地下生物量分别为 52.01 和 536.46 g/m^2。各试验样地地下生物量主要分布在 0～30 cm,集中分布空间是 0～10 cm,表现出由上向下递减的趋势,垂直分布呈现出明显的"倒金字塔"特征。

2. 青藏高原多年冻土区高寒草地生物量

选取青藏公路/铁路沿线两侧的 6 个多年冻土活动层观测场附近高寒草地作为试验样地(表4.21),面积为 30 m×30 m,调查代表性植物种,并采集标本。在每一样地随机布设

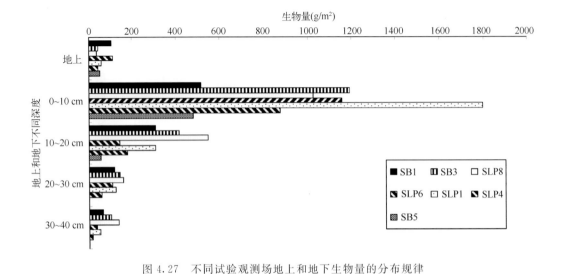

图 4.27　不同试验观测场地上和地下生物量的分布规律

Fig. 4.27　Distribution of aboveground biomass and underground biomass in different observation sites

30 m 长的样线,沿此样线随机设置 1 m×1 m 的一级样方 3 个。用目测法观测群落总盖度、分种盖度及高度等特征值。在一级样方基础上,随机设置 25 cm×25 cm 的二级小样方 3 个,进行群落生物量的调查:用剪刀或切刀齐地面刈割地上部分并装入纸袋;接着采用土钻法分层(0~10、10~20、20~30 和 30~40 cm)获取地下部分(各 5 次重复),装入布袋带回实验室后分别倒入不同孔径大小的土样筛中用清水洗净土,并捡去石块和其他杂物,连同地上部分在85℃烘干箱内烘干至恒重后称重,测定地上、地下生物量(精度为 0.01 g)。调查时间选择在植被生长旺盛的 7 月下旬至 8 月中旬,为绝大部分植物花期或果期。

由表 4.21 可以看出,本研究中的三种高寒草地生物量和总盖度变化表现为三个层次。第一个层次具有较低的总盖度,范围为 14%~31%,是以扇穗茅+朱碱茅优势种群落(A1)、紫花针茅+渐尖早熟禾优势种群落(A2)和紫花针茅+羊茅+青藏苔草优势种群落(A3)为主的高寒草原植被,该类型草地总生物量较低(961.12~1546.62 g/m²),地上生物量在 25.39~55.15 g/m² 之间变化,而地下生物量对总生物量的贡献率远远大于地上生物量,为 96.4%~97.4%;第二个层次具有中等的总盖度,范围为 38%~45%,是以矮嵩草+朱碱茅草原化草甸优势种群落为主的高寒草原化草甸(B1)和矮嵩草+粗壮嵩草优势种群落(B2)为主的高寒草甸植被,生物量居中,地下生物量的贡献率为 96.0%~97.9%;第三个层次具有较高的总盖度(75%),是以藏嵩草+矮嵩草+青藏苔草优势种群落(C1)为主的高寒沼泽草甸植被,不论是地上、地下生物量还是总生物量,都明显高于前两种高寒草地植被,并且地下生物量对总生物量的贡献率为 98.3%。

总体看来,各高寒草地表现出由高寒沼泽草甸、高寒草甸(高寒草原化草甸)至高寒草原,地上生物量显著降低,下降幅度达到 93.4%,地下生物量和总盖度也呈显著递减的趋势;同时,地下生物量对总生物量的贡献率最大,而且主要分布在 0~30 cm,集中分布的空间是 0~10 cm,表现出由此向下递减的趋势,垂直分布呈现出明显的"倒金字塔"特征。

表 4.21　多年冻土区不同类型高寒草地样地基本概况

Table 4.21　Basic condition of different types of alpine meadows plots in permafrost region

样地(代码)	海拔 (m)	纬度/经度 (°N/°E)	草地 类型	盖度 (%)	生物量(g/m²)						总生 物量
					地上生 物量	地下生物量					
						0～ 10 cm	10～ 20 cm	20～ 30 cm	30～ 40 cm	合计	
昆仑山口(China06)	4750	35.621/94.063	A1	14	25.39	651.63	188.80	62.93	32.37	935.73	961.12
乌丽(China03)	4620	34.471/92.727	A2	31	49.23	739.25	216.96	75.92	44.16	1076.29	1125.52
开心岭(QT05)	4660	33.956/92.338	A3	23	55.15	1115.63	250.24	92.96	32.64	1491.47	1546.62
可可西里(QT01)	4740	35.145/93.043	B1	45	84.91	3288.64	379.89	135.84	68.80	3873.17	3958.08
北麓河(QT02)	4656	34.490/92.550	B2	38	136.85	2551.15	418.72	178.19	106.45	3254.51	3391.36
两道河(China04)	4850	31.818/91.737	C1	75	383.52	9388.37	4636.59	3305.65	4271.63	21602.24	21985.76

注:A1:扇穗茅+朱碱茅高寒草原;A2:紫花针茅+渐尖早熟禾高寒草原;A3:紫花针茅+羊茅+青藏苔草高寒草原;B1:矮嵩草+朱碱茅高寒草原化草甸;B2:矮嵩草+粗壮嵩草高寒草甸;C1:藏嵩草+矮嵩草+青藏苔草高寒沼泽草甸。

对不同类型高寒草地地上生物量与地下生物量进行相关性分析(图 4.28),发现二者具有较好的相关性,线性回归相关系数为 0.98,F 检验为 106.81($P<0.001$),说明高寒草地地上生物量与地下生物量之间具有显著的线性相依变化关系,并表现出高寒沼泽草甸、高寒草甸(高寒草原化草甸)至高寒草原,随地上生物量减少地下生物量也呈相应递减趋势。王根绪等通过对江河源多年冻土发育区的高寒草地研究发现,地上生物量同地下生物量同样具有密切的线性相关关系。

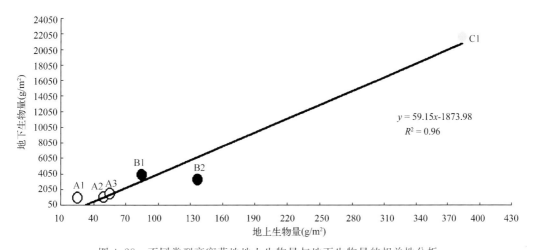

图 4.28　不同类型高寒草地地上生物量与地下生物量的相关性分析

Fig. 4.28　Correlation analysis of aboveground biomass and underground biomass in different types of alpine grassland

植被总盖度作为高寒草地群落结构自身因素,对反映群落功能强弱的重要指标——生物量有着显著影响。从图 4.29 可以看出,由高寒草原、高寒草甸(高寒草原化草甸)至高寒沼泽草甸,随着群落总盖度升高,生物量也同时增加,二者之间具有显著的正指数关系,相关系数为 0.97($P<0.01$)。同时,由于高寒草地地下生物量对总生物量的贡献率最大,而地下生物量集

中分布于 0～10 cm,因此群落总盖度对 0～10 cm 地下生物量影响最大,二者线性回归的相关系数为 0.96(P<0.01)。

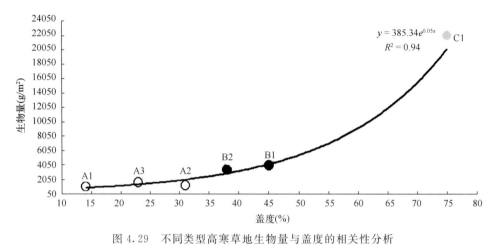

图 4.29　不同类型高寒草地生物量与盖度的相关性分析

Fig. 4.29　Correlation analysis of biomass and cover degree in different
types of alpine grassland

3. 高寒草地生物量与环境因子的相关关系

在 Canoco 软件中,以不同高寒草地生物量和环境因子为数据源,构成数据矩阵,应用主成分分析(PCA)方法进行排序分析,得出二维排序图(图 4.30)。在排序图中,各箭头表示生物量参数与环境因子,箭头连线的长短表示植物群落的分布与生物量参数和环境因子的相关性大小,箭头连线在排序中的斜率表示参数因子与排序轴相关性的大小,箭头所处的象限表示参数因子与排序轴之间相关性的正负。图 4.30a 表示生物量(总生物量、地上及地下生物量)与各环境因子(空气温湿度、地温、土壤含水量及盐分)的 PCA 分析结果,结合相关系数 r(表 4.22)表明,对于总生物量和地下生物量,各环境因子中的土壤盐分对其影响最大,呈显著正相关关系(r=0.93;P<0.01),而其他因子影响程度大小的先后次序为:土壤含水量>空气温度;对于地上生物量,各因子影响大小顺序为:土壤含水量>土壤盐分(r=0.90;P<0.05)>空气温度;空气相对湿度和地温对生物量的影响不显著,尤其同地温存在负相关关系;此图同样反映出地下生物量对总生物量较大的贡献率(r=1.00;P<0.01)。

图 4.30b～d 分别表示多年冻土活动层表层不同深度(10～50 cm)地温、土壤含水量和盐分同地上、地下生物量的 PCA 分析结果,可以发现:不同深度的地温同生物量均存在负相关关系,相对而言,10 cm 处地温对 30～40 cm 的地下生物量影响较大;而不同深度土壤含水量和盐分同生物量均存在正相关关系,10 cm 处土壤含水量对 0～10 cm 的地下生物量影响最大,对地上生物量的影响次之,而 50 cm 处土壤含水量对 30～40 cm 的地下生物量影响较大,对 20～30 cm 的影响次之;10 cm 处土壤盐分对 30～40 cm 地下生物量的影响相对最大,对 0～10 cm 地下生物量的影响最小。从图 4.30a～d 还可以看出,高寒草地生物量、土壤含水量和盐分(包括不同深度)与第 1 排序轴相关性大,特征值为 0.99,解释方差为 99.6%,反映出沿 PCA 第 1 轴从右到左,随着高寒草地类型由高寒沼泽草甸(C1)、高寒草甸(B1 和 B2)向高寒草原(A1、A2 和 A3)退化,地上、地下生物量(包括不同深度)和总生物量均表现出明显的降低

趋势,土壤盐分和含水量(包括不同深度)也都逐渐降低,而 10～50 cm 活动层浅层地温呈较显著的增加趋势。

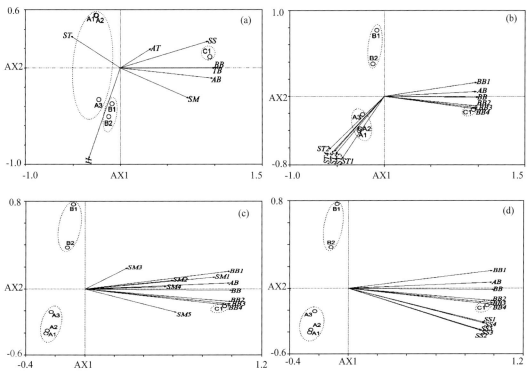

图 4.30　不同类型高寒草地生物量与环境因子的 PCA 分析

(ST1,ST2,ST3,ST4 和 ST5 表示 10、20、30、40 和 50 cm 处的地温;SM1,SM2,SM3,SM4 和 SM5 表示 10、20、30、40 和 50 cm 处的土壤含水量;SS1,SS2,SS3,SS4 和 SS5 表示 10、20、30、40 和 50 cm 处的土壤盐分;其他符号含义见表 4.22 注)

Fig. 4.30　PCA analysis of biomass and environmental factors in different types of alpine grassland

表 4.22　生物量与环境因子相关系数

Table 4.22　Relative coefficient of biomass and environment factors

	AT	H	ST	SM	SS	TB	AB	BB	BB1	BB2	BB3	BB4
AT	1.00											
H	−0.54	1.00										
ST	0.52	−0.20	1.00									
SM	0.68	0.61	−0.09	1.00								
SS	0.48	0.43	−0.24	0.69	1.00							
TB	0.33	0.26	−0.52	0.73	0.93**	1.00						
AB	0.31	0.92	−0.53	0.80	0.90*	0.98**	1.00					
BB	0.33	0.23	−0.52	0.73	0.93**	1.00**	0.98**	1.00				
BB1	0.25	0.15	−0.63	0.72	0.86*	0.99**	0.98**	0.99**	1.00			
BB2	0.37	0.65	−0.45	0.72	0.96**	1.00**	0.97**	1.00**	0.96**	1.00		
BB3	0.38	0.84	−0.44	0.72	0.97**	0.99**	0.97**	0.99**	0.96**	1.00**	1.00	
BB4	0.38	0.85	−0.43	0.71	0.97**	0.99**	0.96**	0.99**	0.95**	1.00**	1.00**	1.00

注:AT:空气温度;H:空气相对湿度;ST:地温;SM:土壤含水量;SS:土壤盐分;TB:总生物量;AB:地上生物量;BB:地下生物量;BB1、BB2、BB3 和 BB4:0～10 cm,10～20 cm,20～30 cm 和 30～40 cm 处地下生物量;* 表示 $P<0.05$,** 表示 $P<0.01$。

从表 4.22 还可以看出,土壤盐分对 $10\sim40$ cm 地下生物量的影响显著($P<0.01$)。另外,相关性分析也表明,6 月 24 日至 7 月 23 日期间土壤含水量对生物量的影响较显著($r=0.90$；$P<0.05$),而 4 月 25 日至 6 月 23 日的土壤盐分对生物量的影响最为明显,相关系数分别为 0.96 和 0.94($P<0.01$)。

应用主分量分析(PCA)方法并结合相关性分析,对于不同高寒草地总生物量和地下生物量,各环境因子影响程度大小的次序为:土壤盐分>土壤含水量>空气温度,而对于地上生物量的顺序为:土壤含水量>土壤盐分>空气温度,空气相对湿度和地温对生物量的影响不显著,尤其同地温存在负相关关系。同时,10 cm 处土壤含水量对 $0\sim10$ cm 的地下生物量影响最大,对地上生物量的影响次之,而 50 cm 处土壤含水量对 $30\sim40$ cm 的地下生物量影响相对较大;10 cm 处土壤盐分对 $30\sim40$ cm 地下生物量的影响相对最大。多年冻土区活动层水热因子作为研究冻土环境的两大关键要素,在青藏高原冻土退化以及由此引起的高寒草地生态系统演替过程中有着明显的变化特征,即在多年冻土退化过程中,土壤表层温度逐渐升高,含水量下降,高寒草地植被类型表现为从高寒沼泽草甸、高寒草甸向高寒草原的逆向演替。这是由于冻土层作为有效阻止土壤水分下渗迁移的"隔水层",伴随其退化而下移,导致对地表植被根系层在内活动层水分的顶托作用弱化,加之季节气温升高而使地温升高,造成地表层土壤干化,含水量减少,地温由此升高,同时土壤盐分相对增加,改变了活动层浅层土壤物理条件和理化性质,必然导致植物生态位分化,发生逆向演替,加速了高寒草地退化。

在多年冻土退化过程中,地温明显升高、含水量逐渐降低,加之土壤盐分增加使一些优势植物种的生态位宽度逐渐减小,水分利用程度降低,失去竞争力,而少量耐旱、耐盐的伴生植物生态位宽度不断增大,从而改变了植被群落结构,优势植物由耐寒湿生和湿中生的藏嵩草等演替为中生植物矮嵩草等,进一步演变成耐旱、耐盐的紫花针茅等,这就使得高寒草地植被出现由高寒沼泽草甸、高寒草甸向高寒草原的逆向演替过程,群落总盖度及生物量均呈现出明显的降低趋势。

4.5　建群种物候特征

植物长期适应于一年中温度和水分节律的变化,形成与此相适应的植物发育节律称为物候。荒漠地区物候观测的目的在于:①提供荒漠地区主要植物种一年中生长和发育状况的变化,对这些变化与自然环境或人类活动胁迫因子之间进行关联性研究,并给出合理的解释;②比较该区域或立地条件下不同树种物候进程的季节变化;③了解区域物种物候是否受区域环境变化的影响,并对未来趋势提供预测。

调查地点为临泽站荒漠生态系统综合观测场。调查建群种泡泡刺(*Nitraria sphaerocarpa* Maxim)和红砂(*Reaumuria soongarica*(Pall.)Maxim),2005—2010 年在生长季节每 5 天调查一次,物候变化敏感时期每天调查。调查以下 7 个主要物候期:芽开放期、展叶期、开花始期、开花盛期、果实或种子成熟期、叶秋季变色期、落叶期(表 4.23)。

研究结果表明:泡泡刺物候期变幅小于红砂。泡泡刺开花期变幅最小,种子成熟期和落叶期变幅最大;红砂种子成熟期变幅最大,其他物候期变幅大致相当。芽开放期受当月气温影响最大(表 4.24)。

表 4.23 2005—2010 年泡泡刺和红砂物候观测结果

Table 4.23 **Phenological observation of *Nitraria sphaerocarpa* and *Reaumuria soongarica* during 2005—2010**

年份	植物种	芽开放期	展叶期	开花始期	开花盛期	果实或种子成熟期	叶秋季变色期	落叶期
2005	泡泡刺	04/08	04/28	05/10	05/23	06/05	10/11	10/28
2005	红砂	04/08	05/03	07/26	08/10	08/25	10/08	11/05
2006	泡泡刺	04/12	04/18	05/09	05/18	05/27	09/26	11/01
2006	红砂	04/17	04/25	07/23	08/02	08/15	10/02	11/10
2007	泡泡刺	04/12	04/17	05/09	05/12	05/24	09/26	11/12
2007	红砂	04/15	04/29	07/20	08/12	08/17	10/05	11/15
2008	泡泡刺	04/10	04/17	05/10	05/11	05/20	09/24	11/09
2008	红砂	04/18	04/30	07/22	08/25	08/17	10/08	11/11
2009	泡泡刺	04/06	04/15	05/09	05/13	06/18	09/24	11/01
2009	红砂	04/18	04/28	07/11	08/05	10/22	10/26	11/08
2010	泡泡刺	04/16	05/02	05/13	05/18	06/22	09/20	10/16
2010	红砂	04/28	05/12	07/01	07/15	10/18	10/20	10/26

注:表中时间格式为月/日。

表 4.24 2005—2010 年泡泡刺、红砂物候期平均年变幅(单位:d)

Table 4.24 **Average annual amplitude of *Nitraria sphaerocarpa* and *Reaumuria soongarica* during 2005—2010**

植物种	芽开放期	展叶期	开花始期	开花盛期	果实或种子成熟期	叶秋季变色期	落叶期	平均
泡泡刺	4.0	6.0	1.4	3.8	9.6	4.2	8.2	5.3
红砂	4.8	5.8	5.8	10.2	16.2	7.2	5.8	8.0

灌木的物候学特征表明(表 4.25),在萌动期、展叶期和叶变期,灌木种具有相对的一致性,在开花期和果熟期,一些种之间存在着较大的差异。这说明物候反映了不同植被带灌木种内在生命节律的表现(遗传特性),也包含了灌木种对沙漠环境胁迫的趋同适应对策;气温和光照是诱导荒漠灌木物候的主要气象因子,但平均降水量和平均风速在萌动期和开花期同样也起着重要的作用。

表 4.25 2005—2010 年沙坡头站建群种的物候观测

Table 4.25 **Phenological observation of constructive species in Shapotou station during 2005—2010**

植物种	芽开放期	开花始期	开花盛期	果实或种子成熟期	叶秋季变色期	落叶期
花棒	2005-03-30	2005-05-18	2005-09-12	2005-09-28	2005-11-15	2005-12-20
柠条	2005-04-08	2005-05-08	2005-05-20	2005-06-10	2005-11-10	2005-12-05
小叶锦鸡儿	2005-04-02	2005-05-15	2005-05-20	2005-06-10	2005-11-15	2005-12-01
油蒿	2005-04-04	2005-08-15	2005-08-30	2005-09-15	2005-11-20	2005-12-10
籽蒿	2005-04-10	2005-08-09	2005-08-30	2005-09-10	2005-11-20	2005-12-05
花棒	2006-03-28	2006-05-16	2006-09-14	2006-09-25	2006-11-16	2006-12-22
柠条	2006-04-05	2006-05-05	2006-05-17	2006-06-10	2006-11-14	2006-12-04
小叶锦鸡儿	2006-04-02	2006-05-19	2006-05-28	2006-06-07	2006-11-16	2006-12-04
油蒿	2006-04-02	2006-08-12	2006-08-28	2006-09-13	2006-11-22	2006-12-12
籽蒿	2006-04-09	2006-08-09	2006-08-27	2006-09-08	2006-11-24	2006-12-07

植物种	芽开放期	开花始期	开花盛期	果实或种子成熟期	叶秋季变色期	落叶期
柠条锦鸡儿	2007-04-04	2007-05-06	2007-05-20	2007-06-12	2007-11-15	2007-12-06
细枝岩黄芪	2007-03-25	2007-05-17	2007-09-15	2007-09-26	2007-11-20	2007-12-24
油蒿	2007-04-01	2007-08-14	2007-08-30	2007-09-16	2007-11-26	2007-12-14
籽蒿	2007-04-10	2007-08-08	2007-08-28	2007-09-09	2007-11-25	2007-12-08
柠条锦鸡儿	2008-04-01	2008-05-10	2008-05-15	2008-06-08	2008-10-05	2008-11-16
细枝岩黄芪	2008-03-24	2008-05-14	2008-08-15	2008-10-02	2008-11-10	2008-12-10
油蒿	2008-03-24	2008-07-04	2008-08-10	2008-11-15	2008-10-15	2008-11-24
籽蒿	2008-03-24	2008-07-06	2008-08-04	2008-11-09	2008-10-11	2008-11-20
白刺	2006-04-17	2006-05-11	2006-05-20	2006-08-05	2006-09-25	2006-10-17
猫头刺	2006-03-26	2006-05-07	2006-05-29	2006-06-30	2006-11-26	2006-12-11
驼绒藜	2006-04-16	2006-05-30	2006-06-17	2006-09-18	2006-10-24	2006-11-22
白刺	2007-04-15	2007-05-11	2007-05-22	2007-08-06	2007-09-26	2007-10-19
红砂	2007-04-09	2007-09-01	2007-09-05	2007-10-25	2007-11-04	2007-11-17
猫头刺	2007-03-24	2007-05-08	2007-05-30	2007-06-30	2007-11-28	2007-12-14
木本猪毛菜	2007-04-20	2007-06-22	2007-06-27	2007-08-07	2007-10-01	2007-10-28
驼绒藜	2007-04-13	2007-05-28	2007-06-15	2007-09-18	2007-10-27	2007-11-24
霸王	2008-04-12	2008-05-09	2008-05-12	2008-05-24	2008-09-26	2008-11-05
白刺	2008-04-20	2008-05-10	2008-05-20	2008-08-10	2008-09-20	2008-10-25
红砂	2008-04-12	2008-08-05	2008-08-25	2008-09-15	2008-10-24	2008-11-15
猫头刺	2008-03-25	2008-04-28	2008-05-15	2008-06-20	2008-10-28	2008-11-25
驼绒藜	2008-03-26	2008-07-08	2008-07-28	2008-09-15	2008-10-11	2008-11-10
狭叶锦鸡儿	2008-04-20	2008-05-18	2008-05-27	2008-06-16	2008-10-28	2008-11-16
珍珠	2008-03-27	2008-04-18	2008-07-27	2008-10-25	2008-11-20	2008-12-10
柠条锦鸡儿	2009-03-27	2009-05-09	2009-05-15	2009-06-08	2009-10-06	2009-11-17
细枝岩黄芪	2009-03-22	2009-05-15	2009-08-15	2009-10-02	2009-11-10	2009-12-12
籽蒿	2009-03-25	2009-07-05	2009-08-04	2009-11-09	2009-10-13	2009-11-22
油蒿	2009-03-23	2009-07-05	2009-08-15	2009-11-17	2009-10-18	2009-11-26
油蒿	2009-04-02	2009-07-05	2009-07-22	2009-11-10	2009-10-20	2009-11-25
红砂	2009-04-10	2009-08-08	2009-08-25	2009-09-16	2009-10-24	2009-11-18
柠条锦鸡儿	2009-04-16	2009-05-10	2009-05-25	2009-06-15	2009-10-20	2009-11-20
狭叶锦鸡儿	2009-04-18	2009-05-18	2009-05-28	2009-06-17	2009-10-27	2009-11-18
驼绒藜	2009-03-20	2009-07-08	2009-07-29	2009-09-15	2009-10-14	2009-11-10
珍珠	2009-03-24	2009-04-20	2009-07-27	2009-10-26	2009-11-22	2009-12-12
猫头刺	2009-03-22	2009-04-28	2009-05-16	2009-06-20	2009-11-01	2009-11-28
霸王	2009-04-13	2009-05-20	2009-05-12	2009-05-23	2009-09-26	2009-11-06

在干旱荒漠地区,一般都存在短暂的降水季节,一些一年生植物能够利用这一有水的短暂时期,进行生命活动,并迅速完成其生活周期。当漫长的干旱季节来临时,这些植物则以种子形式保存于土壤中,等待下一个雨季的到来,这类一年生植物称为短命植物,其物候期(表4.26)显著受到降水事件的影响。

表 4.26 2005—2010 年沙坡头站短命植物物候观测

Table 4.26 Phenological observation of ephemeral plants in Shapotou station during 2005—2010

植物种	萌动期	开花始期	果实或种子成熟期	种子散布期	黄枯期
刺沙蓬	2005-06-20	2005-08-25	2005-09-30	2005-10-20	2005-10-20
棉蓬	2005-06-30	2005-08-15	2005-09-30	2005-10-15	2005-10-15
雾冰藜	2005-07-05	2005-09-01	2005-09-25	2005-10-20	2005-10-20
小画眉草	2005-07-20	2005-08-20	2005-09-20	2005-10-10	2005-10-10
刺蓬	2006-07-16	2006-08-25	2006-09-28	2006-10-18	2006-10-18
狗尾草	2006-07-01	2006-08-12	2006-09-30	2006-10-17	2006-10-17
虎尾草	2006-07-07	2006-08-22	2006-09-28	2006-10-12	2006-10-12
绵蓬	2006-07-01	2006-08-14	2006-09-30	2006-10-16	2006-10-16
沙米	2006-07-22	2006-09-01	2006-09-22	2006-10-24	2006-10-24
雾冰藜	2006-07-06	2006-08-29	2006-09-23	2006-10-21	2006-10-21
小画眉草	2006-07-17	2006-08-21	2006-09-18	2006-10-08	2006-10-14
刺蓬	2007-07-15	2007-08-26	2007-09-28	2007-10-19	2007-10-21
碟果虫实	2007-07-02	2007-08-12	2007-09-30	2007-10-15	2007-10-20
虎尾草	2007-07-06	2007-08-23	2007-09-29	2007-10-14	2007-10-15
沙蓬	2007-07-24	2007-09-04	2007-09-25	2007-10-22	2007-10-28
雾冰藜	2007-07-07	2007-08-30	2007-09-24	2007-10-22	2007-10-25
小画眉草	2007-07-15	2007-08-21	2007-09-20	2007-10-10	2007-10-20
刺蓬	2008-07-05	2008-08-02	2008-09-20	2008-10-10	2008-10-25
碟果虫实	2008-07-09	2008-08-08	2008-09-25	2008-10-15	2008-10-28
虎尾草	2008-07-05	2008-07-28	2008-08-16	2008-09-04	2008-09-20
沙蓬	2008-07-13	2008-08-19	2008-09-05	2008-10-20	2008-11-05
雾冰藜	2008-07-07	2008-08-10	2008-09-22	2008-10-15	2008-10-25
小画眉草	2008-07-03	2008-07-26	2008-08-15	2008-08-29	2008-09-29
地梢瓜	2006-04-18	2006-06-15	2006-09-08	2006-10-16	2006-10-16
拐轴鸦葱	2006-04-05	2006-05-23	2006-09-22	2006-10-24	2006-10-24
沙葱	2006-05-03	2006-07-18	2006-08-08	2006-10-22	2006-10-22
砂蓝刺头	2006-05-03	2006-06-08	2006-08-24	2006-10-08	2006-10-08
丝叶苦荬	2006-04-05	2006-05-03	2006-06-15	2006-10-07	2006-10-07
茵陈蒿	2006-04-01	2006-07-07	2006-08-14	2006-10-07	2006-10-07
叉枝鸦葱	2007-04-02	2007-05-26	2007-09-28	2007-10-20	2007-10-28
地梢瓜	2007-04-17	2007-06-16	2007-09-10	2007-10-18	2007-10-20
蒙古韭	2007-05-02	2007-07-20	2007-08-10	2007-10-25	2007-10-28
砂蓝刺头	2007-05-02	2007-06-10	2007-08-25	2007-10-05	2007-10-20
雾冰藜	2007-07-05	2007-08-28	2007-09-15	2007-10-25	2007-10-26
小画眉草	2007-07-10	2007-08-11	2007-09-15	2007-10-10	2007-10-19
茵陈蒿	2007-04-20	2007-07-15	2007-08-19	2007-10-08	2007-10-20
叉枝鸦葱	2008-04-06	2008-05-19	2008-09-12	2008-10-02	2008-10-28
刺旋花	2008-03-16	2008-05-05	2008-06-23	2008-07-01	2008-11-27
地梢瓜	2008-04-09	2008-06-20	2008-09-05	2008-10-07	2008-10-25
苦豆子	2008-04-10	2008-05-21	2008-07-24	2008-09-15	2008-11-12
蒙古韭	2008-04-01	2008-07-17	2008-09-10	2008-10-14	2008-10-28

续表

植物种	萌动期	开花始期	果实或种子成熟期	种子散布期	黄枯期
蒙古莸	2008-04-03	2008-07-22	2008-10-25	2008-11-02	2008-11-16
牛心朴子	2008-04-18	2008-05-23	2008-10-09	2008-10-28	2008-11-10
沙蓬	2008-07-20	2008-08-12	2008-09-10	2008-10-17	2008-11-10
砂蓝刺头	2008-04-20	2008-06-10	2008-08-09	2008-09-25	2008-10-25
雾冰藜	2008-07-10	2008-08-08	2008-09-15	2008-10-13	2008-10-25
小画眉草	2008-07-15	2008-08-07	2008-08-28	2008-09-20	2008-10-15
茵陈蒿	2008-04-12	2008-07-03	2008-08-10	2008-10-02	2008-10-25
刺沙蓬	2009-07-03	2009-08-05	2009-09-22	2009-10-11	2009-10-28
沙蓬	2009-07-11	2009-08-15	2009-09-07	2009-10-18	2009-11-06
虎尾草	2009-07-05	2009-07-25	2009-08-14	2009-09-05	2009-09-22
碟果虫实	2009-07-10	2009-08-09	2009-09-26	2009-10-16	2009-10-30
雾冰藜	2009-07-08	2009-08-12	2009-09-25	2009-10-15	2009-10-26
小画眉草	2009-07-02	2009-07-28	2009-08-15	2009-08-30	2009-09-30
牛心朴子	2009-04-17	2009-05-23	2009-10-10	2009-10-25	2009-11-15
蒙古韭	2009-04-02	2009-07-17	2009-09-10	2009-10-14	2009-10-27
沙蓬	2009-07-22	2009-08-10	2009-09-09	2009-10-17	2009-11-12
小画眉草	2009-07-13	2009-08-05	2009-08-30	2009-09-20	2009-10-15
蒙古莸	2009-04-02	2009-07-20	2009-10-25	2009-11-05	2009-11-16
雾冰藜	2009-07-05	2009-08-08	2009-09-16	2009-10-15	2009-10-25
叉枝鸦葱	2009-04-05	2009-05-19	2009-09-14	2009-10-05	2009-10-30
刺旋花	2009-03-15	2009-05-06	2009-06-23	2009-07-01	2009-11-27
地梢瓜	2009-04-10	2009-06-22	2009-09-05	2009-10-07	2009-10-25
砂蓝刺头	2009-04-20	2009-06-10	2009-08-09	2009-09-25	2009-10-25
茵陈蒿	2009-04-10	2009-07-03	2009-08-08	2009-10-02	2009-10-26
刺沙蓬	2010-07-06	2010-08-10	2010-09-29	2010-10-15	2010-10-31
沙蓬	2010-07-04	2010-08-12	2010-09-13	2010-10-15	2010-11-10
虎尾草	2010-07-10	2010-07-30	2010-08-20	2010-09-12	2010-09-28
碟果虫实	2010-07-08	2010-08-15	2010-09-30	2010-10-25	2010-11-10
蒙古虫实	2010-07-10	2010-08-20	2010-09-25	2010-10-30	2010-11-05
雾冰藜	2010-07-08	2010-08-06	2010-09-21	2010-10-19	2010-10-28
小画眉草	2010-07-10	2010-07-30	2010-08-13	2010-09-03	2010-10-10
牛心朴子	2010-04-10	2010-05-18	2010-09-25	2010-10-15	2010-10-20
蒙古韭	2010-04-05	2010-07-20	2010-09-15	2010-10-08	2010-10-30

对沙质草地优势植物而言,植物的开花是其生活史上重要的一环。对奈曼站的物候监测表明(表4.27),当植物开花期受到大的干扰时,比如放牧时草食动物的啃食,植物的繁殖就会受到威胁。植物的开花期不同种间具有较大的差异性,开花迟早相差1个多月,开花最早的植物有糙隐子草、黄蒿等,开花较晚的有光梗蒺藜草。因此,开花期对环境的要求各植物时间差异很大。这是由于有的植物开花取决于降水,而有的取决于积温。开花早的,要求的温度较低,日照较少;开花迟的,要求的温度较高,日照较多。可以认为气温和日照是花期最主要的气象因子。而对植物果期而言,温度、日照时数、降水是最重要的。

表 4.27 2005—2010 年奈曼站建群种的物候观测

Table 4.27 Phenological observation of constructive species in Naiman station during 2005—2010

年份	植物种	芽开放期	展叶期	开花始期	开花盛期	果实或种子成熟期
2005	黄蒿	05/15	07/05	07/29	08/27	09/08
2005	狗尾草	06/03	07/16	08/05	08/21	08/29
2005	虎尾草	06/05	07/18	08/06	08/25	09/01
2005	猪毛菜	06/15	07/16	08/10	08/26	09/05
2005	糙隐子草	05/25	07/15	08/05	08/23	09/02
2005	太阳花	05/23	06/28	07/24	08/18	09/05
2005	三芒草	06/03	07/04	07/25	08/10	08/26
2006	狗尾草	05/10	07/05	07/31	08/28	09/24
2006	二裂委菱菜	05/03	06/27	07/26	08/25	09/16
2006	虎尾草	05/05	07/06	08/02	09/01	09/13
2006	猪毛菜	05/05	07/08	08/10	08/29	09/20
2006	糙隐子草	04/28	07/01	08/01	09/01	09/21
2006	辘牛儿苗	06/28	08/01	08/25	09/01	09/18
2006	三芒草	05/10	06/14	07/14	08/15	09/21
2006	黄蒿	05/05	06/25	07/30	08/28	09/25
2006	苦荬菜	04/28	05/26	06/20	07/26	09/18
2006	扁蓄豆	05/05	07/03	07/28	08/28	09/15
2006	沙米	05/02	07/05	08/03	09/12	09/25
2007	狗尾草	05/05	07/02	08/10	08/29	09/25
2007	二裂委陵菜	04/40	06/25	08/02	08/26	09/17
2007	糙隐子草	04/22	07/05	08/04	09/03	09/24
2007	辘牛儿苗	06/08	07/25	08/20	09/05	09/18
2007	尖头叶藜	04/30	07/01	08/28	09/15	09/27
2007	黄蒿	05/02	06/25	08/02	08/29	09/25
2007	山苦荬	04/22	05/25	06/20	07/25	09/17
2007	雾冰藜	05/05	07/05	08/20	08/29	09/15
2007	沙蓬	05/06	07/05	08/05	09/14	09/27
2008	狗尾草	04/30	07/01	08/10	08/25	09/20
2008	二裂委菱菜	04/27	06/20	08/05	08/27	09/18
2008	糙隐子草	04/25	07/20	08/10	09/08	09/24
2008	辘牛儿苗	04/25	07/15	08/25	09/12	09/25
2008	猪毛菜	04/28	07/10	08/28	09/15	09/28
2008	尖头叶藜	04/20	07/05	08/05	09/03	09/25
2008	黄蒿	04/20	07/15	08/20	09/04	09/30
2008	山苦荬	04/25	05/28	08/05	09/10	09/20
2008	扁蓿豆	05/05	07/05	09/10	09/18	09/25
2008	砂蓝刺头	04/29	07/27	08/18	09/10	09/29
2008	沙蓬	05/10	07/03	09/05	09/25	10/10
2009	狗尾草	05/12	06/24	08/18	08/25	09/05
2009	糙隐子草	04/30	07/24	08/15	09/05	09/25
2009	二裂委菱菜	04/30	05/22	06/25	08/18	09/20
2009	黄蒿	04/27	07/27	08/22	09/05	09/20
2009	地梢瓜	05/02	05/29	06/26	07/28	08/26

年份	植物种	芽开放期	展叶期	开花始期	开花盛期	果实或种子成熟期
2009	山苦荬	04/27	05/12	06/25	08/01	08/25
2009	扁蓿豆	04/30	06/26	08/25	09/10	09/28
2009	砂蓝刺头	04/30	07/28	08/20	09/05	09/25
2009	沙蓬	05/27	08/20	09/10	09/30	10/08
2009	沙地旋覆花	04/30	06/03	07/10	09/03	09/25
2010	尖头叶藜	05/04	07/27	08/30	09/28	09/19
2010	糙隐子草	05/03	08/05	08/13	08/20	08/30
2010	黄蒿	05/23	08/15	08/25	08/31	09/25
2010	狗尾草	05/20	07/15	08/10	08/31	08/20
2010	虎尾草	05/20	07/15	08/13	08/25	08/20
2010	冠芒草	05/15	07/15	08/05	08/20	08/10
2010	扁蓿豆	05/15	07/27	08/18	08/31	09/25
2010	地梢瓜	05/15	06/20	06/25	09/20	09/10
2010	狗尾草	05/07	07/12	08/15	09/02	08/25
2010	雾冰藜	05/07	08/26	09/20	09/25	09/15
2010	丝叶小苦荬	05/15	06/15	06/28	07/05	08/10
2010	沙蓬	05/18	08/25	09/02	09/20	09/15
2010	蓼子朴	05/07	06/20	07/10	07/18	09/20
2011	尖头叶藜	05/10	07/25	08/22	09/25	09/10
2011	糙隐子草	05/10	08/10	08/20	08/24	09/02
2011	黄蒿	04/20	08/12	08/27	08/31	09/20
2011	狗尾草	05/13	07/18	08/12	08/28	08/25
2011	二裂委陵菜	04/20	05/26	08/05	08/20	09/10
2011	扁蓿豆	04/25	07/31	08/22	09/10	09/20
2011	狗尾草	05/10	07/15	08/15	08/31	08/22
2011	雾冰藜	05/15	08/20	09/10	09/25	09/15
2011	砂蓝刺头	04/20	07/25	09/10	09/25	08/18
2011	丝叶小苦荬	05/12	06/08	06/25	07/15	08/26
2011	沙蓬	05/28	08/20	09/05	09/25	09/10
2011	蓼子朴	05/02	06/12	07/08	07/15	09/15
2012	尖头叶藜	05/01	06/30	08/15	09/30	08/30
2012	糙隐子草	04/28	08/14	08/25	09/25	09/01
2012	黄蒿	04/28	08/02	08/15	09/30	09/15
2012	狗尾草	05/20	07/20	08/10	09/15	08/30
2012	锋芒草	05/20	06/30	08/05	08/15	08/30
2012	蒺藜	05/20	06/30	07/05	09/15	09/20
2012	扁蓿豆	04/28	07/31	08/14	09/15	09/25
2012	止血马唐	06/10	08/15	09/02	09/15	08/28
2012	雾冰藜	05/05	08/20	09/01	09/15	09/20
2012	薄翅猪毛菜	05/05	07/08	08/15	09/10	08/25
2012	地梢瓜	05/10	05/31	07/20	09/30	09/16
2012	大果虫实	05/05	07/08	08/15	09/03	08/25
2012	蓼子朴	05/02	06/02	07/05	07/14	08/28
2012	光梗蒺藜草	06/10	08/05	08/15	09/15	09/10
2012	大果虫实	05/06	07/08	08/20	09/10	09/05

第 5 章　土壤物理化学过程

5.1　腾格里沙漠东南缘土壤理化特征

腾格里沙漠东南缘沙坡头地区成土母质主要有四种类型：一是腾格里沙漠大面积的风成沙，其特点是分选性良好，主要以 0.05～0.25 mm 粒径的石英为主的细沙，堆积厚度约 5～25 m，地表形态呈格状和链状沙丘，流动性较大；二是黄河冲积和湖积物，主要分布在黄河两岸，上部为沙壤或轻壤，局部地段为中壤，并夹有黏土层；三是覆盖南部的沙黄土，其厚度不等；四是山地剥蚀残积物，主要分布在南部香山的坡脚及西北部照壁山西端。由于成土母质的差异，造成该地区土壤类型的空间分布呈明显的异质性。

5.1.1　土壤发育过程及类型

1. 土壤发育与成土过程

该地土壤类型的发育与成土过程，受成土条件及人为活动制约，特点如下。

(1)土体内细粒物质的损失与积累过程：该地土壤在发育过程中，土体内细粒物质的损失与积累，对土壤类型发育及盐类的划分，除黄河冲积平原以外，都起着决定性作用。例如，在风沙土类中，土体内尤其表层，细粒物质的含量直接体现了土壤的发育阶段及盐类的划分，大凡表层细粒物质含量较高，大于 5%，则成为固定风沙土，表层固定，土壤剖面有初步发育，与母质呈显著差别，有机质含量可达 1.5%，可溶盐含量也有所增加。又如灰钙土类，随着表层细粒物质的损失，形成表层沙化层。从整个地区看细粒物质的积累过程，表现出土壤发育过程；相反，细粒物质的损失过程，则表现出土壤退化过程；因此在该地为促进土壤的发育，减少土体内细粒物质的损失是其最关键的措施。

(2)土体盐化与脱盐化过程：在该地自然土纲中，灰钙土、灰漠土都是石膏($CaCO_3$)初步的积累，有的呈假菌丝状，有的呈粉末状。此外，可溶盐类在潜水位高的地段在固定风沙土剖面中有大量的积累，从而形成盐化风沙土。但是当风沙土呈现流动风沙土时，所有盐类均出现脱盐现象。

(3)人为活动对土壤发育过程的作用：该地人为土纲中主要为灌淤土，分布在中卫市城郊区。灌淤土主要是农田，是在原草甸土或沼泽土的基础上，由于人的耕种活动，形成了灌溉淤积层，其灌淤层厚度在 50～80 cm，物质来源主要为黄河水所夹带的细粒物质，在灌淤后的上部 30 cm 为耕作层，有明显的厩肥残余物。由于种植水稻，土壤多处在嫌气状况，故在灌淤层内有明显表锈。该土类是人为活动的产物。

2. 土壤类型

根据土壤剖面特性依据中国土壤分类系统将本区土壤类型划分如下(表 5.1),其中土纲与亚纲完全以中国土壤分类系统为准进行划分,将该地土壤分为 5 个土纲,5 个亚纲。土类以下的等级主要结合该地土壤特性,侧重是划分土属和土种,共划分为 6 个土类,10 个亚类,21 个土属,35 个土种。

表 5.1　腾格里沙漠东南缘沙坡头地区土壤分类系统统计表

Table 5.1　Statistical table of soil taxonomy of Shapotou area in southeast of Tengger desert

土纲	亚纲	土类	亚类	土属	土种
初育土	沙质初育土	风沙土	半荒漠风沙土	流动风沙土	格状流动风沙土
					链状流动风沙土
					波状流动风沙土
				半固定风沙土	半固定风沙土
					盐化半固定风沙土
					人工半固定风沙土
				固定风沙土	薄层固定风沙土(沙层 5~10 cm)
					厚层固定风沙土(沙层大于 10 cm)
					盐化固定风沙土
					人工固定风沙土
				灌淤风沙土	薄层灌淤风沙土(灌淤层小于 10 cm)
					厚层灌淤风沙土(灌淤层 30~110 cm)
干旱土	钙积干旱土	灰钙土	浅灰钙土	淡灰钙土	普通淡灰钙土
				覆沙淡灰钙土	薄层履沙淡灰钙土(沙层小于 15 cm)
					厚层履沙淡灰钙土(沙层大于 15 cm)
				耕作淡灰钙土	耕作淡灰钙土
				粗骨质淡灰钙土	粗骨质淡灰钙土
					薄层覆沙粗骨质淡灰钙土(沙层小于 15 cm)
					厚层覆沙粗骨质淡灰钙土(沙层大于 15 cm)
				山地石质淡灰钙土	山地石质淡灰钙土
		灰漠土	普通灰漠土	普通灰漠土	普通灰漠土
				覆沙灰漠土	薄层覆沙灰漠土(沙层小于 15 cm)
					厚层覆沙灰漠土(沙层大于 15 cm)
				粗骨质灰漠土	粗骨质灰漠土
					薄层覆沙粗骨质灰漠土(沙层小于 15 cm)
					厚层覆沙粗骨质灰漠土(沙层大于 15 cm)
				山地石质灰漠土	山地石质灰漠土
潮湿土	正常潮土	潮土	灌淤潮土	耕作灌淤潮土	耕作灌淤潮土
			盐化潮土	盐化潮土	盐化潮土
			潜育潮土	潜育潮土	潜育潮土

土纲	亚纲	土类	亚类	土属	土种
盐成土	盐积盐成土	盐土	草甸盐土	草甸盐土	草甸盐土
			结皮盐土	结皮盐土	结皮盐土
			潜育盐土	潜育盐土	潜育盐土
人为土	旱耕人为土	灌淤土	普通灌淤土	薄层灌淤土	薄层灌淤土（灌淤层 30～50 cm）
				厚层灌淤土	厚层灌淤土（灌淤层大于 50 cm）

　　腾格里沙漠东南缘沙坡头地区土类组合比较简单，分布规律明显，在西北及北部，除少量的盐土以外，主要是风沙土的各个土属土种。南部山前倾斜平原则以灰钙土和灰漠土为主，灰钙土与灰漠土紧密连接，灰钙土处在南端，灰漠土则与北部风沙土接壤。灌淤土主要分布在黄河冲积平原，与潮土、盐土共同组成黄河平原区土壤。总体形成本区四大土壤组合系列：北部西北部为风沙土，南部为灰钙土，西部为灰漠土，中部为灌淤土；其面积风沙土为 115847.6 hm²，占总面积的 43.2%；灰钙土为 83127.3 hm²，占总面积的 31.1%；灰漠土为 43880.0 hm²，占总面积的 16.3%；灌淤土为 16628.8 hm²，占总面积的 6.1%；其他土类面积较小（表 5.2）。

表 5.2　腾格里沙漠东南缘各土类面积统计表
Table 5.2　Area statistics of different soils in southeast of Tengger desert

土类名称	面积（hm²）	比例（%）
半荒漠风沙土	11547.6	43.2
淡灰钙土	83127.3	31.1
灰漠土	43880.0	16.3
潮土	5484.4	2.2
盐土	2956.6	1.1
灌淤土	16628.8	6.1

5.1.2　土壤物理特性

1. 腾格里沙漠东南缘土壤特征

　　沙坡头铁路固沙体系由不同年代建植的人工植被组成。采用空间替代时间的方法对随固沙年限延长土壤质地变化特征进行研究，结果表明：随着固沙年限的增加，表层土壤黏粒和粉粒含量逐渐增加，而沙粒含量则逐渐减少，固沙植被区黏粒和粉粒含量均显著大于流沙区，但小于天然植被区。而沙粒含量则是固沙植被区小于流沙区，大于天然植被区（图 5.1）。

　　土壤剖面不同层次土壤质地分析表明，0～10 cm 土层黏粒和粉粒含量显著大于其他土层，而沙粒则小于其他土层，随着土层深度的增加，黏粒和粉粒含量呈减小趋势，而沙粒呈增加趋势（图 5.2）。这是由于沙丘表面固定后，大气降尘的大量累积和枯枝落叶积聚及生物过程（细菌、放线菌和真菌的繁殖）的加强促进了沙面表层土壤的成土过程，表层土壤质地组成中黏粒百分含量明显增加。

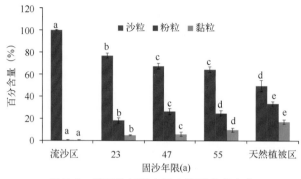

图 5.1　随固沙年限表层土壤质地的变化

Fig. 5.1　The variation of soil surface texture for different sand-fixation years

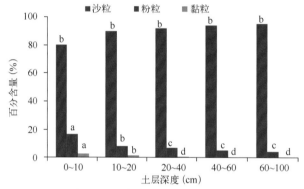

图 5.2　土壤质地随土层深度变化

Fig. 5.2　The variation of soil texture at different depths

　　人工固沙植被区 2005 年和 2010 年土壤容重监测值比较发现,随固沙时间延长表层土壤容重有减小趋势,而 10～20 cm 土层土壤容重无明显变化(图 5.3)。而人工植被区土壤容重与天然植被区相比,0～10 cm 和 10～20 cm 土层土壤容重均为人工区大于天然区,并且表层土壤的容重差异量较大。无论是人工区还是天然区土壤容重均为 0～10 cm 土层小于 10～20 cm 土层(图 5.4)。这是由于,监测区土壤母质均为风成沙,固沙植被的建立使表层沙面固定,成土过程开始,随着固沙年限增长表土中砂粒含量逐渐降低,容重减小。经过 50 余年的恢复,人工区表土层土壤容重与天然区略有差距,说明土壤容重的恢复是一个长期的过程。

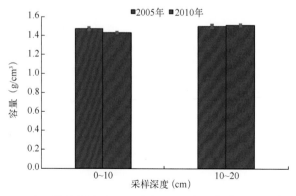

图 5.3　人工固沙植被区 2005 年与 2010 年土壤容重监测值比较

Fig. 5.3　The soil bulk density values at 2005 and 2010 year in artificial revegetation area

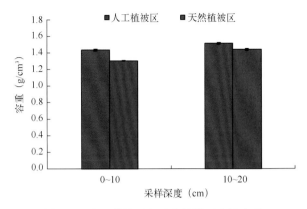

图 5.4　人工植被区与天然植被区土壤容重

Fig. 5.4　The soil bulk density at artificial revegetation area and natural vegetation area

2. 黄土高原西部荒漠草原区土壤物理特性

土壤机械组成数据表明(图 5.5),不同类型样地土壤均是以细砂粒为主要组成的砂质壤土,黏粒和粉粒含量随深度呈增加趋势,而砂粒含量(包括粗砂粒和细砂粒)呈减小趋势。相比较而言,在 0～100 cm 土层,样地类型 1 的土壤黏粒和粉粒含量最高,砂粒含量最低。而样地类型 2 和样地类型 3 的土壤质地在不同土壤层次的表现不同,就平均值而言,样地类型 3 土壤的黏粒和砂粒含量较高,而样地类型 2 土壤的粉粒含量较低。3 个类型样地土壤容重总体均表现为随深度增加先减小后增大的变化趋势,其中表层 0～10 cm 的土壤容重为样地类型 3 >样地类型 1 >样地类型 2(图 5.6)。

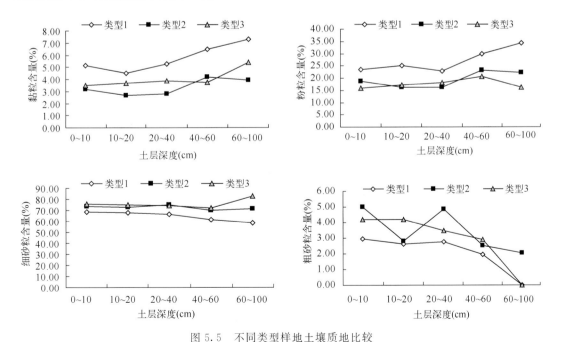

图 5.5　不同类型样地土壤质地比较

Fig. 5.5　Comparison of soil texture in different sample plots

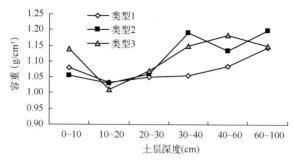

图 5.6　不同类型样地土壤容重比较

Fig. 5.6　Comparison of volume weight of soil in different sample plots

5.1.3　土壤电导率、阳离子交换量和 pH

2004—2010 年的监测结果显示,天然和人工植被区 0～20 cm 土层土壤电导率随年份没有明显的变化(图 5.7)。

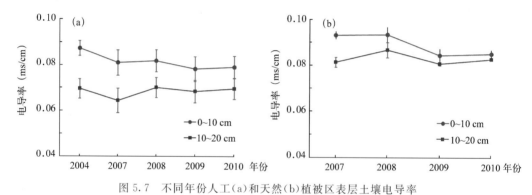

图 5.7　不同年份人工(a)和天然(b)植被区表层土壤电导率

Fig. 5.7　The surface soil electric conductivity at artificial(a) and
natural vegetation area (b)of different year

如图 5.8 所示,2004—2010 年两个监测样地中土壤阳离子交换量均存在随年份上升的趋势。

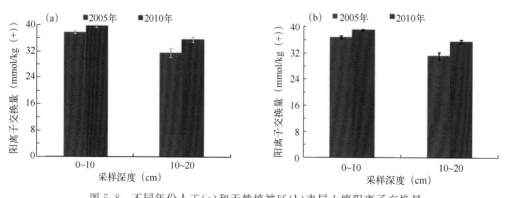

图 5.8　不同年份人工(a)和天然植被区(b)表层土壤阳离子交换量

Fig. 5.8　The surface soil cation exchange capacity at artificial (a) and
natural vegetation area(b) of different years

如图 5.9 所示,人工植被区土壤 pH 随年份降低,而天然植被区土壤 pH 无明显变化趋势。

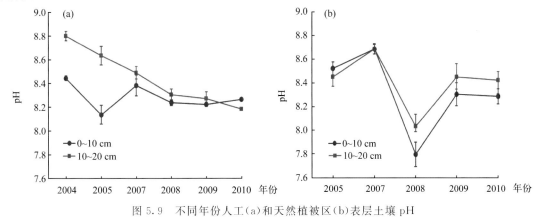

图 5.9 不同年份人工(a)和天然植被区(b)表层土壤 pH

Fig. 5.9   The surface soil pH at artificial(a) and natural vegetation area(b) of different years

0~10 cm 土层与 10~20 cm 土层相比,两个监测样地中均为表层土壤电导率和阳离子交换量高于下层,pH 值则为下层高于表层。

5.2 黑河绿洲化过程对土壤理化特性的影响

中国西北干旱区农业开发的历史是绿洲面积不断扩大的过程,也是荒漠土壤向耕作土壤转变的土地利用过程。特别是自 20 世纪 60 年代以来,人口的不断增长更是加剧了绿洲向荒漠的迅速扩展。在荒漠土壤开垦及随后农业利用的绿洲化过程中,耕作、灌溉、施肥等农业管理,使土壤水热过程、土壤发育的生物过程等发生了显著变化,最终导致特殊的绿洲土壤的形成。

5.2.1 概况

土壤演变过程及特征不仅能够反映绿洲的功能演进和发育程度,也是评价绿洲农田生态系统人为耕作管理水平的一个重要方面。因此,利用绿洲边缘沙地转化为农田后 10 a 的连续监测数据,结合空间代替的方法,重建了 50 a 新垦绿洲土壤主要理化特性的变化过程,为揭示绿洲化过程中的重要生态过程演变机制及合理的土壤管理及调控提供依据。

甘肃省河西走廊的黑河中游地区包括临泽县、高台县和甘州区,总面积约为 10.8×10^3 km²,景观类型主要由绿洲和荒漠组成。处于绿洲的边缘、巴丹吉林沙漠南缘,干旱、高温和多风,属温带大陆性荒漠气候。年平均降水量为 117 mm,降水多集中在 7—9 月。年蒸发量为 2390 mm,约为降水的 20 倍。

监测区地带性自然土壤为正常干旱土,土壤母质为洪积物;由于长期受风沙侵袭,在部分区域形成风积沙,发育非地带性的砂质新成土;当人类开垦利用后,通过长期灌溉、施肥和耕作,形成灌淤旱耕人为土;开垦历史较短的砂质新成土和正常干旱土其诊断表层仍呈现荒漠土壤的典型特征。绿洲农业系统的稳定性和可持续发展受绿洲外围沙漠化与绿洲内部盐碱化的威胁。而新垦边缘绿洲区由于极低的土壤肥力和疏松的沙质土壤基质,农田风蚀严重,成为沙尘暴的源区。

5.2.2 土壤物理特性变化

根据 2004—2010 年荒漠、新垦沙地、新绿洲农田和老绿洲农田 4 个长期监测样地的土壤监测数据,对不同土地利用程度下土壤机械组成及容重进行了比较分析,结果表明,表层 0～20 cm 土壤机械组成及容重,依土地利用程度的不同呈现明显的梯度变化。从未利用的荒漠到开垦百年以上的老绿洲,砂粒含量减少,而粉粒和黏粒含量增加,相应的变化是容重降低(表 5.3)。

表 5.3 0～20 cm 土层土壤机械组成及容重

Table 5.3 Soil mechanical composition and bulk density in 0～20 cm soil depth

土地利用类型	砂粒(%)	粉粒(%)	黏粒(%)	容重(g/cm³)
荒漠	84.9	12.1	2.7	1.65
新垦沙地	81.4	14.7	3.6	1.44
新绿洲	71.5	23.6	4.9	1.37
老绿洲	69.2	25.6	5.2	1.33

注:砂粒粒径为 2～0.05 mm,粉粒粒径为 0.05～0.002 mm,黏粒粒径小于 0.002 mm,下同。

表 5.4 反映出,20～100 cm 深层土壤机械组成,未利用的荒漠砂粒含量低于新垦沙地,而粉粒和黏粒含量高于新垦沙地,荒漠的容重高于新垦沙地。

表 5.4 20～100 cm 土层土壤机械组成及容重

Table 5.4 Soil mechanical composition and bulk density in 20～100 cm soil depth

土地利用类型	砂粒(%)	粉粒(%)	黏粒(%)	容重(g/cm³)
荒漠	90.5	6.2	3.2	1.66
新垦沙地	93.7	3.7	2.5	1.55

荒漠土壤和绿洲农田土壤表层 0～20 cm 土层土壤质地分类比较结果表明(图 5.10),荒漠表层土壤主要为砂土和壤质砂土,而绿洲农田表层土壤主要为壤质砂土,个别土壤为砂质壤土。荒漠土壤转变为绿洲农田后,土壤中砂粒含量有逐渐降低趋势,粉粒和黏粒含量有逐渐增加趋势,但土壤质地的变化在短期内并不明显,只有通过长期的人为影响,荒漠土壤才会经历

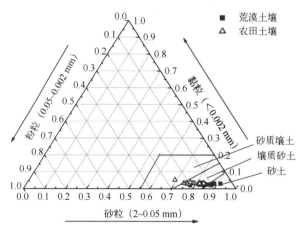

图 5.10 荒漠土壤和绿洲农田土壤质地分类比较

Fig. 5.10 The comparison of soil texture classification between desert soil and oasis farmland

从砂土向壤土的转变过程(表5.5)。

表5.5 临泽荒漠土壤质地空间变化特征(%)
Table 5.5 Space variation characteristics of soil texture in Linze desert

	沙粒	粉粒	黏粒
荒漠	84.92	12.06	2.69
新垦农田	77.85	18.25	3.00
新绿洲农田	77.00	19.20	3.80
老绿洲农田	69.20	25.60	5.20

采用空间替代时间的方法对荒漠土壤开垦后土壤质地变化特征进行研究,结果表明:在绿洲化过程中,土壤沙粒含量逐渐下降,黏粒和粉粒含量逐渐增加,粉粒的含量较黏粒含量更明显。但起初的10 a内,土壤粒级组成并未发生明显变化。开垦14 a农田土壤沙粒含量较未开垦的固定沙地下降了14.7%,开垦40 a的农田下降了21.7%;相应地,粉粒和黏粒含量开垦14 a的农田分别增加了1.63倍和52.9%,开垦40 a的农田增加了3倍和75%(表5.6)。

表5.6 不同开垦年限土壤粒级分布(%)
Table 5.6 Soil particle size distribution under different cultivation ages

粒径分布	开垦年限(a)							
	0	3	5	10	14	23	30	40
沙粒含量	89.7±0.6 a	90.7±0.7 a	89.9±0.7a	87.9±1.3 a	78.6±3.0 b	74.5±3.2 bc	74.2±2.3 bc	70.2±0.9 c
粉粒含量	5.2±0.9 e	4.5±0.9 e	4.8±1.0 e	5.4±13.7 e	13.7±1.3 d	16.7±1.9 c	16.6±2.2 c	20.9±0.5 b
黏粒含量	5.1±0.4 d	4.8±0.6 d	5.3±0.7 d	6.7±0.9 cd	7.8±1.7 bc	8.8±1.3 b	9.3±0.4 b	8.9±0.4 b

绿洲化过程中,土壤容重呈逐渐降低的变化趋势;在开垦的初期,土壤容重的降低幅度较大,开垦3 a的农田土壤容重较未开垦农田下降了8.2%;随后,土壤容重的变化幅度减缓,开垦40 a农田土壤容重较未开垦沙地下降了15.9%(图5.11)。

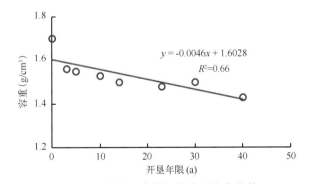

图5.11 不同开垦年限土壤容重变化趋势
Fig.5.11 Variation characteristics of soil bulk density under different cultivation age

未开垦的固定沙地土壤干筛后粒径>0.25 mm的组分占13.5%,由分散的沙粒(粒径为1~0.5 mm和0.5~0.25 mm)组成,无团聚体形成。开垦3 a,5 a和10 a的农田土壤干团聚体的分布和未开垦的沙地无显著差异,开垦14 a以上的农田,土壤粒径>0.25 mm的干团聚体质量随开垦年限的增加而显著增加。开垦3~30 a的农田非可蚀性组分(>1 mm干团聚体)变化在 0.4%～17.8% 之间(表 5.7)。

表 5.7　不同开垦年限土壤团聚体分布(%)
Table 5.7　Aggregate size distribution under different cultivation ages

团聚体分布	开垦年限(a)							
	0	3	5	10	14	23	30	40
>5 mm	0±0 c	0±0 c	0±0 c	0±0 c	0.2±0.3 c	4.3±1.3 c	6.2±1.4 c	29.4±2.9b
5～2 mm	0±0 d	0±0 d	0±0 d	0.5±0.2 cd	2.9±1.2 c	7.6±3.2 b	6.5±2.6 b	13.5±1.5a
2～1 mm	0.4±0.2 c	0.7±1.3 c	0.7±0.4 c	1.0±1.0 c	3.9±1.3 b	5.2±0.6 ab	5.1±1.0 ab	5.6±0.6a
1～0.5 mm	1.9±0.2 d	2.4±0.7 d	3.0±1.8 cd	4.6±0.8bc	7.0±1.2 a	7.5±1.3 a	8.3±0.5 a	6.6±1.1ab
0.5～0.25 mm	9.6±0.6 cd	11.4±1.6 c	9.0±3.2 c	18.5±1.6 b	16.2±4.7 b	25.6±1.6 a	11.3±0.7 c	6.3±0.8 de
>0.25 mm	13.5±0.9 e	16.2±2.3 e	15.0±6.6 e	28.2±1.6 d	33.3±5.7 d	52.5±5.2 c	40.5±2.2 cd	62.3±4.2 b

开垦 3 a 农田的干团聚体的平均重量粒径为 0.48 mm,而后随开垦年限的增加而增加,到开垦 40 a 农田平均重量粒径的 4.14 mm(图 5.12)。

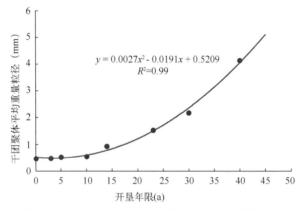

图 5.12　干团聚体平均重量粒径与开垦年限的关系
Fig. 5.12　Relationship of DMWD with cultivation age

水稳性团聚体质量百分数随开垦年限的增加而增加,40 a 后达到 11%,说明团聚体稳定性很差,土壤结构极不稳定(图 5.13)。

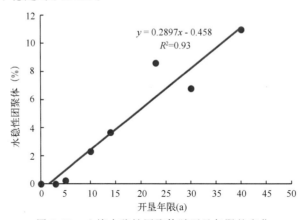

图 5.13　土壤水稳性团聚体随开垦年限的变化
Fig. 5.13　Relationship of WSAP with cultivation age

5.2.3　土壤化学特性变化

荒漠土壤开垦后随着人为灌溉、施肥和耕作,土壤养分状况发生了显著的变化,土壤有机碳、全氮在开垦后的 3 a 已有明显变化,在开垦 10 a 后的农田有机碳和全氮含量较未开垦土壤增加了 1 倍,开垦 40 a 后增加了 6.4 倍和 5.9 倍。全磷的显著增加发生在开垦后 10 a,全钾在开垦后保持了较稳定的水平。有效氮和磷含量随开垦年限的增加而增加,但有效钾含量在开垦的最初阶段有一个迅速的下降,14 a 后达到最低,而后逐渐增加,30 a 的农田接近未开垦沙地的含量水平。阳离子交换量(CEC)的显著变化发生在开垦后 14 a,而后随开垦年限的增加而增加(图 5.14)。

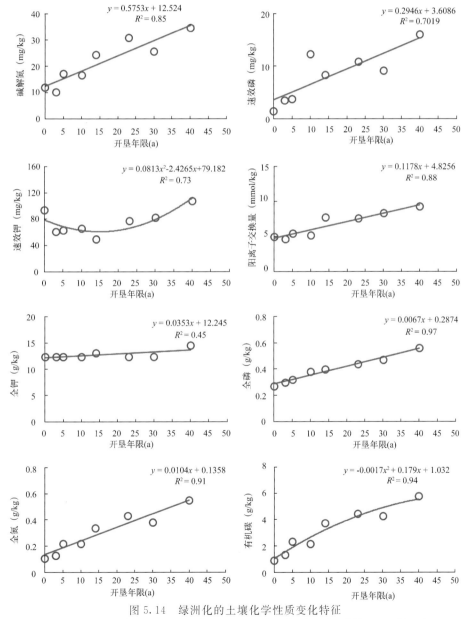

图 5.14　绿洲化的土壤化学性质变化特征

Fig. 5.14　Soil chemical properties in the irrigation farmland under different cultivation ages

　　土壤团聚体及其稳定性与土壤黏粉粒含量和有机碳含量有显著相关性,在干旱区沙质土壤,有机质和黏粉粒是形成团聚体的重要胶结物质(图 5.15)。

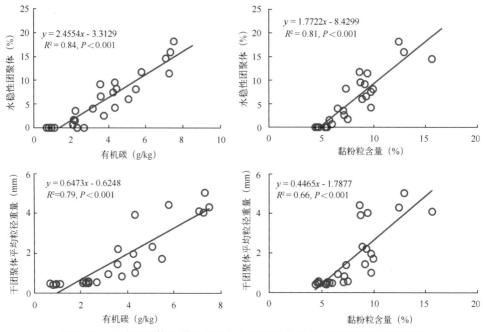

图 5.15　土壤团聚体及其稳定性与土壤黏粉粒含量和有机碳含量的关系
Fig. 5.15　Linear relationships of soil aggregate stability with silt and clay contents and SOC concentration

　　通过对绿洲 287 个土壤剖面 1982 年和 2008 年土壤数据对比发现,26 a 来绿洲土壤有机碳、全氮、碱解氮和速效钾平均含量分别增加了 7.8%,11.0%,28.8% 和 26.8%(图 5.16)。

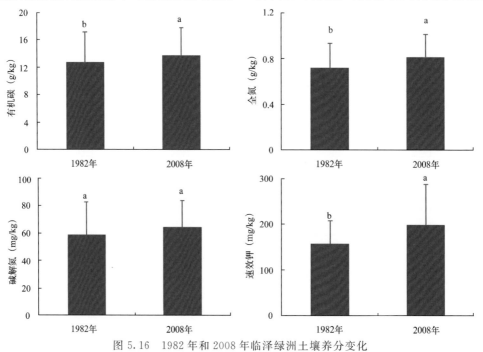

图 5.16　1982 年和 2008 年临泽绿洲土壤养分变化
Fig. 5.16　The change of soil nutrients between 1982 and 2008 in Linze oasis

5.2.4　绿洲化过程中土壤性状变化速率

用线性回归分析评价土壤性状随开垦年限的变化速率,如表5.8所示。土壤粉粒和黏粒的年增加率分别为0.45%/a和0.12%/a;有机碳和全氮的年增加率为0.115 g/(kg·a)和0.012 g/(kg·a);在沙地开垦为农田后,达到相同母质上发育的老绿洲土壤的质量水平,在现在的土地利用和管理水平下至少需要50 a的时间。同时,由于农业用水方式的变化,由河水灌溉变为井灌后,向农田输入的细颗粒组分减少,土壤结构的发育可能需要更长的时间。

表5.8　土壤性状与开垦年限的线性回归分析
Table 5.8　Linear relationship between soil parameters and cultivation age and predicted years that soil parameters reach reference site

土壤属性	关系式	R^2	参考值	到达参考值的年限(a)
沙粒	$y=-0.564x+90.793$	0.903	58.8%	57
粉粒	$y=0.448x+3.978$	0.895	27.6%	53
黏粒	$y=0.120x+5.214$	0.836	13.6%	70
单位体积重量	$y=-0.0037x+1.552$	0.832	1.35 g/cm³	55
>0.25 mm 团聚体	$y=1.21x+13.79$	0.893	75.9%	51
DMWD	$y=0.0853x+0.0191$	0.887	4.9 mm	57
WSAP	$y=0.298x-0.598$	0.989	16.3%	53
SOC	$y=0.115x+1.379$	0.914	7.29 g/kg	51
全氮	$y=0.0122x+0.1763$	0.863	0.71 g/kg	44
全磷	$y=0.0067x+0.289$	0.971	0.64 g/kg	52
可利用氮	$y=0.574x+12.547$	0.858	38.3 mg/kg	45
可利用磷	$y=0.294x+3.614$	0.700	21.3 mg/kg	60
CEC	$y=0.118x+4.825$	0.879	10.7 cmol/g	50
CaCO₃	$y=0.611x+60.265$	0.827	88.1%	46

荒漠土壤开垦变为灌溉农田后,人为的灌溉、施肥和耕作显著改变了土壤的成土过程,随着开垦年限的增加,土壤有机碳、N、P养分及CEC持续增加;但土壤粒级组成与团聚体的形成和稳定性的显著变化发生在开垦后10 a之后。对于沙质土壤,黏粉粒含量的增加是团聚体形成和有机碳与养分保持的重要因素,同时表明对于新垦沙质农田,富含细粒物质的河水灌溉和进行保护性耕作对于促进土壤团聚体形成和土壤肥力提高的重要性。在现有农田管理水平下,荒漠土壤向可持续的农业土壤的发育是一个缓慢的过程。经40 a的开垦利用,SOC和养分水平及土壤结构仍处于很低的水平而不足以支撑可持续性的作物生产,只能依赖于高量化肥投入和高额的灌溉。因此,实行合理的土壤管理,如保护性耕作和粮草轮作是合理的选择。

5.3　科尔沁沙地土壤理化性质变化

5.3.1　禁牧围封对科尔沁退化沙质草地土壤的影响

1. 禁牧围封对土壤基本性质的影响

从表 5.9 可以看出,沙地恢复过程中土壤粒级组成和容重发生了明显的变化,表现为 14 a 和 26 a 围封样地土壤粗颗粒含量明显减少,极细沙和黏粉粒含量显著增加。与流动沙丘相比,14 a 和 26 a 围封地 0~5 cm 层中粗沙含量分别降低了 14.75% 和 24.31%,5~15 cm 层分别降低了 6.2% 和 9.87%;14 a 和 26 a 围封地 0~5 cm 层土壤黏粉粒含量分别为流动沙丘的 25.36 倍和 51.79 倍,5~15 cm 层分别为流动沙丘的 12.89 倍和 26.78 倍,这主要是由于围封恢复了地上植被,植被的增加在有效阻止土壤细颗粒物质流失的同时,也促进了细粒物质的沉积,土壤细粒物质含量因此增加。流动沙丘围封后,土壤容重显著降低(表 5.9),3 类样地土壤容重在 0~5 cm 层差异显著,而在 5~15 cm 层差异不显著。

流动沙丘围封后,各土层土壤 pH 和电导率有所增加,14 a 和 26 a 围封地 0~15 cm 土层 pH 显著高于流动沙丘,但两类围封地之间没有显著性差异。电导率的变化趋势与 pH 相同,0~15 cm 土层土壤电导率随围封年限的增加而增加。围栏封育也提高了土壤保水蓄水能力,0~15 cm 土层土壤田间持水量随围封年限的增加而增加。

2. 禁牧围封对土壤碳氮含量的影响

土壤养分是表征土壤质量的重要组成部分,已有研究表明,退化草地围封能有效改善土壤养分,减少土壤侵蚀。本研究中,流动沙丘围封后,SOC 含量和 TN 含量明显提高(表 5.10)。在表 5.10 中,14 a 和 26 a 围封样地 0~5 cm 层 SOC 含量分别是流动沙丘的 6 倍和 20 倍,5~15 cm 层分别是流动沙丘的 2.42 倍和 7.21 倍。3 类样地 SOC 含量在 0~5 cm 层差异显著,而 5~15 cm 层 SOC 含量,26 a 围封样地显著高于 14 a 围封样地和流动沙丘。围封地 0~5 cm 层 SOC 含量增幅最大,且 SOC 含量增幅随土层加深而逐渐降低。

表 5.10 中,TN 含量与 SOC 含量的变化相似,与流动沙丘相比,14 a 和 26 a 围封样地 0~5 cm 层 TN 含量分别增加了 150% 和 700%,5~15 cm 层分别增加了 22% 和 244.44%。3 类样地 0~5 cm 层 TN 含量差异显著,而 5~15 cm 层 TN 含量,14 a 围封样地和流动沙丘差异不显著,26 a 围封样地 TN 含量在各土层均为最高。

由表 5.10 可知,14 a 和 26 a 围封地 0~15cm 层土壤 C/N 比均显著高于流动沙丘,但围封地之间没有显著差异。围封地各土层土壤 C/N 比随围封年限的增加而增加。

作为土壤活性有机碳的一部分,LFOC 有较高的潜在生物活性,能体现土壤碳的活性。流动沙丘围封后,各土层 LFOC 含量随围封年限的增加而增加(表 5.10)。与流动沙丘相比,14 a 和 26 a 围封样地 0~5 cm 层 LFOC 含量分别增加了 265.49% 和 298.94%,5~15 cm 层分别增加了 213.95% 和 283.71%,3 类样地 LFOC 含量随土层加深逐渐降低,14 a 和 26 a 围封地 0~5 cm 层 LFOC 含量差异不显著。

表 5.9 流动沙丘围封后土壤理化性质的变化

Table 5.9 Changes of soil physical and chemical properties after mobile dune exclosure (mean±SE)

样地	土层 (cm)	土壤颗粒组成 (%)			土壤容重 (g/cm³)	pH	电导率 (μs/cm)	田间持水量 (%)
		中粗沙 (2~0.1 mm)	极细沙 (0.1~0.05 mm)	黏粉粒 (<0.05 mm)				
CK	0~5	97.67±0.21aA	1.96±0.17cA	0.14±0.03cA	1.63±0.01aA	7.93±0.11bA	10.22±0.40cA	14.87±0.70bA
	5~15	98.02±0.09aA	1.69±0.12cA	0.09±0.01cA	1.62±0.01aB	7.72±0.05bA	9.00±0.37bA	12.11±0.61bB
	0~15	97.82±0.13a	1.85±0.11c	0.12±0.02c	1.63±0.01a	7.83±0.10b	9.61±0.30b	13.49±0.61b
14EX	0~5	83.27±1.3bB	12.63±0.82bA	3.55±0.45bA	1.56±0.01bA	8.12±0.06bA	39.44±6.07bA	17.33±1.13aA
	5~15	91.93±1.31bA	6.49±1.09bB	1.16±0.23bB	1.58±0.01aA	8.05±0.14aA	38.33±7.60aA	15.71±0.54aA
	0~15	87.60±1.34b	9.56±1.00b	2.35±0.38b	1.57±0.01ab	8.09±0.17a	38.89±4.72a	16.52±0.65a
26EX	0~5	73.93±0.63cB	17.93±0.72aA	7.25±0.52aA	1.49±0.04cA	8.49±0.06aA	52.89±3.67aA	18.72±0.49aA
	5~15	88.34±0.90cA	8.88±0.68aB	2.41±0.27aB	1.63±0.03aA	8.10±0.09aB	32.67±3.38aB	17.07±0.43aA
	0~15	81.14±1.83c	13.41±1.20b	4.83±0.65a	1.56±0.03b	8.29±0.08a	42.78±3.44a	17.90±0.40a

注：不同小写字母表示相同土层不同样地间的差异达到显著水平，不同大写字母表示不同土层相同样地间的差异达到显著水平（$P<0.05$）。下同。

表 5.10　流动沙丘围封后土壤碳氮含量的变化

Table 5.10　Changes of soil organic carbon and nitrogen contents after mobile dune exclosure（mean±SE）

样地	土层(cm)	SOC(g/kg)	TN(g/kg)	C/N	LFOC(g/kg)	SMBC(mg/kg)
CK	0～5	0.32 ± 0.05cA	0.08 ± 0.002cA	3.90 ± 0.59bA	86.64 ±2.69b	8.45 ± 1.47bA
	5～15	0.38 ± 0.03bA	0.09 ± 0.004bA	4.47 ± 0.28bA	80.91 ±1.36c	7.70 ± 1.26bA
	0～15	0.35±0.03c	0.085±0.002b	4.18 ± 0.32b	83.78±1.62c	8.07±0.95b
14EX	0～5	1.92 ± 0.16bA	0.20 ± 0.02bA	9.45 ± 0.46aA	316.66 ±22.56a	73.19 ± 13.88aA
	5～15	0.92 ± 0.08bB	0.11 ± 0.01bB	8.45 ± 0.37aA	254.02 ±25.78b	48.59 ± 6.83aA
	0～15	1.42±0.15b	0.16±0.01b	8.95±0.31a	285.34±18.27b	60.89±8.07a
26EX	0～5	6.40 ± 0.22aA	0.64 ± 0.03aA	10.06±0.20aA	345.64 ±4.89a	95.77 ± 17.76aA
	5～15	2.74 ± 0.45aB	0.31 ± 0.05aB	9.13 ± 0.58aA	310.46 ±25.76a	64.53 ± 7.34aB
	0～15	4.57±0.51a	0.47±0.05a	9.60±0.32a	328.05±13.41a	80.15±10.06a

　　有研究指出,土壤微生物生物量易受微生物生物体和残余物分解、土壤温湿度季节变化等的影响。在黄土高原围封地的研究表明,围封草地植被恢复后,植物根系密度的增加促进了土壤酶活性及微生物呼吸速率,SMBC 含量因此提高,其中 0～20 cm 层 SMBC 含量增幅高于20～40 cm 层。本节中,14 a 和 26 a 围封样地 0～5 cm 层 SMBC 含量分别是流动沙丘的 8.66倍和 11.33 倍,5～15 cm 层分别是流动沙丘的 6.31 倍和 8.38 倍,流动沙丘由于微生物活动比较微弱,因此 SMBC 含量在各土层均为最低。0～5 cm 层 SMBC 含量,14 a 和 26 a 围封地无显著性差异。3 类样地 SMBC 含量在 5～15 cm 层差异不显著。

　　如图 5.17 所示,在温度 25℃ 的条件下,随培养时间的延长,土壤碳矿化速率呈下降趋势。0～15 cm 土层各样地土壤碳矿化速率在培养的前 10 d 呈急剧下降趋势,10 d 之后逐渐趋于稳定。在 31 d 的培养中,不同生境下土壤碳矿化速率均表现为 26 a 围封地＞14 a 围封地＞流动沙丘。土壤碳的矿化与不同生境土壤有机碳含量、植被盖度的分布格局是一致的。14 a 和26 a 围封地 0～5 cm 层土壤碳矿化速率高于 5～15 cm 层。

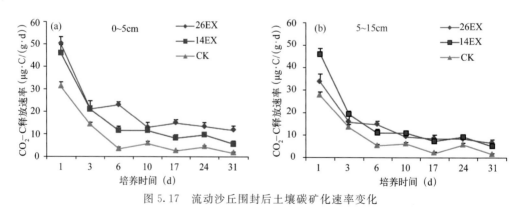

图 5.17　流动沙丘围封后土壤碳矿化速率变化

Fig 5.17　Dynamics of CO_2-C released rate after mobile dune exclosure

3. 禁牧围封对土壤碳氮储量的影响

　　由图 5.18 可知,0～15 cm 层土壤有机碳储量均表现为 26 a 围封地＞14 a 围封地＞流动沙丘,与流动沙丘相比,14 a 和 26 a 围封地 0~5 cm 层 SOC 储量分别是流动沙丘的 5.76 倍和 18.28 倍,5~15 cm 层分别是 2.36 倍和 7.22 倍,SOC 储量随土层加深而降低。流动沙丘、14 a 和 26 a 围封地 0~5 cm 层 SOC 储量分别占 0~15 cm 层的 29.84%,50.88% 和 51.86%,说明流动沙丘围封对 0~5 cm 层 SOC 储量的影响更为明显。

土壤全氮储量的变化趋势与 SOC 储量相似(图 5.18),26 a 围封地 TN 储量在各土层均为最高。0~5 cm 层土壤 TN 储量,14 a 和 26 a 分别是流动沙丘的 2.34 倍和 6.97 倍,5~15 cm 层分别是 1.27 倍和 3.09 倍。14 a 围封地和流动沙丘 5~15 cm 层 TN 储量高于 0~5 cm 层,可能的原因是由于这两类样地 5~15 cm 层土壤容重高于 0~5 cm 层,因此 TN 储量随土层加深而增加。3 类样地 TN 储量在 0~5 cm 层差异显著,14 a 围封地和流动沙丘 5~15 cm 层 TN 储量差异不显著。说明放牧导致土壤碳、氮损失明显,而围封则有利于实现土壤养分的恢复和积累。

图 5.18 中,流动沙丘围封显著增加了土壤轻组有机碳储量。研究区流动沙丘 0~15 cm 层 LFOC 储量为 10.32 g/m²,围封后,14 a 和 26 a 围封地 0~15 cm 层 LFOC 储量分别是流动

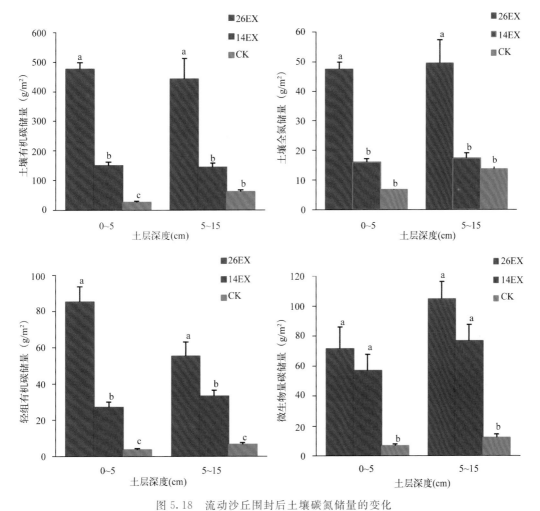

图 5.18　流动沙丘围封后土壤碳氮储量的变化

Fig. 5.18　Changes of soil organic carbon and nitrogen storages after mobile dune exclosure

沙丘的 5.86 倍和 13.61 倍,3 类样地 LFOC 储量在各土层差异显著。14 a 和 26 a 围封地 0～5 cm 层 LFOC 储量分别占 0～15 cm 层的 44.86％和 60.69％,说明退化沙地围封对表层 LFOC 的影响更大。

与流动沙丘相比,LFOC 储量占 SOC 储量的比例有所增加(图 5.18),但增幅较小。3 类样地 0～5 cm 层 LFOC 占 SOC 储量的比例差异不显著,26 a 围封地和流动沙丘 LFOC 占 SOC 储量的比例随土层加深而下降,而 14 a 围封地 5～15 cm 层 LFOC 占 SOC 储量的比例高于 0～5 cm 层。

流动沙丘围封后,14 a 和 26 a 围封地土壤微生物量碳储量有了明显增加(图 5.18)。0～5 cm 层 SMBC 储量,14 a 和 26 a 分别是流动沙丘的 8.31 倍和 10.47 倍,5～15 cm 层分别是流动沙丘的 6.15 倍和 8.39 倍。SMBC 储量随土层加深而增加,14 a 和 26 a 围封地 SMBC 储量在各土层均显著高于流动沙丘,但两类围封地之间没有显著性差异。微生物熵是土壤有效基质和土壤总碳固持到微生物细胞中的量,是测量土壤有机碳和微生物量的一个敏感指标。流动沙丘围封后,土壤微生物熵变化缺乏规律性。14 a 和 26 a 围封地土壤微生物熵均随土层的加深而增加,且 14 a 围封地土壤微生物熵在各土层均为最高。

5.3.2 植树造林对科尔沁退化沙质草地土壤的影响

1. 樟子松人工林对流动沙丘土壤的影响

(1)樟子松人工林对土壤基本性质的影响

随着造林年限的增加,25 a 和 35 a 樟子松人工林土壤中粗沙含量明显降低,土壤极细沙和黏粉粒含量显著增加(表 5.11)。与流动沙丘相比,25 a 和 35 a 樟子松人工林 0～5 cm 层土壤中粗沙含量分别降低了 10.85％和 18.46％,5～15 cm 层土壤中粗沙含量分别降低了 5.08％和 8.73％。25 a 和 35 a 樟子松人工林 0～5 cm 层土壤黏粉粒含量分别为流动沙丘的 14.64 倍和 23.21 倍。流动沙丘造林后,土壤容重趋于降低。其中,流动沙丘 0～5 cm 和 5～15 cm 层的土壤容重显著高于樟子松林地,25 a 樟子松人工林 0～5 cm 和 5～15 cm 层土壤容重高于 35 a 人工林,但相同土层内二者差异不显著。这说明,在沙漠化逆转过程中,随着植被的恢复,土壤质地已经发生了明显的变化。

由表 5.11 可知,流动沙丘造林后,林地土壤田间持水量有所增加。25 a 和 35 a 樟子松人工林 0～5 cm 层田间持水量分别比流动沙丘增加了 30.43％和 42.74％,5～15 cm 层分别增加了 28.18％和 33.4％。25 a 和 35 a 樟子松人工林各土层田间持水量均显著高于流动沙丘,但两个林地之间没有显著性差异,同一样地不同深度田间持水量没有显著性差异。

从不同种植年限的土壤 pH、电导率的特征可以看出,人工造林后林地土壤 pH 变化不大(表 5.11)。35 a 樟子松人工林各土层土壤 pH 均显著高于 25 a 樟子松林和流动沙丘,而后两者相同土层土壤 pH 差异不显著。研究表明,电导率与土壤有机碳含量呈高度相关。与流动沙丘相比,地表凋落物向土壤的输入随人工造林年限的增加而增加,土壤营养离子也随之增加,因此人工林地 0～15 cm 层土壤电导率显著高于流动沙丘,35 a 樟子松人工林土壤电导率含量在各土层均为最高。

表 5.11 流动沙丘营造樟子松林后土壤理化性质的变化

Table 5.11 Changes of soil physical and chemical properties after mobile dune afforestation (mean±SE)

样地	土层 (cm)	土壤颗粒组成(%)			容重(g/cm³)	pH	电导率(μs/cm)	田间持水量(%)
		中粗沙 (2~0.1 mm)	极细沙 (0.1~0.05 mm)	黏粉粒 (<0.05 mm)				
CK	0~5	96.99±0.25aA	2.24±0.19aA	0.28±0.06aA	1.62±0.01aA	7.17±0.05bA	15.04±0.51cA	15.84±0.94bA
	5~15	98.01±0.15aA	1.46±0.10aA	0.08±0.02aA	1.63±0.01aA	7.23±0.05bA	14.70±0.45bA	14.37±0.87bA
	0~15	97.50±0.12a	1.85±0.09c	0.18±0.02c	1.63±0.01a	7.20±0.03b	14.87±0.27b	15.11±0.70b
25a	0~5	86.47±0.49bA	8.77±0.36bA	4.10±0.23bA	1.49±0.02bA	7.11±0.03bA	45.26±2.58bA	20.66±0.24aA
	5~15	93.03±0.53bB	4.80±0.34bB	1.67±0.21bB	1.57±0.02bB	7.22±0.04bA	46.56±3.65aA	18.42±1.17aA
	0~15	89.75±0.29a	6.78±0.21b	2.88±0.11b	1.53±0.01b	7.16±0.02b	45.91±1.85a	19.54±0.61ab
35a	0~5	79.09±1.80cA	13.55±1.11cA	6.50±0.74cA	1.46±0.02bA	7.70±0.08aA	60.63±3.88aA	22.61±1.09aA
	5~15	89.45±0.87cB	7.46±0.58cB	2.56±0.33bB	1.56±0.02bB	7.84±0.07aA	51.44±4.13aB	19.17±1.04aB
	0~15	84.27±0.84a	10.50±0.52a	4.53±0.34a	1.51±0.02b	7.77±0.05a	56.04±2.74a	20.89±0.89a

注:不同小写字母表示相同土层不同样地间的差异达到显著水平,不同大写字母表示不同土层相同样地间的差异达到显著水平($P<0.05$)。下同。

（2）樟子松人工林对土壤碳氮含量的影响

流动沙丘造林后 SOC 含量显著增加，且总体上呈现出随土层加深而逐渐减小的趋势（表5.12）。25 a 和 35 a 樟子松人工林 0～5 cm 层 SOC 含量分别是流动沙丘的 10.14 倍和 16.29倍，5～15 cm 层 SOC 含量分别是流动沙丘的 4.36 倍和 7.92 倍。与流动沙丘相比，25 a 和35 a 樟子松人工林 SOC 含量在 0～5 cm 和 5～15 cm 土层之间差异显著，其中 35 a 樟子松人工林 SOC 含量在各土层均为最高。

表 5.12　流动沙丘种植樟子松林后土壤碳氮含量的变化

Table 5.12　Changes of soil carbon and nitrogen contents after mobile dune afforestation（mean±SE）

样地	土层(cm)	SOC(g/kg)	TN(g/kg)	C/N	LFOC(g/kg)	SMBC(mg/kg)
CK	0～5	0.35±0.02cA	0.08 ± 0.005cA	4.69± 0.27cA	86.64 ±2.69bA	8.45 ± 1.47cA
	5～15	0.29±0.02cA	0.07 ± 0.002cA	4.09± 0.19cA	80.91 ±1.36cB	7.70 ± 1.26bA
	0～15	0.32±0.01c	0.08±0.002c	4.39±0.23b	83.80±1.70b	8.08 ± 1.37a
25a	0～5	3.54±0.22bA	0.46 ± 0.03bA	7.90± 0.28bA	121.49±4.35aB	90.91± 8.15bA
	5～15	1.26±0.08bB	0.21 ± 0.02bB	6.36± 0.27bB	138.46±10.46bA	54.73 ± 6.79aB
	0～15	2.40±0.09b	0.33±0.01b	7.13±0.28a	130.00±7.00a	72.82 ± 7.47a
35a	0～5	5.69±0.38aA	0.63 ± 0.04aA	9.18± 0.35aA	133.47±2.94aA	166.06±19.39aA
	5～15	2.29±0.21aB	0.31 ± 0.03aB	7.53± 0.42aB	114.47±4.95aA	74.66±21.02aB
	0～15	3.99±0.18a	0.47±0.02a	8.36±0.39a	124.00±3.80a	120.36±20.21a

土壤 TN 含量的变化趋势与 SOC 的相同。与流动沙丘相比，25 a 和 35 a 樟子松人工林0～5 cm 层 TN 含量分别增加了 475% 和 687.50%，5～15 cm 层分别增加了 200% 和342.86%。各土层 TN 含量均随造林年限的增加而增加，3 类样地相同土层 TN 含量差异显著。25 a 和 35 a 樟子松人工林 0～5 cm 层 TN 含量增幅高于 5～15 cm 层，说明造林对表层的影响更大。

在表 5.12 中，流动沙丘造林显著增加了林地土壤 C/N 比，35 a 樟子松人工林土壤 C/N比值在各土层均为最高，且 C/N 比值随土层加深而降低。

表 5.12 中，樟子松人工林与流动沙丘 0～15 cm 层 LFOC 含量存在显著性差异。与流动沙丘相比，25 a 和 35 a 樟子松人工林 0～5 cm 层 LFOC 含量分别增加了 40.22% 和 54.05%，5～15 cm 层分别增加了 71.13% 和 41.48%。35 a 樟子松人工林和流动沙丘 LFOC 含量随土层加深逐渐降低，25 a 樟子松人工林 5～15 cm 层 LFOC 含量显著高于 35 a 樟子松人工林，二者在 0～5 cm 层无显著性差异。

流动沙丘地表裸露，缺乏土壤微生物定居的环境，因此 SMBC 含量很低，造林后土壤微生物数量随之增加。25 a 和 35 a 樟子松人工林 0～5 cm 层 SMBC 含量分别是流动沙丘的 10.76倍和 19.65 倍，5～15 cm 层 SMBC 含量分别是流动沙丘的 7.11 倍和 9.7 倍。3 类样地SMBC 含量在 0～5 cm 层差异显著，25 a 和 35 a 樟子松人工林 SMBC 含量在 5～15 cm 层差异不显著。

（3）樟子松人工林对土壤碳氮储量的影响

研究区 0～15 cm 土层中，流动沙丘 SOC 储量为 75.18 g/m²，25 a 和 35 a 樟子松人工林

SOC 储量分别为流动沙丘的 6.17 倍和 9.99 倍。林龄越长,SOC 储量越高,相同土层内各样地 SOC 储量差异显著(图 5.19)。3 类样地中,流动沙丘、25 a 和 35 a 樟子松人工林 0～5 cm 层 SOC 储量分别占 0～15 cm 土层的 37.7%,57.0% 和 55.2%,说明流动沙丘造林对 0～5 cm 层 SOC 储量的影响更为明显。

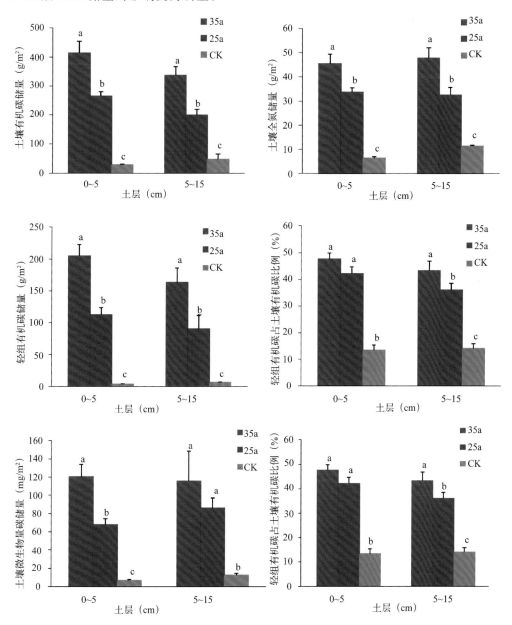

图 5.19　流动沙丘种植樟子松人工林后土壤碳氮储量的变化

Fig. 5.19　Changes of soil organic carbon and nitrogen storages after mobile dune afforestation

与流动沙丘相比(图 5.19),25 a 和 35 a 樟子松人工林 0～5 cm 层 TN 储量分别是流动沙丘的 5.28 倍和 7.12 倍,5～15 cm 层分别是流动沙丘的 2.86 倍和 4.21 倍,0～5 cm 层增幅高于 5～15 cm 层。35 a 樟子松人工林和流动沙丘 TN 储量随土层加深而降低,3 类样地 TN 储量在各土层差异显著。

在图 5.19 中，流动沙丘造林显著增加了土壤 LFOC 储量。研究区流动沙丘 0～15 cm 层 LFOC 储量为 10.32 g/m²，造林后，25 a 和 35 a 樟子松人工林 0～15 cm 层 LFOC 储量分别是流动沙丘的 19.72 倍和 35.72 倍，增幅远大于 SOC 储量的增幅，表明流动沙丘造林对 LFOC 储量的影响比 SOC 储量更大。流动沙丘造林后，25 a 和 35 a 樟子松人工林 0～5 cm 层 LFOC 储量分别占 0～15 cm 层的 55.5％和 55.7％，说明 0～5 cm 层 LFOC 储量受土地利用的影响更大。3 类样地土壤 LFOC 储量在各土层均表现为：35 a 人工林＞25 a 人工林＞流动沙丘。

与流动沙丘相比，人工林地 LFOC 占 SOC 储量的比例显著增加（图 5.19）。研究区内，流动沙丘 0～5 cm 层 LFOC 占 SOC 储量的比例为 13.47％，而 25 a 和 35 a 樟子松人工林 0～5 cm 层的比例分别增加到 42.18％和 47.67％，林龄越长，LFOC 占 SOC 储量的比例越高。随着土层的加深，人工林地 LFOC 占 SOC 储量的比例逐渐减小。其中，25 a 和 35 a 樟子松人工林 LFOC 占 SOC 储量的比例在 0～5 cm 层差异不显著。

流动沙丘造林后，土壤微生物量碳储量也明显增加（图 5.19）。研究区内，流动沙丘 0～15 cm 土层 SMBC 储量为 19.36 mg/m²，25 a 和 35 a 樟子松人工林 0～15 cm 土层 SMBC 储量分别是流动沙丘的 7.96 倍和 12.21 倍，增幅高于 SOC 储量的增幅，说明 SMBC 对流沙地造林也比 SOC 更敏感。25 a 和 35 a 樟子松人工林 0～5 cm 层 SMBC 储量占 0～15 cm 层的比例分别为 44％和 51％，说明人工植被定植对 0～5cm 层 SMBC 的影响更大。3 类样地 SMBC 储量在 0～5 cm 层差异显著，而 5～15 cm 层 SMBC 储量，25 a 和 35 a 樟子松人工林显著高于流动沙丘，但两类林地之间没有显著性差异。

流动沙丘造林也提高了土壤微生物熵。在 0～5 cm 土层，土壤微生物熵随造林年限的增加而增加，但 3 类样地之间没有显著性差异。5～15 cm 土层中，25 a 樟子松人工林微生物熵最高，3 类样地土壤微生物熵均随土层加深而增加。

2. 杨树人工林对流动沙丘植被与土壤的影响

（1）杨树人工林对土壤基本性质的影响

研究区不同恢复样地土壤颗粒组成变化见表 5.13。由表 5.13 可以看出，随着恢复程度的提高植被盖度逐渐增加，土壤风蚀现象减弱。与流动沙丘相比，0～5 cm 层土壤中粗沙含量，6 a 和 16 a 杨树林分别比流动沙丘减少了 15.98％和 25.05％，5～15 cm 层分别减少了 13.28％和 16.28％。流动沙丘造林降低了林地土壤粗沙含量，而土壤细粒和黏粉粒含量显著增加。6 a 和 16 a 杨树林 0～5 cm 层土壤黏粉粒含量分别是流动沙丘的 12.71 倍和 27.12 倍，5～15 cm 层分别是流动沙丘的 10.46 倍和 25.31 倍。0～5 cm 层土壤黏粉粒含量增幅高于 5～15 cm 层。与流动沙丘相比，林地土壤容重显著降低（表 5.13），3 类样地 0～5 cm 层土壤容重差异显著，说明林地土壤变得疏松，透气性增加。而在 5～15 cm 层，流动沙丘和 6 a 杨树林地土壤容重显著高于 16 a 杨树林地。

相比于流动沙丘，杨树人工林地土壤 pH 和电导率总体上均呈现随人工林龄的增加而升高的趋势。杨树人工林地土壤 pH 在 8～9 之间波动，处于偏碱性状态，其中 6 a 杨树林土壤 pH 在各土层均为最高。电导率的变化可以反映土壤中可溶性养分离子的水平，在表 5.13 中，

表5.13 流动沙丘营造杨树林后土壤理化性质的变化

Table 5.13 Changes of soil physical and chemical properties after mobile dune afforestation (mean±SE)

样地	土层(cm)	土壤颗粒组成(%)			土壤容重(g/cm³)	pH	电导率(μs/cm)	田间持水量(%)
		中粗沙(2~0.1 mm)	极细沙(0.1~0.05 mm)	黏粉粒(<0.05 mm)				
CK	0~5	97.31±0.26aB	2.28±0.23cA	0.17±0.03cA	1.63±0.01aA	7.97±0.05bA	10.89±0.68cA	14.54±0.49cA
	5~15	97.51±0.27aA	2.13±0.24bA	0.13±0.02cA	1.61±0.01aA	7.75±0.05cB	14.44±1.86bA	15.48±0.47bA
	0~15	97.41±0.18a	2.20±0.17c	0.15±0.02c	1.62±0.01a	7.86±0.11b	12.67±1.78b	15.01±0.47a
6 a	0~5	81.76±1.56bA	15.57±1.42bA	2.16±0.18bA	1.53±0.01bB	8.99±0.03aB	42.22±2.51bA	18.84±0.76bA
	5~15	84.56±1.88bA	13.68±1.72aA	1.36±0.15bA	1.60±0.01aA	9.12±0.04aA	41.28±2.40aB	16.65±1.06abA
	0~15	83.16±1.22b	14.63±1.11b	1.76±0.13b	1.57±0.01b	9.06±0.07a	41.75±0.47ab	17.75±1.10a
16 a	0~5	72.93±2.49cA	21.64±2.16aA	4.61±0.53aA	1.42±0.04cB	8.84±0.03aB	67.83±5.88aA	25.55±1.27aA
	5~15	81.64±1.83bA	14.43±1.46aB	3.29±0.47aB	1.54±0.01bA	8.97±0.03bA	44.78±3.64aA	18.60±0.56aB
	0~15	77.29±1.64c	18.03±1.38a	3.95±0.36a	1.48±0.02c	8.91±0.07a	56.31±11.53a	22.08±3.48a

注：不同小写字母表示相同土层不同样地间的差异达到显著水平，不同大写字母表示不同土层相同样地间的差异达到显著水平($P<0.05$)。下同。

中,6 a 和 16 a 杨树林 0~5 cm 层土壤电导率分别是流动沙丘的 3.88 倍和 6.23 倍,5~15 cm 层分别是 2.86 倍和 3.1 倍,0~5 cm 层电导率增幅高于 5~15 cm 层,说明造林对表层土壤电导率影响较大。

在表 5.13 中,杨树人工林地土壤田间持水量高于流动沙丘,3 类样地土壤田间持水量在 0~5 cm 层差异显著。这可能与地上植被盖度、生物量及群落结构有关。植被恢复增加了土壤保水蓄水能力,根系的穿插疏松了土壤结构,使其更有利于雨水的入渗。因此,流动沙丘造林后土壤含水量也有了显著的提高。

(2)杨树人工林对土壤碳氮含量的影响

在表 5.14 中,6 a 和 16 a 杨树人工林 0~5 cm 层 SOC 含量分别是流动沙丘的 9.03 倍和 21.36 倍,5~15 cm 层分别是流动沙丘的 5.82 倍和 14.46 倍,0~5 cm 层 SOC 含量增幅高于 5~15 cm 层。3 类样地相同土层 SOC 含量差异显著,其中 16 a 杨树人工林 SOC 含量在各土层均为最高。

表 5.14　流动沙丘营造杨树林后土壤碳氮含量的变化

Table 5.14　Changes of soil carbon and nitrogen contents after mobile dune afforestation（mean±SE）

样地	土层(cm)	SOC(g/kg)	TN(g/kg)	C/N	LFOC(g/kg)	SMBC(mg/kg)
CK	0~5	0.33±0.03cA	0.05±0.002cA	6.35±0.37cA	86.64±2.69b	12.38±3.84b
	5~15	0.33±0.03cA	0.05±0.002cA	6.51±0.46cA	80.91±1.36b	14.99±3.59b
	0~15	0.33±0.02b	0.05±0.001b	6.43±0.29c	83.78±1.62b	13.68±2.57b
6 a	0~5	2.98±0.20bA	0.31±0.02b	9.53±0.22bA	206.68±7.88a	78.06±19.66a
	5~15	1.92±0.17bB	0.22±0.01b	8.42±0.40bB	206.51±16.77a	28.08±8.46ab
	0~15	2.45±0.53b	0.27±0.05ab	8.97±0.24b	206.59±9.13a	53.07±12.02a
16 a	0~5	7.05±0.48aA	0.76±0.07a	11.98±0.54aA	210.47±7.53a	108.07±21.52a
	5~15	4.77±0.47aB	0.43±0.04a	10.91±0.19aB	185.88±9.88a	60.90±11.28a
	0~15	5.91±1.14a	0.60±0.17a	11.37±0.26a	198.18±6.46a	84.49±13.10a

土壤 TN 含量的变化趋势与 SOC 的相同(表 5.14)。在流沙植被恢复过程中,0~15 cm 层 TN 含量随造林年限的增加而增加。与流动沙丘相比,6 a 和 16 a 杨树人工林 0~5 cm 层 TN 含量分别增加了 520% 和 1420%,5~15 cm 层分别增加了 340% 和 760%。6 a 和 16 a 杨树人工林 TN 含量随土层加深而逐渐降低。

C/N 比可以作为土壤氮素矿化能力的标志,C/N 比低则利于微生物的分解,氮的矿化速率就高。研究区流动沙丘土壤 C/N 比介于 6~7 之间,相对较低,说明流动沙丘土壤氮矿化能力强,而随着人工林种植年限的增加,土壤 C/N 比显著增加,人工林地土壤氮矿化能力有所减弱。

退化沙地实行人工造林后,增加了凋落物向地表的输入,土壤轻组含量明显提高(表 5.14)。与流动沙丘相比,6 a 和 16 a 杨树人工林 0~5 cm 层 LFOC 含量分别增加了 138.55% 和 142.93%,5~15 cm 层分别增加了 155.23% 和 129.74%,人工林地 0~5 cm 层 LFOC 含量增幅高于 5~15 cm 层。6 a 和 16 a 杨树人工林各土层 LFOC 含量显著高于流动沙丘,但两类林地相同土层 LFOC 含量之间没有显著性差异。

在表 5.14 中，3 类样地 SMBC 含量均随土层加深而降低。6 a 和 16 a 杨树人工林 0～5 cm 层 SMBC 含量分别是流动沙丘的 6.31 倍和 8.73 倍，5～15 cm 层 SMBC 含量分别是流动沙丘的 1.87 倍和 4.06 倍。人工林地各土层 SMBC 含量随造林年限的增加而增加，流动沙丘 5～15 cm 层 SMBC 含量高于 0～5 cm 层。

图 5.20 是流动沙丘种植杨树人工林对土壤碳矿化速率的影响。在 31 d 的培养期内，3 类样地各土层土壤碳矿化速率均表现为随时间延长而逐渐下降的趋势。在 0～5 cm 土层，土壤碳矿化速率表现为 16 a 杨树林＞6 a 杨树林＞流动沙丘，在 5～15 cm 土层中，6 a 杨树人工林和流动沙丘土壤碳矿化速率在培养 17 d 后趋于稳定，而 16 a 杨树林土壤碳矿化速率先随培养时间增加而增加，之后迅速下降，总体变幅较大。0～5 cm 层土壤碳矿化速率，6 a 和 16 a 杨树人工林高于流动沙丘，但两类林地间差异不显著。

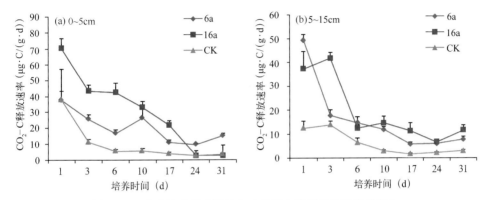

图 5.20　流动沙丘营造杨树人工林后土壤碳矿化速率的变化

Fig. 5.20　Dynamics of CO_2-C released rate after mobile dune afforestation

（3）杨树人工林对土壤碳氮储量的影响

流动沙丘种植杨树人工林后，0～15 cm 层 SOC 和 TN 储量均显著增加，且 16 a 杨树人工林 SOC 和 TN 储量在各土层均为最高（图 5.21）。与流动沙丘相比，6 a 和 16 a 杨树人工林 0～5 cm 层 SOC 储量分别是流动沙丘的 8.57 倍和 19.17 倍，5～15 cm 层分别是流动沙丘的 5.76 倍和 13.84 倍。3 类样地 SOC 储量均随土层加深而增加，但 0～5 cm 层 SOC 储量增幅高于 5～15 cm 层。TN 储量的变化与 SOC 储量相同，流动沙丘 0～15 cm 层 TN 储量为 12.07 g/m^2，6 a 和 16 a 杨树人工林 0～15 cm 层 TN 储量分别是流动沙丘的 4.91 倍和 9.85 倍。

在图 5.21 中，LFOC 储量在 0～15cm 层均表现为 16 a 杨树人工林＞6 a 杨树人工林＞流动沙丘，0～5 cm 层 LFOC 储量，6 a 和 16 a 杨树人工林分别是流动沙丘的 17.92 倍和 82.89 倍，5～15 cm 层 LFOC 储量分别是流动沙丘的 10.95 倍和 31.66 倍，LFOC 储量增幅高于 SOC 储量，说明造林对 LFOC 储量的影响更大。0～15 cm 层 LFOC 储量，6 a 杨树林和流动沙丘没有显著性差异。

与流动沙丘相比，人工林地 LFOC 占 SOC 储量的比例显著增加（图 5.21）。研究区内，流动沙丘 0～5 cm 层 LFOC 占 SOC 储量的比例为 10.81%，而 6 a 和 16 a 杨树人工林 0～5 cm 层的比例分别增加到 29.28% 和 44.15%，林龄越长，LFOC 占 SOC 储量的比例越高。随着土层的加深，人工林地 LFOC 占 SOC 储量的比例逐渐减小。

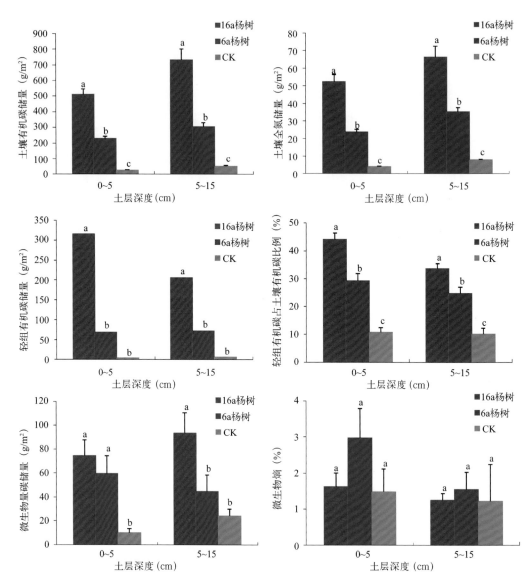

图 5.21 流动沙丘营造杨树人工林后土壤碳氮储量的变化

Fig. 5.21 Changes of soil carbon and nitrogen storages after mobile dune afforestation

与流动沙丘相比,6 a 和 16 a 杨树人工林 0～5 cm 层 SMBC 储量分别是流动沙丘的 5.9 倍和 7.35 倍,5～15 cm 层分别是流动沙丘的 1.86 倍和 3.87 倍,SMBC 储量在各土层均随造林年限的增加而增加。0～5 cm 层 SMBC 储量,6 a 和 16 a 杨树人工林显著高于流动沙丘,5～15 cm 层 SMBC 储量,6 a 杨树人工林和流动沙丘之间差异不显著。

如图 5.21 所示,流动沙丘造林后土壤微生物熵也有所增加,3 类样地 0～15 cm 层微生物熵均表现为 6 a 杨树人工林＞16 a 杨树人工林＞流动沙丘。6 a 和 16 a 杨树人工林 0～5 cm 层微生物熵分别比流动沙丘增加了 100.68％和 9.46％,5～15 cm 层分别增加了 27％和 1.6％。各样地微生物熵在 0～5 cm 和 5～15 cm 土层均没有显著性差异。

3. 小叶锦鸡儿人工林对植被与土壤的影响

（1）小叶锦鸡儿人工林对土壤基本性质的影响

流动沙丘种植小叶锦鸡儿固沙林后，12 a 和 25 a 小叶锦鸡儿人工林相同土层土壤中粗沙（粒径为 2～0.1 mm）含量显著低于流动沙丘（表 5.15），12 a 小叶锦鸡儿灌丛下、行间及 25 a 小叶锦鸡儿灌丛下、行间 0～5 cm 层土壤中粗沙含量比流动沙丘分别降低了 8.39%、4.96%、23.23% 和 22.85%，5～15 cm 层分别降低了 4.44%、3.73%、14.31% 和 12.68%。12 a 小叶锦鸡儿灌丛下、行间及 25 a 小叶锦鸡儿灌丛下、行间 0～5 cm 层土壤黏粉粒（粒径＜0.05 mm）含量分别是流动沙丘的 12.06、8.18、38.41 和 37.65 倍，5～15 cm 层分别是流动沙丘的 8.62、7.77、29.08 和 22.85 倍，固沙林的种植显著增加了土壤细粒含量，且灌丛下土壤细颗粒含量的增幅高于灌丛外行间。流动沙丘土壤容重在各土层均为最高，且随人工林龄的增加而逐渐降低，12 a 小叶锦鸡儿灌丛下、行间及 25 a 小叶锦鸡儿灌丛下、行间及流动沙丘 0～5 cm 层土壤容重差异显著，而 3 类样地 5～15 cm 层土壤容重没有显著性差异。

在表 5.15 中，小叶锦鸡儿固沙林土壤 pH 略高于流动沙丘。12 a 小叶锦鸡儿 0～5 cm 层 pH 显著高于 25 a 小叶锦鸡儿和流动沙丘，25 a 小叶锦鸡儿和流动沙丘 0～5 cm 层 pH 差异不显著，小叶锦鸡儿行间土壤 pH 高于灌丛下。

灌木固沙林的种植改善了土壤的营养状况，土壤养分含量增加，且灌木对沙地土壤肥力的聚积效应使得灌丛下土壤养分高于行间（表 5.15）。12 a 小叶锦鸡儿灌丛下、行间及 25 a 小叶锦鸡儿灌丛下、行间 0～5 cm 层电导率分别是流动沙丘的 5.63、3.8、5.98 和 4.13 倍，5～15 cm 层分别是流动沙丘的 2.46、1.98、2.3、1.4 倍，0～5 cm 层土壤电导率增幅高于 5～15 cm 层。

与流动沙丘相比，小叶锦鸡儿不仅降低了土壤风蚀，同时也为草本植物的生长提供了庇护，植被的增加也提高了土壤的保水蓄水能力，固沙林地土壤田间持水量也随之增加（表 5.15）。12 a 和 25 a 小叶锦鸡儿 0～5 cm 层田间持水量高于 5～15 cm 层，相同土层灌丛下田间持水量高于行间。

（2）小叶锦鸡儿人工林对土壤碳氮含量的影响

小叶锦鸡儿的种植和发育显著增加了 SOC 和 TN 的积累（表 5.16）。在定植 12 a、25 a 后，灌丛下 0～5 cm 层 SOC 含量分别比流动沙丘增加了 9.15 倍和 20.3 倍，而在小叶锦鸡儿行间部位也提高了 4.97 倍和 14.36 倍。土壤 TN 含量的增加趋势与 SOC 含量相似，但相同土层增幅低于 SOC 含量，12 a 和 25 a 小叶锦鸡儿灌丛下 0～5 cm 层 TN 含量分别是流动沙丘的 6.4 倍和 14.2 倍，灌丛外行间 TN 含量分别增加了 3.6 倍和 9.6 倍。SOC 和 TN 含量随种植年限的增加而增加，且 0～5 cm 层 SOC 和 TN 的积累显著高于 5～15 cm 层。表 5.16 结果也表明，流动沙丘土壤 C/N 比低，灌木定植后，随着凋落物的迅速积累，土壤 C/N 比逐渐增加，灌丛下土壤 C/N 比增幅高于灌丛外行间。

在表 5.16 中，灌木人工林的种植显著增加了 0～15 cm 层 LFOC 含量。12 a 小叶锦鸡儿灌丛下、行间及 25 a 小叶锦鸡儿灌丛下、行间 0～5 cm 层土壤 LFOC 含量分别是流动沙丘的 3.77、3.73、2.63、2.88 倍，5～15 cm 层分别是流动沙丘的 4.05、3.61、2.88、2.98 倍，12 a 小叶锦鸡儿 0～15 cm 层 LFOC 含量增幅高于 25 a 小叶锦鸡儿林。

表 5.15　流动沙丘营造小叶锦鸡儿林后土壤理化性质的变化

Table 5.15　Changes of soil physical and chemical properties after mobile dune afforestation (mean±SE)

样地	土层 (cm)	土壤颗粒组成（%）			土壤容重 (g/cm³)	pH	电导率 (μs/cm)	田间持水量（%）
		中粗沙 (2~0.1 mm)	极细沙 (0.1~0.05 mm)	黏粉粒 (<0.05 mm)				
CK	0~5	97.31±0.26a	2.28±0.23c	0.17±0.03c	1.63±0.01a	7.97±0.05b	10.89±0.68c	14.54±0.49c
	5~15	97.51±0.27a	2.13±0.24c	0.13±0.02c	1.61±0.01a	7.75±0.05c	14.44±1.86b	15.48±0.47a
	0~15	97.41±0.18a	2.20±0.17c	0.15±0.02c	1.62±0.01a	7.86±0.04c	12.67±1.05c	15±0.34b
12 a 小叶锦鸡儿　灌丛下	0~5	89.15±1.03b	8.42±0.81b	2.05±0.24b	1.44±0.02c	8.31±0.08a	61.33±5.34a	19.94±0.77b
	5~15	93.18±0.50b	5.40±0.44b	1.12±0.09b	1.59±0.01a	8.09±0.16b	35.5±3.95a	16.74±0.60a
	0~15	91.16±0.66b	6.91±0.52b	1.58±0.15b	1.52±0.02bc	8.20±0.09b	48.42±5.02a	18.34±0.61a
行间	0~5	92.48±0.62b	5.66±0.48b	1.39±0.14b	1.57±0.01b	8.46±0.15a	41.33±7.27b	18.17±0.53b
	5~15	93.87±0.58ab	4.75±0.47bc	1.01±0.12b	1.61±0.01a	8.40±0.05a	28.6±2.19ab	15.84±0.73a
	0~15	93.17±0.44b	5.21±0.34b	1.20±0.10b	1.59±0.01ab	8.43±0.08a	35±4.09b	17±0.52ab
25 a 小叶锦鸡儿　灌丛下	0~5	74.71±1.63c	18.02±1.24a	6.53±0.45a	1.41±0.02c	7.84±0.05b	65.17±4.83a	22.35±0.52a
	5~15	83.56±1.51c	12.28±1.19a	3.78±0.34a	1.58±0.02a	8.04±0.11b	33.17±3.66a	16.25±1.06a
	0~15	79.13±1.33c	15.15±0.98a	5.15±0.36a	1.49±0.02c	7.94±0.06c	49.17±5.62a	19.30±0.94a
行间	0~5	75.08±1.95c	17.54±1.37a	6.40±0.64a	1.53±0.02b	7.99±0.05b	45±5.81b	19.19±0.77b
	5~15	85.15±1.10c	11.34±0.77a	2.97±0.32a	1.60±0.01a	7.96±0.04bc	20.17±1.01b	16.61±0.49a
	0~15	80.12±1.39c	14.44±0.93a	4.68±0.46a	1.56±0.01b	7.97±0.03c	32.58±4.68b	17.90±0.68a

注：表中不同小写字母表示相同土层不同样地间的差异，下同。

表 5.16　流动沙丘营造小叶锦鸡儿林后土壤碳氮含量的变化

Table 5.16　Changes of soil carbon and nitrogen contents after mobile dune afforestation（mean±SE）

样地	土层(cm)	SOC(g/kg)	TN(g/kg)	C/N	LFOC(g/kg)	SMBC(mg/kg)
CK	0～5	0.33±0.03e	0.05±0.002e	6.35±0.37c	86.64±2.69c	12.38±3.84b
	5～15	0.33±0.03c	0.05±0.002c	6.51±0.46b	80.91±1.36c	14.99±3.59a
	0～15	0.33±0.02e	0.05±0.002e	6.43±0.29c	83.78±1.62c	13.68±2.57b
12 a 小叶锦鸡儿	灌丛下 0～5	3.02±0.22c	0.32±0.02c	9.31±0.17ab	326.47±6.55a	111.51±38.12a
	5～15	1.94±0.16b	0.21±0.01b	9.04±0.47a	327.58±15.28a	36.07±15.94a
	0～15	2.48±0.16c	0.27±0.02c	9.18±0.25ab	327.03±7.93a	73.79±2.27a
	行间 0～5	1.64±0.15d	0.18±0.01d	8.85±0.37b	323.17±41.33a	46.79±15.07b
	5～15	1.44±0.08b	0.16±0.01b	9.20±0.41a	291.89±32.87ab	44.98±15.46a
	0～15	1.54±0.09d	0.17±0.01d	9.02±0.28b	307.53±25.61a	45.89±1.03ab
25 a 小叶锦鸡儿	灌丛下 0～5	6.70±0.43a	0.71±0.04a	9.53±0.28a	228.10±21.25b	110.98±17.7a
	5～15	3.02±0.28a	0.32±0.02a	9.21±0.32a	233.1±21.71b	43.64±6.9a
	0～15	4.86±0.40a	0.52±0.04a	9.37±0.21ab	230.60±14.86b	77.31±1.36a
	行间 0～5	4.74±0.52b	0.48±0.05b	10.03±0.43b	249.90±23.6b	88.89±28.31ab
	5～15	2.47±0.24ab	0.26±0.03ab	9.65±0.20a	241.15±22.12b	29.19±10.02a
	0～15	3.61±0.34b	0.37±0.03b	9.85±0.24a	245.52±15.84b	59.04±1.69a

流动沙丘种植锦鸡儿人工林后，林地 SMBC 含量明显增加（表 5.16）。12 a 小叶锦鸡儿灌丛下、行间及 25 a 小叶锦鸡儿灌丛下、行间 0～5 cm 层 SMBC 含量分别是流动沙丘的 9.01，3.78，8.97，7.18 倍，5～15 cm 层 SMBC 含量分别是流动沙丘的 2.41，3.00，2.91，1.95 倍。灌木林的定植对 0～5 cm 层 SMBC 含量的影响高于 5～15 cm 层，小叶锦鸡儿林地灌丛下 SMBC 含量增幅高于行间部位。

图 5.22 是流动沙丘种植小叶锦鸡儿灌木人工林后土壤碳矿化速率。小叶锦鸡儿灌木林土层土壤碳矿化速率均表现为随培养时间的延长而逐渐下降的趋势。在 0～15 cm 土层中，25 a 小叶锦鸡儿初始土壤碳矿化速率低于 12 a 小叶锦鸡儿，但随着培养时间的延长，25 a 小叶锦鸡儿各土层土壤碳矿化速率高于 12 a 小叶锦鸡儿和流动沙丘，3 类样地土壤碳矿化速率在培养的 1～10 d 内快速下降，在 10～31 d 基本趋于稳定，两类小叶锦鸡儿林地间没有显著性差异。3 类样地在 0～5 cm 层的土壤碳矿化速率高于 5～15 cm 层，流动沙丘土壤碳矿化速率在各土层均为最低。

（3）小叶锦鸡儿人工林对土壤碳氮储量的影响

由图 5.23 可知，3 类样地 5～15 cm 层 SOC 储量均高于 0～5 cm 层。12 a 小叶锦鸡儿灌丛下、行间及 25 a 小叶锦鸡儿灌丛下、行间 0～5 cm 层 SOC 储量分别是流动沙丘的 8.15，4.81，17.65，13.63 倍，5～15 cm 层分别是流动沙丘的 5.81，4.37，9.00，7.47 倍，各土层 SOC 储量均随灌木林龄的增加而增加，且灌丛下 SOC 储量高于灌木行间。

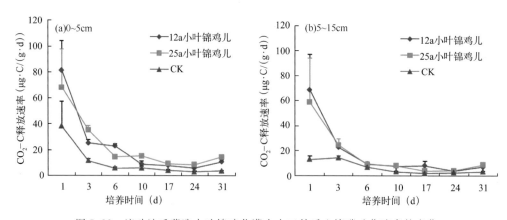

图 5.22　流动沙丘营造小叶锦鸡儿灌木人工林后土壤碳矿化速率的变化

Fig. 5.22　Dynamics of CO_2-C released rate after mobile dune afforestation

流动沙丘上定植小叶锦鸡儿固沙林后,土壤氮素显著增加(图 5.23),25 a 小叶锦鸡儿固沙林 TN 储量在各土层均为最高。0~15 cm 层土壤 TN 储量,12 a 小叶锦鸡儿灌丛下、行间及 25 a 小叶锦鸡儿灌丛下、行间分别是流动沙丘的 4.74,3.3,8.33,6.41 倍。3 类样地 5~15 cm 层 TN 储量均高于 0~5 cm 层,可能的原因是 5~15 cm 层土壤容重较高,因此 TN 储量随土层加深而增加。

流动沙丘定植小叶锦鸡儿灌木林后,LFOC 储量也有所增加(图 5.23)。12 a 小叶锦鸡儿灌丛下、行间及 25 a 小叶锦鸡儿灌丛下、行间 0~5 cm 层 LFOC 储量分别是流动沙丘的 22.86,11.4,41.53,27.53 倍,5~15 cm 层分别是流动沙丘的 14.91,9.33,21.35,10.12 倍,LFOC 储量随灌木林龄的增加而增加,12 a 小叶锦鸡儿林地 5~15 cm 层 LFOC 储量高于 0~5 cm 层。

在图 5.23 中,12 a 小叶锦鸡儿灌丛下、行间及 25 a 小叶锦鸡儿灌丛下、行间 0~5 cm 层 LFOC 占 SOC 储量的比例分别为 26.27%,32.46%,28.14%和 32.21%,12 a 和 25 a 小叶锦鸡儿林地 LFOC 占 SOC 储量的比例显著高于流动沙丘,但灌木固沙林之间没有显著性差异。0~15 cm 层小叶锦鸡儿灌丛下土壤 LFOC 占 SOC 储量的比例高于行间,且该比例随土层加深而降低。

由图 5.23 可以看出,在 0~5 cm 和 5~15 cm 土层,12 a 和 25 a 小叶锦鸡儿灌木林 SMBC 储量均高于流动沙丘,但不同土层、不同灌丛的增幅不一。12 a 小叶锦鸡儿灌丛下、行间及 25 a 小叶锦鸡儿灌丛下、行间 0~5 cm 层 SMBC 储量分别是流动沙丘的 7.93,3.63,7.72 和 6.73 倍,5~15 cm 层 SMBC 储量分别是流动沙丘的 2.37,2.99,2.86 和 1.94 倍。0~5 cm 层 SMBC 储量,灌丛下高于行间部位。而在 5~15 cm 层,12 a 小叶锦鸡儿行间 SMBC 储量高于灌丛下,可能与土壤容重有关。

在图 5.23 中,25 a 小叶锦鸡儿灌丛下、行间及 12 a 小叶锦鸡儿灌丛下部位及流动沙丘土壤微生物熵均随土层加深而降低,而 12 a 小叶锦鸡儿行间部位微生物熵随土层加深而增加,3 类样地微生物熵在各土层没有显著性差异。

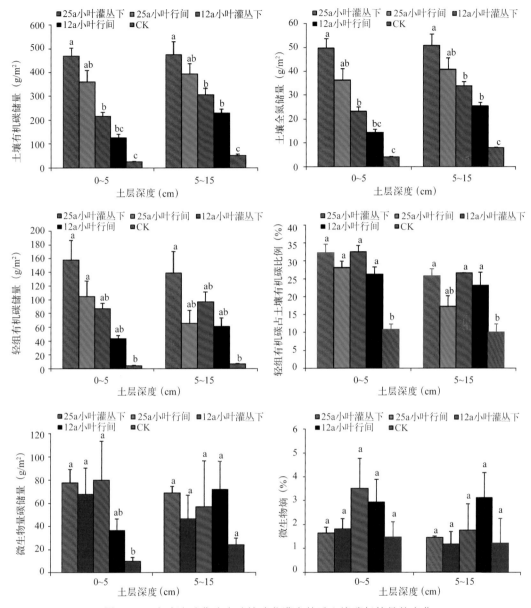

图 5.23　流动沙丘营造小叶锦鸡儿灌木林后土壤碳氮储量的变化

Fig. 5.23　Changes of soil carbon and nitrogen storages after mobile dune afforestation

5.3.3　科尔沁沙地土壤水分运动参数研究

选择科尔沁沙地较为典型的三种沙地类型作为研究对象，分别为：草地（GL）、固定沙丘（FD）和流动沙丘（MD）。每种类型选择 3 个样地作为重复，共 9 个样地。各样地基本情况见表 5.17。

应用 Guelph 入渗仪野外实地测定了每个样地不同土层的土壤饱和导水率（K_{fs}），并分析了其变化特征及与沙地类型和土壤理化性质的关系；并利用压力膜仪测定了每个样地每个土层的土壤水分特征曲线，同时用水平扩散仪测定了每个样地每个土层的土壤水分扩散率

（$D(\theta)$），目的是想通过对这些水分运动参数的研究为该地区植被建设、生态恢复及水土保持研究提供一定的指导作用和理论依据。

表 5.17　科尔沁沙地各样地基本情况

Table 5.17　Basic condition of plots in Horqin sandy land

样地名称	主要植物	植被盖度/郁闭度	干扰与利用特点	经度(°E)	纬度(°N)	海拔(m)
GL1	黄蒿、狗尾草、白草	60%	中度干扰	120.665	42.965	351
GL2	黄蒿、狗尾草、芦草	80%	围封禁牧	120.713	42.938	357
GL3	砂蓝刺头、黄蒿、白草	75%	中度干扰	120.661	42.956	353
FD1	黄蒿、差不嘎蒿、灰绿篱	70%	围封禁牧 20 a	120.698	42.929	360
FD2	黄蒿、狗尾草、五星蒿	80%	围封禁牧 25 a	120.692	42.929	368
FD3	差不嘎蒿、沙米、砂蓝刺头	60%	围封禁牧 3 a	120.714	42.941	363
MD1	沙米	3%	轻度干扰	120.613	43.149	342
MD2	沙米、狗尾草、差不嘎蒿	6%	无干扰	120.607	43.183	338
MD3	沙米、狗尾草	5%	无干扰	120.401	43.034	329

1. 土壤饱和导水率

草地、固定沙丘和流动沙丘的 K_{fs} 依次增大，三种沙地间 K_{fs} 差异显著（$P<0.05$）（图 5.24）。K_{fs} 剖面的平均值（$0\sim20$，$20\sim40$，$40\sim60$，$60\sim80$ 和 $80\sim100$ cm 5 个数值的算数平均值）以草地的最小，其次为固定沙丘，而流动沙丘的最高，平均值分别为 2.15，4.79 和 5.89 mm/min，呈现出土壤入渗能力随沙漠化程度的增加而增强的趋势。草地、固定沙丘和流动沙丘间 K_{fs} 均有显著差异。三种沙地 K_{fs} 随土壤深度的变化规律也不一致，其中草地 K_{fs} 随深度呈抛物线状变化，而固定沙丘 K_{fs} 随深度变化用指数函数拟合较好。

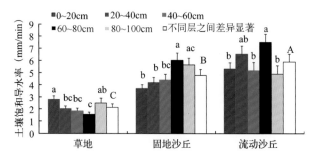

图 5.24　三类沙地 K_{fs} 比较及随深度变化的差异分析

（图中大写字母不同表示 K_{fs} 在沙间差异显著，同一沙地不同深度上小写字母不同表示 K_{fs}

在不同深度间差异显著，显著性水平 $P<0.05$）

Fig. 5.24　Comparison of K_{fs} and variation analysis of change with depth in three types of desert

通过逐步回归分析发现，土壤理化性质中对 K_{fs} 影响较大的为土壤有机质含量、土壤细砂含量（$0.1\sim0.05$ mm）、黏粉粒含量（<0.05 mm）和粗砂粒含量（$2\sim0.1$ mm），而且 K_{fs} 与前三个因素显著负相关，而与最后一个因素显著正相关。

科尔沁沙地 K_{fs} 除与容重的相关性不显著（$P>0.05$）外，与其他因子的相关性均达到极显著水平（$P<0.01$）。具体来说，K_{fs} 与粗砂粒含量呈极显著的正相关关系，而与有机质含量、细

砂含量及黏粉粒含量呈极显著的负相关关系(表5.18)。

表5.18 K_{fs} 与土壤理化性质的相关性

Table 5.18 Correlation of K_{fs} and soil properties

统计特征	容重(g/cm³)	有机质含量(%)	粗砂含量(%)	细砂含量(%)	黏粉粒含量(%)
	X_1	X_2	X_3	X_4	X_5
相关系数	0.17	-0.52	0.33	-0.33	-0.32
显著水平	0.0897	0.0001	0.0005	0.0006	0.0007

进一步分析表明,研究区 K_{fs} 与有机质含量具有较好的相关关系(图5.25)。

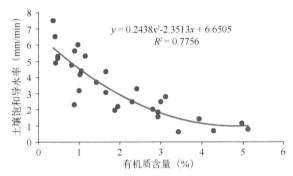

图5.25 土壤饱和导水率与土壤有机质含量的关系

Fig. 5.25 Relationship between soil saturated hydraulic conductivity and organic content

2. 湿润锋迁移速率及土壤水分扩散率的关系

图5.26及表5.19显示了三类沙地湿润锋迁移速率随沙地类型及土壤深度的变化规律。可以看出,草地、固定沙丘和流动沙丘的湿润锋迁移速率具有显著差异,0~100 cm 的平均值分别为0.38,0.97和1.60 cm/min,且湿润锋迁移速率随着入渗距离的增大而逐渐减小。三类沙地0~100 cm 土壤水分扩散率($D(\theta)$)平均值在1.21~12.75 cm²/min 之间,且 $D(\theta)$ 随土壤体积含水量呈指数函数递增。从不同土层来看,草地和固定沙丘湿润锋迁移速率在部分土层间有显著差异,而流动沙丘湿润锋迁移速率在不同土层间没有显著性差异($P > 0.05$)(表5.19)。

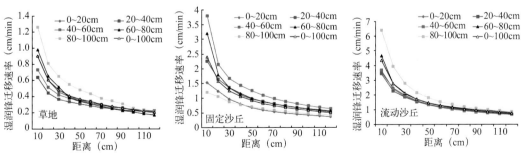

图5.26 三类沙地不同深度湿润锋迁移速率随入渗距离的变化

Fig. 5.26 Change of migration rate of wetting front with distance

in different depths of three types of desert

表 5.19　三类沙地不同土层湿润锋迁移速率统计特征

Table 5.19　Statistic character of migration rate of different soil layers in three types sandy land

样地类型	土层深度（cm）	平均值	标准差	变异系数	最小值	最大值	95%置信区间	
							下界	上界
草地	0～20	0.38[a]	0.20	0.53	0.22	0.90	0.25	0.51
	20～40	0.31[b]	0.13	0.42	0.20	0.64	0.23	0.39
	40～60	0.36[a]	0.15	0.42	0.22	0.73	0.26	0.45
	60～80	0.38[a]	0.24	0.63	0.17	0.98	0.22	0.53
	80～100	0.49[a]	0.30	0.61	0.21	1.26	0.30	0.68
	平均值	0.38[C]	0.20	0.53	0.20	0.90	0.25	0.51
固定沙丘	0～20	0.70[b]	0.37	0.53	0.36	1.53	0.47	0.94
	20～40	1.01[ab]	0.51	0.50	0.53	2.25	0.69	1.34
	40～60	1.35[a]	0.89	0.66	0.64	3.80	0.78	1.91
	60～80	1.12[ab]	0.75	0.67	0.56	3.20	0.64	1.59
	80～100	0.68[b]	0.25	0.37	0.42	1.19	0.53	0.84
	平均值	0.97[B]	0.55	0.57	0.50	2.39	0.62	1.32
流动沙丘	0～20	1.45[a]	0.85	0.57	0.71	3.54	0.91	1.98
	20～40	1.40[a]	0.80	0.57	0.69	3.44	0.89	1.91
	40～60	1.42[a]	0.88	0.62	0.67	3.67	0.86	1.98
	60～80	1.65[a]	1.11	0.67	0.79	4.65	0.95	2.35
	80～100	2.08[a]	1.63	0.78	0.86	6.39	1.05	3.12
	平均值	1.60[A]	1.05	0.66	0.75	4.34	0.93	2.27

注：同一样地不同土层平均值标注的小写字母不同表示湿润锋迁移速率在不同土层间差异显著，0～100 cm湿润锋迁移速率标注的大写字母不同表示其在三类样地间差异显著，这里的显著性水平为 $P=0.05$。

土壤水分扩散率在三类沙地间的比较如图 5.27 所示。可以看出，固定沙丘和流动沙丘不同土层 $D(\theta)$ 随 θ 的变化差异较大，而草地的差异较小；草地和固定沙丘 60～80 cm 的较高，而流动沙丘 80～100 cm 的较高；草地、固定沙丘和流动沙丘 $D(\theta)$ 较低的土层分别为 80～100、40～60 和 20～40 cm。

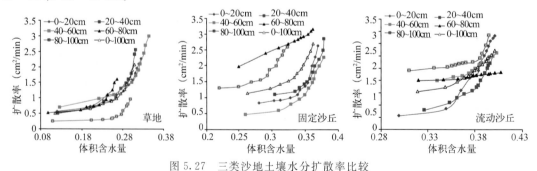

图 5.27　三类沙地土壤水分扩散率比较

Fig. 5.27　Rate of water diffusion in three types of desert

三类沙地不同土层土壤体积含水量与土壤水势的关系可用 Gardner 幂函数经验公式较好地拟合（表 5.20）。三类沙地的土壤持水能力按照草地、固定沙丘和流动沙丘的顺序依次减小,而且草地土壤含水量变化最慢,其次为固定沙丘,而流动沙丘的土壤含水量变化最快。

表 5.20 土壤水分特征曲线及比水容拟合结果
Table 5.20 Fitting results of soil water characteristic curve and specific water capacity

样地类型	深度(cm)	A	B	相关系数	$C(\theta)$
草地	0~20	0.104	0.050	$R^2 = 0.853$	$C(\theta) = 0.005h^{-1.050}$
	20~40	0.114	0.060	$R^2 = 0.954$	$C(\theta) = 0.007h^{-1.060}$
	40~60	0.108	0.065	$R^2 = 0.892$	$C(\theta) = 0.007h^{-1.065}$
	60~80	0.119	0.067	$R^2 = 0.894$	$C(\theta) = 0.008h^{-1.067}$
	80~100	0.117	0.070	$R^2 = 0.864$	$C(\theta) = 0.008h^{-1.070}$
	平均值	0.112	0.062	$R^2 = 0.891$	$C(\theta) = 0.007h^{-1.062}$
固定沙丘	0~20	0.036	0.105	$R^2 = 0.899$	$C(\theta) = 0.004h^{-1.105}$
	20~40	0.050	0.087	$R^2 = 0.952$	$C(\theta) = 0.004h^{-1.087}$
	40~60	0.036	0.105	$R^2 = 0.964$	$C(\theta) = 0.004h^{-1.105}$
	60~80	0.031	0.112	$R^2 = 0.995$	$C(\theta) = 0.004h^{-1.112}$
	80~100	0.036	0.107	$R^2 = 0.941$	$C(\theta) = 0.004h^{-1.107}$
	平均值	0.038	0.103	$R^2 = 0.950$	$C(\theta) = 0.004h^{-1.103}$
流动沙丘	0~20	0.027	0.322	$R^2 = 0.971$	$C(\theta) = 0.009h^{-1.322}$
	20~40	0.038	0.457	$R^2 = 0.976$	$C(\theta) = 0.017h^{-1.457}$
	40~60	0.031	0.352	$R^2 = 0.970$	$C(\theta) = 0.011h^{-1.352}$
	60~80	0.035	0.392	$R^2 = 0.983$	$C(\theta) = 0.014h^{-1.392}$
	80~100	0.036	0.402	$R^2 = 0.992$	$C(\theta) = 0.014h^{-1.402}$
	平均值	0.034	0.385	$R^2 = 0.978$	$C(\theta) = 0.013h^{-1.385}$

总之,科尔沁沙地土壤的入渗性能随沙漠化程度的增强而增强,这为科尔沁沙地的沙漠恢复提供一定的理论依据。研究区 K_{fs} 与有机质含量的相关性较高,有机质含量是影响研究区 K_{fs} 的最主要因素,其次是砂粒和黏粉粒含量,而容重对饱和导水率的影响较小。草地、固定沙丘和流动沙丘的湿润锋迁移速率具有显著差异,湿润锋迁移速率随着入渗距离的增大而逐渐减小。三类沙地的土壤持水能力按照草地、固定沙丘和流动沙丘的顺序依次减小;草地土壤含水量变化最慢,其次为固定沙丘,而流动沙丘的土壤含水量变化最快。

5.4 额济纳绿洲土壤理化性质

额济纳绿洲为开阔平坦的盆地,海拔高程为 $900\sim1100$ m,地面坡降为 $1/1000\sim1/1200$,整体地形向东北倾斜。黑河出狼心山后进入额济纳盆地,由于河床的摆动、改道,分叉成 19 支,形成了一个巨大冲积三角洲,面积约 315 万 km^2,在扇缘地带还形成了一系列的湖泊,如居延海、古居延泽、拐子湖等。由于地表水文、植被分布的差异,造成该地区土壤类型和理化性质的空间分布呈明显异质性。

5.4.1 额济纳绿洲土壤类型

由于气候干燥、蒸发强烈、植被稀疏、风蚀强烈等环境因素与人为活动的叠加作用,塑造了这里土质粗砺、有效土层薄、土体干燥、土壤可溶性盐类表聚、有机质缺乏、有效成分不高、土壤生产能力较低的荒漠化土壤类型特点(豪树奇,2005)。根据土壤各级分类单元的划分标准,额济纳绿洲主要包括以下几种土壤类型(表5.21)。

表5.21 额济纳绿洲土壤类型
Table 5.21 Soil types of Ejin oasis

土类	灰棕漠土				潮土	盐土	林灌草甸土		碱土	风沙土			龟裂土
亚类	灰棕漠土	石膏灰棕漠土	盐化灰棕漠土	碱化灰棕漠土	盐化潮土	草甸盐土	林灌草甸土	盐化林灌草甸土	龟裂碱土	固定风沙土	半固定风沙土	流动风沙土	龟裂土

　　灰棕漠土属于额济纳旗主要的土壤类型,它广泛分布于全区范围内;额济纳绿洲、下游的尾闾湖(东西居延海等湖盆)周边,土壤类型主要是潮土、盐碱土、地带性林灌草甸土(土壤较肥沃,土体深厚,有机质积累较多,养分含量较高),河两岸(以右岸为主)是固定与半固定风沙土、碱土等,几种土壤类型相间分布。

5.4.2 额济纳绿洲土壤理化性质

1. 土壤基本特征

　　发育在额济纳三角洲戈壁上的土壤具有极端干旱区土壤的一般特征:由于成土母质是河流冲积、洪积物,又经过长时间的风蚀作用,细粒物质少,地表粗化。以中戈壁为代表的这种土壤类型中粒径≥2 mm 的砾石含量可达 26.6% 左右(表5.22),而在表层(0~1 cm)中粒径为 0.125~0.11 mm 的最多达到 47.09%,0.15~0.125 mm 的为 25.65%,粒径≤0.1 mm 的达到25%,表层以下,粒径粗化,物理性黏粒较少,不足 0.15%,土壤发育处于初级阶段。在以一道河林灌地为代表的河谷灌丛草地中砾石含量低一些,仅在 60~80 cm 深处有 51.45% 的粒径> 2 mm 的砾石含量,各层粒径主要集中在≤0.1 mm,物理性黏粒含量较高,土壤质地细,发育良好。在以七道桥胡杨林为代表的胡杨林地中,由于洪水的多次灌溉,表层土壤中≤0.1 mm 颗粒含量占 95.77%,其中粒径≤0.002 mm 的物理性黏粒最高,达到 12.58%,其他各层的粒径主要集中在 0.5~0.25 mm。占额济纳三角洲绝大部分的土壤为典型的粗骨土,土壤发育程度低,有机质含量仅为 0.1%~0.3%,从剖面上看,土壤发育层次不完全。地带性土壤为灰棕漠土,但盐化土的面积也很大,并从冲积扇扇顶一带向扇缘盐化程度逐步加重。

表5.22 研究区土壤机械组成(单位:%)
Table 5.22 Soil properties composition of research region

地点	土层深度(cm)	各级颗粒含量(筛析法)					粒径≤0.1 mm 各级颗粒含量(吸管法)				
		≥2 mm	2~1 mm	1~0.5 mm	0.5~0.25 mm	0.25~0.1 mm	≤0.1 mm	0.1~0.05 mm	0.05~0.02 mm	0.02~0.002 mm	≤0.002 mm
一道河旁边	0~7	0.00	0.00	0.00	0.41	5.10	94.49	41.23	34.90	12.80	5.56
	7~20	0.00	0.00	0.00	0.00	9.73	90.27	39.43	26.64	17.21	6.97
	20~47	0.00	0.00	0.00	0.00	4.43	95.57	37.70	31.78	28.37	6.37
	47~82	0.00	0.00	0.00	1.71	5.24	93.05	21.71	41.56	22.29	0.08
	82~124	5.45	0.70	6.60	53.78	25.96	7.51	0.07	0.00	0.05	0.00
	124~180	0.00	0.00	0.00	7.52	0.70	91.78	17.15	44.85	25.95	3.80

地点	土层深度(cm)	各级颗粒含量(筛析法)(%)					粒径≤0.1 mm 各级颗粒含量(吸管法)(%)				
		≥2 mm	2~1 mm	1~0.5 mm	0.5~0.25 mm	0.25~0.1 mm	≤0.1 mm	0.1~0.05 mm	0.05~0.02 mm	0.02~0.002 mm	≤0.002 mm
中戈壁	0~1	0.20	0.00	1.90	25.65	47.09	25.16	22.28	1.11	0.00	0.00
	1~15	26.60	4.99	27.48	27.69	3.78	9.46	4.44	1.03	3.51	0.51
	15~49	7.63	9.48	42.05	38.03	0.95	1.86	1.37	0.18	0.16	0.15
	49~57	20.86	5.72	31.26	38.91	1.35	1.90	1.57	0.07	0.14	0.12
	57~120	0.30	0.10	2.31	42.78	4.33	10.58	8.69	1.72	0.26	0.48
胡杨林地	0~17	0.00	0.00	0.00	0.70	3.53	95.77	15.48	21.79	45.92	12.58
	17~62	0.00	0.00	1.1	36.04	58.06	4.80	4.08	0.56	0.05	0.10
	62~85	0.00	0.00	1.75	35.75	59.19	3.31	2.89	0.25	0.05	0.11
	85~168	0.00	0.00	0.25	4.62	52.08	43.05	30.98	5.20	4.18	2.67
	168~180	0.00	0.00	0.9	44.04	52.55	2.51	2.07	0.28	0.07	0.08

2. 土壤盐分特征

土壤含盐量高、表聚性强,因此土壤剖面中盐分含量表层最高,向下层迅速减低。因此,盐分含量分布图呈典型的漏斗型,盐分分布首先是受区域自然地理条件即地带性因素的影响(图 5.28)。

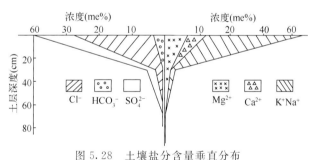

图 5.28　土壤盐分含量垂直分布

Fig.5.28　Vertical distribution of soil salinity content

本节分别以灌丛、乔木林和草地戈壁为代表,分析各种类型的土壤盐分特征。

一道桥柽柳+泡泡刺+苏枸杞为代表的林灌草甸土,主要分布在河道两岸阶地、湖盆洼地,并与河岸的固定、半固定风沙土组成复区。该类型共取 25 个剖面,盐化十分严重,其盐分含量明显高于其他地方,其表层总盐量可达 6.81%~9.46%(图 5.29),表层以下逐渐降低。

胡杨林土是绿洲的主要土壤类型之一。主要分布于河岸两旁的一级阶地,地形平坦,母质主要为河流冲积物。生长着胡杨或胡杨+柽柳、胡杨+沙枣、胡杨+苦豆子,覆盖度 30% 以上。该类型取 6 个剖面,以七道桥胡杨林土为代表(图 5.30),整个剖面各层含盐量小于其他土壤类型,表层以下各离子含量有减小的趋势,但没有灌丛明显。

灰棕漠土是绿洲的主体土壤,分布于东西戈壁、沿河两岸波状平原,地表是一些旱生、超旱生荒漠植物。该类型取剖面 11 个,以中戈壁为代表(图 5.31),其土壤在表层总含盐量高达 2.6%,阴离子中 SO_4^{2-} 和 Cl^- 较高,阳离子中 $K^+ + Na^+$ 含量较高,表层以下,都有减少,但在

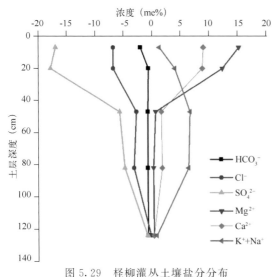

图 5.29　柽柳灌丛土壤盐分分布

Fig. 5.29　Distribution of soil salinity in *tamarisk brake*

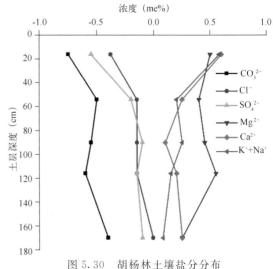

图 5.30　胡杨林土壤盐分分布

Fig. 5.30　Distribution of soil salinity in *populus euphratica* forest

20～30 cm 之间有 5 cm 厚的石膏层,各离子在这里富积。因此,盐分含量分布图呈典型的漏斗型,反映盐分分布首先是受区域自然地理条件即地带性因素的影响。

　　盐类成分复杂,离子含量差异显著。通过对 42 个剖面的分析,该地区离子类型多样,除 CO_3^{2-} 只在 42 个剖面中的 4 个有分布外,其他离子在每个样品中均有出现,呈多元复合型盐类。但各个类型剖面差异显著,同一类型的剖面中,各离子的含量与分布差异并不显著。既有以重碳酸盐为主要成分的胡杨林地,也有以硫酸盐或氯化物为主要成分的戈壁和灌丛地,反映了盐分来源的复杂性和影响因素的多样性。盐土类型与地形地貌部位有密切关系,特别是小的地形地貌对盐分分布的影响不可忽视。根据各剖面土样的 pH、全盐量、离子类型及主要离子所占比例,可将本区盐碱土分成 7 种类型。各类型均与其所处的地貌部位有密切关系。

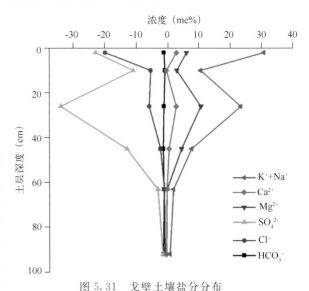

图 5.31　戈壁土壤盐分分布

Fig. 5.31　Distribution of soil salinity in gobi

　　第一类:$SO_4^{2-}-Cl^--Na^+-Mg^{2+}$ 型。总体特征是土壤含盐量高,13 个剖面的平均含盐量可达 6.67%,其中有的剖面的平均含盐量可达 15.09%,是所有剖面中含盐量最高的。这些剖面位于古河床或较高河漫滩、湖盆低地。部分地面生长有梭梭、柽柳、胡杨或稀疏芦苇,非特大洪水出现的年份河水不能漫溢,但地下水位较高,植物主要依靠地下水而存活,由于地下水矿化度很高,在强烈的蒸发作用下盐在土壤表层聚积,形成含盐很高的盐土。

第二类：$SO_4^{2-}-Cl^--Na^+-Ca^{2+}$ 型。12 个剖面平均含盐量为 3.29%，其中最高剖面 8.07%，最低只有 0.61%，它们分布在河道一级阶地半固定沙丘或地形较低的河漫滩上，Ca^{2+} 含量较高。这里偶尔有水漫溢，生长红砂、苏枸杞、苦豆子等灌木和草本植物。与第一类相比，地形相似，地理位置较高。

第三类：$SO_4^{2-}-Cl^--Ca^{2+}-Mg^{2+}$ 型，共 7 个剖面。剖面在农场弃耕地上，表层盐分含量较高，达到 13.83%，表层以下各层总盐量不足 1%。

第四类：$SO_4^{2-}-HCO_3^--Na^+-Mg^{2+}$ 型。共有 4 个剖面的平均含盐量为 0.20%，在所有剖面中是较低的。由于这些剖面临近居延海湖盆边缘，位于八道桥附近的河谷低地，两地均可接受河水的漫灌。虽然地势低洼，地下水位也较高（2 m 左右），但因为有河水、井水的冲洗，盐分在土壤上层聚积不明。

第五类：$Cl^--SO_4^{2-}-Na^+-Ca^{2+}$ 型。总体特征是土壤含盐量低，剖面含盐量平均值仅有 0.05%。剖面均位于戈壁滩上，即巨大冲积扇的中部，远离河床或高出河床很多，较少受河水和地下水的影响，含盐量很低。其出现的地貌部位，地面植被类型均与第二类相同，不同之处是其氯离子含量高于硫酸根离子，也不像第二类那样镁离子含量明显高于钠离子，而是镁离子与钠离子含量大体接近。出现这种差异的原因，可能是其位置较接近于河床，地下水位较高，偶受地下水的影响所致。

第六类：$Cl^--CO_3^{2-}-Na^+-Ca^{2+}$ 型。剖面平均含盐量为 0.11%。Cl^- 含量高于其他阴离子；在阳离子中 Na^+ 含量明显高于 Ca^{2+} 和 Mg^{2+} 含量。它们大部分分布在农场的灌耕地和河道边，经常受灌溉和河道行水所致。

综上所述，额济纳三角洲的土壤质地粗，土壤含盐量高，表聚性强；在不同的地貌部位上，土壤含盐量、盐分类型差异很大。大致规律是：戈壁滩上土壤含盐量较低；沿河谷方向，从上游向下游含盐量逐步增高；河谷横剖面上土壤含盐量、离子类型变化显著，土壤含盐量最高的部位多为现代河水不能漫流、地势又相对低洼的地方如河漫滩、湖盆边缘、古河床等。而在现代河水能漫流的地方，土壤含盐量较低。

5.5 黄土高原西部荒漠草原区土壤物理特性

5.5.1 土壤质地

土壤机械组成数据表明（图 5.32），黄土高原西部荒漠草原区不同类型样地土壤均是以细砂粒为主要组成的砂质壤土，黏粒和粉粒含量随深度呈增加趋势，而砂粒含量（包括粗砂粒和细砂粒）呈减小趋势。相比较而言，在 0～100 cm 土层，阳坡样地的土壤黏粒和粉粒含量最高，砂粒含量最低。而阴坡样地和半阴坡样地的土壤质地在不同土壤层次的表现不同，就平均值而言，半阴坡样地土壤的黏粒和砂粒含量较高，而阴坡样地土壤的粉粒含量较低。

不同类型样地土壤容重的测定结果表明（图 5.33），3 个类型样地土壤容重均表现为随深度增加先减小后增大的变化趋势。各类型样地相比，不同深度土壤容重大小变化没有一致的变化规律，就表层 0～10 cm 而言，土壤容重在各类样地间排序为：半阴坡样地＞阳坡样地＞阴坡样地，而较深层次土壤容重在各类样地间大小则为阴坡样地和半阴坡样地大于阳坡样地。

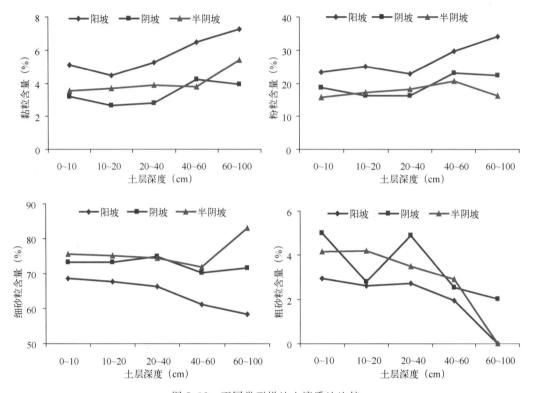

图 5.32 不同类型样地土壤质地比较

Fig. 5.32 Soil texture of different types of site

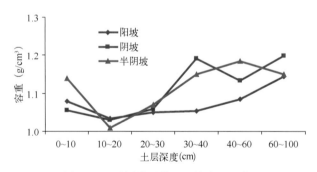

图 5.33 不同类型样地土壤容重比较

Fig. 5.33 Soil bulk density of different types of site

5.5.2 土壤电导率、阳离子交换量和 pH

黄土西部荒漠草原样地土壤电导率率、阳离子交换量和 pH 的分析结果显示，该区土壤呈碱性，pH 值大于 8，随土层深度增加而降低；0～5 cm 以阳坡最高，5～20 cm 以阴坡更高（图5.34）。土壤电导率随土层深度增加而升高，尤以阳坡增幅更大。阳离子交换量以阴坡土壤最高，阳坡最低，二者差距超过 2 倍。

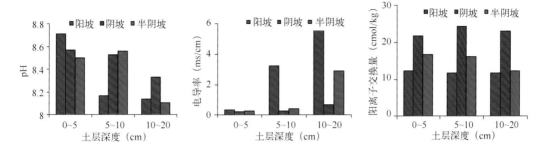

图 5.34　表层土壤酸度及阳离子交换量

Fig. 5.34　Acidity and cation exchange capacity of surface soil

第 6 章　土壤养分与微量元素

6.1　土壤养分

6.1.1　沙坡头人工固沙植被区土壤养分

1. 土壤有机质

人工固沙植被区表层(0~10 cm、10~20 cm)土壤有机质的研究结果表明:0~10 cm、10~20 cm 层土壤有机质在固沙植被建立 14 a 后分别为 2.27 g/kg、1.13 g/kg。随着固沙年限的延长,两个层次土壤有机质均呈增加趋势。在固沙植被建立 55 a 时,两层土壤有机质含量分别为 7.53 g/kg 和 1.57 g/kg,0~10 cm 层土壤增加幅度显著大于 10~20 cm 层土壤(图 6.1)。

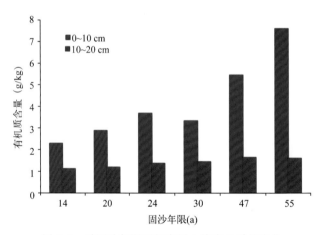

图 6.1　随固沙年限延长表层土壤有机质的变化

Fig. 6.1　Variation of the soil organic matters with time of the sand stabilization

2005—2010 年间天然植被区土壤有机质的监测数据显示,表土层有机质含量的标准误差较大,这是由于表层土壤空间异质性较高,但从整体的变化趋势上看,0~10 cm 和 10~20 cm 土层土壤有机质含量也均有逐年递增的趋势,但增加的幅度并不显著(图 6.2)。

对人工植被区不同土层深度土壤有机质含量的比较发现,0~10 cm 土层有机质含量显著大于其他各土层。随土层深度增加,含量急剧减小,20 cm 深度以下减小幅度明显较小。天然植被区土壤有机质随土层深度的变化趋势与人工植被区一致,不同的是在 0~40 cm 间有机质含量的减小均较为迅速,40 cm 后减小的幅度不明显。人工区与天然区相比,只有表层土壤有机质含量相对较高,其他各层均为天然区高于人工区(图 6.3)。

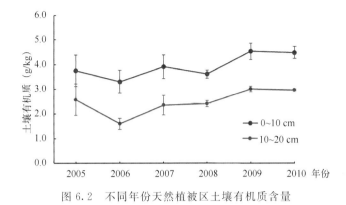

图 6.2　不同年份天然植被区土壤有机质含量

Fig. 6.2　Soil organic matter content in the natural vegetation area

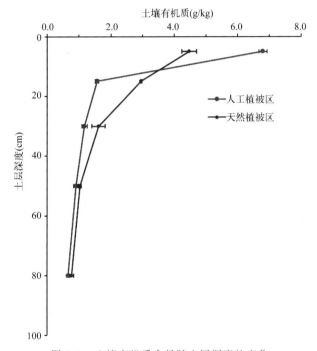

图 6.3　土壤有机质含量随土层深度的变化

Fig. 6.3　Variation of SOC with the depth of soil layer

2. 土壤氮

　　人工植被区 0~10 cm 和 10~20 cm 土层全氮和速效氮含量均随固沙年限的延长而升高，并且 0~10 cm 土层增加幅度较高（图 6.4）。

　　天然植被区 2005—2010 年的监测数据显示，在这 5 a 间表层土壤全氮和速效氮含量没有明显的变化规律，不同年份全氮含量的波动可能是由于土壤空间异质性较高而每年采样点不同所致（图 6.5）。

　　人工植被区和天然植被区土壤全氮含量均随土层深度的增加而降低，其中人工植被区在 0~20 cm 间迅速降低，20 cm 以下基本保持一致；而天然植被区在 0~40 cm 间降低速度均较快，40 cm 以下降速减小（图 6.6）。

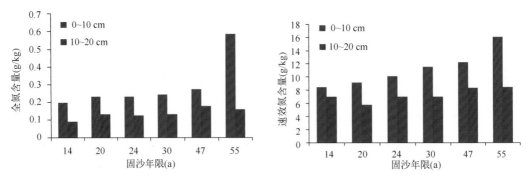

图 6.4　随固沙年限延长人工植被区表层土壤全氮和速效氮的变化

Fig. 6.4　Variation of soil total nitrogen and available nitrogen content in the surface
soil following sand stabilization

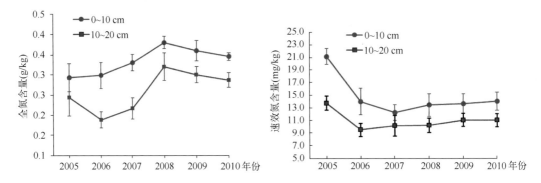

图 6.5　不同年份天然植被区土壤全氮和速效氮含量

Fig. 6.5　Variation of soil total nitrogen and available nitrogen content in the
surface soil in the natural vegetation area

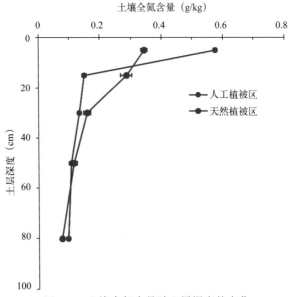

图 6.6　土壤全氮含量随土层深度的变化

Fig. 6.6　Variation of soil total nitrogen with depth

3. 土壤磷

由 2005 年与 2010 年对土壤全磷含量的监测结果显示，人工植被区和天然植被区 0～10 cm 与 10～20 cm 土层全磷含量虽然有随年份升高的趋势，并且 0～10 cm 土层升高的幅度高于 10～20 cm 土层，但变化均不显著（图 6.7）。

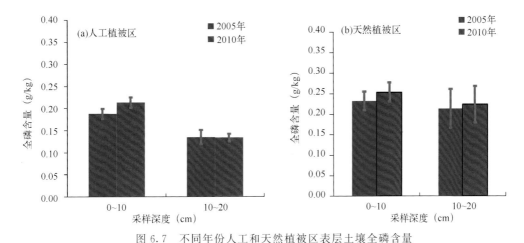

图 6.7　不同年份人工和天然植被区表层土壤全磷含量

Fig. 6.7　Comparison of the total phosphorus contents in the surface soil
between the revegetated vegetation and natural vegetation area

人工和天然植被区不同土层间均为 0～10 cm 土层全磷含量稍高于 10～20 cm 土层，20 cm 深度以下含量较为一致（图 6.8）。

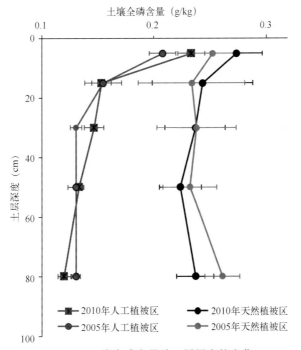

图 6.8　土壤全磷含量随土层深度的变化

Fig. 6.8　Variation of the total phosphorus contents with soil depth

　　人工植被区土壤速效磷含量也随固沙时间的延长而升高,并且表层(0～10 cm)土壤升高幅度大于下层(10～20 cm)土壤(图 6.9)。

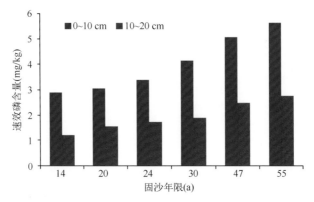

图 6.9　随固沙年限延长人工植被区表层土壤速效磷含量的变化

Fig. 6.9　Variation of the available phosphorus in the surface soil following the sand stabilization

　　而天然植被区 2005—2010 年连续监测数据并未显示速效磷含量有随年份增高的趋势,这也有可能是由于连续监测时间还较短(图 6.10)。

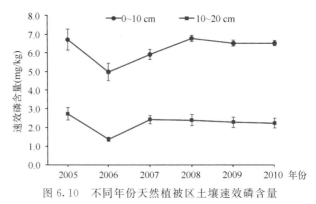

图 6.10　不同年份天然植被区土壤速效磷含量

Fig. 6.10　The available phosphorus in natural vegetation area

4. 土壤钾

　　荒漠地区土壤富含钾元素,人工植被和天然植被区不同年份和不同深度土层间土壤全钾和速效钾含量均无显著差异,而两个监测样地中表层土壤缓效钾含量均随固沙年份延长而升高(图 6.11,图 6.12)。

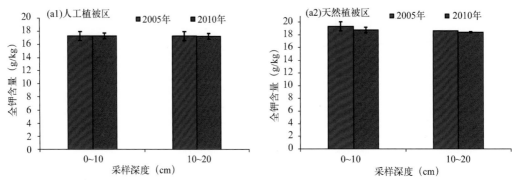

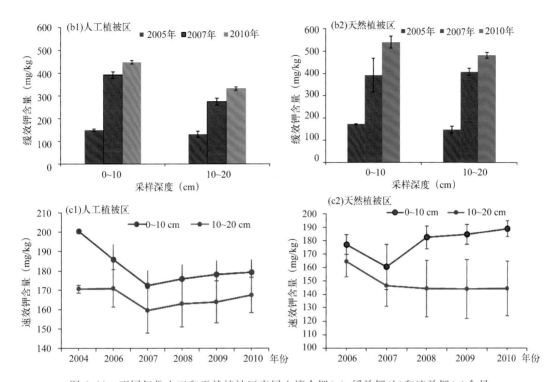

图 6.11　不同年份人工和天然植被区表层土壤全钾(a)、缓效钾(b)和速效钾(c)含量

Fig. 6.11　The total potassium(a)，slow available potassium(b) and available potassium(c) in the revegetated and natural vegetation area

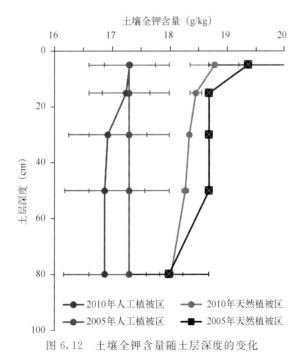

图 6.12　土壤全钾含量随土层深度的变化

Fig. 6.12　Variation of the total potassium content with soil depth

5. 土壤微生物量碳、氮

由图 6.13 可以看出,在 0~20 cm 土层,随着固沙年限的增长,其土壤微生物量碳、氮呈现增长趋势。

55 a 和 47 a 的固沙区(固沙植被分别始建于 1956 年和 1964 年)土壤微生物量碳、氮最高,与其他年份固沙区及流沙区对照差异显著($P<0.05$);30 a 和 24 a 的固沙区(固沙植被分别始建于 1981 年和 1987 年),土壤微生物量碳、氮次之,与流沙区差异显著($P<0.05$);流沙区土壤微生物量碳、氮最低。这是由于植被建立后,沙面得到固定,土壤微生物结皮发育并逐渐增厚,随着沙面成土过程和土壤养分的好转土壤微生物种类和数量都大大增加。

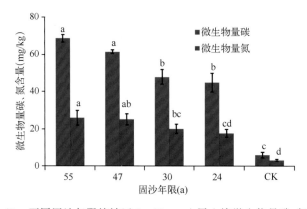

图 6.13　不同固沙年限植被区 0~20 cm 土层土壤微生物量碳、氮含量

Fig. 6.13　Soil microbial biomass carbon and nitrogen at 0~20 cm depth for the revegetation area of different years

由不同深度土层土壤微生物量碳、氮的比较发现,随着深度增加,微生物量碳、氮均呈现递减趋势,0~10 cm、10~20 cm 和 20~30 cm 间土壤微生物量碳、氮差异均达到显著水平($P<0.05$)(图 6.14)。这说明,随着土层的加深,土壤微生物总量减少。

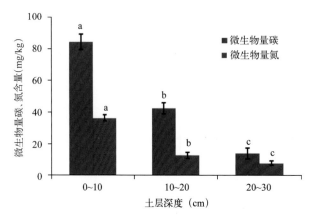

图 6.14　不同深度土层土壤微生物量碳、氮含量

Fig. 6.14　Soil microbial biomass carbon and nitrogen at different depths

6.1.2　黄土高原西部土壤有机化学特性

　　研究结果显示,黄土高原西部荒漠草原不同坡向土壤剖面有机质、全氮均随土层深度增加而减小,全磷、全钾随土层深度的变幅较小(图 6.15)。同时,阴坡土壤有机质和全氮含量最高,阳坡最低,半阴坡居中。全磷、全钾则呈相反的变化趋势。0～100 cm 平均土壤养分含量表现出一定的年际变化趋势(表 6.1)。阳坡土壤有机质、全氮含量在 2010—2011 年呈增加趋势,而阴坡、半阴坡样地呈降低趋势。3 个坡向的样地中土壤全磷、全钾含量略有增加。

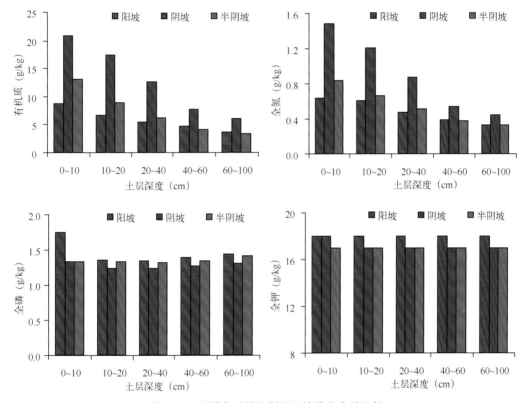

图 6.15　不同类型样地剖面土壤养分含量比较

Fig. 6.15　Nutrient contents in soil profiles of different types of site

表 6.1　黄土高原西部荒漠草原土壤剖面养分含量的年际对比(单位:g/kg)

Table 6.1　Inter-annual comparison of soil nutrient of west desert steppe of Loess Plateau

样地类型	有机质		全氮		全磷		全钾	
	2010 年	2011 年	2010 年	2011 年	2010 年	2011 年	2010 年	2011 年
阳坡	4.10	5.09	0.40	0.43	1.42	1.43	17.10	18.00
阴坡	10.93	10.32	0.78	0.73	1.28	1.29	16.80	17.10
半阴坡	6.90	5.65	0.52	0.47	1.31	1.37	16.00	17.00

　　黄土高原西部荒漠草原表层土壤有机质和全氮含量大小顺序为:阴坡＞半阴坡＞阳坡,尤其是阴坡和半阴坡样地 0～5 cm 和 5～10 cm 土壤有机质接近阳坡样地的 2 倍,而全磷和全钾含量在阳坡样地较高。在垂直梯度上,全效养分含量均随土层深度增加而降低(表 6.2)。

表 6.2　黄土高原西部荒漠草原表层土壤养分含量比较
Table 6.2　Comparison of surface soil nutrient of west desert steppe of Loess Plateau

样地类型	土层深度(cm)	有机质(g/kg)	全氮(g/kg)	全磷(g/kg)	全钾(g/kg)
阳坡	0~5	9.52	0.76	1.48	18.0
	5~10	7.67	0.64	1.42	18.0
	10~20	7.11	0.59	1.36	18.0
阴坡	0~5	19.68	1.44	1.37	18.0
	5~10	19.41	1.47	1.34	17.0
	10~20	17.71	1.34	1.30	16.0
半阴坡	0~5	19.00	1.21	1.37	17.0
	5~10	13.74	0.92	1.32	17.0
	10~20	8.32	0.61	1.35	17.0

不同坡向的土壤表层速效养分与全量养分的变化趋势一致。在垂直梯度上,均随土层深度增加而降低(图6.16)。不同坡向样地间的横向比较得出,土壤碱解氮以阴坡样地最高,阳坡最低,而速效磷、钾含量则以阳坡最高,尤其是土壤速效磷含量,阳坡是其他两个坡向的3~4倍。

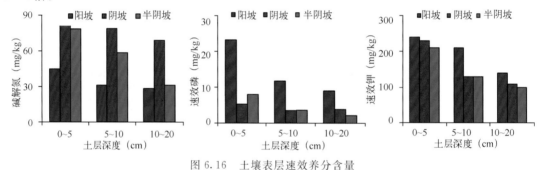

图 6.16　土壤表层速效养分含量
Fig. 6.16　Contents of soil available nutrient in the surface soil layer

6.1.3　河西荒漠绿洲化过程中土壤特性变化

表6.3列出了2006—2010年间河西绿洲边缘新垦沙地农田基本概况及作物不同器官含氮量、灌溉水含氮量的监测数据。根据表6.3的数据计算了农田生态系统土壤氮的输入和输出情况(表6.4)。

表 6.3　农田基本概况及含氮量测定结果
Table 6.3　Basic situation of farmland and nitrogen content in crop

年份	产量(kg/hm²)	生物量(kg/hm²)	播种量(kg/hm²)	施氮量(kg/hm²)	灌溉量(mm)	根系生物量(g/m²)	含氮量			
							秸秆(g/kg)	籽粒(g/kg)	根(g/kg)	灌溉水(mg/L)
2006	10820	19160.0	45.37	444.80	1263.0	865.76	4.96	12.41	11.35	8.32
2007	6504	14415.2	636.36	238.91	1053.7	1360.00	3.23	19.46	10.30	8.32
2008	10850	18294.8	37.54	430.39	1292.4	758.32	4.96	12.41	11.35	8.32
2009	3870	16723.8	681.82	483.18	1593.2	887.68	3.23	19.46	10.30	8.32
2010	9980	19139.7	40.91	680.34	1622.0	637.92	13.92	25.97	24.68	8.32

表 6.4 的结果表明,籽粒收获的氮素为主要的氮输出项,占籽粒和秸秆共同输出量的 73%。而农田氮肥为主要的农田氮素输入项,占氮输入项的 96%。

表 6.4　农田土壤氮输入输出情况
Table 6.4　Input and output of nitrogen in farmland

年份	输出(kg/hm²)		输入(kg/hm²)				
	籽粒	秸秆	种子	氮肥	灌水	根系残留	降雨、大气沉降
2006	134.28	41.37	0.56	444.80	0.85	9.83	0.23
2007	126.57	25.55	12.38	238.91	0.70	14.01	0.23
2008	134.65	36.93	0.47	430.39	0.86	8.61	0.23
2009	75.31	41.52	13.27	483.18	1.01	9.14	0.23
2010	259.18	127.50	1.06	680.34	1.09	15.74	0.23

河西走廊绿洲边缘新垦沙地农田生态系统土壤年氮素盈余量为 261 kg/hm²,占年施氮量的 57%;年生产量为 195 kg/hm²,占年施氮量的 43%(图 6.17)。

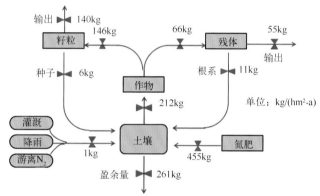

图 6.17　河西走廊绿洲边缘新垦沙地土壤氮循环特征
Fig. 6.17　Nitrogen cycle in new reclaimed sandy farmland of marginal oasis of Hexi

6.1.4　沙漠化过程中科尔沁沙地土壤碳氮储量动态

1. 土壤有机碳和氮储量

(1)土壤有机碳和氮含量

表 6.5 表明,各层土壤有机碳、全氮含量的总体变化趋势为丘间低地>固定沙丘>半固定沙丘>半流动沙丘>流动沙丘,但半流动和流动沙丘各层土壤有机碳、全氮含量之间均无统计学上的显著差异($P>0.05$)。沙漠化程度每加重一级(即从丘间低地到固定沙丘,固定沙丘到半固定沙丘,半固定沙丘到半流动沙丘,半流动沙丘到流动沙丘),100 cm 深平均土壤有机碳含量分别下降 56.0%、51.0%、49.2% 和 23.6%,全氮分别下降 49.0%、50.2%、39.0% 和 8.2%。从丘间低地到流动沙丘,100 cm 深平均土壤有机碳、全氮含量下降的比例分别为 91.6% 和 85.8%。不同沙漠化阶段土壤有机碳、全氮含量的垂直变化比较一致,都表现为 0~10 cm 表层含量最高,但不随土层的深入而线性降低,没有明显的垂直分布规律。土壤有机碳、全氮含量在垂直分布上的最大差异,丘间低地分别为 53.0% 和 52.8%,固定沙丘分别为 56.9% 和 51.7%,半固定沙丘分别为 65.4% 和 58.7%,半流动沙丘分别为 50.7% 和 39.3%,

流动沙丘分别为53.1%和36.1%。可以看出,沙漠化前期土壤有机碳和全氮的减少速率要大于沙漠化后期,垂直分布上土壤有机碳含量间的差异要大于全氮。

表6.5 不同生境土壤有机碳与全氮含量

Table 6.5 Soil organic carbon and nitrogen concentrations in different habitats

	土壤层次(cm)	丘间低地	固定沙丘	半固定沙丘	半流动沙丘	流动沙丘
有机碳 (g/kg)	0～10	5.165±1.945 a	2.553±0.691 b	1.435±0.345 bc	0.643±0.163 cd	0.490±0.151 d
	10～20	4.670±0.810 a	2.010±0.243 b	1.024±0.121 c	0.477±0.116 d	0.360±0.156 d
	20～30	3.205±0.705 a	1.990±0.252 b	0.672±0.048 c	0.317±0.135 d	0.273±0.021 d
	30～40	3.890±2.090 a	1.463±0.245 b	0.736±0.169 bc	0.357±0.182 c	0.303±0.076 c
	40～60	4.040±1.190 a	1.163±0.178 b	0.565±0.037 c	0.347±0.113 c	0.230±0.129 c
	60～80	2.555±0.735 a	1.100±0.453 b	0.496±0.085 c	0.333±0.080 c	0.273±0.138 c
	80～100	2.430±0.151 a	1.147±0.306 b	0.667±0.061 c	0.370±0.097 d	0.237±0.135 d
	平均	3.708±1.089 a	1.632±0.269 b	0.799±0.063 c	0.406±0.058 d	0.310±0.032 d
全氮 (g/kg)	0～10	0.553±0.213 a	0.300±0.048 b	0.179±0.061 bc	0.084±0.007 cd	0.072±0.003 d
	10～20	0.494±0.092 a	0.242±0.030 b	0.115±0.009 c	0.067±0.021 d	0.061±0.024 d
	20～30	0.352±0.069 a	0.239±0.043 b	0.092±0.016 c	0.058±0.025 c	0.058±0.017 c
	30～40	0.407±0.199 a	0.175±0.043 b	0.083±0.013 bc	0.051±0.005 c	0.058±0.014 c
	40～60	0.410±0.111 a	0.145±0.064 b	0.080±0.006 bc	0.060±0.008 c	0.049±0.010 c
	60～80	0.280±0.079 a	0.150±0.072 b	0.079±0.010 c	0.054±0.004 c	0.050±0.014 c
	80～100	0.261±0.017 a	0.157±0.033 b	0.074±0.003 bc	0.055±0.017 cd	0.046±0.021 d
	平均	0.394±0.111 a	0.201±0.037 b	0.100±0.012 c	0.061±0.010 c	0.056±0.010 c
C/N	0～10	9.371±0.125	8.521±1.064	8.206±1.014	7.659±1.360	6.837±1.011
	10～20	9.469±0.126	8.294±0.530	8.921±1.695	7.150±1.263	5.876±0.818
	20～30	9.075±0.228	8.326±0.488	7.414±1.286	5.491±2.960	4.740±1.619
	30～40	9.369±0.870	8.362±1.249	8.924±1.498	6.993±1.498	5.260±1.221
	40～60	9.733±0.385	8.005±2.344	7.052±0.552	5.810±1.468	4.662±2.023
	60～80	9.115±0.078	7.350±1.040	6.297±0.585	6.173±1.534	5.467±1.280
	80～100	9.312±0.108	7.304±0.652	9.089±1.185	6.687±1.796	5.145±1.362
	平均	9.385±0.118	8.138±0.409	8.006±0.473	6.703±1.058	5.541±0.448

注:同一行数据后字母完全不同者表示差异显著($P<0.05$)。

土壤中有机质的C/N比是一个重要的指标。若C/N比值很大,则在其矿化作用的最初阶段,微生物的同化量会超过矿化作用所提供的有效氮量,可能使植物缺氮的现象更为严重;若C/N比值很小,则在其矿化作用之始就能供应给植物所需的有效氮量。因此,C/N比对植物的生长至关重要。随着沙漠化的进展,沙地土壤C/N比呈现递减的趋势,平均C/N比值按阶段顺序是:9.385→8.138→8.006→6.703→5.541,说明沙漠化过程中土壤有机碳含量的减少比氮含量的减少更为明显。

(2)土壤有机碳、全氮含量与土壤颗粒组分之间的关系

沙漠化过程中,土壤颗粒组成发生明显的梯度变化(表6.6)。随着沙漠化的进展,从丘间

低地到流动沙丘 100 cm 深土壤黏粉粒平均含量从 35.54% 下降到 1.74%,下降比例为 95.1%;极细沙平均含量从 54.03% 下降到 2.12%,下降比例为 96.1%;而中粗沙平均含量从 10.43% 增加到 96.14%,增加了 89.2%。说明沙地土壤遭受风蚀时,在黏粉粒被吹失的同时,伴随着更多的极细沙也被吹失,使土壤颗粒进一步单粒化和粗化。

表 6.6　不同沙漠化阶段土壤颗粒组成
Table 6.6　Soil particle size distribution at different desertification stages

	土壤层次(cm)	丘间低地	固定沙丘	半固定沙丘	半流动沙丘	流动沙丘
中粗沙 (2~0.1 mm,%)	0~10	13.88±3.46	71.15±4.70	77.27±9.27	90.03±7.60	93.29±6.79
	10~20	4.78±0.32	69.19±3.99	90.14±8.01	92.23±9.25	96.58±8.86
	20~30	8.68±3.17	72.33±4.37	89.02±14.84	95.71±11.62	96.50±1.52
	30~40	27.27±1.42	78.45±3.47	84.56±14.11	95.71±11.02	96.12±4.38
	40~60	6.78±1.70	78.83±4.72	91.59±2.94	95.93±3.27	97.25±9.44
	60~80	8.10±2.06	79.18±4.33	93.02±7.46	92.32±8.98	96.39±3.19
	80~100	3.53±0.96	80.88±6.37	93.80±5.20	94.48±21.05	96.86±8.30
	平均	10.43±3.27	75.71±4.24	88.49±8.83	93.77±1.40	96.14±0.51
极细沙 (0.1~ 0.05 mm,%)	0~10	40.58±4.85	19.29±4.27	16.92±7.79	5.86±0.32	3.81±1.40
	10~20	53.87±31.03	20.80±4.67	5.71±5.80	4.41±0.07	1.66±0.47
	20~30	60.66+2.70	17.83±2.65	7.61±9.00	2.54±0.67	2.02±0.50
	30~40	33.12±4.12	14.51±6.15	11.44±12.92	2.72±0.65	2.14±0.81
	40~60	52.29±6.83	14.04±0.79	4.92±4.00	2.13±0.83	1.49±0.53
	60~80	67.70±1.46	13.48±4.79	3.57±0.36	4.74±3.65	1.99±1.12
	80~100	70.00±2.39	11.27±0.86	2.29±0.26	3.64±2.51	1.75±0.15
	平均	54.03±7.63	15.89±2.01	7.49±6.34	3.72±0.35	2.12±0.35
黏粉粒 (<0.05 mm,%)	0~10	45.54±2.08	9.55±4.45	5.81±1.70	4.10±2.52	2.91±0.76
	10~20	41.35±30.98	10.02±2.32	4.15±3.77	3.36±1.43	1.76±1.05
	20~30	30.66±9.04	9.83±6.18	3.37±3.31	1.75±0.68	1.49±0.84
	30~40	39.61±6.87	7.04±1.75	4.01±4.00	1.57±0.43	1.74±0.46
	40~60	40.93±9.23	7.13±2.88	3.49±2.18	1.94±0.21	1.26±0.96
	60~80	24.20±5.57	7.34±3.53	3.40±1.33	2.95±1.58	1.62±0.86
	80~100	26.48±4.31	7.84±3.24	3.92±2.95	1.89±1.21	1.39±0.95
	平均	35.54±9.73	8.39±3.17	4.02±2.51	2.51±1.25	1.74±0.58

如表 6.7 所示,对所有阶段各层土壤有机碳、全氮含量和颗粒组分含量之间进行相关性分析,结果表明:①土壤有机碳与全氮含量间有极显著($P<0.01$)的正相关关系,说明有机碳与全氮在沙质土壤中是相伴存在的;②黏粉粒含量与有机碳、全氮含量间有极显著的正相关关系,极细沙含量与有机碳、全氮含量间有显著($P<0.05$)的正相关关系,而中粗沙含量与有机碳、全氮含量间有极显著的负相关关系,说明黏粉粒在沙质土壤中起着关键的持留养分的作用,而中粗沙对土壤保持养分极为不利;③有机碳与黏粉粒和极细沙含量间的关系要密切于全氮与黏粉粒和极细沙含量间的关系,说明土壤细颗粒(<0.1 mm)含量的减少将首先导致土壤中有机碳明显减少。

表 6.7　土壤有机碳、全氮与土壤颗粒组分之间的相关分析

Table 3.7　Correlation analysis between soil organic carbon, nitrogen and particle size

	有机碳	黏粉粒(<0.05 mm)		极细沙(0.1~0.05 mm)		中粗沙(2~0.1mm)	
	全氮	有机碳	全氮	有机碳	全氮	有机碳	全氮
Person 相关系数	0.997**	0.965**	0.951**	0.829*	0.819*	−0.914**	−0.901**

注：* 为 $P<0.05$，** 为 $P<0.01$。

（3）土壤有机碳和氮储量

图 6.18 为用于计算土壤碳氮储量的各层次土壤容重。土地沙漠化过程中伴随着土壤的粗粒化，必然引起土体的分散和结构的破坏，使得土壤容重增加。100 cm 深度平均土壤容重的大小顺序为丘间低地（1.39 g/cm³）＜固定沙丘（1.57 g/cm³）＜半固定沙丘（1.61 g/cm³）＜半流动沙丘（1.63 g/cm³）＜流动沙丘（1.66 g/cm³）。随着沙漠化程度的增加，土壤黏粉粒和地下生物量的减少是容重增加的主要原因。

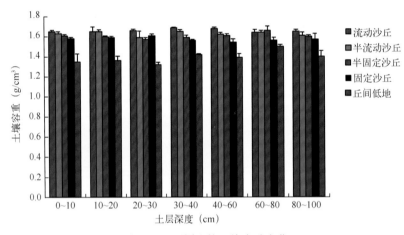

图 6.18　不同生境土壤容重变化

Fig. 6.18　Soil bulk volume in different habitats

类似于生物量，土壤有机碳与全氮储量也是随着沙漠化的进展呈现下降趋势（表 6.8）。从丘间低地分别到固定、半固定、半流动和流动沙丘，土壤有机碳储量分别下降 52.2%、75.9%、87.0% 和 90.1%，土壤全氮储量分别下降 43.5%、71.0%、81.3% 和 82.7%。各沙漠化阶段 0~20 cm 深土壤有机碳和氮储量占 100 cm 深有机碳和氮储量的比例，丘间低地分别为 27.3% 和 27.4%，固定沙丘分别为 31.0% 和 29.4%，半固定沙丘分别为 33.5% 和 31.4%，半流动沙丘分别为 29.0% 和 25.5%，流动沙丘分别为 29.1% 和 24.5%。该结果相符于大部分土壤类型 20 cm 深度有机碳储量占 100 cm 深有机碳储量的比例介于 20%~40% 的结论（解宪丽等，2004）。李克让等（2003）利用生物地球化学模型估算了中国不同土地覆被类型 100 cm 深度的土壤有机碳储量，其大小顺序为混合林（22570 g/m²）＞常绿林（22490 g/m²）＞有林地（18530 g/m²）＞阔叶林（15480 g/m²）＞有林草地（12760 g/m²）＞农田（10840 g/m²）＞草地（9990 g/m²）＞郁闭灌丛（9400 g/m²）＞稀疏灌丛（5430 g/m²）。可见，处于北方农牧交错带的科尔沁沙地具有较低的土壤有机碳密度，而沙漠化的发展是导致土壤有机碳密度急剧下降的根本原因。

表 6.8　不同沙漠化阶段土壤有机碳与全氮储量

Table 6.8　Soil organic carbon and total nitrogen storage in different habitats

	土壤层次(cm)	丘间低地	固定沙丘	半固定沙丘	半流动沙丘	流动沙丘
有机碳储量(C: g/m²)	0～10	697.28	403.37	230.98	104.81	80.85
	10～20	635.12	319.59	163.84	78.71	59.40
	20～30	423.06	320.39	105.50	50.40	45.32
	30～40	552.38	228.23	117.02	58.91	51.21
	40～60	1123.12	358.20	182.04	112.43	77.28
	60～80	766.50	343.20	164.67	109.22	89.54
	80～100	680.40	360.16	213.33	119.14	78.21
	合计	4877.9	2333.1	1177.4	633.6	481.8
全氮储量(N: g/m²)	0～10	74.66	47.40	28.85	13.69	11.88
	10～20	67.18	38.48	18.40	11.06	10.07
	20～30	46.46	38.48	14.49	9.22	9.63
	30～40	57.79	27.30	13.14	8.42	9.80
	40～60	114.81	44.66	25.88	19.12	16.46
	60～80	84.00	46.80	26.12	17.71	16.40
	80～100	73.08	49.30	23.55	17.71	15.18
	合计	517.99	292.42	150.43	96.92	89.42

2. 土壤 $CaCO_3-C$ 储量

不同层次土壤 $CaCO_3-C$ 含量的变化范围如图 6.19 所示，丘间低地为 0.018～2.871 g/kg，固定沙丘为 0.014～0.100 g/kg，半固定沙丘为 0.035～0.072 g/kg，半流动沙丘为 0.027～0.067 g/kg，流动沙丘为 0.030～0.051 g/kg。各生境 $CaCO_3-C$ 含量无明显的垂直变化规律。垂直变异系数在丘间低地最高(86.6%)，流动沙丘最低(19.3%)。由于丘间低地土壤剖面间隔分布有地带性土壤栗钙土，而栗钙土中的 $CaCO_3-C$ 含量显著高于风沙土，因此其 $CaCO_3-C$ 分布呈现明显的波动性变化。固定、半固定、半流动和流动沙丘土壤质地同属风沙土，$CaCO_3-C$ 含量无显著差异。

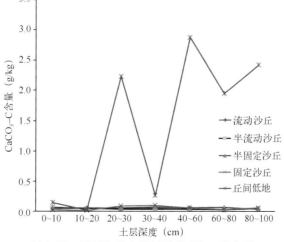

图 6.19　不同生境土壤剖面 $CaCO_3-C$ 含量

Fig.6.19　Soil inorganic carbon concentration in different habitats

　　图 6.20 为各生境土壤剖面的 $CaCO_3-C$ 储量。从丘间低地到流动沙丘,100 cm 深度土壤的 $CaCO_3-C$ 储量分别为 2412.4,83.69,92.21,68.09 和 67.38 g/m^2,$CaCO_3-C$ 储量占有机碳储量的比例分别为 49.5%,3.6%,7.8%,10.7%和 14.0%。

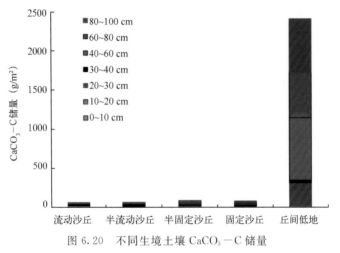

图 6.20　不同生境土壤 $CaCO_3-C$ 储量

Fig. 6.20　Soil inorganic carbon storage in different habitats

6.1.5　青藏高原高寒草甸土壤有机化学特性

　　根据研究区域高寒草甸的退化程度,利用空间分布代替时间演替的方法,在同一退化系列上选取了 3 种类型的样地,即原生嵩草草甸(33°45′29″N,101°40′39″E,海拔 3503 m)、轻度退化草甸(33°53′14″N,102°08′29″E,海拔 3423 m)和沙化草甸(33°54′47″N,102°10′38″E,海拔 3438 m)。

　　各草地地形均起伏不大,都是坡度<10°的平缓高寒草甸。原生嵩草草甸和轻度退化草甸土壤中主要以粉粒为主,沙化草甸土壤中主要以砂粒为主。原生嵩草草甸的砂粒含量小于轻度退化草甸,而粉粒含量大于轻度退化草甸。原生嵩草草甸主要以莎草为主,轻度退化草甸由禾草、杂草和莎草相间组成,沙化草甸主要有禾草和莎草,优势种植物有藏嵩草(*Kobresia tibetica*)、鹅绒委陵菜(*Potentilla anserina*)、矮嵩草(*Kobresia humilis*)、异针茅(*Stipa aliena*)、矮蔍草(*Scirpus pumilus*)、赖草(*Leymus secalinus*)、黑褐穗薹草(*Carex atrofusca*)和粗壮嵩草(*Kobresia robusta*)等。各样地植被盖度、植物种数、优势植物及土壤机械组成(0～20 cm)如表 6.9 所示。

表 6.9　不同退化阶段高寒草甸植物群落类型及其主要特点

Table 6.9　**Types and major features of plant community in alpine-cold meadow of different deteriorated stages**

样地	植被总盖度(%)	优势植物及其盖度(%)	植物种数	0～20 cm 土壤粒级组成(%)		
				黏粒(<0.02 mm)	粉粒(0.02～0.05 mm)	砂粒(0.05～2 mm)
原生嵩草草甸	92±1	藏嵩草(82)、鹅绒委陵菜(5)、矮嵩草(4)	6	3.4±0.7	80.1±2.4	16.5±1.7
轻度退化草甸	92±2	针茅(29)、鹅绒委陵菜(16)、矮蔍草(9)	26	3.2±0.6	67.4±5.2	29.4±5.7
沙化草甸	5±0.3	赖草(3.4)、黑褐穗薹草(1.4)、粗壮嵩草(0.5)	5	0	0.8±0.2	99.2±0.2

每个样地随机选取 3 个 1 m×1 m 的样方,用内径 3.5 cm 的土钻分层采集土壤样品,取样深度分 0～10 cm、10～20 cm、20～40 cm、40～60 cm、60～80 cm、80～100 cm 共 6 层。每个样地共 18 个混合土样,3 个样地共 54 个土样。草甸退化过程中,0～100 cm 土壤的有机碳、全氮、全磷和全钾含量均逐渐降低,呈现为原生嵩草草甸＞轻度退化草甸＞沙化草甸(表 6.10)。

表 6.10　0～100 cm 土壤的有机碳、全氮、全磷和全钾含量
Table 6.10　Contents of organic C, total N, total P and total K in 0～100 cm soil depth

草甸类型	有机碳(g/kg)	全氮(g/kg)	全磷(g/kg)	全钾(g/kg)
原生嵩草草甸	26.29±3.56 a	2.24±0.25 a	0.71±0.04 a	17.12±0.49 a
轻度退化草甸	16.39±1.70 b	1.44±0.13 b	0.48±0.01 b	15.70±0.84 b
沙化草甸	1.24±0.01 c	0.18±0.00 c	0.33±0.01 c	10.70±0.08 c

注:数值为平均值±标准差,同列相同字母表示 3 种草甸类型在 0～100 cm 土壤间的差异不显著($P>0.05$),不同字母表示差异显著($P<0.05$)。

从原生嵩草草甸到轻度退化草甸,土壤有机碳、全氮、全磷和全钾含量分别降低了 38%、36%、33%、8%;从原生嵩草草甸到沙化草甸,土壤有机碳、全氮、全磷和全钾含量分别降低了 95%、92%、54%、37%。这表明在草甸退化过程中,0～100 cm 土壤有机碳、全氮、全磷及全钾降低的程度依次减少。

草甸退化过程中不同深度土壤有机碳、全氮、全磷和全钾的含量均呈现逐渐降低的趋势。随着草甸的退化,不同深度土壤养分含量的垂直分布明显不同(图 6.21),原生嵩草草甸和轻度退化草甸的土壤有机碳、全氮和全磷含量均随着土壤深度的增加而降低;而原生嵩草草甸和轻度退化草甸的土壤全钾含量以及沙化草甸的土壤有机碳、全氮、全磷和全钾含量随土壤深度的增加基本保持不变。表层 20 cm 土壤有机碳的比例表现为轻度退化草甸(57%)＞原生嵩草草甸(52%)＞沙化草甸(20%);与有机碳的比例相似,表层 20 cm 土壤全氮的比例表现为轻度退化草甸(51%)＞原生嵩草草甸(50%)＞沙化草甸(20%);而表层 20 cm 土壤全磷的比例表现为原生嵩草草甸(32%)＞轻度退化草甸(25%)＞沙化草甸(21%)。

随着土壤深度的增加,原生嵩草草甸和轻度退化草甸的土壤有机碳、全氮和全磷含量在 0～40 cm 范围内锐减,在 40 cm 以下缓慢降低并趋于稳定。从原生嵩草草甸到轻度退化草甸,表层 0～20 cm 土壤的有机碳、全氮和全磷含量分别降低了 31%、35%、47%。从原生嵩草草甸到沙化草甸,0～20 cm 土壤的有机碳、全氮、全磷和全钾含量分别降低了 98%、97%、70%、32%。另外,沙化草甸表层土壤有机碳、全氮和全磷的比例均显著低于原生嵩草草甸和轻度退化草甸,深层土壤有机碳、全氮和全磷的比例呈现相反趋势(图 6.21)。

在不同退化阶段高寒草甸 0～100 cm 土壤中,轻度退化草甸(57%)和原生嵩草草甸(52%)的表层 20 cm 土壤有机碳的比例高于全球生态系统平均水平(45%);但是,随着高寒草甸的极度退化,严重沙化草甸表层 20 cm 土壤有机碳的比例(20%)急剧下降到远低于全球水平。同样的,轻度退化草甸(51%)和原生嵩草草甸(50%)的表层 20 cm 土壤全氮的比例高于全球生态系统平均水平(39%);但是,随着高寒草甸的极度退化,严重沙化草甸表层 20 cm 土壤全氮的比例(20%)急剧下降到远低于全球水平。这表明相对于全球其他植被区,原生嵩草草甸和轻度退化草甸的土壤有机碳和全氮分布较浅,高寒草甸土壤有机碳和全氮的浅层化分布可能与高寒草甸植物根系的浅层化分布有关。但是随着

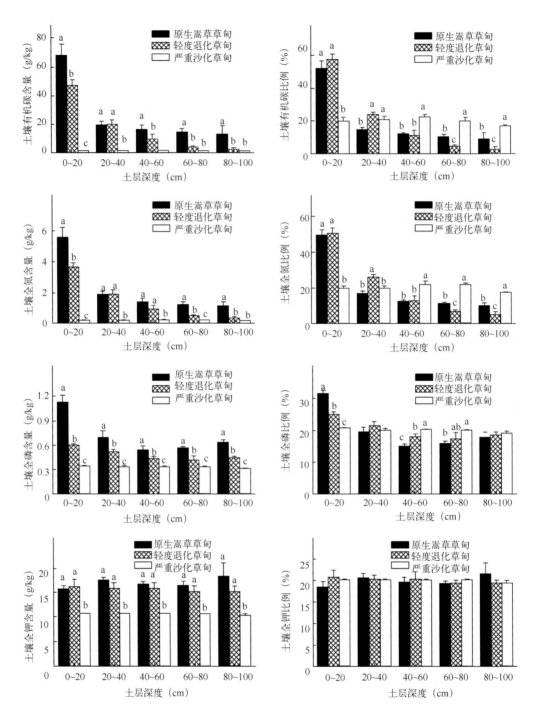

图 6.21　不同深度土壤的有机碳、全氮、全磷和全钾的含量和比例

（数值为平均值±标准差；相同字母表示 3 种草甸类型相同深度土壤间的差异不显著（$P > 0.05$），

不同字母表示差异显著（$P < 0.05$））

Fig. 6.21　Content and proportion of organic carbon(C)，total nitrogen(N)，total phosphorus(P)

and total potassium(K) in soil with different depths

高寒草甸的严重退化,沙化草甸的浅层土壤有机碳和全氮急剧降低,浅层土壤有机碳和全氮降低的程度高于深层土壤。因此,表层20 cm 的土壤有机碳和全氮可作为表征高寒草甸生态系统退化程度最敏感的土壤养分指标。

高寒草甸退化过程中,0～100 cm 土壤的碳氮比、碳磷比、碳钾比、氮磷比、氮钾比和磷钾比呈现降低的趋势,碳氮比、碳磷比、氮磷比和氮钾比在原生嵩草草甸和轻度退化草甸间没有显著差异(表6.11)。从原生嵩草草甸到轻度退化草甸,土壤的碳氮比、碳磷比、碳钾比、氮磷比、氮钾比和磷钾比分别降低了 3％,7％,32％,4％,30％和 27％;从原生嵩草草甸到沙化草甸,土壤的碳氮比、碳磷比、碳钾比、氮磷比、氮钾比、磷钾比分别降低了 43％,90％,92％,82％,87％和26％。这表明在草甸退化过程中,0～100 cm 土壤有机碳、全氮、全磷及全钾降低的程度依次减少。

表 6.11　0～100 cm 土壤碳氮比、碳磷比、碳钾比、氮磷比、氮钾比及磷钾比
Table 6.11　C/N、C/P、C/K、N/P、N/K and P/K in 0～100 cm soil depths

草甸类型	C/N	C/P	C/K	N/P	N/K	P/K
原生嵩草草甸	11.71 ±0.31 a	36.86 ±3.10 a	1.54 ±0.24 a	3.15 ±0.19 a	0.13 ±0.02 a	0.04 ±0.00 a
轻度退化草甸	11.36 ±0.22 a	34.32 ±3.85 a	1.05 ±0.13b	3.02 ±0.25 a	0.09 ±0.01 a	0.03 ±0.00 b
沙化草甸	6.73 ±0.15 b	3.78 ±0.13 b	0.12 ±0.00 c	0.56 ±0.01 b	0.02 ±0.00 b	0.03 ±0.00 b

注:数值为平均值±标准差,同列相同字母表示 3 种草甸类型0～100 cm 土壤间的差异不显著($P>0.05$),不同字母表示差异显著($P<0.05$)。

高寒草甸退化过程中不同深度土壤的碳氮比、碳磷比、碳钾比、氮磷比、氮钾比和磷钾比呈现降低的趋势(图 6.22)。另外,随着草甸的退化,不同深度土壤的碳氮比、碳磷比、碳钾比、氮磷比、氮钾比及磷钾比的垂直分布明显不同:原生嵩草草甸土壤的碳磷比、碳钾比、氮磷比、氮钾比及磷钾比均随着土壤深度的增加而降低,而其碳氮比在不同深度土壤之间没有显著差异;轻度退化草甸土壤的碳氮比、碳磷比、碳钾比、氮磷比、氮钾比及磷钾比均随着土壤深度的增加呈降低趋势;而沙化草甸土壤的碳氮比、碳磷比、碳钾比、氮磷比、氮钾比及磷钾比随着土壤深度的增加基本保持不变。随着土壤深度的增加,原生嵩草草甸和轻度退化草甸土壤的碳氮比、碳磷比、碳钾比、氮磷比、氮钾比和磷钾比在 0～40 cm 范围内锐减,在 40 cm 深度以下缓慢降低并趋于稳定。

与全球不同生态系统土壤的平均水平(C_{186}：N_{13}：P_1)(Cleveland *et al.* 2007)相比,不同退化阶段高寒草甸的碳氮比、碳磷比和氮磷比均较低。随着草甸的退化,不同深度土壤的碳氮比、碳磷比、碳钾比、氮磷比、氮钾比及磷钾比的垂直分布明显不同:随着土壤深度的增加,原生嵩草草甸和轻度退化草甸土壤的碳氮比、碳磷比、碳钾比、氮磷比、氮钾比和磷钾比在 0～40 cm 范围内锐减,在 40 cm 以下缓慢降低并趋于稳定;而沙化草甸土壤的碳氮比、碳磷比、碳钾比、氮磷比、氮钾比及磷钾比随着土壤深度的增加基本保持不变。

总之,高寒草甸退化过程中 0～100 cm 土壤有机碳、全氮、全磷和全钾下降的程度依次减少,这表明 0～100 cm 土壤有机碳对高寒草甸退化的敏感性最高,全氮、全磷和全钾的敏感性依次降低。玛曲原生嵩草草甸 0～20 cm 的土壤有机碳低于青海省果洛藏族自治州玛沁县大武乡格多牧委会未退化草甸的该层次土壤有机碳含量,而与其轻度退化草甸的该层次土壤有机碳含量相当,这表明玛曲高寒草甸可能面临较大的放牧压力。

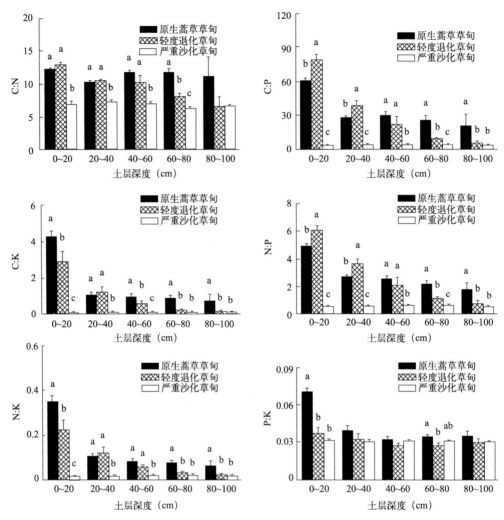

图 6.22　不同深度土壤的碳氮比、碳磷比、碳钾比、氮磷比、氮钾比和磷钾比
（数值为平均值±标准差；相同字母表示 3 种草甸类型相同深度土壤间的
差异不显著（$P>0.05$），不同字母表示差异显著（$P<0.05$））

Fig. 6.22　Ratios of C∶N，C∶P，C∶K，N∶K and P∶K in different soil depths

　　与土壤有机碳和全氮相比，不同退化阶段的土壤碳氮比在不同深度土壤间均维持相对稳定，这验证了不同生态系统土壤碳氮比相对稳定的结果，同时不同深度土壤碳氮比相对稳定也符合化学计量学的基本原则，即有机物质的形成需要一定数量的氮和其他营养成分与其相应的相对固定比率的碳。但是不同退化阶段的土壤碳磷比和碳钾比均随着土壤深度的增加呈降低趋势，可能反映了深层土壤更高的分解程度及储藏了年代更长的腐殖质。

6.1.6　祁连山疏勒河上游土壤有机化学背景值

　　各试验样地 0～20 cm 的土壤理化性质见表 6.12。SB3 样地（山地草原）的有机质含量最高，SB1（荒漠植被）的有机质含量最低；全氮含量与有机质含量具有很好的相关性，它们的分布规律一致。研究区土壤全磷含量变化范围为 0.03%～0.07%，全钾含量变化范围为

1.35%～1.52%。pH 值变化范围为 7.94～8.33。

表 6.12　各试验样地表层 0～20 cm 的土壤理化性质
Table 6.12　Soil properties of experiment plots in 0～20 cm depth

样地编号	土壤容重 (g/cm³)	含水量 (%)	pH 值	全氮 (%)	有机质 (%)	全磷 (%)	全钾 (%)	速效钾 (mg/kg)	速效磷 (mg/kg)	速效硫 (mg/kg)
SB1	1.13	3.23	8.19	0.11	0.99	0.07	1.51	394.27	1.85	1589.37
SB3	1.02	18.10	8.04	0.21	3.45	0.06	1.52	44.48	2.04	4009.82
SLP8	1.04	12.42	7.94	0.21	3.29	0.06	1.47	166.55	1.33	1871.34
SLP6	1.33	4.50	8.16	0.13	1.91	0.05	1.52	104.58	2.51	11.97
SLP1	1.10	26.20	8.15	0.11	1.57	0.03	1.35	106.44	0.77	156.94
SLP4	1.11	10.26	8.00	0.15	2.74	0.05	1.51	123.29	1.85	15.69
SB5	1.33	13.47	8.33	0.16	2.97	0.06	1.42	50.63	3.47	29.03

6.1.7　额济纳绿洲土壤养分特征

1. 土壤养分特征

通过对额济纳绿洲不同植被类型剖面采样后养分分析,每种植被类型的土壤养分均值如表 6.13 所示。

表 6.13　额济纳盆地土壤养分分析结果
Table 6.13　Analysis of soil nutrient of Ejin basin

编号	全 N (%)	全 P (%)	全 K (%)	有机质 (mg/kg)	速效 N (mg/kg)	速效 P (mg/kg)	速效 K (mg/kg)	pH 值
1	0.078	0.065	1.81	11740	119.0	211.8	1233	9.20
2	0.026	0.033	2.01	2330	11.9	2.7	257	9.35
3	0.021	0.037	2.11	2440	21.0	3.2	120	8.58
4	0.190	0.069	2.04	37310	114.1	21.9	481	8.42
5	0.088	0.052	2.11	17020	122.5	8.7	2061	8.75
6	0.087	0.068	2.41	11420	46.2	14.8	378	8.31
7	0.164	0.063	2.41	23260	121.1	14.0	286	8.22
8	0.139	0.068	3.01	3620	90.3	3.2	300	8.18
9	0.015	0.046	2.05	1000	7.7	3.0	128	8.44
10	0.140	0.064	3.17	22840	161.0	11.5	348	7.97
11	0.094	0.056	2.27	18080	65.8	16.2	1546	9.06
12	0.071	0.065	2.71	10950	44.1	5.9	288	8.34
均值	0.928	0.057	2.343	13500.830	77.058	26.408	618.833	8.568
标准差	0.0567	0.013	0.422	10861.356	51.098	58.719	633.144	0.434

由表 6.13 可知,土壤有机质在 1000～37310 mg/kg 之间,集中分布在 10000～25000 mg/kg;pH 值在 7.97～9.35 之间,呈碱性;全 N 含量在 0.015%～0.190% 之间;全 K 含量比较高,分布在 1.81%～3.17% 之间;速效 N、速效 P、速效 K 分别在 7.7～161.0 mg/kg,2.7～

211.8 mg/kg,120～2061 mg/kg,平均值分别为 51.098,58.719 和 633.144 mg/kg。从统计结果显示:全 N、全 P、全 K、pH 值标准差偏小,速效 N、速效 P、速效 K 次之,有机质的标准差最大。说明额济纳旗土壤速效 N、速效 P、速效 K 和有机质的含量比较分散,差异大,而全 N、全 P、全 K、pH 值比较集中,变化不大。

2. 额济纳典型植被区土壤有机碳密度和储量的估算

从表 6.14 中可以看出,研究区内土壤有机碳密度普遍较小,其中风沙土的土壤有机碳密度最小,林灌草甸土的土壤有机碳密度最大。同时也可以看出,土壤有机碳密度与土壤平均有机质的分布特征一样。

表 6.14　额济纳绿洲各土壤亚类有机碳密度统计
Table 6.14　Statistics of organic C density of subtypes soil in Ejin oasis

土壤亚类	厚度(cm)	平均有机质(%)	平均容重(g/cm³)	平均碳密度(kgC/m²)
盐化林灌草甸土	100	1.270	1.368	10.077
林灌草甸土	100	0.702	1.456	5.928
灰棕漠土	100	0.253	1.397	2.050
盐化潮土	100	0.938	1.314	7.149
草甸盐土	100	0.641	1.424	5.294
龟裂土	100	0.232	1.361	1.831
风沙土	100	0.204	1.403	1.636

根据 2000 年对现状土地类型调查,额济纳绿洲的各类土地面积如表 6.15 所示,其中河岸乔木林主要的植被类型是胡杨、沙枣,还伴生有苦豆子等植被,乔木稀疏,林龄大;河岸灌草林主要是以柽柳灌丛及苦豆子、芦苇为主,局部有苏枸杞、胖姑娘,灌木密生,草丛矮小。从表 6.15 中可以看出,研究区内河岸乔木林的碳密度和有机质含量相对较大,土壤密度普遍比较大,整个区域的有机质含量较小,平均碳密度和碳储量都很小。

表 6.15　不同土地利用类型土壤碳储存统计
Table 6.15　Statistics of soil C storage of different land use types

土地利用类型	土壤亚类	面积(km²)	平均容重(kg/m³)	平均有机质(%)	平均碳密度(kgC/m²)	碳储量(tC)
河岸乔木林	盐化林灌草甸土、林灌草甸土	12.982	1402	1.158	9.416	122.24
河岸灌草林	草甸盐土	38.652	1456	0.641	7.323	283.05
荒漠稀疏灌丛	草甸盐土	61.899	1397	0.702	5.294	327.69
荒漠稀疏草地	灰棕漠土	123.153	1397	0.253	2.050	252.46

3. 土壤肥力的主成分分析

为分析各个因子对土壤肥力的影响次序,研究中采用主成分分析(principal component analysis)方法对额济纳绿洲土壤的养分进行分析。为了消除数据单位的影响,将原始数据按照下列进行标准化:

$$z_{i,j} = \frac{x_{i,j} - \overline{x_j}}{s_k} \qquad (i = 1,2,\cdots,n; \quad j = 1,2,\cdots,m)$$

其中：$x_{i,j}$ 为原始指标数据，n 为样品数，m 为评价指标数；

$$\overline{x_j} = \frac{\sum_{i=1}^{n} x_{i,j}}{n}, \text{为 } j \text{ 指标数据的均值；}$$

$$s_k = \frac{1}{n}\sum_{i=1}^{n}(x_{i,j} - \overline{x_j})^2 \text{ 为标准差。}$$

得到标准矩阵 $\mathbf{Z} = (\mathbf{Z}_{i,j})_{n \times m}$，从标准矩阵 $\mathbf{Z}$ 中计算出土壤养分的相关系数矩阵 $\mathbf{R}_{m \times m}$，然后计算特征值与特征向量。通过 SPSS 11.0 软件计算得到额济纳土壤养分的相关系数矩阵，见表 6.16。

表 6.16 额济纳土壤养分的相关系数矩阵
Table 6.16 Correlation coefficient matrix of soil nutrient in Ejin

	全 N	全 P	全 K	有机质	速效 N	速效 P	速效 K
全 N	1.0	0.769	0.409	0.826	0.789	−0.005	0.069
全 P		1.0	0.455	0.567	0.627	0.259	0.074
全 K			1.0	0.064	0.332	−0.401	−0.308
有机质				1.0	0.715	0.045	0.256
速效 N					1.0	0.313	0.388
速效 P						1.0	0.333
速效 K							1.0

各样点的主成分值根据公式：$Z_i = Z \times Y(i)$ 求得。由表 6.17 中可看出，各指标对第一主成分值（Z_1）都呈正向负荷，其中全 N、全 P、有机质和速效 N 的指标系数对第一主成分值的贡献比较大；而对第二成分（Z_2）有正向负荷的主要是全 K，其指标系数为 0.5778，有逆向负荷的主要是速效 K 和速效 P，其指标系数分别为 −0.5460 和 −0.5678。从以上的分析可以看出：第一主成分代表土壤综合养分；第二主成分则主要反映土壤的 K 肥和速效 P 水平。额济纳各样点第一、二主成分值计算结果见表 6.18。

表 6.17 额济纳土壤养分的主成分特征表
Table 6.17 Principal components feature of soil nutrient in Ejin

	Y(1)	Y(2)	Y(3)	Y(4)	Y(5)	Y(6)	Y(7)
全 N	0.5093	0.1365	0.1092	0.2198	−0.0055	0.6925	−0.4268
全 P	0.4589	0.0800	−0.4011	0.0185	0.6878	−0.0552	0.3817
全 K	0.2190	0.5778	−0.2128	−0.5577	−0.1309	−0.3053	−0.3892
有机质	0.4557	−0.0751	0.4142	0.4226	−0.0131	−0.6341	−0.1854
速效 N	0.4926	−0.1221	0.0027	−0.2207	−0.6121	0.0719	0.5603
速效 P	0.1051	−0.5678	−0.6770	0.0911	−0.2004	−0.1234	−0.3801
速效 K	0.1442	−0.5460	0.3898	−0.6362	0.3079	0.0415	−0.1672
正向最大	全 N	全 K	有机质	有机质	全 P	全 N	速效 N

	Y(1)	Y(2)	Y(3)	Y(4)	Y(5)	Y(6)	Y(7)
负向最大	—	速效 P	速效 P	速效 K	速效 N	有机质	全 N
特征根	3.3893	1.7662	0.8077	0.6208	0.2961	0.0890	0.0308
贡献率(%)	48.41	25.23	11.53	8.87	4.24	1.28	0.44
累计贡献率(%)	48.41	73.65	85.18	94.04	98.28	99.56	100

注：$Y(i)$ 为第 i 主成分($i=1,2,\cdots,7$)。

表 6.18　额济纳样点第一、第二主成分值

Table 6.18　First and second principal component values of Ejin plots

	1	2	3	4	5	6	7	8	9	10	11	12
Z_1	0.681	−2.8806	−2.665	2.468	0.530	−0.080	1.626	0.759	−2.607	2.218	0.207	−0.254
Z_2	−3.125	0.004	0.245	−0.195	−1.568	0.556	0.536	1.631	0.243	1.403	−0.809	1.081

　　以第一主成分值为横坐标,第二主成分值为纵坐标,做图以反映额济纳土壤类型(图 6.23)。如此可将额济纳土壤样品分为 4 类,如图 6.23 所示。

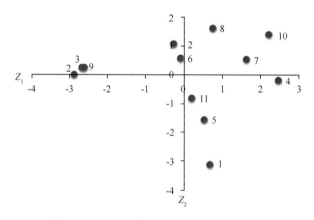

图 6.23　主成分分析聚类图

Fig. 6.23　Hierarchical diagram of principal component analysis

　　对第Ⅰ类型土壤,第一特征值为负且离原点较远,而第二特征值为正。说明土壤中各养分大都低于本区养分均值,尤其缺乏速效 P 和速效 K 养分,土壤较贫瘠。在研究区内,这类土壤主要是弱石膏灰棕漠土、灌丛沙堆与龟裂土和风沙土。这些土壤主要由于地上植被稀疏,盖度一般不超过 15%,大气降水稀少,地下水位埋藏深度大,补给不足,加之长期的风蚀作用而造成的。这种土壤在短期内很难改造为肥沃的土地,只能通过种植草皮、草方格,使土壤表层形成结皮,固定半流动沙丘,控制土壤的退化,防止沙漠化进一步扩大及土壤有机质进一步流失。

　　对第Ⅱ类型土壤,其第一、二主特征值均为正值。说明土壤全 N、全 P、有机质、速效 N 和全 K 等养分值较高,而速效 P 和速效 K 的含量较低。这类土壤主要分布区是林地如林灌草甸地、沙枣林地和胡杨林地,植被盖度超过 70%。这是因为这些土地主要分布在东、西河的两侧,水分补给比较充足,同时植被有较好的固氮作用,以及这些植被的落叶等腐殖

质年复一年形成了较好的有机质和其他肥料供给植物生长,形成良性循环,从而形成现状土壤。

对第Ⅲ类型土壤,其第一特征值为正,而第二特征值为负。说明土壤中全 N、全 P、有机质和速效 N 等养分含量相对较高,但缺乏全 K。所取土壤主要属于草甸盐土和荒漠化胡杨林土。这类土壤曾经是比较肥沃的,但随着近几十年来黑河中游下泄水量的减少,地下水位下降,地下水补给不足,加之长期人类活动(过度放牧、开荒等)的叠加作用,使这里植被遭到严重破坏,已经开始向沙化发展。

对第Ⅳ类型土壤,其第一特征值为负但离原点较近,而第二特征值为正。说明土壤各养分有趋于贫化的趋势。所取土壤主要在荒漠化的柽柳林。这类土壤与第Ⅱ类型土壤养分较接近,但比后者养分较贫瘠,有沙化的趋势。

综上所述,额济纳绿洲土壤的养分含量普遍较低,主要受植被分布和人类活动的影响。

6.2　土壤中量和微量元素

6.2.1　荒漠生态系统土壤中量和微量元素

由表 6.19 可以看出,从半流动沙丘到冲积扇,土壤中量和微量元素含量变化明显,Si、Al、Fe、Ca 等元素含量有逐渐降低的趋势,而 Mg、Na、Ti 及其他元素含量均有逐渐增加的趋势;但不同生境间 Mg、Na、Ti 含量无显著差异($P>0.01$),而其他微量元素含量差异显著($P<0.01$)。

表 6.19　腾格里沙漠南部草原化荒漠与沙漠过渡带不同生境土壤中量和微量元素含量
Table 6.19　Secondary and micro elements of different habitats soils in steppe desert and desert ecotone south of Tengger desert

元素含量	半流动沙丘	半固定沙丘	固定沙丘	冲积扇(草原化荒漠)
Ca (g/kg)	0.22±0.09a	0.30±0.14a	0.46±0.13b	0.69±0.05c
Mg (g/kg)	0.10±0.02a	0.12±0.03a	0.18±0.04a	0.29±0.03b
Si (g/kg)	7.99±0.25a	7.81±0.40a	7.18±0.57a	6.18±0.21b
Al (g/kg)	0.77±0.06a	0.27±0.03b	0.87±0.16a	1.12±0.08c
Na (g/kg)	0.14±0.02a	0.12±0.01a	0.13±0.03a	0.14±0.01a
Ti (g/kg)	0.04±0.01a	0.04±0.05a	0.05±0.07a	0.06±0.08a
Fe (g/kg)	0.25±0.02a	0.78±0.03b	0.31±0.05a	0.42±0.05a
Mn (mg/kg)	294.29±41.66a	338.00±47.63b	418.57±88.85c	588.05±82.28d
Zn(mg/kg)	26.61±4.00a	30.21±5.21b	40.48±10.38c	61.59±7.30d
Cu (mg/kg)	12.92±1.74a	13.73±2.03a	17.64±2.59b	24.28±3.13c
V (mg/kg)	41.05±7.55a	43.93±6.50a	51.75±7.83b	69.54±10.58c
Cr (mg/kg)	47.07±10.93a	52.68±8.09b	53.78±10.93a	72.08±10.47c
Co (mg/kg)	5.99±1.37a	6.60±1.00a	7.63±1.60b	8.71±1.91c
Ni (mg/kg)	18.67±3.19a	19.50±2.85a	24.85±4.74b	29.73±4.10c

元素含量	半流动沙丘	半固定沙丘	固定沙丘	冲积扇（草原化荒漠）
Pb（mg/kg）	15.67±1.37a	15.74±1.50a	17.38±2.98a	20.78±2.61b
As（mg/kg）	4.65±1.24	6.31±1.30	6.93±2.26	10.74±1.50
Rb（mg/kg）	77.64±1.90a	74.67±5.11a	84.93±11.82b	100.53±6.81c
Sr（mg/kg）	171.25±39.45a	149.36±40.59b	183.15±52.30a	248.11±27.31c
Y（mg/kg）	14.61±1.90a	16.33±1.77a	18.17±2.81a	23.93±1.73b
Zr（mg/kg）	137.93±21.29a	224.62±44.26b	196.27±13.67c	228.20±20.86d
Nb（mg/kg）	8.28±0.76a	9.05±0.84a	9.96±1.13a	12.53±1.36b
Ba（mg/kg）	601.20±39.33a	567.44±45.09a	605.03±54.51a	604.08±51.18a

注：表中数据为平均值±标准误差，标有不同字母间差异显著（$P<0.01$，$n=30$），相同者差异不显著（$P>0.01$，$n=30$）。

　　由不同年份间表层（0～20 cm）土壤中有效铁、有效铜、有效锰和有效锌含量的监测结果显示，人工植被区土壤有效铁和有效锰含量有逐年增高的趋势，而有效铜有降低趋势，有效锌随年份没有明显的变化；天然植被区有效铁、有效锰和有效铜含量随年份的变化趋势与人工植被区相似，但前两者增加的速度比人工植被区慢，而有效铜的变化速度比人工植被区快。此外，天然植被区 2010 年有效锌含量的监测值也小于 2005 年（图 6.24）。

　　综上所述，在植被建立以后随着固沙区沙面的固定和微生物结皮的形成，表面成土过程开始并逐渐增厚，土壤理化性质、营养状况、微生物量都在向着逐渐好转的方向发展；但虽然已历经 50 余年，固沙植被演替过程中土壤性质的好转也主要集中在浅表层，并且人工区与天然区相比还存在着一定差距，这表明土壤系统恢复是一个漫长的过程。

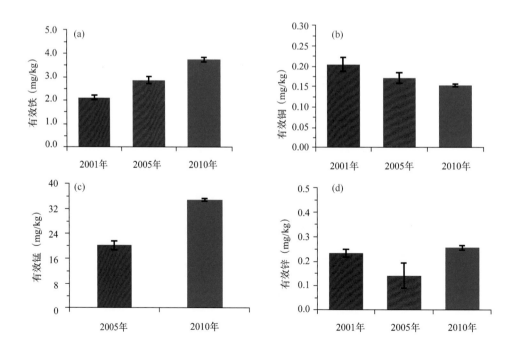

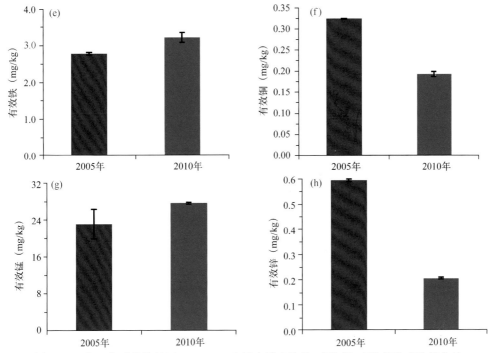

图 6.24　人工和天然植被区 0～20 cm 土层土壤有效铁、有效铜、有效锰和有效锌含量
（a）～（d）为人工植被区，（e）～（h）为天然植被区

Fig. 6.24　The contents of soil available iron，available copper，available manganese and available zinc at 0～20 cm depth for artificial and natural revegetation areas

6.2.2　黄土高原西部荒漠植被土壤微量元素

不同类型样地剖面微量元素和重金属元素含量大部分表现出随土层深度的增加先减小后增大的变化趋势，其中阳坡样地土壤中锰、铅、铬含量最高，阴坡样地土壤中铜、锌、砷、镍含量最高（表 6.20）。

表 6.20　剖面土壤微量元素和重金属元素含量（单位：g/kg）
Table 6.20　Microelement and heavy metal element contents in soil profile

样地类型	深度（cm）	锰 Mn	铜 Cu	锌 Zn	铅 Pb	铬 Cr	砷 As	镍 Ni
	0～10	653.19	29.10	74.88	29.15	74.45	14.19	35.61
	10～20	639.47	25.79	66.18	21.74	72.31	13.09	33.91
阳坡	20～40	604.93	24.98	62.62	20.04	69.72	12.21	35.17
	40～60	618.1	25.17	63.70	20.95	65.52	12.72	36.92
	60～100	622.17	25.08	63.53	21.12	68.7	12.66	35.66
	平均值	627.572	26.024	66.182	22.6	70.14	12.974	35.454
	0～10	652.87	28.92	74.94	26.66	71.87	16.02	36.64
	10～20	603.6	26.11	64.91	21.51	71.23	15.68	37.82
阴坡	20～40	584.74	25.78	65.48	21.21	67.67	13.65	36.74
	40～60	575.54	25.96	63.86	20.79	67.89	13.04	35.94
	60～100	604.34	25.85	63.87	20.74	67.92	13.32	35.97
	平均值	604.218	26.524	66.612	22.182	69.316	14.342	36.622

样地类型	深度(cm)	锰 Mn	铜 Cu	锌 Zn	铅 Pb	铬 Cr	砷 As	镍 Ni
	0～10	628.08	28.51	73.73	26.29	71.87	14.92	35.77
	10～20	614.44	24.84	64.68	20.98	67.73	13.11	34.05
半阴坡	20～40	603.26	23.10	62.24	20.77	68.52	12.76	34.97
	40～60	605.85	24.78	60.92	21.35	64.84	12.32	36.70
	60～100	610.92	23.95	63.36	20.78	67.19	12.21	33.02
	平均值	612.51	25.036	64.986	22.034	68.03	13.064	34.902

6.2.3　临泽荒漠化绿洲地区土壤微量元素

由采自戈壁荒漠区的 12 个表层土样和 15 个剖面土样 22 个土壤元素含量统计特征表明,22 种元素的算术平均值、几何平均值和中值均非常接近,反映了各种元素明显的集中分布趋势(表 6.21)。变异性分析表明,硫(S)、铜(Cu)、钴(Co)和砷(As)的变异系数大于 20%,铁(Fe)、锰(Mn)、钛(Ti)、钙(Ca)、镁(Mg)、硼(B)、钼(Mo)、锌(Zn)、硒(Se)、镉(Cd)、铅(Pb)、铬(Cr)、镍(Ni)和汞(Hg)的变异系数在 5% 以下,硅(Si)、铝(Al)、钾(K)和钠(Na)的变异系数小于 5%。相对较小的变异系数和各元素含量较小的全距(最大值和最小值之差),说明各种元素分布的离散程度较小,反映了荒漠区较为均匀单一的成土母质,土壤物质化学组成基本相同。

几何平均数能够体现元素背景值含量分布的集中趋势,因而许多研究采用几何平均数作为背景值。从几何平均值得出研究的荒漠土壤 22 个元素的背景值,大量元素 Si、Al、S、Ca、Mg、K 和 Na 的背景值分别为：335.16 g/kg、49.43 g/kg、0.05 g/kg、29.49 g/kg、9.25 g/kg、20.06 g/kg、17.48 g/kg;常见重金属元素 Fe、Mn、Cu、Zn、Co、Pb、Cr、Ni 和 As 的背景值分别为：27.51 g/kg、0.40 g/kg、5.05 mg/kg、33.68 mg/kg、5.73 mg/kg、15.54 mg/kg、55.77 mg/kg、17.65 mg/kg、5.08 mg/kg;其他痕量元素 Ti、B、Mo、Se、Cd 和 Hg 的背景值分别为：1.96 g/kg、16.13 mg/kg、0.68 mg/kg、0.17 mg/kg、0.07 mg/kg、0.01 mg/kg(表 6.21)。

表 6.21　临泽荒漠微量元素背景值

Table 6.21　Background values of microelement in Linze desert

元素	最大值	最小值	平均值	中值	标准差	变异系数	几何平均数	中国土壤元素背景值
硅(Si,g/kg)	353.40	318.02	335.30	335.71	9.93	2.81%	335.16	—
铁(Fe,g/kg)	33.80	21.30	27.76	27.55	3.72	11.02%	27.51	29.4
锰(Mn,g/kg)	0.52	0.30	0.41	0.41	0.06	12.03%	0.40	583.00
钛(Ti,g/kg)	2.82	1.14	2.01	1.98	0.45	16.08%	1.96	3.8
铝(Al,g/kg)	51.71	46.15	49.45	48.93	1.47	2.84%	49.43	66.2
硫(S,g/kg)	0.14	0.01	0.06	0.08	0.04	28.25%	0.05	—
钙(Ca,g/kg)	39.09	22.23	29.83	30.66	4.55	11.64%	29.49	15.4

元素	最大值	最小值	平均值	中值	标准差	变异系数	几何平均数	中国土壤元素背景值
镁（Mg，g/kg）	27.98	5.01	9.91	16.49	4.38	15.65%	9.25	7.8
钾（K，g/kg）	22.25	18.02	20.08	20.13	1.04	4.69%	20.06	18.6
钠（Na，g/kg）	19.66	16.03	17.50	17.84	0.97	4.94%	17.48	10.2
硼（B，mg/kg）	22.79	13.36	16.26	18.08	2.32	10.16%	16.13	47.8
钼（Mo，mg/kg）	0.94	0.48	0.70	0.71	0.14	14.85%	0.68	2.0
锌（Zn，mg/kg）	46.30	22.50	34.34	34.40	6.74	14.55%	33.68	74.2
铜（Cu，mg/kg）	10.20	1.00	6.07	5.60	2.91	28.55%	5.05	22.6
硒（Se，mg/kg）	0.25	0.08	0.17	0.17	0.05	18.90%	0.17	0.29
钴（Co，mg/kg）	11.00	2.10	6.29	6.55	2.59	23.50%	5.73	12.7
镉（Cd，mg/kg）	0.11	0.04	0.07	0.07	0.02	19.47%	0.07	0.097
铅（Pb，mg/kg）	19.90	10.60	15.73	15.25	2.38	11.95%	15.54	26.00
铬（Cr，mg/kg）	87.60	27.10	58.00	57.35	15.67	17.89%	55.77	61.00
镍（Ni，mg/kg）	26.30	9.40	18.33	17.85	4.89	18.61%	17.65	26.9
汞（Hg，mg/kg）	0.02	0.01	0.01	0.01	0.00	16.75%	0.01	0.065
砷（As，mg/kg）	9.10	1.40	5.48	5.25	1.92	21.12%	5.08	11.2

第7章　土壤动物和土壤微生物

7.1　沙坡头地区土壤动物多样性

7.1.1　人工固沙植被区土壤动物

在沙坡头人工固沙植被区内选择 5 种典型生境类型:天然植被区(A 区);20 世纪 50 年代无灌溉人工植被区(B 区);60 年代无灌溉人工植被区(C 区);80 年代无灌溉人工植被区(D区);人工灌溉植被区(E 区)。在 5 种生境中,大型土壤动物调查采集用 25 m×25 m×30 cm 的样方采集土样,每种生境土样采集有 7 个重复。手捡收集土壤动物,称生物量鲜重,在实验室分类统计。对中小型土壤动物采用 50 mL 土壤环刀分别在 0~5 cm、5~10 cm 和10~15 cm 三个土层深度采集土样,用土壤动物分离器收集土壤动物,并分类统计。

调查结果表明,腾格里沙漠地区土壤动物隶属 6 门 8 纲 13 目,其中昆虫纲土壤动物有 6目,鞘翅目昆虫有 12 种(表 7.1)。

表 7.1　腾格里沙漠沙坡头地区不同生境中大型土壤动物分布特征

Table 7.1　Distribution characteristics of big soil animals in Shapotou area in Tengger desert

动物群	A			B			C			D		
	数量	频度	多度	数量	频度	多度	数量	频度	多度	数量	频度	多度
金龟总科 Scarabaeoidea	7	0.21	0.06	—	—	—				2	0.04	0.07
步甲科 Carabidae	5	0.14	0.04	8	0.25	0.16	2	0.07	0.03	6	0.11	0.22
拟步甲科 Tenebrionoidae	11	0.32	0.1	4	0.14	0.08	1	0.04	0.02	2	0.04	0.07
叩甲科 Elateroidea	8	0.18	0.07	2	0.07	0.04	1	0.04	0.02	—	—	—
象甲科 Cureulionidae	1	0.04	0.01	6	0.21	0.12	3	0.07	0.05	2	0.07	0.07
虎甲科 Cicindelidae	—	—	—	1	0.04	0.02						
蚁科 Formicidae	64	0.29	0.57	26	0.21	0.51	46	0.25	0.74	2	0.07	0.07
鳞翅目 Lepidopptera	2	0.07	0.02	—	—	—						
半翅目 Hemiptera	10	0.21	0.09	2	0.07	0.04	7	0.11	0.11	10	0.21	0.37
双翅目 Diptera	1	0.04	0.01							1	0.04	0.04
同翅目 Homoptera	—	—	—							2	0.07	0.07
蛛形纲 Arachnida	3	0.07	0.03	1	0.04	0.02	2	0.07	0.03			
等足目 Isopoda	—	—	—	1	0.04	0.02						
合计	113			51			62			27		
生物量(g/m²)	1.29			1.07			0.18			0.3		
密度(N/m²)	63.43			22.15			8.62			14.18		

原生动物门（Protozoa）中有纤毛纲（Ciliata）的膜口目（Hymenostomatida），线形动物门（Namathelminthes）的线虫纲（Namatoda）和轮虫纲（Rotatoria），缓步动物门（Tardigrada）的真熊虫目（Eutardigrada），环节动物门（Amulata）的寡毛纲（Oligochaeta），软体动物门（Mollusea）的腹足纲（Gastropoda），节肢动物门（Arthropoda）的蛛形纲（Arachnida）的蜘蛛目（Araneae）和蜱螨目（Acarina），软甲纲（Malacostraca）的等足目（Lsopoda），昆虫纲（Lnsecta）弹尾目（Collembola）、双尾目（Diplura）、双翅目（Diptera）、半翅目（Hemiptera）（土蝽科 Cydnidae）、同翅目（Homoptera）、鳞翅目（Lepidopptera）、膜翅目（Hymenoptera）（蚁科 Formicidae）、鞘翅目（Coleoptera）（包括：步甲科（Carabidae）、隐翅虫科（Staphylinidae）、象甲科（Cureulionidae）、丽金龟科（Rutelida）、蜉金龟科（Aphodiidae）、鳃金龟科（Melolonthidae）、拟步甲科（Tenebrionoidae）、瓢虫科（Coccinellidae）、叩甲科（Elateroidea）、虎甲科（Cicindelidae）和叶甲科（Chrysomelidae））。

由表 7.1 可见，在天然植被区（生境 A），地衣和苔藓结皮发育良好的样地，土壤系统中常见的大型土壤动物优势类群鞘翅目和膜翅目昆虫占大型土壤动物总捕获量的比例分别为 28% 和 57%，鞘翅目昆虫中拟步甲科显示了较高的数量分布。大型土壤动物中另一个类群是半翅目，其数量、频度和多度均较高，采集到的多为土蝽科昆虫。比较 4 种类型生境的土壤动物群落特征可以看出：大型土壤动物大类水平群落结构在不同植被区之间没有显著差异，但它们的密度和生物量是不同的，生物量的大小依次是 A>B>D>C。土壤动物的生物量和密度与结皮的发育阶段呈正相关关系，自然发育未受干扰的地衣、苔藓结皮覆盖的土壤中生物量和密度明显地高于结皮发育较晚（如在 80 年代的固沙区以藻和蓝藻为主的结皮）的土壤类型。

对不同生境中小中型土壤动物群落的分析表明，线虫、螨类、弹尾目的昆虫和轮虫（Rotatoria）为常见类群，此外还有一些昆虫类群如鞘翅目、半翅目（Hemiptera）、膜翅目、同翅目（Homoptera）。如不考虑线虫的密度大小，其他中小型土壤动物类群则大体表现为 A>B>C>D 的趋势（表 7.2）。

表 7.2　各生境中大型土壤动物类群丰富度和多度
Table 7.2　Richness and abundance of big soil animal groups in different habitats

动物群	A			B			C			D		
	数量	频度	多度	数量	频度	多度	数量	频度	多度	数量	频度	多度
线虫 Namatoda	2107	0.95	0.80	6022	0.99	0.88	8723	0.98	0.97	3158	0.98	0.94
螨类 Acarina	142	0.23	0.05	101	0.24	0.02	33	0.18	0.01	28	0.15	0.01
弹尾目 Collembola	245	0.23	0.09	528	0.18	0.10	160	0.12	0.02	72	0.07	0.02
真熊虫目 Eutardigrada	2	0.01	0.00	2	0.01	0.00	1	0.01	0.00	47	0.06	0.01
轮虫类 Rotatoria	117	0.13	0.05	119	0.08	0.02	83	0.11	0.01	43	0.08	0.01
蚯蚓 Oligochaeta	2	0.02	0.00	1	0.01	0.00	—			—		
缨翅目 Thysanura	1	0.01	0.00	2	0.02	0.00						
鞘翅目 Coleoptera	—			1	0.01	0.00						
双尾目 Diplura	1	0.01	0.00	1	0.01	0.00	3	0.02	0.00			
半翅目 Hemiptera				2	0.02	0.00	1	0.01	0.00			
膜翅目 Hymenoptera	3	0.03	0.00									
合计	2619			6835			9004			3347		

随着人工植被中 BSC 的不断发育,其土壤动物类群有接近天然结皮覆盖植被区的趋势。大型土壤动物多样性在四种生境由高至低的次序是 A＞B＞C＞D,然而中小型土壤动物种的多样性这种趋势却不明显。

7.1.2　沙坡头天然固沙植被区结皮与昆虫多样性

在红卫天然固定植被区,选取有苔藓结皮覆盖的土壤、地衣和藻类混合覆盖的土壤和无结皮覆盖的土壤,用 25 cm×25 cm 的样框在三种类型的土壤中按照 0～5 cm,5～10 cm 和 10～20 cm 三层取样用手捡法调查土壤大型昆虫,同时在所取样的 3 个剖面上用分别用 100 mL 的土壤环刀采集三层土样,每层土壤为 3 个剖面 100 mL 土样的混合样。将采集的昆虫浸泡在 70％酒精中,按照样方编号带回室内鉴定并计数统计,昆虫鉴定以科为单位,不能鉴定到科的以目为单位鉴定并统计。将所采集的土样带回室内,立即用干漏斗法(Tullgren)分离土壤小型昆虫,48 h 后取样,在体视显微镜下鉴定并计数。

土壤昆虫在不同结皮及其不同土层的分布见表 7.3。裸地共有 5 类土壤动物分布,地衣和藻类结皮土壤中共有 13 类土壤动物分布,苔藓结皮土壤内共有 16 种土壤动物分布。

表 7.3　天然固沙植被区不同结皮内大型土壤动物分布
Table 7.3　Distribution of big soil animals in different crusts in nature sand-fixing vegetation area

昆虫种类	裸地			地衣藻类混合结皮			苔藓结皮		
	0～5 cm	5～10 cm	10～20 cm	0～5 cm	5～10 cm	10～20 cm	0～5 cm	5～10 cm	10～20 cm
土蝽科 Cydnidae	0	1	1	5	6	4	12	8	5
半翅目 Hemiptera	0	0	0	3	0	0	14	0	0
金龟甲科 Scarabaeida	0	0	0	0	0	0	2	2	1
拟步甲科 Tenebrionidae	1	3	3	5	8	3	7	8	3
鳞翅目蛹 Lepidoptera(pupa)	0	0	0	0	3	0	8	4	0
鳞翅目幼虫 Lepidoptera(larva)	0	1	1	3	3	0	4	3	0
双翅目 Diptera	0	0	0	2	4	0	3	3	0
同翅目 Homoptera	0	0	0	3	0	0	4	0	0
蚁科 Formicidae	0	0	0	3	3	8	6	7	18
膜翅目 Hymenoptera	0	0	0	0	1	0	2	1	0
象甲科 Curculionidae	1	2	2	5	4	0	3	3	0
步甲科 Carabidae	0	0	0	0	0	0	0	1	0
几丁甲科 Buprestidae	0	0	0	7	3	0	11	8	0
地鳖科 Polyphagidae	0	0	0	0	0	0	2	0	0
蚁蛉科 Myrmeleontidae	3	2	2	6	3	0	2	2	0
蛛形纲 Arachnida	0	0	0	4	2	1	7	4	2

不同类型结皮内的土壤动物的多样性比较结果如表 7.4 所示:苔藓结皮的土壤动物多样性指数和个体数均最高为 3.55698 和 170,其次为混合结皮(3.42615 和 102),裸地的土壤动物多样性指数最低(2.13606 和 23);同时不同结皮类型的各个土层的土壤大型动物的多样性、个体数和物种数均表现为:苔藓结皮＞混合结皮＞裸地。

表 7.4　不同结皮大型土壤动物多样性比较

Table 7.4　Comparison of big soil animal diversity in different crusts

地表结皮类型	土层	物种数	个体数	香农多样性指数（H）
裸地	0～5 cm	3	5	1.37095
	5～10 cm	5	9	2.19716
	10～20 cm	5	9	2.19716
	合计	5	23	2.13606
地衣藻类混合结皮	0～5 cm	11	46	3.37118
	5～10 cm	11	40	3.28982
	10～20 cm	4	16	1.70282
	合计	13	102	3.42615
苔藓结皮	0～5 cm	15	87	3.60733
	5～10 cm	13	54	3.42311
	10～20 cm	5	29	1.63649
	合计	16	170	3.55698

7.1.3　荒漠草原区生物土壤结皮与昆虫多样性

在科尔沁翠柳沟天然荒漠草原，由于该区分布有大量的小型风成沙堆，这种沙堆一般分布在山坡，沙堆在下坡的方向表层分布有苔藓结皮而上坡方向分布有地衣。为了研究这种结皮类型对昆虫多样性的影响，2007 年 9 月选择直径在 50 cm 左右的沙堆，用 25 cm×25 cm 的样方，选择表层覆盖有苔藓、地衣的两种结皮的土壤和邻近 1 m 处裸地的土壤，用手捡法调查 0～10 cm 土层分布的土壤昆虫（每种类型土壤共调查 10 个样框），将采集的昆虫浸泡在 70％酒精中，按照样方编号带回室内鉴定并计数统计，昆虫鉴定以科为单位，不能鉴定到科的以目为单位鉴定并统计。

调查结果显示（图 7.1），鼠妇在地衣结皮中的分布最高，在苔藓结皮中的分布很少，在裸地内没有分布；铗蝎在地衣结皮中的分布也最高，但是在裸地中的分布高于苔藓结皮中；石蛃在裸地没有分布，在地衣结皮中的分布明显高于苔藓结皮；象甲科、拟步甲科、鳞翅目、双翅目、同翅目、半翅目和蜘蛛在裸地中的分布高于有结皮区。这说明在结皮分布区有一些适应在结皮生活的特殊的类群昆虫（石蛃）。

由三种不同结皮覆盖类型的土壤昆虫多样性的计算表明（表 7.5），地衣结皮土壤昆虫的物种数最高为 13 种，其次为裸地（11 种），苔藓结皮的昆虫物种数最低为 10 种；不同类型土壤的土壤昆虫的个体数也不同，地衣结皮土壤昆虫的个体数最高为 147 头，其次为裸地 123 头，苔藓结皮上昆虫的数量最低为 52 头；由昆虫的多样性指数看，无论是香农指数还是辛普森指数均表现为地衣结皮＞裸地＞苔藓结皮，但是均匀度指数裸地表现为最高，其次为苔藓结皮，地衣结皮最低。

荒漠草原广泛分布的这种小沙堆，由于其上分布的苔藓和地衣两类结皮，它的存在使得其上分布的昆虫的多样性明显有别于正常土壤，这是由于一些以地衣和苔藓为取食的昆虫趋向在这种小的生境内栖息，另外由于地衣结皮在潮湿的季节内表现为快速的生长，但是当干旱到

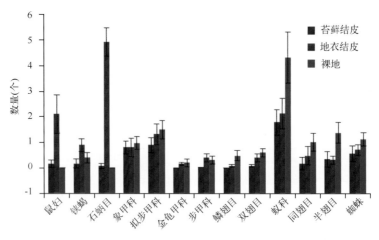

图 7.1 土壤昆虫在不同结皮上的分布

Fig. 7.1 The distribution of soil insects on different crust

来时结皮干燥收缩,这使得在结皮与土壤之间形成一定的空隙,这种空隙的存在为一些昆虫提供了良好的栖息场所,因此表现为地衣结皮上的昆虫多样性较高,在调查中也发现有大量的昆虫栖息在地衣结皮下的空隙内;苔藓结皮相对于地衣结皮来说没有这样的空隙提供昆虫栖息,另外由于这种沙堆高出地面而且沙堆的水分含量低于裸地,这些综合因素导致在苔藓上的昆虫密度较低(表 7.5)。

表 7.5 三种样地的土壤昆虫多样性比较

Table 7.5 Comparison of soil insects diversity in three types of plots

	Shannon 多样性指数	Simpson 多样性指数	均匀度	个体数	物种数
苔藓结皮	2.741	0.821	0.825	52	10
地衣结皮	3.021	0.834	0.816	147	13
裸地	2.946	0.829	0.852	123	11

通过分析沙漠生态系统土壤动物群落特征及在人工固沙过程中的变化,结果表明,沙漠生态系统土壤动物优势类群为鞘翅目和膜翅目及线虫、螨类、弹尾目昆虫;与其他类型生态系统比较,沙漠生态系统土壤动物群落结构简单、密度低。流动沙丘上仅发现有线虫分布,随人工固沙时间的延长,土壤动物群落结构、密度、多样性朝着天然草原化荒漠植被样地的方向发展。

7.2 临泽荒漠、绿洲及荒漠绿洲过渡区土壤动物多样性

通过对临泽绿洲、荒漠及荒漠绿洲过渡区土壤动物多样性的定位研究,发现干旱区由水驱动绿洲化过程中土壤动物多样性显著提高,但也使部分栖居于荒漠生境动物种类和数量显著降低,土壤动物多样性变化能反映绿洲化过程中植被、土壤环境演变特征,并对土壤环境变化有较好的指示作用。因此,通过不同时空尺度土壤动物多样性的变化过程的动态监测,将为揭示绿洲化过程中地下生态过程演变机制及生物多样性的保护和维持提供科学依据。

7.2.1　荒漠、绿洲及荒漠绿洲过渡区土壤动物组成及多样性

在临泽绿洲区选择百年农田(开垦年限＞100 a)、新垦农田(开垦年限 30 a 左右)和河岸湿地 3 种典型的生境类型,在荒漠绿洲过渡区选择人工梭梭、柽柳、杨树和樟子松林 5 种典型生境类型,在荒漠区选择沙质荒漠和砾质荒漠 2 种生境类型。实验采用巢氏设计,每种生境类型选择 3 个区域作为采样区(间距 1～2 km),每个采样区随机选取 3 块 30 m×30 m 的区域作为动物样品采集区(间距 500 m),每个动物样品采集区分别采集 5 个大型土壤动物(采用手拣法收集动物样品,采样面积 50 cm×50 cm×20 cm)和小型土壤动物样品(带回室内用干湿漏斗分离动物样品,采样面积 10 cm×10 cm×10 cm)。

1. 土壤动物种类和数量组成

荒漠、绿洲和过渡区共采集了 72 类土壤动物(表 7.6),分属于 3 门 8 纲(寡毛纲、腹足纲、蛛形纲、甲壳纲、唇足纲、综合纲、蠋蚾纲和昆虫纲)20 目和 72 科。荒漠区、过渡区和绿洲区分别采集了 33、53 和 55 类土壤动物,Jack-Knife-2 指数估计值分别为 33.3、53.4 和 55.2,取样效果(观测值/估算值)分别为 99.1%、99.3% 和 99.6%,说明荒漠、绿洲和过渡区取样效果理想,具有较好的代表性。观测值和估算值均表明荒漠区的土壤动物类群丰富度低于绿洲区和过渡区,而绿洲区动物类群丰富度最高(图 7.2)。

荒漠、绿洲和过渡区共采集了 72 类土壤动物,依据其分类地位可以划分为 6 大类群,即非昆虫纲动物(主要包括多足类、少足类、腹足纲和蚓类)、螨类、弹尾目和昆虫纲(除弹尾目以外所有昆虫纲动物)。弹尾目动物密度占土壤动物群落总密度的比例为 39.2%,分属 5 个科,其主要的动物类群是节跳科、长角跳科、球角跳科和圆跳科,其密度占弹尾目动物总密度的比例分别为 65.6%、15.0%、11.2% 和 7.9%(表 7.6)。甲螨亚目动物密度占土壤动物群落总密度的比例为 38.2%,分属 12 个科,主要的动物类群是蛛甲螨科、奥甲螨科、罗甲螨科和尖棱甲螨科,其密度占甲螨亚目动物总密度的比例分别为 34.4%、19.1%、13.4% 和 9.8%(表 7.7)。革螨亚目动物密度占土壤动物群落总密度的比例为 13.7%,分属 8 个科,主要的动物类群是厉螨科、胭螨科和美绥螨科,其密度占革螨亚目动物总密度的比例分别为 57.8%、29.0% 和 7.3%(表 7.7)。辐螨亚目动物密度占土壤动物群落总密度的比例为 5.9%,分属 8 个科,主要的动物类群是矮蒲螨总科、巨须螨科、吸螨科和跗线螨科,其密度占辐螨亚目动物总密度的比例分别为 59.8%、17.2%、9.9% 和 6.4%(表 7.7)。昆虫纲动物密度占土壤动物群落总密度的比例为 2.0%,分属 29 个科,主要的动物类群是隐翅虫科、蚜总科、蓟马科、拟步甲科、象甲科、叩甲科、步甲科、铗虫八科和蝇科,其密度占昆虫纲动物总密度的比例分别为 19.7%、11.2%、8.2%、7.1%、6.8%、5.8%、5.6%、5.2% 和 5.0%(表 7.7)。非昆虫纲动物密度占土壤动物群落总密度的比例为 0.9%,分属 10 个科,主要的动物类群是短蠋蚾科、线蚓科、幺蚣科、地蜈蚣科、长蠋蚾科和正蚓科,其密度占非昆虫纲动物总密度的比例分别为 20.6%、18.5%、18.0%、13.7%、9.4% 和 8.7%(表 7.7)。

表 7.6 6种研究样地土壤动物群落组成与数量特征（ind./m²）

Table 7.6 The abundance (mean±SE) and composition of soil fauna communities across six different land-use/cover types

	荒漠	人工梭梭林	人工杨树林	人工樟子松林	新垦农田	百年农田
瓦娄蜗牛科 Valloniidae	0	0	0.7±0.1	29.3±0.9	4.0±0.1	3.3±0.1
琥珀螺科 Succineidae	0	0	0	13.3±0.3	4.0±0.2	3.3±0.1
线蚓科 Enchytraeidae	0	0	2.0±0.1	35.7±1.2	46.7±1.3	72.7±1.3
正蚓科 Lumbricidae	0	0	0	4.0±0.2	6.0±0.1	64.0±1.8
地蜈蚣目 Geophilomorpha	0	0	0	0	24.0±0.6	91.9±1.7
石蜈蚣目 Lithobiomorpha	0	0	0.7±0.1	24.7±0.7	0	5.3±0.2
幺蚣科 Scolopendrellidae	0	0	0	4.7±0.2	19.3±0.4	128.9±3.3
气肢虫科 Trachelipidae	0	4.7±0.1	0	0	0	0
短螠蜒科 Brachypauropodidae	0	0	0	0	20.0±1.2	155.0±4.9
长螠蜒科 Eurypauropodidae	0	0	0	0	30.0±1.7	50.0±2.9
尖棱甲螨科 Ceratozetidae	10.0±0.7	40.0±1.6	1360.0±18.1	1500.0±11.6	330.0±10.4	400.0±11.3
菌甲螨科 Scheloribatidae	0	0	550.0±16.8	510.0±7.7	90.0±3.7	75.0±2.0
盖头甲螨科 Tectoc epheidae	0	0	220.0±3.5	230.0±4.7	80.0±3.3	60.0±3.0
洼甲螨科 Camisiidae	0	0	20.0±1.3	680.0±11.8	0	0
懒甲螨科 Nothridae	0	0	840.0±14.6	100.0±3.5	550.0±15.3	1435.0±8.9
真卷甲螨科 Euphthiracaridae	20.0±1.2	0	300.0±9.6	70.0±2.9	50.0±3.3	200.0±4.9
罗甲螨科 Lohmanniidae	1370.0±7.5	1350.0±8.1	430.0±8.1	200.0±7.7	1050.0±15.3	557.5±6.6
上罗甲螨科 Epilohmanniidae	310.0±6.8	230.0±4.3	150.0±2.7	130.0±3.9	250.0±3.8	170.0±3.5
奥甲螨科 Oppiidae	330.0±6.4	30.0±1.5	3860.0±13.8	1160.0±10.0	300.0±8.1	1380.0±25.2
珠甲螨科 Damaeidae	100.0±5.0	0	9960.0±38.8	1610.0±26.3	430.0±13.8	630.0±15.2
木单翼甲螨科 Xylobatidae	0	0	400.0±6.8	230.0±4.3	0	160.0±5.1
缝甲螨科 Hypoc hthoniidae	0	0	0	490.0±16.1	0	0

续表

	荒漠	人工梭梭林	人工杨树林	人工樟子松林	新垦农田	百年农田
厉螨科 Lealapidae	10.0±0.7	570.0±12.6	1920.0±19.8	2050.0±22.7	1590.0±9.4	1522.5±20.1
厚历螨科 Pachylaelaptidae	0	0	10.0±0.7	160.0±5.1	30.0±1.7	135.0±6.7
囊螨科 Ascidae	0	0	100.0±5.8	0	0	0
胭螨科 Rhodacaridae	20.0±1.2	70.0±1.7	570.0±4.9	350.0±5.6	1030.0±15.1	1800.0±27.0
美绥螨科 Ameroseiidae	0	0	200.0±6.2	290.0±6.3	210.0±5.9	267.5±4.5
尾足螨科 Trachyuropodidae	0	0	120.0±3.2	0	50.0±1.6	142.5±3.9
土革螨科 Ologamasidae	0	0	0	10.0±0.7	0	0
盾螨科 Parholaspididae	30.0±1.7	0	0	0	0	0
矮蒲螨总科 Pygmephoridae	0	130.0±3.1	570.0±15.8	130.0±4.2	1020.0±18.3	1582.5±21.0
肉食螨总科 Cheyletidae	0	0	150.0±4.7	0	20.0±1.2	20.0±1.2
巨须螨科 Cunaxidae	0	30.0±1.5	350.0±6.4	160.0±6.4	190.0±7.9	260.0±8.5
吸螨科 Bdellidae	130.0±3.9	30.0±1.5	320.0±8.8	90.0±3.0	0	0
赤螨科 Erythraeidae	0	10.0±0.7	0	0	0	0
线形螨科 Nematalycidae	20.0±1.2	0	0	0	0	0
食菌螨科 Anoetidae	30.0±1.5	150.0±4.4	0	0	0	0
跗线螨科 Tarsonemidae	260.0±4.9	110.0±3.2	0	0	0	0
节跳虫科 Isotomidae	100.0±2.6	1320.0±11.1	3330.0±54.8	1780.0±15.3	6250.0±40.2	12102.5±31.6
长角跳科 Entomobryidae	110.0±3.8	90.0±3.0	190.0±2.6	1090.0±15.9	1080.0±15.6	3117.5±38.3
球角跳科 Hypogastruridae	0	0	350.0±12.0	1870.0±25.8	720.0±16.3	1302.5±25.8
圆跳科 Sminthuridae	0	0	2420.0±86.3	0	190.0±6.5	380.0±11.2
短角跳科 Neelidae	0	0	20.0±1.3	0	0	102.5±4.3
长角科 Lygaeidae	0	0	1.3±0.1	30.3±1.5	0	5.7±0.1
土椿科 Cydnidae	10.0±0.4	0	0	0	0	0
蚜总科 Aphidoidea	0	0	0	0	0	17.7±0.7

续表

科名	荒漠	人工梭梭林	人工杨树林	人工樟子松林	新垦农田	百年农田
蚧总科 Coccoidea	0	0	70.0±2.9	0	50.0±2.1	100.0±5.1
蓟马科 Thripidae	30.0±1.5	90.0±2.2	40.0±2.0	0	0	0
蚁狮科 Myrmeleontidae	2.7±0.1	0	0	0	0	0
啮科 Psocidae	10.0±0.7	10.0±0.7	0	0	0	0
铗虫八科 Japygidae	0	0	0	0	20.0±1.3	82.5±3.4
夕蚁科 Hesperentomidae	0	0	0	0	0	10.0±0.7
虎甲科 Cicindelidae	0	0	0	0	0.7±0.1	1.3±0.1
步甲科 Carabidae	2.3±0.1	2.3±0.1	23.7±1.0	0	24.0±0.7	56.4±1.3
隐翅虫科 Staphylinidae	0	0	22.7±5.2	11.7±1.8	18.7±5.3	32.5±6.0
叩甲科 Elateridae	0.7±0.1	2.3±0.1	12.0±0.4	0	29.0±0.4	69.0±1.8
象甲科 Curculionidae	20.0±0.5	0	110.7±1.9	0	1.3±0.1	1.7±0.1
金龟子科 Scarabaeoidea	1.3±0.1	0	4.0±0.2	1.3±0.1	16.7±0.4	20.7±0.5
瓢甲科 Coccinellidae	0	0	0	0	4.3±0.1	14.3±0.6
鳃金龟科 Melolonthidae	0	0	2.0±0.1	5.0±0.3	8.3±0.2	43.0±1.7
丽金龟科 Rutelidae	0	0	0	0	0	9.3±0.4
拟步甲科 Teneberionidae	52.3±1.0	27.2±0.5	25.0±1.4	10.0±0.6	20.0±1.0	5.3±0.3
叶甲科 Chrysomelidae	0	0	4.0±0.2	0	0	0.7±0.1
蚁甲科 Pselaphidae	0	0	0	0	10.0±0.7	0
锯谷盗科 Silvanidae	0	0	10.0±0.7	0	0	0
摇蚊科 Chironomidae	0	0	32.3±1.1	9.3±0.3	35.0±1.2	14.3±0.5
瘿蚊科 Cecidomyiidae	0	0	6.0±0.1	0	0	0
剑虻科 Therevidae	17.0±0.4	5.0±0.3	0	0	0	0
食虫虻科 Asilidae	0	15.0±0.7	10.0±0.7	6.3±0.3	24.7±0.8	15.0±0.9
长足虻科 Dolichopodidae	0	0	0	5.3±0.1	0	11.3±0.3
蝇科 Muscidae	0	5.0±0.3	35.7±1.5	3.7±0.1	5.0±0.1	48.7±1.3
夜蛾科 Noctuidae	4.0±0.2	0	8.0±0.2	0.7±0.1	11.3±0.3	9.3±0.3

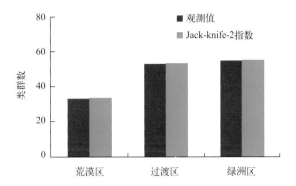

图 7.2　荒漠、绿洲和过渡区土壤动物类群数的观测值和估算值

Fig. 7.2　Observed and estimated numbers of taxa of soil fauna communities
across desert，oasis and transitional zone

表 7.7　荒漠、绿洲和过渡区土壤动物密度（单位：个/m²，均值±标准误）和相对多度（单位：%）

Table 7.7　Soil animal density and relative abundance in desert，oasis and ecotone

土壤动物	荒漠		过渡区		绿洲	
	密度	相对多度	密度	相对多度	密度	相对多度
瓦娄蜗牛科 Valloniidae	0	0.00	1.67 ± 0.65	0.07	0.41 ± 0.10	0.02
琥珀螺科 Succineidae	0	0.00	0.74 ± 0.29	0.03	0.41 ± 0.11	0.02
线蚓科 Enchytraeidae	0	0.00	2.09 ± 0.85	0.08	6.63 ± 1.31	0.26
正蚓科 Lumbricidae	0	0.00	0.22 ± 0.13	0.01	3.89 ± 1.64	0.16
地蜈蚣科 Geophilidae	0	0.00	0	0.00	6.44 ± 1.48	0.26
石蜈蚣科 Lithobiidae	0	0.00	1.41 ± 0.58	0.06	0.30 ± 0.12	0.01
幺蚣科 Scolopendrellidae	0	0.00	0.26 ± 0.11	0.01	8.24 ± 2.41	0.33
气肢虫科 Trachelipidae	0.26 ± 0.10	0.06	0	0.00	0	0.00
短蝎蛱科 Brachypauropodidae	0	0.00	0	0.00	9.72 ± 4.05	0.39
长蝎蛱科 Eurypauropodidae	0	0.00	0	0.00	4.44 ± 2.17	0.18
尖棱甲螨科 Ceratozetidae	2.78 ± 1.09	0.68	158.89 ± 13.28	6.45	40.56 ± 9.34	1.62
菌甲螨科 Scheloribatidae	0	0.00	58.89 ± 11.54	2.39	9.17 ± 2.60	0.37
盖头甲螨科 Tectocepheidae	0	0.00	25.00 ± 3.64	1.01	7.78 ± 2.75	0.31
洼甲螨科 Camisiidae	0	0.00	38.89 ± 11.63	1.58	0	0.00
懒甲螨科 Nothridae	0	0.00	52.22 ± 13.49	2.12	110.28 ± 15.97	4.41
真卷甲螨科 Euphthiracaridae	1.11 ± 0.76	0.27	20.56 ± 6.59	0.83	13.89 ± 4.86	0.55
罗甲螨科 Lohmanniidae	151.11 ± 7.04	37.15	35.00 ± 7.42	1.42	89.31 ± 12.93	3.57
上罗甲螨科 Epilohmanniidae	30.00 ± 5.48	7.38	15.56 ± 2.83	0.63	23.33 ± 3.33	0.93
奥甲螨科 Oppiidae	20.00 ± 5.94	4.92	278.89 ± 37.88	11.32	93.33 ± 23.85	3.73
珠甲螨科 Damaeidae	5.56 ± 3.45	1.37	642.78 ± 115.98	26.10	58.89 ± 13.85	2.35
木单翼甲螨 Xylobatidae	0	0.00	35.00 ± 5.67	1.42	8.89 ± 3.69	0.36
缝甲螨科 Hypochthoniidae	0	0.00	27.22 ± 11.20	1.11	0	0.00

土壤动物	荒漠		过渡区		绿洲	
	密度	相对多度	密度	相对多度	密度	相对多度
厉螨科 Lealapidae	32.22 ± 10.50	7.92	220.56 ± 18.12	8.95	172.92 ± 17.09	6.91
厚厉螨科 Pachylaelaptidae	0	0.00	9.44 ± 3.66	0.38	9.17 ± 5.15	0.37
囊螨科 Ascidae	0	0.00	5.56 ± 3.81	0.23	0	0.00
胭螨科 Rhodacaridae	5.00 ± 1.46	1.23	51.11 ± 5.54	2.08	157.22 ± 21.33	6.28
美绥螨科 Ameroseiidae	0	0.00	27.22 ± 6.41	1.11	26.53 ± 4.82	1.06
尾足螨科 Trachyuropodidae	0	0.00	6.67 ± 2.91	0.27	10.69 ± 3.28	0.43
土革螨科 Ologamasidae	0	0.00	0.56 ± 0.56	0.02	0	0.00
盾螨科 Parholaspididae	1.67 ± 1.21	0.41	0	0.00	0	0.00
矮蒲螨总科 Pygmephoridae	7.22 ± 2.53	1.78	38.89 ± 14.59	1.58	144.58 ± 18.58	5.78
肉食螨总科 Cheyletidae	0	0.00	8.33 ± 3.36	0.34	1.11 ± 0.76	0.04
巨须螨科 Cunaxidae	1.67 ± 0.90	0.41	28.33 ± 6.82	1.15	25.00 ± 7.38	1.00
吸螨科 Bdellidae	8.89 ± 2.79	2.19	22.78 ± 7.40	0.92	0	0.00
赤螨科 Erythraeidae	0.56 ± 0.56	0.14	0	0.00	0	0.00
线形螨科 Nematalycidae	1.11 ± 0.76	0.27	0	0.00	0	0.00
食菌螨科 Anoetidae	10.00 ± 3.13	2.46	0	0.00	0	0.00
跗线螨科 Tarsonemidae	20.56 ± 4.39	5.05	0	0.00	0	0.00
节跳科 Isotomidae	78.89 ± 18.26	19.39	283.89 ± 43.56	11.53	1019.58 ± 84.72	40.74
长角跳科 Entomobriyidae	11.11 ± 2.67	2.73	71.11 ± 16.13	2.89	233.19 ± 36.61	9.32
球角跳科 Hypogastruridae	0	0.00	123.33 ± 26.91	5.01	112.36 ± 19.02	4.49
圆跳科 Sminthuridae	0	0.00	134.44 ± 59.85	5.46	31.67 ± 8.13	1.27
短角跳科 Neelidae	0	0.00	1.11 ± 1.11	0.05	5.69 ± 2.83	0.23
长蝽科 Lygaeidae	0	0.00	1.76 ± 0.99	0.07	0.31 ± 0.11	0.01
土蝽科 Cydnidae	0.56 ± 0.31	0.14	0	0.00	0	0.00
蚜总科 Aphidoidea	0	0.00	0	0.00	0.98 ± 0.49	0.04
蚧总科 Coccoidea	0	0.00	3.89 ± 2.31	0.16	8.33 ± 4.45	0.33
蓟马科 Thripidae	6.67 ± 1.98	1.64	2.22 ± 1.29	0.09	0	0.00
蚁狮科 Myrmeleontidae	0.15 ± 0.09	0.04	0	0.00	0	0.00
啮科 Psocidae	1.1 ± 0.76	0.27	0	0.00	0	0.00
铗虫八科 Japygidae	0	0.00	0	0.00	5.69 ± 2.59	0.23
夕蚋科 Hesperentomidae	0	0.00	0	0.00	0.56 ± 0.56	0.02
虎甲科 Cicindelidae	0	0.00	0	0.00	0.11 ± 0.06	0.00
步甲科 Carabidae	0.26 ± 0.08	0.06	1.31 ± 0.66	0.05	4.47 ± 1.01	0.18
隐翅虫科 Staphylinidae	0	0.00	8.59 ± 1.49	0.35	12.82 ± 2.10	0.51
叩甲科 Elateridae	0.17 ± 0.07	0.04	0.67 ± 0.31	0.03	5.44 ± 1.51	0.22
象甲科 Curculionidae	1.11 ± 0.42	0.27	6.15 ± 1.87	0.25	0.17 ± 0.07	0.01

土壤动物	荒漠		过渡区		绿洲	
	密度	相对多度	密度	相对多度	密度	相对多度
金龟子科 Scarabaeoidea	0.07 ± 0.07	0.02	0.30 ± 0.12	0.01	2.07 ± 0.43	0.08
瓢甲科 Coccinellidae	0	0.00	0	0.00	1.04 ± 0.38	0.04
鳃金龟科 Melolonthidae	0	0.00	0.39 ± 0.28	0.02	2.85 ± 1.23	0.11
丽金龟科 Rutelidae	0	0.00	0	0.00	0.52 ± 0.31	0.02
拟步甲科 Teneberionidae	4.42 ± 0.74	1.09	1.94 ± 1.15	0.08	1.41 ± 0.68	0.06
叶甲科 Chrysomelidae	0	0.00	0.22 ± 0.12	0.01	0.04 ± 0.04	0.00
蚁甲科 Pselaphidae	0	0.00	0	0.00	0.56 ± 0.56	0.02
锯谷盗科 Silvanidae	0	0.00	0.56 ± 0.56	0.02	0	0.00
摇蚊科 Chironomidae	0	0.00	2.31 ± 0.87	0.09	2.74 ± 0.90	0.11
瘿蚊科 Cecidomyiidae	0	0.00	0.33 ± 0.13	0.01	0	0.00
剑虻科 Therevidae	1.22 ± 0.34	0.30	0	0.00	0	0.00
食虫虻科 Asilidae	0.83 ± 0.45	0.20	0.91 ± 0.60	0.04	2.20 ± 0.72	0.09
长足虻科 Dolichopodidae	0	0.00	0.30 ± 0.12	0.01	0.63 ± 0.23	0.03
蝇科 Muscidae	0.28 ± 0.28	0.07	2.19 ± 1.00	0.09	2.98 ± 1.14	0.12
夜蛾科 Noctuidae	0.22 ± 0.11	0.05	0.48 ± 0.19	0.02	1.15 ± 0.26	0.05

2. 土壤动物多样性

荒漠、绿洲和过渡区土壤动物群落 PCA 分析结果表明,第 1 排序轴解释了 43.0% 的动物群落变化,第 2 排序轴解释了 13.4% 的动物群落变化,前两个排序轴累积解释了 56.4% 的动物群落变化,说明 PCA 说明排序分析结果可信。PCA 排序图明显将荒漠、绿洲和过渡区土壤动物群落分成 2 组,荒漠区土壤动物群落与绿洲区和过渡区明显不同,而过渡区和绿洲区土壤动物群落又存在一定差异(图 7.3)。由荒漠到绿洲,土壤动物群落密度、类群丰富度和多样性指数逐渐增加,而群落均匀度指数变化与多样性指数不同,由绿洲区向过渡区和荒漠区,动物群落均匀度指数逐渐增加(图 7.3)。

荒漠、绿洲和过渡区土壤动物群落参数的方差分析结果表明,土壤动物群落密度($F_{2.53} = 110.01, P < 0.0001$)、类群丰富度($F_{2.53} = 191.47, P = 0.0277$)、多样性指数($F_{2.53} = 49.98, P < 0.0001$)和均匀度指数($F_{2.53} = 10.33, P = 0.0003$)均存在显著差异。绿洲区和过渡区土壤动物群落密度显著高于荒漠区,动物群落类群丰富度变化与密度变化相近,其中绿洲区动物群落类群丰富度显著高于过渡区(图 7.4)。过渡区土壤动物群落多样性显著高于绿洲区,绿洲区动物群落多样性又显著高于荒漠区,均匀度指数变化与多样性指数不同,荒漠区和过渡区动物群落的均匀度显著高于绿洲区(图 7.4)。

上述研究结果表明,荒漠、绿洲及荒漠绿洲过渡区土壤动物群落结构明显不同,荒漠绿洲过渡区动物群落组成与绿洲区接近。绿洲区和过渡区土壤动物密度和类群丰富度均显著高于荒漠区,绿洲区和过渡区土壤动物密度约是荒漠区的 6.1 倍和 6.2 倍,绿洲区和过渡区动物类群丰富度约是荒漠区的 2.2 倍和 2.5 倍。

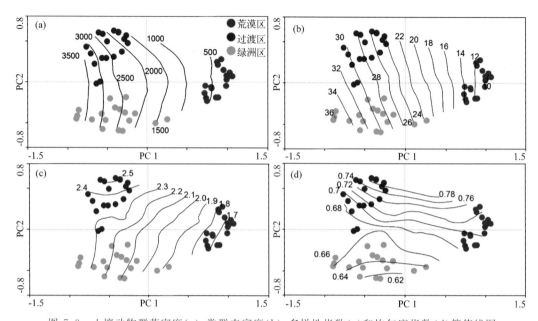

图 7.3　土壤动物群落密度(a)、类群丰富度(b)、多样性指数(c)和均匀度指数(d)等值线图

Fig. 7.3　The density(a)，group richness(b)，diversity index(c) and evenness index(d)
isoline of soil fauna community in the PCA diagram

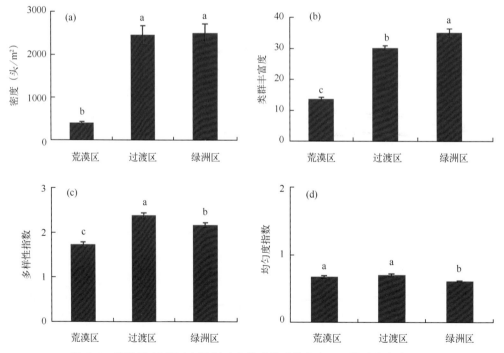

图 7.4　荒漠区、过渡区和绿洲区土壤动物群落密度(a)、类群丰富度(b)、
多样性指数(c)和均匀度指数(d)比较

Fig. 7.4　The density(a)，groups richness(b)，diversity index(c) and evenness index(d) of
soil fauna communities across desert zones，transitional zones and oasis zones

7.2.2　土地利用变化对土壤动物多样性的影响

通过对临泽荒漠、绿洲及荒漠绿洲过渡区 6 种土地利用方式的土壤动物多样性的定位研究发现,有灌溉的人工林地和农田土壤动物多样性显著提高。在干旱区,水驱动的绿洲化过程伴随着土地利用变化强烈影响多样性。因而,深入开展土地利用变化与土壤动物多样性的关系研究,阐明影响土壤动物多样性的关键环境因子,这对干旱区生物多样性的保护与维持具有重要意义。

不同土地利用方式下土壤动物群落密度($F_{5.53}=168.41$,$P<0.0001$)、类群丰富度($F_{5.53}=97.08$,$P<0.0001$)、多样性指数($F_{5.53}=19.45$,$P<0.0001$)和均匀度指数($F_{5.53}=12.12$,$P<0.0001$)均有显著影响。荒漠土壤动物群落数密度均显著低于人工林地和灌溉农田,而有灌溉管理的人工林地和灌溉农田土壤动物密度又显著高于无灌溉管理的人工梭梭林(图 7.5)。土壤动物类群丰富度变化与密度变化接近,荒漠转变为有灌溉管理的人工杨树林、人工樟子松林和灌溉农田动物类群丰富度显著增加,百年农田的动物类群丰富度显著高于人工樟子松林和杨树林及新垦农田(图 7.5)。荒漠转变为无管理措施的人工梭梭林,动物群落类群丰富度变化不大,转变为有管理措施的人工林地和灌溉农田动物群落多样性指数显著增加;动物群落均匀度指数变化较小,人工樟子松林土壤动物群落均匀度指数显著高于其他 5 种土地利用类型(图 7.5)。

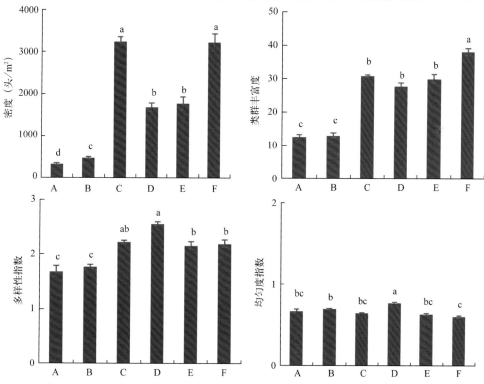

图 7.5　土地利用/覆被变化和管理措施对土壤动物群落个体密度、类群丰富度、
多样性和均匀度指数(平均数±标准差)的影响

(A=荒漠;B=人工梭梭灌木林;C=人工杨树林;D=人工樟子松林;E=新垦农田;F=百年农田)

Fig. 7.5　The abundance, group richness, diversity and evenness index (mean ±SE) of
soil fauna communities across land-use/cover types

　　土壤动物群落与 12 类植被和土壤生态环境因子的 CCA 分析结果表明,第 1 典型轴 ($F=16.39$, $P=0.001$)和所有典型轴($F=4.84$, $P=0.001$)在统计学上达到极显著水平, 说明排序分析能够较好地反映土壤动物群落分布与环境因子的关系。前两个排序轴累积 解释了 41.4% 的土壤动物群落变异和 70.7% 的动物与环境因子的关系,其中第 1 排序轴解 释了 28.6% 的土壤动物群落变异和 48.7% 的动物与环境因子的关系,第 2 排序轴解释了 12.8% 的土壤动物群落变异和 22.0% 的动物与环境因子的关系。12 类植被和土壤生态环 境因子与土壤动物群落偏 CCA 分析的独立检验的分析结果表明,草本生物量、凋落物量、 土壤温度、土壤含水量、土壤砂粒含量、土壤容重、pH、土壤有机碳、土壤全氮、土壤可溶性 盐、土壤微生物量碳和微生物量氮对土壤动物群落分布均有显著的影响(表 7.8)。偏 CCA 分析的逐步向前筛选变量的分析结果表明,影响土壤动物群落分布的主要环境因子是草本 生物量、凋落物量、土壤温度、土壤含水量、pH、土壤有机碳、土壤全氮、土壤可溶性盐和微生 物量碳,其中土壤有机碳、凋落物量、土壤含水量和 pH 对土壤动物群落分布的相对贡献率 最大(表 7.8)。

表 7.8　环境因子对土壤动物群落变化的独立贡献和相对贡献的偏 CCA 分析

Table 7.8　Partial CCA analysis of independent and relative contribution of environment elements to dynamic of soil animal community

变量	独立效应				条件效应			
	λ1	贡献率(%)	F	P	λ2	贡献率(%)	F	P
草本生物量(g/m^2)	0.128	22.15	7.74	0.001	0.019	3.29	1.89	0.01
凋落物量(g/m^2)	0.122	21.11	7.37	0.001	0.124	21.45	10.4	0.001
土壤温度(℃)	0.228	39.45	15.64	0.001	0.025	4.33	2.41	0.003
土壤含水量(%)	0.187	32.35	12.2	0.001	0.05	8.65	4.46	0.001
土壤砂粒含量(%)	0.179	30.97	11.53	0.001	0.008	1.38	0.767	0.788
土壤容重(g/cm^3)	0.127	21.97	7.7	0.001	0.006	1.04	0.635	0.913
pH	0.068	11.76	3.88	0.002	0.029	5.02	2.69	0.001
土壤有机碳(g/kg)	0.252	43.6	17.88	0.001	0.252	43.6	17.88	0.001
土壤全氮(g/kg)	0.214	37.02	14.38	0.001	0.01	1.73	0.977	0.493
土壤可溶性盐(mg/kg)	0.071	12.28	4.02	0.001	0.018	3.11	1.81	0.013
微生物量碳(mg/kg)	0.239	41.35	16.64	0.001	0.024	4.15	2.32	0.004
微生物量氮(mg/kg)	0.129	22.32	7.81	0.001	0.013	2.25	1.3	0.156

　　选择对土壤动物群落分布有显著影响的 8 个解释变量(即草本生物量、凋落物量、土壤 温度、土壤含水量、pH、土壤有机碳、土壤可溶性盐和微生物量碳),绘制 6 种研究样地分布 与解释变量之间关系的 CCA 二维排序图(图 7.6)。从图中可以看出,天然草地和人工梭梭 林、人工樟子松和杨树林、新垦农田和百年农田的土壤动物群落明显不同,排序轴 1 主要反 映了灌溉管理变化梯度,无灌溉管理措施天然草和人工梭梭林、有灌溉管理的人工林地和 灌溉农田沿排序轴 1 分布,排序轴 2 主要反映了施肥管理和植被覆被变化梯度,施肥和灌溉 管理的农田和有灌溉管理的人工杨树林、樟子松林样地及无管理措施的人工梭梭林和天然 草地沿排序轴 2 分布(图 7.6)。土壤温度(相关系数 0.812, $P<0.05$)、土壤含水量(相关系

数－0.649，$P<0.05$）、土壤沙粒（相关系数0.843，$P<0.05$）、pH（相关系数0.334，$P<0.05$）、土壤有机碳（相关系数－0.914，$P<0.05$）、土壤可溶性盐（相关系数0.329，$P<0.05$）和微生物量碳含量（相关系数－0.852，$P<0.05$）与排序轴1显著相关，说明排序轴1主要反映了较高土壤温度、pH和土壤砂粒含量和较低的土壤含水量和养分含量的环境变化梯度，而草本生物量（相关系数－0.909，$P<0.05$）、凋落物量（相关系数0.942，$P<0.05$）、土壤温度（相关系数－0.468，$P<0.05$）、土壤含水量（相关系数－0.662，$P<0.05$）和土壤微生物量碳含量（相关系数－0.389，$P<0.05$）与排序轴2显著相关，说明排序轴2主要反映了较高的凋落物量和较低的土壤温度、土壤含水量和微生物量碳含量的环境变化梯度。

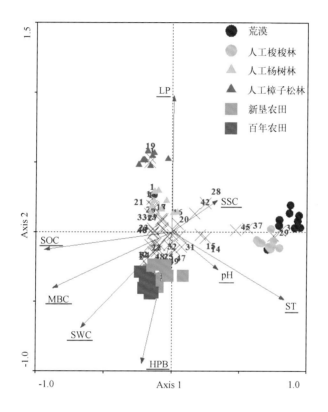

图7.6　6种研究样地土壤动物群落分布与8个关键解释变量关系的CCA二维排序图

（LP－凋落物量；ST－土壤温度；SWC－土壤含水量；HPB－草本生物量；SOC－土壤有机碳；SSC－土壤可溶性盐；MBC－土壤微生物量碳；1－瓦娄蜗牛科；2－线蚓科；3－正蚓科；4－地蜈蚣科；5－幺蚣科；6－短蜣蛾科；7－长蜣蛾科；8－尖棱甲螨科；9－菌甲螨科；10－盖头甲螨科；11－洼甲螨科；12－懒甲螨科；13－真卷甲螨科；14－罗甲螨科；15－上罗甲螨科；16－奥甲螨科；17－珠甲螨科；18－木单翼甲螨科；19－缝甲螨科；20－厉螨科；21－厚厉螨科；22－胭螨科；23－美绥螨科；24－尾足螨科；25－矮蒲螨总科；26－肉食螨总科；27－巨须螨科；28－吸螨科；29－食菌螨科；30－跗线螨科；31－节跳科；32－长角跳科；33－球角跳科；34－圆跳科；35－短角跳科；36－蚧总科；37－蓟马科；38－铗虫八科；39－步甲科；40－隐翅虫科；41－叩甲科；42－象甲科；43－金龟子科；44－鳃金龟科；45－拟步甲科；46－摇蚊科；47－食虫虻科；48－蝇科；49－夜蛾科）

Fig. 7.6　The CCA two-dimensional ordination diagram of soil fauna communities with eight key explanatory variables across six land-use types

　　不同土壤动物类群的分布与排序轴 1 和排序轴 2 所反映的环境梯度密切相关,如食菌螨科、跗线螨科、罗甲螨科、上罗甲螨科、蓟马科和拟步甲科与排序轴 1 呈显著的正相关,它们主要分布在具有较高的地面温度、土壤砂粒含量和 pH 的天然草地和人工梭梭林,而美绥螨科、球角跳科和摇蚊科与排序轴 1 呈显著的负相关,它们主要分布在土壤含水量和养分含量较高的人工林地和灌溉农田(图 7.6)。再如线蚓科、正蚓科、地蜈蚣科、幺蚣科、短螳蛱科、长螳蛱科、尾足螨科、鳃金龟科和短角跳虫科与排序轴 1 和排序轴 2 均呈显著的负相关,它们主要分布在土壤含水量和土壤养分含量较高的灌溉农田,而瓦娄蜗牛科、菌甲螨科、盖头甲螨科、洼甲螨科、木单翼甲螨、缝甲螨科和厚厉螨科等均与排序轴 1 呈显著正相关,与排序轴 2 呈显著正相关,它们主要分布在凋落物量、土壤含水量和土壤养分含量较高的人工樟子松和杨树林(图 7.6,表 7.9)。

表 7.9　6 种研究样地植被和土壤环境特征的比较(平均数±标准误)

Table 7.9　The characteristics of soil environmental conditions (mean ± SE) across six land-use/cover types

	荒漠	人工梭梭林	人工杨树林	人工樟子松林	新垦农田	百年农田
草本生物量(g/m²)	15.0±3.3	34.5±4.5	15.6±1.2	1.6±0.6	2893.3±107.4	1738.6±75.8
凋落物量(g/m²)	21.8±1.9	38.4±5.1	275.3±11.2	3377.0±77.7	0.11±0.01	0.07±0.01
土壤温度(℃)	24.3±0.2	22.9±0.2	15.1±0.3	14.5±0.2	17.7±0.4	17.5±0.3
土壤含水量(%)	2.2±0.02	2.9±0.1	5.6±0.3	5.3±0.5	11.8±0.3	12.6±0.3
土壤砂粒(%)	99.4±0.1	98.9±0.1	95.5±0.2	93.3±0.7	96.3±0.4	88.4±0.4
土壤容重(g/cm³)	1.58±0.01	1.55±0.003	1.41±0.02	1.31±0.01	1.53±0.02	1.54±0.01
pH	9.4±0.12	8.1±0.01	8.4±0.04	8.2±0.14	8.7±0.04	8.4±0.10
土壤有机碳(g/kg)	0.56±0.02	0.55±0.02	5.85±0.21	5.34±0.77	6.56±0.28	6.78±0.18
土壤全氮(g/kg)	0.06±0.001	0.09±0.01	0.47±0.07	0.37±0.07	0.52±0.02	0.66±0.01
可溶性盐含量(mg/kg)	572.2±28.3	1783.0±82.3	662.7±30.6	909.8±124.1	570.8±29.1	699.5±49.1
微生物量碳(mg/kg)	21.4±4.2	31.7±1.4	70.1±1.5	78.8±3.9	103.7±6.1	148.1±5.3
微生物量氮(mg/kg)	12.5±2.2	12.9±2.9	13.2±1.5	18.1±1.2	29.8±1.6	42.0±1.2

　　上述研究结果表明,无管理措施的荒漠和人工林地与有灌溉管理的人工林地及既有灌溉又有施肥管理的农田的土壤动物群落存在明显的差异。在缺乏管理措施的情况下,单纯改变土地覆被并不会在短时期内(20~30 a)对土壤动物群落产生显著影响,但在管理措施存在的情况下,土地覆被变化与管理措施相互作用显著改变了土壤动物群落的结构。动物与环境因子的排序结果阐明了影响土壤动物群落分布的关键影响因子是土壤有机碳(相对贡献率44%)、凋落物量(相对贡献率22%)、土壤含水量(相对贡献率9%)、pH(相对贡献率5%)、土壤温度(4%)和土壤微生物量碳(4%)。我们的研究结果表明,人工林和农田生态系统具有较高的土壤动物多样性保育功能。因此,在人工绿洲边缘建立不同类型的人工植被斑块,增加生境多样性,是保护和维持绿洲化过程中土壤动物多样性的有效途径。

7.2.3　土壤节肢动物对土壤环境演变的指示作用

　　土壤质量评价的生物学指标(土壤微生物和土壤动物等)越来越受到重视,它与其他指标相比反应敏感、简单易行、不受地域条件限制,可以连续和大范围监测。我们利用意大利学者 Gardi 等和 Parisi 等提出土壤动物群落 BSQ 指数来评价荒漠、绿洲及荒漠绿洲过渡区土壤环境变化,确定干旱区土壤质量评价中的土壤动物指标。

　　依据 BSQ-ar 指数中的 EMI 值(ecomorphological index)的划分标准(Gardi *et al.*,2002;Migliorini *et al.*,2004;Parisi *et al.*,2005),计算每个土壤节肢动物类群 EMI 值,然后比较不同土地类群土壤节肢动物群落的 BSQ-ar 指数的高低,通常土壤节肢动物群落的 BSQ-ar 指数越高,则表征土壤质量条件越好(Gardi *et al.*,2002;Parisi *et al.*,2005)。6 种土地利用方式下土壤节肢动物 BSQ-ar 指数方差分析结果表明,土壤节肢动物群落的BSQ-ar 指数存在显著差异($F_{5.53}$＝69.73,P＜0.0001)。荒漠土壤节肢动物群落的 BSQ-ar 指数显著高于人工梭梭林;人工林地和灌溉农田土壤节肢动物群落的 BSQ-ar 指数均显著高于荒漠(图 7.7)。人工林地和灌溉农田间土壤节肢动物群落的 BSQ-ar 指数又存在显著差异,百年农田 BSQ-ar 指数显著高于人工樟子松林和人工杨树林,新垦农田 BSQ-ar 指数显著高于人工樟子松林,人工杨树林的 BSQ-ar 指数显著高于人工樟子松林(图 7.7)。

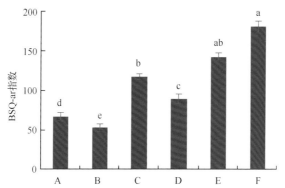

图 7.7　不同土地利用类型土壤节肢动物群落的 BSQ-ar 指数比较

(A＝荒漠;B＝人工梭梭林;C＝人工杨树林;D＝人工樟子松林;E＝新垦农田;F＝百年农田)

Fig. 7.7　BSQ-ar index values (mean±SE) of soil arthropod communities
under different land-use types

　　由 4 个土壤生态环境因子与土壤节肢动群落的 BSQ-ar 指数的一元回归结果表明,土壤可溶性盐含量与土壤节肢动物群落的 BSQ-ar 指数呈极显著的二次曲线关系,土壤砂粒、土壤全氮和微生物量碳含量与 BSQ-ar 指数呈极显著的线性关系(图 7.8)。土壤可溶性盐含量与 BSQ-ar 指数的结果表明,它们的含量超过一定阈值后,均对土壤节肢动物群落的 BSQ-ar 指数有明显的抑制作用,土壤砂粒含量与土壤节肢动物群落 BSQ-ar 指数呈显著的负相关关系,土壤全氮和微生物量碳含量与土壤节肢动物群落 BSQ-ar 指数呈显著的正相关关系(图 7.8)。

　　以上的研究结果表明,荒漠、人工梭梭灌木林、人工杨树林、人工樟子松林、新垦农田和百年农田 6 种研究样地土壤节肢动物群落的 BSQ-ar 指数分别为 67.2,53.1,117.7,89.7,142.4 和 180.3,土壤节肢动物群 BSQ-ar 指数对土壤环境演变具有较好的指示作用,可作为干旱区土壤质量评价的一个生物指标。

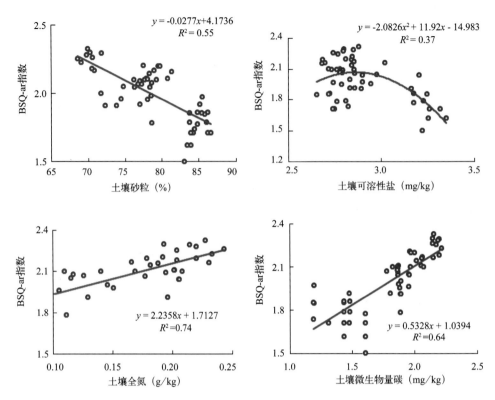

图 7.8　土壤节肢动物群落的 BSQ-ar 指数与土壤砂粒含量、土壤可溶性盐、
土壤全氮和土壤微生物量碳含量的关系

Fig. 7.8　Relationships of BSQ-ar index of soil arthropod communities with soil
sand content，soil soluable salt content，soil total N and soil microbial biomass carbon

7.3　科尔沁沙地流动沙丘固定过程中土壤动物变化规律

　　科尔沁沙地处于内蒙古高原和东北平原之间的农牧交错带，由于受到人类干扰和干旱多风的自然条件的共同作用(朱振达等，1994；赵哈林等，2007)，已成为我国沙化最严重的地区之一。从 20 世界 70 年代开始，当地采取了许多措施来防风固沙和恢复地表植被(Guo et al.，2008；Zuo et al.，2008)，如在流沙或流动沙丘周围建立沙障等。通过这些措施，一些流动沙丘逐渐得到固定，其上地表植被得到恢复，流动沙丘逐步转变为半固定和固定沙丘。目前，沙丘景观主要包括流动沙丘、半流动沙丘、半固定和固定沙丘等 4 种类型(赵哈林等，2003；Guo et al.，2008；Zuo et al.，2008)。在流动沙丘的固定过程中，伴随着土壤结皮的形成、土壤性质的改善和地表草地植被的恢复，沙地生态系统结构与功能得到了有效恢复。其中，地面/土壤节肢动物是其重要组成部分，在土壤有机质分解、养分循环、改善土壤结构、影响植物演替中具有重要作用(Fu et al.，2009；殷秀琴等，2010)。本节通过调查不同沙丘固定类型的土壤动物结构变化特征，结合植被和土壤的理化性状测定，旨在探讨沙丘固定过程对土壤动物群落结构的影响及土壤动物产生的响应特征，为流动沙丘固定过程中生态系统恢复和制定治沙对策等提供土壤动物学依据。

7.3.1 大型土壤动物水平分布

在 4 种沙丘类型生境中共获得大型土壤动物 397 只、45 个类群,隶属于 2 纲 9 目 39 科,其中昆虫纲的种类和数量最多,包括 8 目 29 科,数量为 340 只,占大型土壤动物总数的 85.64%。其优势类群为拟步甲科及幼虫和蚁科,占总个体数的 44.86%;常见类群有 23 类,共占 48.04%;稀有类群有 19 类,仅占 7.1%。

大型土壤动物的优势类群流动沙丘为圆蛛科、蚁岭科幼虫(蚁狮)、丽金龟科幼虫和拟步甲科幼虫,半流动沙丘为拟步甲科和蚁科,半固定沙丘为圆蛛科和蚁科,固定沙丘为拟步甲科幼虫和蚁科,个体数量分别占 4 种沙丘类型大型土壤动物总数的 66.67%、48.84%、38.64% 和 40.00%,无共有优势类群。大型土壤动物的常见类群流动沙丘有螳蛉科、食虫虻科、蛾类和蚁科 4 个类群,半流动沙丘有 17 个类群,半固定沙丘有 16 个类群,固定沙丘有 18 个类群,个体数分别占 4 种沙丘类型大型土壤动物总数的 33.33%、51.16%、61.36% 和 60.00%,无共有常见类群。4 种沙丘类型生境中均无稀有类群分布。总体上看,大型土壤动物密度表现为流动沙丘<半流动沙丘<半固定沙丘<固定沙丘,而且流动沙丘显著低于后 3 种沙丘类型($P<0.05$),大型土壤动物类群数表现为流动沙丘<半流动沙丘<半固定沙丘<固定沙丘,而且流动沙丘显著低于后 3 种沙丘类型($P<0.05$)。

从流动沙丘到固定沙丘,大型土壤动物 Shannon 指数和均匀度指数均呈逐渐增加趋势(图 7.9),流动沙丘最低,固定沙丘最高,这与大型土壤动物密度和类群的水平结构变化趋势一致;Shannon 指数不同沙丘类型间无显著差异性($P>0.05$),而均匀度指数流动沙丘显著低于其他 3 种沙丘类型($P<0.05$)。优势度指数表现为相反的趋势,从流动沙丘到固定沙丘,大型土壤动物优势度逐渐降低,而且不同沙丘类型间无显著性差异($P>0.05$)。

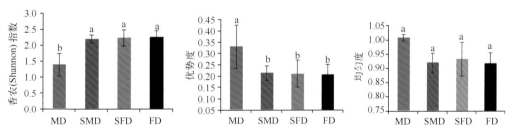

图 7.9　4 种沙丘类型中大型土壤动物 Shannon 指数、均匀度指数和优势度指数
(相同字母表示差异不显著;$P<0.05$;MD:流动沙丘;
SMD:半流动沙丘;SFD:半固定沙丘;FD:固定沙丘)
Fig. 7.9　Shannon diversity, Evenness index and Simpson index of soil macrofaunal communities in four dunes

采用 Jaccard 相似性指数(q)和 Sorensen 相似性指数(CC)测定了 4 种沙丘类型间大型土壤动物群落的相似性。从表 7.10 中知道,Jaccard 相似性指数介于 0.40~0.60,说明沙丘样地土壤动物群落的生态特征中等不相似。Jaccard 相似性系数 q 越小,表明其相似性程度越低(林英华等,2006a)。半流动沙丘和半固定沙丘间以及半固定沙丘和固定沙丘间 Jaccard 指数均较大,达到 0.56 左右,大型土壤动物类群组成中等相似;流动沙丘和固定沙丘间以及半流动沙丘和固定沙丘间 Jaccard 指数均较小,大型土壤动物类群组成中等不相似。

　　Sorensen 相似性指数也常用来研究群落之间的共有性(刘任涛等,2009)。Sorensen 相似性指数 CC 值均高于 Jaccard 指数 q 值,而且 Sorensen 和 Jaccard 两个指数揭示的群落组成规律类似。

表 7.10　不同沙丘样地间土壤动物群落 Jaccard 指数(q)
Table 7.10　Jaccard index of soil fauna between different dune habitats

Jaccard 指数(q)	FD	SFD	SMD	MD
FD				
SFD	0.567			
SMD	0.372	0.564		
MD	0.428	0.529	0.432	

注:MD:流动沙丘;SMD:半流动沙丘;SFD:半固定沙丘;FD:固定沙丘。

7.3.2　大型土壤动物垂直分布

　　从整体上看,大型土壤动物垂直结构呈现出表聚性,但不同沙丘类型大型土壤动物垂直结构差别较大(表 7.11,表 7.12)。在 4 种沙丘类型上 3 个土层中无共有大型土壤动物类群出现,而且在流动沙丘和半流动沙丘 3 个土层亦无共有类群出现,但在半固定沙丘和固定沙丘,3 个层次均有共有类群出现,半固定沙丘 3 个层次共有类群为蚁科,固定沙丘 3 个层次共有类群为拟步甲科和蚁科 2 类。更多的大型土壤动物类群个体表现为只在某 1 个或 2 个土层中出现。在流动沙丘上(表 7.12),蚁蛉科幼虫(蚁狮)只在 0~10 cm 土层中采集到,蝼蛄和蛾类只在 10~20 cm 土层中采集到,食虫虻科幼虫和蚁科仅在 20~30 cm 土层中发现;而圆蛛科、丽金龟科幼虫和拟步甲科幼虫只在地表层和地下层土壤中发现。在半流动沙丘上(表 7.11),有 6 个类群仅在地表层中采集到,有 3 个类群仅在亚表层土壤中发现,有 4 个类群仅在地下层中发现;而盲蝽科和蚁科在地表层和地下层中均有发现,拟步甲科在地表层和亚表层中也均有发现。在半固定沙丘生境中(表 7.12),有 7 个类群仅在地表层中出现,盲蝽科仅在亚表层土壤中出现,丽金龟科幼虫仅在地下层土壤中出现;而有 6 个类群仅在地表层和亚表层土壤中发现,长蝽科和拟步甲科仅在地表层和地下层土壤中发现。在固定沙丘上(表 7.13),有 7 个类群仅在地表层土壤中发现,有 4 个类群仅在亚表层土壤中出现,跳蛛科和鳃金龟科幼虫仅在地下层中出现;而有 5 个类群仅在地表层和亚表层土壤中出现。

　　从总数量上看,流动沙丘大型动物个体数量和类群数均表现为地下层(20~30 cm)>地表层(0~10 cm)>亚表层(10~20 cm),呈现出下聚性,但不同层次间动物密度和类群数均无显著性差异($P>0.05$)。半流动沙丘大型土壤动物个体数和类群数表现为地表层(0~10 cm)>地下层(20~30 cm)>亚表层(10~20 cm),呈现出表聚性,但不同层次间动物密度和类群数均无显著性差异($P>0.05$)。在半固定沙丘和固定沙丘,大型土壤动物个体数量均表现为随着土层深度增加而显著降低($P<0.05$);大型土壤动物类群数和个体数量垂直结构有所不同,半固定沙丘表现为地表层显著高于地下层($P<0.05$),二者均与亚表层间无显著性差异($P>0.05$),而在固定沙丘表现为地表层和亚表层间无显著性差异($P>0.05$),二者均显著高于地下层($P<0.05$)。半固定和固定沙丘生境大型动物密度和类群数均表现出明显的表聚性(表 7.13)。

另外,在土层深度 0~20 cm,沙丘类型对大型动物的密度产生显著影响($P<0.05$),从流动沙丘到固定沙丘,大型动物个体数量逐渐增多;而在 20~30 cm,不同沙丘生境中动物个体数无显著差异性($P>0.05$)。在地表层 0~10 cm,沙丘类型对大型动物种类丰度产生显著影响($P<0.05$),流动沙丘类群数显著低于其他 3 种沙丘生境($P<0.05$);在亚表层土壤生境中,动物类群固定沙丘显著高于流动沙丘($P<0.05$),二者与半固定和半流动沙丘无显著差异性($P>0.05$);在地下层土壤中,动物类群不同沙丘生境中无显著差异性($P>0.05$)。说明不同沙丘类型对大型土壤动物密度和类群数的影响主要集中于土壤 0~20 cm 中,20~30 cm 土层中动物密度和丰度在不同沙丘类型中均较少,而且差别亦较小(表 7.14)。

表 7.11　不同沙丘类型大型土壤动物水平结构(密度:只/m²;均值±标准误;下同)
Table 7.11　Horizontal structure of soil fauna in different dunes(Density,N/m²;Mean±SE;the same below)

动物类群	MD	多度	SMD	多度	SFD	多度	FD	多度	总和	多度
圆蛛科	3.2±0.0	+++			9.6±6.4	++	4.8±4.8	++	17.6	++
皿蛛科			1.6±1.6	++	3.2±3.2	++			4.8	++
跳蛛科					1.6±1.6	++	1.6±1.6	++	3.2	++
球蛛科			1.6±1.6	++					1.6	+
蟹蛛科			1.6±1.6	++	4.8±1.6	++	4.8±4.8	++	11.2	++
狼蛛科							3.2±0.0	++	3.2	++
猫蛛科					1.6±1.6	++	4.8±1.6	++	6.4	++
逍遥蛛科			1.6±1.6	++	3.2±3.2	++			4.8	++
平腹蛛科			1.6±1.6	++	1.6±1.6	++			3.2	++
盲蝽科			3.2	++	1.6±1.6	++	6.4±6.4	++	11.2	++
长蝽科			1.6±1.6	++	4.8±1.6	++	4.8±4.8	++	11.2	++
土蝽科							6.4±3.2	++	6.4	++
蝽科			4.8±1.6	++	1.6±1.6	++			6.4	++
蝼蛄科	1.6±1.6	++							1.6	+
蚁狮	3.2±3.2	+++	1.6±1.6	++	3.2±0.0	++			8	++
步甲科			1.6±1.6	++	1.6±1.6	++	3.2±3.2	++	6.4	++
叩甲科							1.6±1.6	++	1.6	+
隐翅甲科					1.6±1.6	++			1.6	+
瓢甲科			1.6±1.6	++					1.6	+
拟步甲科			11.2±1.6	+++	3.2±0.0	++	4.8±1.6	++	19.2	
象甲科							1.6±1.6	++	1.6	+
步甲科幼虫							1.6±1.6	++	1.6	+
吉丁虫科幼虫							1.6±1.6	++	1.6	+
鳃金龟科幼虫			1.6±1.6	++			1.6±1.6	++	3.2	++

续表

动物类群	MD	多度	SMD	多度	SFD	多度	FD	多度	总和	多度
丽金龟科幼虫	3.2±3.2	+++	3.2±0.0	++	1.6±1.6	++			8	++
拟步甲科幼虫	3.2±3.2a	+++	3.2±0.0a	++	3.2±3.2a	++	11.2±1.6a	+++	20.8	+++
象甲科幼虫					4.8±1.6	++			4.8	++
食虫虻科幼虫	1.6±1.6	++	1.6±1.6	++					3.2	++
鳞翅目	1.6±1.6	++	1.6±1.6	++					3.2	++
螟蛾科幼虫							1.6±1.6	++	1.6	+
夜蛾科幼虫			1.6±1.6	++			1.6±1.6	++	3.2	++
蚁科	1.6±1.6a	++	22.4±1.6a	+++	17.6±11.2a	+++	27.2±4.8a	+++	68.8	+++
蜂科							1.6±1.6	++	1.6	+
合计	19.2±6.4b		68.8±4.8a		70.4±3.2a		96±1a		254.4	
类群数	4.5±1.5b		12.5±0.5a		12.5±1.5a		13±1a			

注：同行相同字母表示差异不显著，下同。

表 7.12　流动和半流动沙丘中大型土壤动物垂直变化

Table7.12　Vertical change of each macrofaunal groups in the mobile and semi-mobile dunes

动物类群	MD			SMD		
	0~10 cm	10~20 cm	20~30 cm	0~10 cm	10~20 cm	20~30 cm
圆蛛科	1.6±1.6		1.6±1.6			
皿蛛科						1.6±1.6
球蛛科				1.6±1.6		
逍遥蛛科				1.6±1.6		
平腹蛛科						1.6±1.6
蟹蛛科				1.6±1.6		
盲蛛科				1.6±1.6		1.6±1.6
蝽科				4.8±1.6		
螺蝼科		1.6±1.6				
蚁狮	3.2±3.2					
步甲科					1.6±1.6	
飘甲科					1.6±1.6	
拟步甲科				6.4±0.0	3.2	
鳃金龟科幼虫						1.6±1.6
丽金龟科幼虫	1.6±1.6		1.6±1.6		1.6±1.6	
拟步甲科幼虫	1.6±1.6		1.6±1.6	1.6±1.6		
食虫虻科幼虫			1.6±1.6			
鳞翅目		1.6±1.6		1.6±1.6		
夜蛾科幼虫						1.6±1.6
蚁科			1.6±1.6	8±1.6		9.6±9.6
合计	8±1.6a	3.2±0a	8±4.8a	28.8±3.2a	8±4.8a	17.6±14.4a
类群数	2a	1a	2.5±1.5a	6±2a	2±1a	3±2a

表 7. 13　半固定和固定沙丘中大型土壤动物垂直变化

Table 7. 13　Vertical change of each macrofaunal groups in the semi-fixed and fixed dunes

动物类群	SFD			FD		
	0～10 cm	10～20 cm	20～30 cm	0～10 cm	10～20 cm	20～30 cm
圆蛛科	6.4±3.2	3.2±3.2		4.8±4.8		
皿蛛科	1.6±1.6	1.6±1.6				
跳蛛科	1.6±1.6					1.6±1.6
逍遥蛛科	1.6±1.6	1.6±1.6				
平腹蛛科	1.6±1.6					
蟹蛛科	3.2±0.0	1.6±1.6		4.8±4.8		
狼蛛科				1.6±1.6	1.6±1.6	
猫蛛科	1.6±1.6			3.2	1.6±1.6	
蚁狮	3.2±0.0					
盲蝽科		1.6±1.6		6.4±6.4		
长蝽科	3.2±3.2		1.6±1.6	1.6±1.6	3.2±3.2	
土蝽科				4.8±1.6	1.6±1.6	
蝽科	1.6±1.6					
步甲科	1.6±1.6			3.2±3.2		
叩甲科					1.6±1.6	
隐翅甲科	1.6±1.6					
拟步甲科	1.6±1.6		1.6±1.6	1.6±1.6	1.6±1.6	1.6±1.6
象甲科				1.6±1.6		
步甲科幼虫				1.6±1.6		
吉丁虫科幼虫					1.6±1.6	
鳃金龟科幼虫						1.6±1.6
丽金龟科幼虫			1.6±1.6			
拟步甲科幼虫	1.6±1.6	1.6±1.6		3.2±3.2	8±4.8	
象甲科幼虫	3.2±3.2	1.6±1.6				
螟蛾科幼虫				1.6±1.6		
夜蛾科幼虫					1.6±1.6	
蚁科	6.4±6.4	9.6±6.4	1.6±1.6	12.8±3.2	9.6±6.4	4.8±1.6
蜂科					1.6±1.6	
合计	41.6±3.2a	22.4±3.2b	6.4±3.2c	52.8±4.8a	33.6±1.6b	9.6±3.2c
类群数	9.5±0.5a	4.5±2.5ab	2±1b	8a	6.5±0.5a	2.5±0.5b

表 7.14　不同沙丘生境中大型动物密度和类群数垂直变化

Table 7.14　Vertical change of macrofaunal density and groups

沙丘类型	密度（只/m²）			F	类群数			F
	0～10 cm	10～20 cm	20～30 cm		0～10 cm	10～20 cm	20～30 cm	
固定	52.8±4.8Aa	33.6±1.6Aa	9.6±3.2Ba	39.21**	8±0Aa	6.5±0.5Aa	2.5±0.5Aa	48.5**
半固定	41.6±3.2Aa	22.4±3.2Aa	6.4±3.2Ba	30.33*	9.5±0.5Aa	4.5±2.5ABab	2±1Ba	5.83
半流动	28.8±3.2Ab	8±4.8Bb	17.6±14.4ABa	1.35	6±2Aa	2±1Aab	3±2Aa	1.44
流动	8±1.6Ac	3.2±0.0Ab	8±4.8Aa	0.90	2±0Ab	1±0Ab	2.5±1.5Aa	0.78
F	32.07**	21.42**	0.39		9.94*	3.28	0.08	

注:同行大写字母表示差异不显著,同列小写字母表示差异不显著;* P<0.05,** P<0.01。

7.3.3　大型土壤动物季节动态

从图 7.10 中可以看出,大型土壤动物优势类群春季为拟步甲科及其幼虫和蚁科,夏季为蚁科,秋季为叩甲科幼虫和蚁科,个体数分别占各个季节大型土壤动物个体总数的 51.24%,27.04% 和 37.07%,共有的优势类群为蚁科类。大型土壤动物常见类群春季有 12 类,夏季有 22 类,秋季有 14 类,个体数分别占各个季节大型土壤动物个体总数的 38.02%,66.67% 和 56.89%,共有的常见类群为平腹蛛科和蟹蛛科。大型土壤动物稀有类群春季有 13 类,夏季有 10 类,秋季有 8 类,个体数分别占各个季节大型土壤动物个体总数的 10.74%,6.29% 和 6.04%,无共有稀有类群。3 个季节中,所捕获的大型土壤动物中分布最广泛的类群均是蚁科,尤其是在夏季,成为唯一的优势类群。优势类群的个体数量比重表现为春季>秋季>夏季,但常见类群个体数量所占比重则相反,为夏季>秋季>春季,并且常见类群的类群数亦为夏季>秋季>春季,但共有的常见类群数少,仅有 2 类。稀有类群个体数比重和类群数均表现为春季>夏季>秋季。

图 7.10　科尔沁沙地沙丘生境大型动物群落组成

Fig. 7.10　Macrofaunal composition at different seasons of sandy dunes

不同沙丘类型大型土壤动物个体数和类群数的季节变化差异较大(表 7.15,表 7.16)。由图 7.11 可知,流动沙丘大型土壤动物密度和类群数均表现为秋季>春季>夏季。半流动沙丘大型土壤动物密度表现为秋季>春季>夏季,而类群数表现为夏季>秋季>春季。半固定沙丘大型土壤动物密度表现为春季>秋季>夏季,而类群数表现为夏季>春季>秋季。半流动沙丘和半固定沙丘大型土壤动物个体数量和类群数季节动态具有相似性,大型土壤动物个体数均为夏季最少,而大型土壤动物类群数均为夏季最多,这与半流动沙丘和半固定沙丘生境相似相一致。固定沙丘生境中大型土壤动物个体数量和类群数季节动态均表现为夏季>春季>秋季,这与流动沙丘大型土壤动物的密度和类群数季节动态相反。

表 7.15　流动和半流动沙丘生境中大型土壤动物季节变化

Table 7.15　Seasonal change in each macrofaunal groups in the mobile and semi-mobile dunes

动物类群	MD			SMD		
	春季	夏季	秋季	春季	夏季	秋季
球蛛科				0	1.6	6.4
圆蛛科		3.2		0	0	0
皿蛛科					1.6	
平腹蛛科				0	1.6	3.2
逍遥蛛科	3.2				1.6	
光盔蛛科						3.2
蟹蛛科			6.4		1.6	3.2
猫蛛科			3.2			
盲蝽科					3.2	3.2
红蝽科	3.2			6.4		
长蝽科					1.6	
蝽科					4.8	
叶蝉科				3.2		9.6
蚜虫科						3.2
蚁狮		3.2	3.2	3.2	1.6	
蝼蛄科		1.6				
虎甲科						3.2
步甲科			3.2		1.6	3.2
叩甲科						
飘甲科			3.2		1.6	
粪金龟科				19.2		
鳃金龟科			3.2	3.2		
斑金龟科				3.2		
天牛科	3.2					
拟步甲科	9.6		3.2	19.2	11.2	12.8
象甲科	6.4			12.8		
步甲科幼虫			6.4			
叩甲科幼虫	6.4		9.6			44.8
鳃金龟科幼虫			19.2		1.6	3.2
丽金龟科幼虫	3.2	3.2			3.2	
拟步甲科幼虫	25.6	3.2	19.2	9.6	3.2	9.6
象甲科幼虫	3.2					
食虫虻科幼虫		1.6	3.2	3.2	1.6	
蛾类		1.6		3.2	1.6	
螟蛾科幼虫						6.4
夜蛾科幼虫					1.6	
蚁科	3.2	1.6		25.6	22.4	35.2
合计	131.2	70.4	76.8	76.8	96	60.8
类群数	14	18	11	13	20	10

表 7.16　半固定和固定沙丘生境中大型土壤动物季节变化

Table 7.16　Seasonal change in each macrofaunal groups in the semi-fixed and fixed dunes

动物类群	SFD			FD		
	春季	夏季	秋季	春季	夏季	秋季
球蛛科	3.2		3.2			
圆蛛科		9.6	3.2	3.2	4.8	6.4
跳蛛科		1.6			1.6	
皿蛛科		3.2				
平腹蛛科		1.6	3.2	6.4		3.2
逍遥蛛科		3.2				
蟹蛛科				3.2	4.8	
猫蛛科		1.6			4.8	
狼蛛科					3.2	
蟹蛛科	3.2	4.8				
逍遥蛛科	3.2					
盲蜱科		1.6	3.2		6.4	6.4
红蜱科						3.2
长蜱科		4.8			4.8	
土蜱科					6.4	
蜱科	3.2	1.6		3.2		
叶蝉科	3.2					
蚁狮		3.2				
步甲科		1.6			3.2	
叩甲科					1.6	
隐翅甲科		1.6		3.2		
粪金龟科	6.4					
鳃金龟科			6.4			6.4
天牛科	9.6					
拟步甲科	16	3.2	16	3.2	4.8	3.2
象甲科			6.4	9.6	1.6	
步甲科幼虫	3.2		3.2	16	1.6	
叩甲科幼虫	6.4			3.2		3.2
吉丁虫科幼虫					1.6	
鳃金龟科幼虫			6.4		1.6	
粪金龟科幼虫	3.2					
丽金龟科幼虫		1.6				
拟步甲科幼虫	51.2	3.2		9.6	11.2	3.2
象甲科幼虫		4.8		3.2		
食虫虻幼虫			3.2			3.2
螟蛾科幼虫	3.2			3.2	1.6	
夜蛾科幼虫					1.6	
蚂蚁	16	17.6	22.4	9.6	27.2	22.4
蜂科					1.6	
合计	67.2	19.2	83.2	112	68.8	150.4
类群数	10	8	12	12	19	15

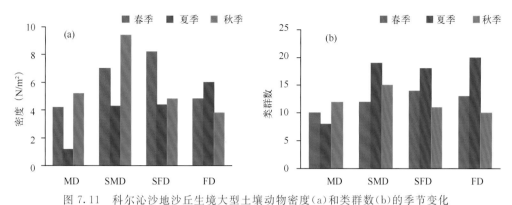

图 7.11 科尔沁沙地沙丘生境大型土壤动物密度(a)和类群数(b)的季节变化

Fig. 7.11 Seasonal change of macrofaunal density (a) and groups (b)
in the different types of sandy dunes

7.4 土壤微生物

7.4.1 沙坡头地区土壤微生物特征

通过对腾格里沙漠东南缘人工固沙植被区、红卫自然植被区和流动沙丘(0~0.5 cm)中的微生物类群数量的研究结果表明:①好气性菌类数量影响着微生物总数量的变化趋势;②微生物多样性的分布依次为:自然植被固沙区>1956 年栽植区>1964 年栽植区>自然半固定沙丘>1982 年栽植区>流动沙丘;③土壤微生物类群数量与结皮层的形成、植物覆盖度和土壤含水量等因子有密切的关系;④结皮层中的微生物类群数量与流动沙丘的固定程度呈正向关系。

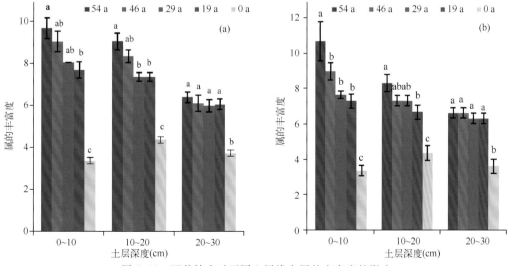

图 7.12 两种结皮对不同土层线虫属的丰富度的影响

(a)藻—地衣结皮;(b)真藓结皮

(不同字母表示均值在 $P<0.05$ 水平上差异显著)

Fig. 7.12 The influence of two kinds of soil crust on nematodes genus richness

(a)algae-lichen crust;(b)bryum argenteum crust

由图 7.12 可以看出，藻－地衣结皮下 0～10 cm、10～20 cm 和 20～30 cm 土层线虫属的丰富度的变化规律为：54 a 龄和 46 a 龄固沙区的藻－地衣结皮下土壤线虫属的丰富度最大，29 a 龄和 19 a 龄固沙区的真藓结皮下土壤线虫属的丰富度次之，它们均与流沙对照差异显著（$P<0.05$）。同样，真藓结皮下 0～10 cm、10～20 cm 和 20～30 cm 土层线虫属的丰富度的变化规律也是如此，54 a 龄和 46 a 龄固沙区的真藓结皮下土壤线虫属的丰富度最高，29 a 龄和 19 a 龄固沙区的真藓结皮下土壤线虫属的丰富度次之，与流沙对照差异显著（$P<0.05$）；因此，在 0～10 cm、10～20 cm 和 20～30 cm 土层，真藓结皮和藻－地衣结皮可显著提高土壤线虫属的丰富度，与流沙对照差异显著。

7.4.2　科尔沁沙地土壤微生物特征

对科尔沁沙地不同类型沙丘中土壤微生物特征及其与环境因子进行研究，以期阐明沙地恢复过程中土壤微生物的变化特征，分析土壤微生物与环境因子的关系，为沙地生态系统分解者亚系统功能的维持和沙地生态系统恢复提供理论依据。

细菌、真菌、放线菌的数量均表现出：固定沙丘＞半固定沙丘＞半流动沙丘＞流动沙丘。固定沙丘、半固定沙丘和半流动沙丘的微生物总数分别是流动沙丘的 12.1 倍、2.8 倍和 2.5 倍，细菌分别是 12.9 倍、2.7 倍和 2.5 倍，真菌分别是 9.6 倍、7.4 倍和 5.8 倍，放线菌分别是 8.5 倍、3.4 倍和 2.8 倍。在沙丘固定的过程中，植被盖度、凋落物逐渐增加，植物根系对微生物的活动影响剧烈，凋落物的存在为微生物提供了良好的营养条件，从而促使微生物生长繁殖旺盛（表 7.17）。

表 7.17　不同类型沙丘土壤微生物数量特征及各类群所占比例
Table 7.17　Soil microorganism quantitative characteristics and group proportions in different dunes

沙丘类型	微生物总数（10^2 个/g 干土）	细菌（10^2 个/g 干土）	细菌所占比例（%）	真菌（10^2 个/g 干土）	真菌所占比例（%）	放线菌（10^2 个/g 干土）	放线菌所占比例（%）
流动沙丘	3165.68	2585.15	81.66	4.49	0.14	576.04	18.20
半流动沙丘	8132.11	6498.02	79.91	26.03	0.32	1608.06	19.77
半固定沙丘	8926.28	6953.49	77.90	33.16	0.37	1939.64	21.73
固定沙沙丘	38401.02	33451.57	87.11	43.21	0.11	4906.24	12.78

各类群微生物数量与电导率、沙丘固定程度、植被盖度和凋落物重量呈极显著正相关（$P\leqslant0.01$）；细菌和放线菌与 pH 值呈显著正相关。在沙丘固定过程中，地温对真菌和细菌活动影响不大，而各类群微生物数量与土壤水分含量呈负相关（表 7.18）。

表 7.18　微生物数量与其生态因子的相关系数
Table 7.18　Correlation coefficient of microorganisms and ecological factors

	细菌	真菌	放线菌	沙丘类型	植被盖度	凋落物	地温	电导率	pH 值	水分含量
细菌	1.00	0.67**	0.89**	0.66**	0.68**	0.64**	0.22	0.82**	0.55**	−0.51**
真菌		1.00	0.69**	0.58**	0.53**	0.51**	0.02	0.63**	0.19	−0.60**
放线菌			1.00	0.86**	0.88**	0.85**	0.43*	0.86**	0.70**	−0.67**
沙丘类型				1.00	0.98**	0.89**	0.46*	0.78**	0.78**	−0.79**
植被盖度					1.00	0.92**	0.49*	0.82**	0.81**	−0.76**

	细菌	真菌	放线菌	沙丘类型	植被盖度	凋落物	地温	电导率	pH 值	水分含量
凋落物						1.00	0.46*	0.77**	0.69**	−0.76**
地温							1.00	0.44*	0.48*	−0.04
电导率								1.00	0.68**	−0.59**
pH 值									1.00	−0.48*
水分含量										1.00

7.4.3 绿洲化过程中农田土壤线虫群落特征

不同开垦年限农田的线虫群落调查结果表明,荒漠开垦为农田,随着开垦年限的增加线虫群落结构发生明显变化。荒漠开垦为农田 10 a 后土壤理化性质发生明显变化,是土壤生态系统稳定性发生变化的关键时期,线虫群落亦趋于稳定。土壤线虫群落能够指示由于开垦年限不同引起的绿洲农田土壤生态系统变化。

荒漠开垦为农田初期土壤机械组成和养分变化较小,开垦 10 a 后荒漠土壤向熟化的农田土壤转变,土壤基本理化性质发生显著变化(表 7.19)。

表 7.19 不同开垦年限土壤理化性质
Table 7.19 Physical and chemical properties of soil for different reclamation years

开垦年限(a)	砂粒(%)	粉粒(%)	黏粒(%)	有机碳(g/kg)	全氮(g/kg)
0	89.7	5.2	5.1	0.9	0.11
3	90.7	4.5	4.8	1.34	0.13
5	89.9	4.8	5.3	2.36	0.22
10	87.9	5.4	6.7	2.18	0.22
14	78.6	13.7	7.7	3.74	0.34
23	74.5	16.7	8.8	4.47	0.43
30	74.2	16.6	9.2	4.29	0.38
40	70.2	20.9	8.9	5.78	0.55
>50	64.6	23.8	11.6	5.68	0.62

不同开垦年限土壤中线虫密度变动很大,每 100 g 干土中线虫数量变动在 60~3138 条,其中未开垦的沙地土壤线虫密度最低为 167±132 条,开垦 50 a 以上的老绿洲农田土壤线虫数量最多,为 1819±1155 条(图 7.13)。土壤中线虫总数随农田开垦年限的增加呈现增加趋势。差异性检验表明,开垦 14,23,30,40 和 >50 a 农田各点土壤线虫密度与 0,3,5 和 10 a 农田的线虫密度间差异达到了显著水平($P < 0.05$)。线虫类群数变化较小,未开垦沙地线虫类群数最低(11),农田开垦 10 a 后,线虫类群数变化较小(图 7.13)。

对不同开垦年限绿洲农田土壤线虫的营养类群结构分析结果表明,不同营养功能变化趋势明显不同(图 7.14)。食细菌线虫(BF)随农田开垦年限的增加而增加,未开垦的沙地最低为 110±99 条,在开垦 50 a 以上的老绿洲农田土壤数量最多,达 997±320 条;食真菌线虫(FF)在各采样点未呈现规律性,在未开垦沙地最低为 37±1 条,开垦 40 a 的绿洲农田数量最多达 224±73 条;植物寄生线虫(PP)的变化规律与 BF 相似,随农田开垦时间有增加的趋势,未开垦沙地最低(12±3 条),开垦 23 a 农田最多(675±190 条),各处理间 100 g 干土线虫数量差异性检验达显著水平（$P<0.05$）；捕食－杂食线虫（OP）变化呈现不规律性，0、10 a 和>50 a 农田采样点较低，分别为 21 ± 12 条、30 ± 30 条和 45 ± 5 条，而在其他样点数量较多，差异性检验表明 0、10 a 和>50 a 农田与其他样地间的线虫数量存在显著差异性（$P<0.05$）。

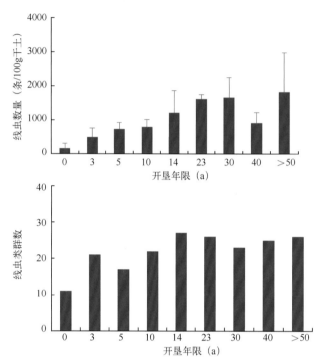

图 7.13　不同开垦年限绿洲农田线虫数量和类群数

Fig. 7.13　The number and species richness of nematode in an age sequence of cultivation

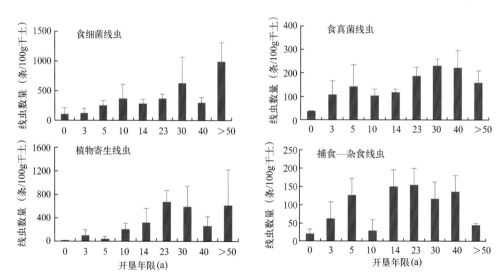

图 7.14　不同开垦年限绿洲农田线虫营养类群绝对丰度

Fig. 7.14　Absolute abundance of nematode trophic groups in an age sequence of cultivation

不同开垦年限农田线虫群落成熟度指数分析结果表明(图 7.15),随着农田开垦年限的增加,线虫成熟度指数趋于降低,在未开垦沙地,10 a 和>50 a 农田线虫群落成熟度指数最低。线虫群落成熟度指数在开垦 10 a 农田突然降低,表明荒漠开垦为农田 10 a 的土壤处于沙质土壤向熟化农田土壤转变阶段。

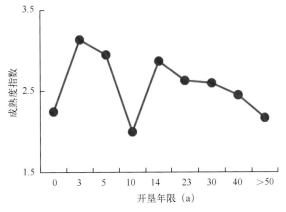

图 7.15　不同开垦年限农田土壤线虫成熟度指数

Fig. 7.15　Maturity index of nematode community in an age sequence of cultivation

由土壤线虫密度与黏粒含量、有机碳和全氮的一元回归结果表明,土壤线虫密度与黏粒含量、有机碳和全氮呈正相关,土壤线虫密度随着黏粒含量、有机碳和全氮的增加而增加(图 7.16)。

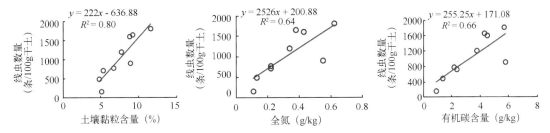

图 7.16　土壤线虫数量与土壤黏粒含量、土壤全氮和有机碳含量的关系

Fig. 7.16　Relationships of number of nematoda with soil clay content, soil total
nitrogen and soil organic carbon

以上研究结果表明,通过不同开垦年限绿洲农田土壤理化指标与线虫群落的综合分析,可以确定荒漠沙地土壤人为开垦 10 a 后,土壤性质发生较大程度改变,土壤线虫群落组成和结构也发生明显变化,它对农田土壤环境变化具有较好的指示作用。

第8章 生态与环境互馈过程

8.1 荒漠—绿洲互馈过程

研究区位于黑河中游临泽县境内,属大陆性中温带干旱气候,气候干燥,多大风,太阳辐射强烈,昼夜温差大,年平均气温 7.6℃,年平均降水量 110 mm,其中 80% 以上的降水集中在 5—9 月。年平均蒸发量为 2390 mm,年日照时数为 3045 h,无霜期 165 d。以西北风为主,年平均风速为 3.2 m/s,最大风速 21 m/s,大于 8 级大风日数年平均为 15 d。荒漠植被以旱生小灌木、半灌木为主,旱生小灌木和半灌木主要有红砂、珍珠和泡泡刺等,一年生植物主要有雾冰藜、盐生草和沙葱等。绿洲边缘固沙植被多以杨树、沙枣、柽柳、梭梭、花棒和柠条等为主。地带性土壤为灰棕漠土,非地带性土壤为风沙土。

8.1.1 荒漠绿洲边缘植被生产力对降水的响应

1. 荒漠生态系统降水特征

临泽县 1953—2012 年(2000—2012 年)的年平均降水量为 110(113)mm;降水主要集中在 6—8 月,约占全年降水量的 61(57)%;全年以小降水事件(降水量<5 mm)为主,约占降水事件的 78(77)% 和年降水量的 36(34)%;大降水事件(降水量>10 mm)约占降水事件的 7(9)% 和年降水量的 40(44)%(图 8.1)。

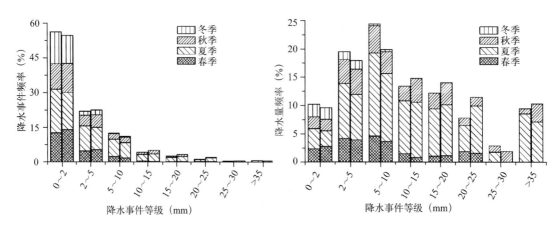

图 8.1 河西荒漠绿洲区降水特征
(图中每列左侧柱为 1967—2012 年降水数据,右侧柱为 2000—2012 年降水数据)
Fig. 8.1 Precipitation characteristics in the oasis of Hexi area

2. 荒漠生态系统 NDVI 对降水的响应

结果表明,生长季的一次降水事件后,植被 NDVI 增加,但 NDVI 开始增加的时间滞后于降水事件发生时间,我们将 NDVI 开始增加前定义为响应前,之后的时间定义为响应后。在降水事件中降水量<30 mm 时,沙质荒漠 NDVI 增长率(($NDVI_{响应后最大值}$ — $NDVI_{响应前}$)/$NDVI_{响应前}$)较砾质荒漠大;而降水量>30 mm 时,沙质 NDVI 增长率较砾质荒漠小(图 8.2),可能是在沙质荒漠中,土壤持水性低于砾质荒漠,大的降水易向下渗漏的原因。砾质荒漠响应持续期较沙质荒漠长,且随降水事件大小而不同,最大为 32 d;相同的降水事件沙质荒漠较砾质荒漠响应更敏感,响应值是砾漠的 2.5 倍。砾质荒漠由于红砂为复苏植物(通过脱叶来忍耐极度干旱),从而表现为整个生长季的多次生产力高峰;沙质荒漠则由于 8 月份一年生植物的大量出现,而表现为单次生产力峰值(图 8.3)。

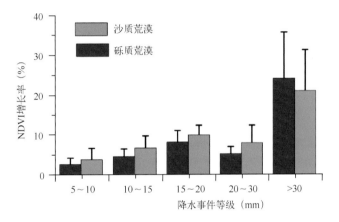

图 8.2　不同降水等级 NDVI 增长率变化图

Fig. 8.2　Rate of increase for NDVI of various precipitation grades

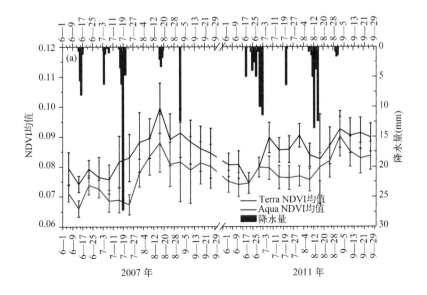

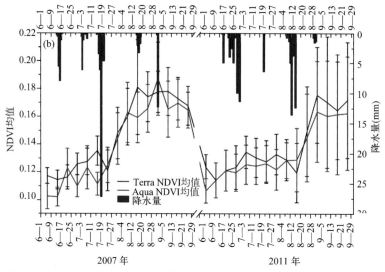

图 8.3　2007 年和 2011 年沙质荒漠和砾质荒漠 NDVI 对降水事件的响应

(a)砾质荒漠;(b)沙质荒漠

Fig. 8.3　Response of NDVI in sandy desert and stony desert to precipitation events in 2007 and 2011

　　总之,砾质荒漠表现为整个生长季的多次生产力高峰;沙质荒漠则为单次生产力高峰,出现于 8 月底。同一降水事件中沙质荒漠是砾质荒漠响应值的 2.5 倍;砾质荒漠响应持续期较沙质荒漠长,且随降水事件大小而不同,最大为 32 d;响应滞后期为 8~16 d。荒漠区生长季 6—8 月降水事件的大小决定生长季内 NDVI 增幅的变化。

8.1.2　绿洲边缘水文过程变化对生态系统的影响

1. 水文过程

　　从 1985—2011 年的降水量年变化特点来看(图 8.4a),以黑河分水的 2000 年为分界点(图 8.4 中的垂直黑线),分水前年降水量变化为 72.1~168.9 mm,平均为 116.6±27.1 mm;分水后年降水量变化为 80.0~201.4 mm,平均为 130.7±31.5 mm。从研究区内 3 个地下水位观测点在 1985—2011 年的地下水位变化特点来看(图 8.4b),分水前地下水位埋深变化为 2.44~3.19 m,平均为 2.73±0.24 m;分水后地下水位埋深变化为 3.08~4.01 m,平均为 3.79±0.62 m。

　　1985—2005 年以埋深较浅的<3 m 的分布面积减少和>3 m 分布面积的增加为显著特点。以变化面积最为显著的地下水位埋深 2~3 m 和 4~5 m 的分布面积来看,1985—2005 年的 20 a 间 2~3 m 地下水位埋深由 3612 hm²(51.3%)逐渐减少到 394 hm²(5.6%);与此相反,4~5 m 地下水位埋深由 853 hm²(12.1%)逐渐增加到 3843 hm²(54.6%)。

　　从河水灌溉量的变化来看(图 8.5a),分水前河水灌溉量变化较大,年变化为 4.518×10⁷~20.990×10⁷ m³,平均值为 7.469×10⁷ m³;分水后河水灌溉量变化较小,为 3.620×10⁷~15.554×10⁷ m³,平均值为 5.970×10⁷ m³。从井水灌溉量变化来看,在分水前几乎很少有井水灌溉,从 2000 年后井水灌溉成为常态,平均年灌溉量为 1.457×10⁷ m³。

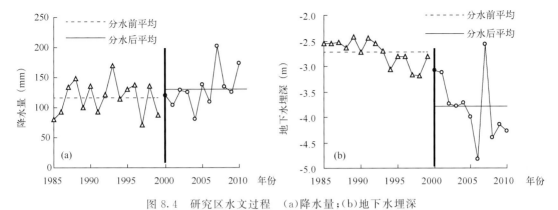

图 8.4　研究区水文过程　(a)降水量；(b)地下水埋深

Fig. 8.4　Hydrological process in the study area

(a)precipitation；(b)buried depth of underground water

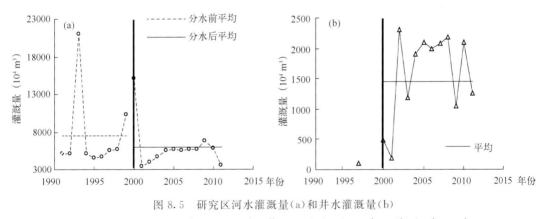

图 8.5　研究区河水灌溉量(a)和井水灌溉量(b)

Fig. 8.5　River irrigation volume(a) and well water irrigation volume(b) in the study area

2. 绿洲植被变化

研究区绿洲范围变化主要发生在北侧的绿洲与荒漠过渡带和南侧的绿洲河漫滩交错带（图 8.6）。从 5 期遥感数据的分析结果来看，各个时期绿洲面积都在增加，即使在黑河分水（2000 年）后，绿洲的扩展趋势并未停止，绿洲的面积由 2001 年的 5459 hm² (5.6%)增加到 2010 年的 7216 hm² (7.4%)。

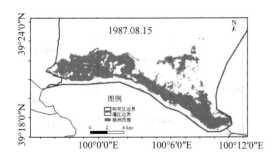
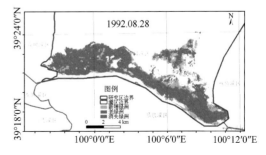

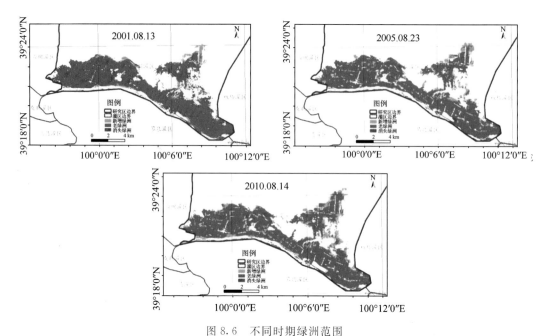

图 8.6　不同时期绿洲范围

Fig. 8.6　Scope of oasis in different times

3. 绿洲边缘辐射区植被 NDVI 变化

图 8.7 可以看出,绿洲边缘辐射区植被 NDVI 的变化在时间尺度上呈现出一个明显的低值(2001 年),不同的 NDVI 分区面积都处在最低,有植被覆盖区($NDVI>0$)的面积仅为 43.64 hm^2。1987、1992 和 2005 年的有植被覆盖区面积差别不大,变化在 259.81~473.07 hm^2 之间。

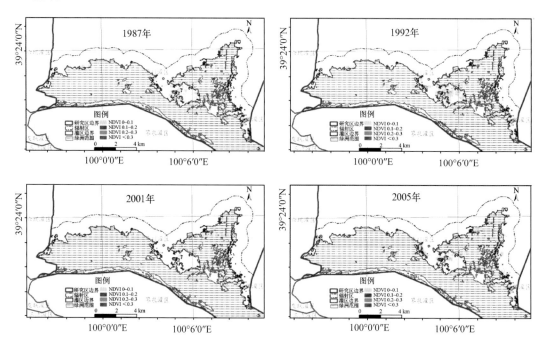

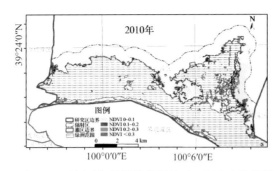

图 8.7　不同时期绿洲外缘辐射区 NDVI 变化范围

Fig. 8.7　Variation range of NDVI in radiation region of the outer oasis in different times

总之，荒漠绿洲边缘自 2000 年黑河分水以来，平川灌区河水灌溉量年平均减少 1.498 × 10^7 m³，井水灌溉量年平均增加 1.457 × 10^7 m³；年降水量有小幅增加；分水前地下水位埋深变化为 2.44～3.19 m，平均为 2.73 ± 0.24 m；分水后地下水位埋深变化为 3.08～4.01 m，平均为 3.79 ± 0.62 m。地下水埋深变化在空间上反映了以埋深 <3 m 的分布面积减少和埋深 >3 m 的分布面积增加这一重要特征。尽管所研究的绿洲的水文过程发生了变化，但迄今为止，绿洲外围过渡带植被 NDVI 仍呈现波动增加的趋势，这在一定程度上说明人工调控水文过程的变化在总体上尚未对过渡带的植被生产力产生显著的影响。

8.1.3　绿洲过程评价

人工绿洲生态系统是荒漠绿洲景观系统中经济活动的核心区域。由于人工调节，它不仅具有一般绿洲的特征，如径流依赖性、景观隐域性、演替双向性与基质的高反差性、发展的阶段性、空间分布上的分散性和经济上的相对封闭性等，而且具有一些独特的景观现象，如规则的几何形状、种群格局明显、高耗水高生产力区域等。干旱内陆河的人工绿洲，其发展受自然和人为因素的共同作用。它不仅存在空间上的扩张和迁移，也具有功能的发展和完善，还存在消亡的威胁。

绿洲化过程主要指绿洲通过水土资源的开发、利用、改造和维护，使具有一定自然生产潜力的天然绿洲向人工绿洲转变的程度，或在不同基质上人类新建绿洲的成熟程度。通过变异系数法、专家打分法、因子分析法和综合评分法对黑河中游地区各绿洲的发育度分析结果表明：发育度强弱顺序是张掖 > 临泽 > 酒泉 > 高台 > 金塔，其中，张掖绿洲的发育度远大于平均值（0），说明该绿洲的发育度较高，酒泉绿洲和临泽绿洲接近 0，说明这两个绿洲的发育度处于中间水平，而高台绿洲和金塔绿洲的发育度值均为负值，其中金塔绿洲发育度水平最低（表8.1，图 8.8）。

表 8.1　各绿洲景观发育度一级指标算术平均评价值（变异系数法）

Table 8.1　The mean of development degree level indicators on each oasis landscape
(variance coefficient approach)

	张掖	临泽	高台	金塔	酒泉
灌溉体系建设	0.096	−0.043	0.044	0.036	−0.134
水资源利用水平	−0.030	−0.041	−0.065	−0.001	0.137

续表

	张掖	临泽	高台	金塔	酒泉
植被与生态建设	0.035	0.054	−0.031	−0.013	−0.045
土壤发育程度	0.233	−0.052	−0.059	−0.057	−0.065
农业生产水平	−0.023	−0.002	−0.035	0.056	0.048
社会经济水平	0.076	0.079	−0.046	−0.057	−0.052
景观结构指标	0.110	0.020	0.008	−0.188	0.050
综合指标值	0.497	0.014	−0.183	−0.223	−0.062

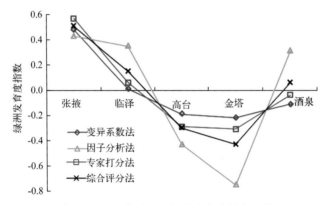

图 8.8　黑河中游人工绿洲发育度综合评价

Fig. 8.8　The development degree by comprehensive evaluation on artificial oasis of the Heihe River Basin

8.2　黄土高原西部土地利用与生态保护

8.2.1　荒漠草原灌丛发育对土壤和草本植物的保育作用

黄土高原西部荒漠草原区是水土流失较为严重的地区之一,该区域的植被恢复一直是人们关注的问题,其中灌木的生长发育在群落稳定性和植被演替方面起着非常重要的作用。在干旱半干旱生态系统中,灌木的生长发育常常会引起土壤和植物的变化,譬如,由于生物和非生物因素的作用,土壤养分常会向灌丛下聚集,导致形成灌丛"沃岛"效应,同时灌木的遮阴作用也使林冠下的微环境得以改善,由此产生的灌木对周围环境的影响和改变,会促进周围植物的生长定居,由此对周围植物产生保育作用。因此,研究灌木对其他植物及土壤的影响对于干旱区植被演替、群落稳定性维持和植被恢复重建等方面具有重要的指导和借鉴意义。

以黄土高原西部荒漠草原区占优势地位的小灌木红砂(*Reaumuria soongorica*)为研究对象,分析红砂灌丛下和灌丛外土壤水分、养分及草本植物种类组成和生长特征的差异。

1. 灌丛发育对土壤水分和机械组成的影响

红砂灌丛内外 0～160 cm 深度的土壤水分表现出明显的差异(图 8.9),灌丛内土壤含水量明显大于灌丛外土壤含水量,尤其是在 30～110 cm 深度土层最为显著。其中,灌丛内土壤最大含水量值出现在 20～30 cm 深度土层,达到 7.87%,而灌丛外土壤最大含水量值出现在 10～20 cm 深度土层,仅为 6.50%,灌丛内土壤最大含水量是灌丛外的 1.2 倍。

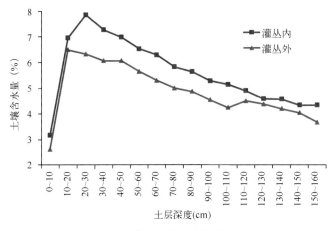

图 8.9　灌丛内外土壤水分对比

Fig. 8.9　Soil water in open space and under shrub canopies

灌丛内外土壤机械组成也存在明显差异(图 8.10),无论是 0～10 cm 深度,还是 10～20 cm 深度土层,灌丛内土壤黏粒(粒径<0.002 mm)和粉粒(粒径为 0.002～0.02 mm)含量均高于灌丛外土壤,而沙粒(粒径为 0.02～2 mm)含量均低于灌丛外土壤。其中 0～10 cm 深度土层灌丛内土壤黏粒和粉粒含量分别是灌丛外土壤的 1.3 和 1.2 倍。

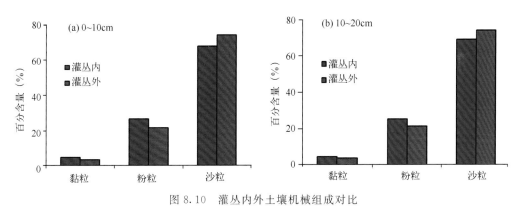

图 8.10　灌丛内外土壤机械组成对比

Fig. 8.10　Soil particle size fractions in open space and under shrub canopies

2. 灌丛发育对土壤化学性状的影响

红砂灌丛内外土壤有机质和全效养分含量具有显著差异(表 8.2)。无论是 0～10 cm 深度,还是 10～20 cm 深度土层,灌丛内土壤的有机质、全氮、全磷、全钾含量均显著高于灌丛外土壤,其中有机质的富集程度最大,在 0～10 cm 和 10～20 cm 土层分别达到 1.47 和 1.33,全氮、全磷和全钾在灌丛内 0～20 cm 的富集率也分别达到 1.25、1.04 和 1.05。相对而言,有机质、全氮、全磷在 0～10 cm 土层的富集率明显高于在 10～20 cm 土层,说明土壤全效养分更容易在土壤表层(0～10 cm)积聚。

表 8.2　灌丛内外土壤全效养分含量对比

Table 8.2　Comparison of total nutrients in shrub areas

土层深度	位置	有机质		全氮		全磷		全钾	
		含量（mg/kg）	富集率	含量（mg/kg）	富集率	含量（mg/kg）	富集率	含量（mg/kg）	富集率
0～10 cm	灌丛内	13.82a	1.47	0.99a	1.31	1.24a	1.05	17.00a	1.03
	灌丛外	9.37b		0.75b		1.18b		16.50b	
10～20 cm	灌丛内	10.90a	1.33	0.84a	1.17	1.15a	1.02	17.00a	1.06
	灌丛外	8.23b		0.72b		1.12b		16.00b	
平均	灌丛内	12.36a	1.40	0.91a	1.25	1.19a	1.04	17.00a	1.05
	灌丛外	8.80b		0.73b		1.15b		16.25b	

注：表中值为平均值，不同字母表示在 $P<0.05$ 水平上差异显著。

红砂灌丛内外土壤速效养分含量和酸碱度也存在显著差异（表 8.3）。灌丛在 0～20 cm 土层对碱解氮、速效磷和速效钾的富集率分别达到 1.37、1.77 和 1.49，其中灌丛对速效磷的富集作用最强，与全磷在 0～10 cm 土层富集的结果不同，相对 0～10 cm 土层，速效磷在 10～20 cm 土层的富集作用更强，富集率达到 1.92。与灌丛外相比，灌丛内土壤的 pH 和电导率明显较大，尤其是灌丛内土壤电导率显著高于灌丛外土壤，灌丛内土壤在 0～10 cm 和 10～20 cm 土层的电导率分别达到灌丛外土壤的 12.5 和 4.5 倍。

表 8.3　灌丛内外土壤速效养分含量和 pH、电导率对比

Table 8.3　Comparison of available nutrient，pH and conductivity in shrub areas

土层深度	位置	碱解氮		速效磷		速效钾		pH	电导率（μs/cm）
		含量（mg/kg）	富集率	含量（mg/kg）	富集率	含量（mg/kg）	富集率		
0～10 cm	灌丛内	52.16a	1.39	17.70a	1.68	235.0a	1.52	9.21a	1.44a
	灌丛外	37.49b		10.54b		155.0b		9.07b	0.12b
10～20 cm	灌丛内	40.46a	1.33	11.57a	1.92	130.0a	1.44	9.37a	1.56a
	灌丛外	30.35b		6.01b		90.0b		9.07b	0.35b
平均	灌丛内	46.31a	1.37	14.64a	1.77	182.5a	1.49	9.29a	1.50a
	灌丛外	33.92b		8.28b		122.5b		9.07b	0.23b

注：表中值为平均值，不同字母表示在 $P<0.05$ 水平上差异显著。

3. 灌丛发育对周围植物生长的影响

红砂灌丛内和灌丛边缘及灌丛外草本植物的种类组成和生长特征存在明显差异（表 8.4）。从灌丛内到灌丛外草本植物的盖度和高度逐渐减小，灌丛内的植物盖度和高度显著大于灌丛外部，植物丰富度却表现为灌丛外＞灌丛边缘＞灌丛内，而植物密度为灌丛边缘最大，其次是灌丛内，灌丛外植物密度最小。从相互作用强度（RII）来说，红砂灌丛对周围草本植物密度、盖度和高度的相互作用强度均呈现正值，尤其是从盖度来说，其相互作用强度值达到 0.5 以上，而植物丰富度方面的相互作用强度为负值。说明红砂灌丛对周围植物的生长具有促进作用，而对植被组成具有抑制作用。

表 8.4 灌丛不同位置草本植物特征

Table 8.4 Statistic characters of herbs in different positions of shrub areas

位置	丰富度(种)	RII	密度(株/400 cm²)	RII	盖度(%)	RII	高度(cm)	RII
灌丛内	1.71a		35.54ab		23.2a		2.99a	
灌丛边缘	2.19b	−0.14	38.64b	0.22	14.0ab	0.51	1.57b	0.34
灌丛外	2.27b		22.83a		7.5b		1.46b	

注:表中值为平均值,不同字母表示在 $P<0.05$ 水平上差异显著;RII 为相对互作用强度。

总之,红砂灌丛下土壤水分状况明显好于灌丛外空地,灌丛下土壤细颗粒物质含量明显高于灌丛外,而粗颗粒物质含量低于灌丛外,尤其在表层 0~10cm 土层更为显著。土壤有机质、全效氮、磷、钾及速效氮、磷、钾均在灌丛下富集。从灌丛内到灌丛外草本植物的盖度和高度逐渐减小,而植物丰富度增大。红砂灌丛对草本植物密度、盖度和高度的相互作用强度均呈现正值。与许多高大灌丛一样,小型红砂灌丛也具有明显的"沃岛"效应,并对周围草本植物的生长具有保育作用。

8.2.2 黄土高原西部土地利用变化对土壤碳库的影响

土地利用/覆被变化是当前陆地生物圈碳素循环的最主要人为驱动力之一。土地利用方式的变化不仅直接影响,而且通过影响与土壤有机碳形成和转化有关的因子而间接影响有机碳的含量和分布,此外还可以通过改变土壤有机质的分解速率影响有机碳蓄积量,所以土地利用变化导致土壤有机碳蓄积量的变化受到了广泛的关注。位于黄土高原西端的陇中黄土高原,地处半干旱偏旱区,土壤瘠薄,水资源短缺,林草植被稀疏,是整个黄土高原地区自然生态环境最严酷、经济最不发达、治理难度最大的区域。开展土地利用变化对土壤碳库影响的研究,将为该区域土地的合理利用和保护提供理论依据。

1. 土地利用变化对土壤基本性质的影响

研究得到,天然荒漠草原开垦后 0~20 cm 土层、栽植人工林后 0~60 cm 土层砂粒含量减少,黏粒和粉粒含量增加。耕地弃耕、退耕种植牧草后,土壤砂粒含量增加,黏粒和粉粒含量减少,尤以表土更明显(图 8.11)。

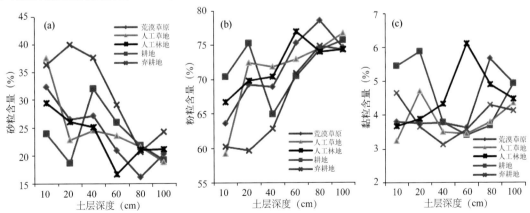

图 8.11 不同土地利用方式下土壤颗粒组成变化

Fig 8.11 Changes of soil particle size distribution under different land-use types

天然荒漠草原开垦后,0～20 cm 土层 pH 降低,但差异不显著;栽植人工林地后,土壤 pH 显著降低($P<0.05$)(图 8.12a)。耕地弃耕后表层土壤 pH 显著升高,退耕还草后 pH 升高。荒漠草原开垦、栽植人工林及耕地退耕还草,土壤电导率显著降低($P<0.05$)(图 8.12b)。

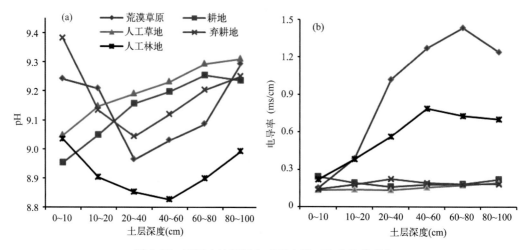

图 8.12　不同土地利用方式下土壤 pH、电导率变化

Fig. 8.12　Changes of soil pH and electrical conductivity under different land-use types

2. 土地利用变化对土壤有机碳的影响

天然荒漠草原开垦为耕地后,1 m 深土壤有机碳含量增加,但差异不显著;天然植被区栽植林地后,土壤有机碳呈减小趋势。耕地退耕还草后,0～10 cm 土层土壤有机碳显著增加。耕地弃耕后,有机碳含量增加,但差异不显著。各土地利用类型剖面土壤有机碳含量均随土层深度增加而减少,40～100 cm 土层降幅减缓。各类型 0～10 cm、10～20 cm 土层土壤有机碳含量与下层土壤存在显著差异(表 8.5)。

表 8.5　不同土地利用方式土壤有机碳含量(单位:g/kg)

Table 8.5　Soil organic C contents of different land-use types

土层深度(cm)	荒漠草原	耕地	人工草地	弃耕地	人工林地
0～10	5.71 (0.61) ACa	6.07 (0.21) ADa	8.00 (0.28) Ba	7.28 (0.47) BDa	4.39 (0.54) Ca
10～20	4.84 (0.82) ABab	5.62 (0.1) Aa	5.55 (0.36) Ab	6.14 (0.18) Ab	3.48 (0.61) Bac
20～40	4.23 (0.48) Abd	4.58 (0.32) Ab	4.02 (0.45) Abc	4.99 (0.50) Ac	2.35 (0.56) Bbc
40～60	2.91 (0.15) Acd	3.90 (0.42) Abd	3.75 (0.84) Abc	3.98 (0.30) Ace	2.41 (0.63) Abc
60～80	2.60 (0.17) Ac	3.13 (0.31) Acd	3.60 (1.18) Abc	3.17 (0.25) Ade	2.12 (0.56) Abc
80～100	2.09 (0.13) Ac	2.77 (0.32) Ac	3.01 (1.07) Ac	2.86 (0.16) Ad	2.24 (0.38) Abc
0～100	3.73(0.34) AB	4.34(0.24) A	4.66(0.62) A	4.74(0.25) A	2.83(0.51) B

注:同行中不同大写字母和同列中不同小写字母表示差异达到显著水平,$P<0.05$。每个数据为 3 块样地的平均值,括号内数值为标准误差。

3. 土地利用变化对土壤无机碳的影响

荒漠草原土壤无机碳含量显著最高（$P<0.001$），0～100 cm 土层在 21.01～23.73 g/kg 之间（图 8.13）。而其他 4 种类型土壤无机碳含量相差很小（18.58～21.92 g/kg）。这反映出荒漠草原转变为人工林地、农田后 1 m 深土壤无机碳含量显著下降，而耕地弃耕或退耕还草未引起 1 m 深土壤无机碳含量显著下降。从垂直剖面分布来看，与土壤有机碳变化趋势相反，土壤无机碳含量沿剖面增加。1 m 深土壤无机碳含量沿剖面呈"低－高－（低）型"分布特征。

几种土地利用类型 0～100 cm 土层土壤无机碳的 $\delta^{13}C$ 值为 －1.3‰～－4.2‰，其中以人工林地土壤较高、沿土层变化较小，在 －1.3‰～－1.6‰。就 $\delta^{13}C$ 值的垂直分布来看，荒漠草原土壤碳酸盐的 $\delta^{13}C$ 值在 0～40 cm 深度逐渐减小，而其他几种类型呈增加或不变的趋势。40～100 cm 土层各类型均有增加。

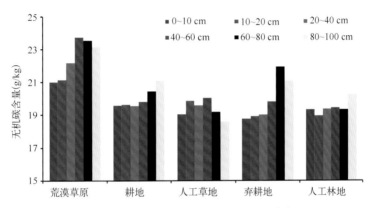

图 8.13　不同土地利用类型的土壤无机碳含量

Fig. 8.13　Soil inorganic carbon contents under different land-use types

黄土高原西部半干旱偏旱区荒漠草原基础上的开垦、人工林建植引起土壤质地细化趋势，土壤 pH 有所降低，但对土壤养分的影响并不一致。退耕还草和弃耕降低了土壤含盐量，pH 略有升高，促进了土壤养分的积累。为进一步揭示土壤碳库变化的机制，有待于开展土壤微生物活性、不同碳库组分对土地利用变化的响应研究，为研究区合理的土地利用转变提供理论依据。

8.3　寒区生态与冻土环境因子的关系

8.3.1　不同样地观测场内环境因子变化

2010 年 4 月 25 日至 7 月 23 日对不同样地活动层观测场各环境因子的测定结果发现（表 8.6），乌丽高寒草原观测场（China03）处气温最大，开心岭高寒草原观测场（QT05）次之，昆仑山口高寒草原观测场（China06）处最小，各观测场活动层表层 10～50 cm 深度日均地温对比变化规律与日均气温相似。

表 8.6 不同样地环境因子测定结果
Table 8.6 Environment factors of different plots

环境因子 / 样地		China06	QT01	QT02	China03	QT05	China04
气温(℃)		1.08	1.87	1.68	4.34	3.66	3.82
湿度(%)		—	62.31	72.77	—	62.76	—
不同深度 地温(℃)	10 cm	5.46	2.82	4.83	7.16	7.78	4.09
	20 cm	4.33	2.65	3.64	6.12	6.53	2.69
	30 cm	3.20	1.22	2.35	5.61	5.68	1.69
	40 cm	2.59	0.70	1.70	4.93	4.65	0.90
	50 cm	1.64	0.18	1.02	4.25	3.47	0.38
	平均	3.45	1.52	2.71	5.61	5.62	1.95
土壤含 水量 (m³/m³)	10 cm	0.10	0.14	0.22	0.16	0.06	0.35
	20 cm	0.08	0.18	0.23	0.25	0.17	0.28
	30 cm	0.08	0.21	0.23	0.23	0.28	0.25
	40 cm	0.07	0.17	0.21	0.19	0.28	0.29
	50 cm	0.10	0.11	0.20	0.16	0.26	0.29
	平均	0.08	0.16	0.22	0.20	0.21	0.29
土壤盐分 (g/L)	10 cm	0.30	0.13	0.17	0.28	0.12	0.95
	20 cm	0.28	0.12	0.20	0.35	0.21	0.89
	30 cm	0.25	0.12	0.23	0.32	0.30	0.88
	40 cm	0.21	0.14	0.25	0.31	0.29	0.85
	50 cm	0.26	0.16	0.27	0.28	0.27	0.61
	平均	0.26	0.13	0.22	0.31	0.24	0.84

注:上述数据表示4月25日至7月23日共计90 d观测结果的平均值;"—"表示数据缺失。

对各样地观测场内不同深度水热因子平均值统计发现(表8.6),地温在随气温升高而逐渐升高的过程中($R = 0.84$,$P < 0.001$),随深度增加而明显降低,而且在时间(位相)上有明显的滞后性,而土壤含水量和盐分有升高的趋势;同时,气温同土壤含水量存在正相关关系($R = 0.66$,$P < 0.01$)。各个深度处地温表现出高寒草原>高寒草甸>高寒沼泽草甸的显著趋势;对应的土壤含水量表现出高寒草原<高寒草甸<高寒沼泽草甸的基本趋势;然而,土壤盐分变化却表现出高寒草甸处低于高寒草原处,而高寒沼泽草甸处最高的明显趋势,这或许与土壤特性相关。

8.3.2 高寒生态系统对多年冻土退化的响应特征

伴随多年冻土退化,活动层厚度增加,植物组成由湿生型逐渐向中旱生乃至旱生型转变,植被类型由高寒沼泽草甸演替为高寒草甸、黑土滩及高寒草原,最终成为沙化草地,群落盖度不断降低、生物量不断减少;功能群类型中高饲用价值的莎草科类植物不断减少,而禾本科、豆科及杂草类植物先增加后减少,物种多样性表现出同样的变化趋势(表8.7)。

表 8.7 疏勒河上游地区植被对多年冻土退化的响应特征

Table 8.7 Response character of vegetation in upper region of Shule River to degradation of permafrost

冻土类型	面积 (km²)	植被类型 占冻土区面积	植物多样性			盖度(%) (±SD)	总生物量(g/m²) (±SD)
			$H'(\pm SD)$	$S(\pm SD)$	$J_{sl}(\pm SD)$		
H−SP	2093	PV(53.8)	1.99 (0.06)	8.13 (0.76)	0.98 (0.01)	32.1 (1.2)	1310.14 (302.52)
SSP	1190	AM(20.8)	2.40 (0.26)	13.34 (3.82)	0.97 (0.02)	37.6 (1.7)	2469.04 (551.37)
TP	904	AMM(5.8) AM(17.6) DG(2.3)	1.84 (0.25)	8.12 (1.71)	0.93 (0.03)	49.8 (0.8)	5181.74 (957.56)
UP	621	AM(11.5) AS(26.1) BSBG(3.9)	1.72 (0.18)	7.28 (1.14)	0.93 (0.03)	27.7 (1.1)	2462.94 (448.07)
EUP	316	AS(22.6) TS(54.6)	1.63 (0.15)	6.56 (1.39)	0.91 (0.02)	25.9 (0.8)	2985.28 (275.63)

注:H-SP:极稳定和稳定型多年冻土;SSP:亚稳定型多年冻土;TP:过渡型多年冻土;UP:不稳定型多年冻土;EUP:极不稳定型多年冻土;H':香农指数;S:物种丰富度;J_{sl}:均匀度指数;C:群落盖度;TB:总生物量;PV:冰缘植被;AM:高寒草甸;AMM:高寒沼泽草甸;DG:沙化草地;AS:高寒草原;BSBG:"黑土滩"草地;TS:温性草原;SD:标准偏差。

随着多年冻土退化,土壤含水量先升高后降低,在过渡型中表现出最高,而在极稳定型和稳定型中最低(表8.8)。土壤电导率基本呈现出逐渐增大的趋势,表明了盐分含量增加,土壤盐渍化加重。此外,土壤温度呈明显增加趋势,而土壤粒径组成的变化规律不明显;土壤中细菌、真菌和放线菌的数量变化趋势基本一致,均呈现出先急剧下降后缓慢增加的趋势,三种微生物数量在极稳定型和稳定型中最高,在过渡型中最低。

对不同类型多年冻土区高寒草甸植被和土壤环境特征的研究表明,随着土壤温度升高,多年冻土由亚稳定型、过渡型至不稳定型发生退化,致使活动层厚度显著增加,土壤含水量先增加后减少;土壤水热条件的改变导致土壤粗粒化显著,粒径组成中砂粒组分显著增加而粉粒组分明显减少;从而进一步导致土壤电导率先增加后降低、碳氮含量先增加后降低,而土壤中可培养微生物呈相反的变化趋势(图8.14)。进而导致高寒草甸面积显著减少,植被盖度、地下和地下生物量都表现出先增加后降低的趋势,而植物物种多样性呈现出先降低后增加的相反趋势(图8.15)。可见,土壤含水量是该地区植被生长的关键因素。

表 8.8　疏勒河上游地区土壤环境对多年冻土退化的响应特征

Table 8.8　Response character of soil environment in upper region of Shule River to degradation of permafrost

冻土类型	微生物 (0~20 cm·10^8 cfu)			水热条件 (0~40 cm)			机械组成 (%,0~40 cm)			养分含量 (g/kg,0~40 cm)		养分密度 (kg/m²,0~40 cm)		养分储量 (×10^12 g,0~40 cm)		活动层(m)
	BT (±SE)	FG (±SE)	AMs (±SE)	SW(℃) (±SD)	ST(℃) (±SD)	Ecb(mSm^{-1}) (±SD)	Sandy (±SD)	Silry (±SD)	Clay (±SD)	SOC (±SD)	TN (±SD)	SOCD (±SD)	TND (±SD)	SOC	TN	(±SD)
H-SP	1.61 (0.06)	1.03 (0.07)	1.22 (0.09)	9.1 (0.6)	5.9 (0.6)	1.9 (2.3)	77.4 (17.1)	16.2 (1.4)	6.4 (0.3)	14.95 (7.54)	1.63 (0.67)	7.44 (1.42)	0.81 (0.23)	8.371	0.912	1.50 (0.14)
SSP	1.21 (0.05)	0.19 (0.02)	0.32 (0.02)	30.5 (0.7)	14.4 (3.8)	18.8 (1.8)	41.1 (1.4)	41.8 (1.3)	17.2 (2.7)	11.65 (6.20)	1.43 (0.51)	5.66 (0.14)	0.70 (0.05)	1.401	0.173	2.45 (0.21)
TP	0.25 (0.03)	0.18 (0.03)	0.29 (0.02)	32.0 (0.2)	19.4 (4.4)	37.5 (4.9)	56.6 (3.6)	35.5 (2.7)	7.9 (0.9)	12.95 (4.8)	1.67 (0.32)	6.53 (4.68)	0.75 (0.48)	1.518	0.174	2.78 (1.03)
UP	0.27 (0.02)	0.29 (0.04)	0.42 (0.02)	10.3 (0.4)	20.0 (3.3)	36.1 (1.9)	58.1 (3.7)	28.0 (6.0)	13.9 (2.4)	15.68 (4.58)	1.55 (0.39)	7.38 (2.12)	0.73 (0.21)	1.901	0.188	3.20 (0.58)
EUP	0.40 (0.02)	0.22 (0.03)	0.47 (0.04)	18.8 (0.3)	20.3 (1.0)	148.9 (12.9)	33.2 (1.8)	48.7 (2.4)	18.1 (4.2)	16.14 (4.48)	1.72 (0.70)	7.22 (3.16)	0.76 (0.27)	1.761	0.185	—

注:H-SP:极稳定和稳定型多年冻土;SSP:亚稳定型多年冻土;TP:过渡型多年冻土;UP:不稳定型多年冻土;EUP:极不稳定型多年冻土;SW:土壤含水量;ST:土壤温度;Ecb:电导率;SOC:土壤有机碳;TN:全氮;SOCD:土壤有机碳密度;TND:土壤全氮密度;ALT:活动层厚度;AMs:放线菌;BT:细菌;FG:真菌;SE:标准误差;SD:标准偏差。

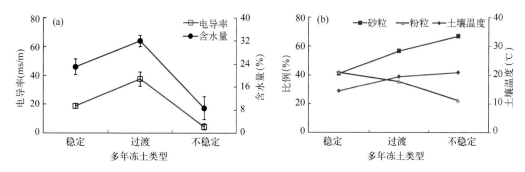

图 8.14　不同类型多年冻土区高寒草甸 0～40 cm 土壤的理化性质

Fig. 8.14　Soil physicochemical property of 0～40 cm in alpine meadow of different types of permafrost

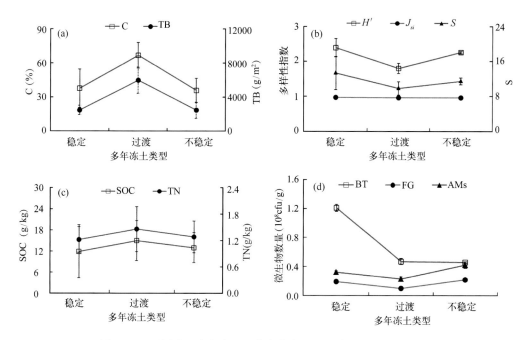

图 8.15　不同类型多年冻土区高寒草甸的植被特征和微生物数量

Fig. 8.15　Vegetation features and microorganism number in alpine meadow of different types of permafrost

8.3.3　多年冻土区高寒草甸土壤冻融循环的生态效应

2011 年 7 月 31 日至 2012 年 7 月 30 日观测样地空气温度、地表 0～10 cm 土壤温度、含水量和盐分的变化如图 8.16 所示,土壤温度变化规律同气温变化一致,但存在时间滞后性且变幅较小。

不同深度土壤冻结日数、冻融日数和融化日数的划分结果如表 8.9 所示,冻结日数随剖面深度增加逐渐增加,冻融日数呈相反趋势,融化日数先增加后减少。

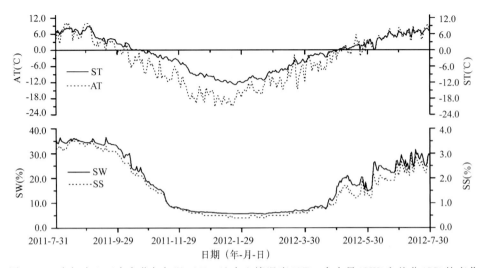

图 8.16 多年冻土区高寒草甸气温（AT）、地表土壤温度（ST）、含水量（SW）和盐分（SS）的变化

Fig. 8.16 Changes on air temperature（AT），surface soil temperature（ST），moisture content（SW）and salinity（SS）in alpine meadow of permafrost areas

表 8.9 不同深度土壤冻融状态的天数

Table 8.9 Days of different depths soil stay frozen

深度（cm）	冻结日数（d）	融化日数（d）	冻融日数（d）
0～10	177	145	44
10～20	200	151	15
20～30	203	153	10
30～40	204	159	3
40～50	208	157	1

观测期不同深度土壤的冻结和融化状态见表 8.10，其中，在 2011 年 9 月 30 日至 10 月 6 日和 2012 年 4 月 26—30 日两个时间段，表层 0～10 cm 土壤均发生了日冻融循环现象。

表 8.10 观测时期不同深度土壤的冻结和融化状态

Table 8.10 Frozen and freezing conditions of different depths soil during measurement periods

	2011 年			2012 年	
	7 月 31 日	9 月 30—10 月 6 日	12 月 26 日	4 月 26—30 日	7 月 30 日
0～10	融化	冻结—融化	冻结	冻结—融化	融化
10～20	融化	融化	冻结	冻结	融化
20～30	融化	融化	冻结	冻结	融化
30～40	融化	融化	冻结	冻结	融化
40～50	融化	融化	冻结	冻结	融化

图 8.17 给出了 0～10 cm 土壤有机碳、全氮、微生物量碳、氮含量和酶活性指数，它们的季节变化均表现出正弦曲线变化趋势。同日冻融循环发生前（2011 年 9 月 30 日）相比，有日冻融循环发生后的 10 月 6 日表层土壤有机碳、全氮和微生物量碳、氮含量以及土壤酶活性指数均有所增加；而对于一直有日冻融循环发生的 2012 年 4 月 26—30 日，经历 4 次冻融循环后，土壤有机碳、全氮和微生物量碳、氮含量以及土壤酶活性（过氧化氢酶除外）指数均有所降低。

　　不同观测期 CO_2、CH_4 和 N_2O 的日均排放速率如表 8.11 所示。2011 年 10 月 5 日地表 CO_2 排放速率远大于 9 月 30 日；与秋季冻融期（2011 年 10 月 5 日）相比，次年春季冻融期（2012 年 4 月 26 日和 2012 年 4 月 30 日）的 CO_2 排放速率明显降低。此外，2011 年 10 月 5 日 N_2O 的日均排放速率明显高于 9 月 30 日，而 N_2O 在 2012 年 4 月冻融期的排放显著低于 2011 年 10 月 5 日，这种变化规律与 CO_2 的一致。

　　土壤温室气体浓度和地表排放通量的通径分析模型如图 8.18 所示，在大气温度（AT）变化前提下，因直接受日冻融循环（DFTCs）改变而引起的土壤物理性质（SPP）变化明显影响土壤化学性质（SCP），土壤理化性质变化直接影响土壤微生物活性与数量（QASM）；土壤理化和土壤微生物活性与数量的变化直接导致土壤 N_2O 和 CH_4 浓度改变，土壤理化物理性质变化直接影响土壤 CO_2 浓度；三种气体浓度的改变能显著影响其地表排放通量。

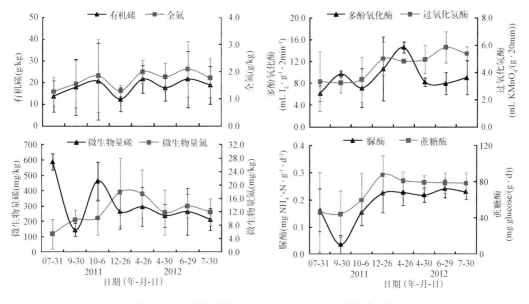

图 8.17　不同观测期表层 $0\sim10$ cm 的土壤性质变化

Fig. 8.17　Soil property changes in $0\sim10$ cm in different periods

表 8.11　不同观测期 CO_2、CH_4、N_2O 的日均排放速率

Table 8.11　Emission rate of CO_2、CH_4 and N_2O per day during measurement periods

观测期	时间（年—月—日）	$CO_2(mg \cdot m^2/h)$	$CH_4(mg \cdot m^2/h)$	$N_2O(mg \cdot m^2/h)$
融化期	2011—7—31	156.15 ± 118.78	0.041 ± 0.019	11.72 ± 6.63
融化期	2011—9—30	60.73 ± 30.39	0.000 ± 0.034	9.91 ± 10.12
冻融期	2011—10—5	122.33 ± 81.56	-0.055 ± 0.068	11.70 ± 19.35
冻结期	2011—12—26	18.70 ± 56.03	-0.012 ± 0.021	11.87 ± 19.64
冻融期	2012—4—26	41.87 ± 46.95	0.011 ± 0.049	3.20 ± 14.52
冻融期	2012—4—30	48.53 ± 52.75	-0.001 ± 0.049	0.08 ± 19.97
融化期	2012—6—29	156.61 ± 75.80	-0.020 ± 0.024	3.37 ± 3.05
融化期	2012—7—30	161.50 ± 45.40	-0.001 ± 0.007	2.11 ± 2.11

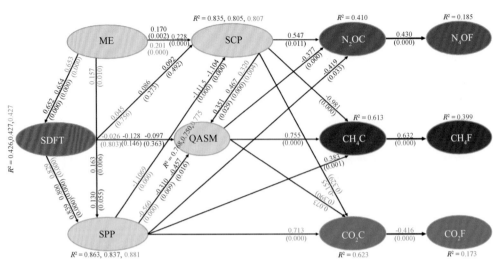

图 8.18　土壤温室气体浓度和地表排放通量的通径分析模型

Fig. 8.18　Path analysis model on greenhouse gas concentration and the surface emission flux in soil

总之,随着多年冻土退化,土壤温度和盐分含量不断升高,土壤含水量先增加后减小,细菌、真菌和放线菌数量先减少后增加;植物组成由湿生型逐渐向中旱生乃至旱生型转变,群落盖度不断降低、生物量不断减少。土壤含水量是该地区植被生长的关键因子。研究结果表明,过渡型多年冻土可能存在一个对土壤含水量有着支撑作用的冻土上限阈值。

在土壤日冻融循环初期,冻融交替作用可提高 CO_2 和 N_2O 的排放速率;而在日冻融循环持续发生过程中,底物浓度随着冻融交替次数增加而逐渐减少,CO_2 和 N_2O 的排放速率有所下降。冻融循环主要通过影响土壤理化和土壤微生物活性与数量,进而导致土壤 CO_2、CH_4 和 N_2O 浓度改变,最终影响其地表排放通量。

8.4　敦煌鸣沙山移动规律及其对月牙泉的影响

本节基于月牙泉周边多点气象站点同步风况资料,探讨在鸣沙山这一独特的地形影响下,月牙泉周边各测点起沙风况、输沙势及主导输沙方向的空间分布特征。结合月牙泉周边沙山、建筑物、树木等的方位特点,剖析了近年来月牙泉受沙害困惑的缘由:由于受南北两高大沙山的夹击,月牙泉处北风相对较少,西风和南风较强,尤以南侧沙山的北移最为突出,直接威胁月牙泉的存亡。通过对月牙泉周边各测点风沙动力环境时空分布的研究,以期为月牙泉沙害综合防治提供理论依据和数据支撑。

8.4.1　鸣沙山—月牙泉景区风沙活动特征

1. 起沙风况

为了更直观地反映月牙泉景区起沙风的空间分布,统计了景区内各测点的年均起沙风速,如图 8.19 所示。年均起沙风速较大的测点为位于月牙泉外围的飞机场、西侧和南山顶,其年均起沙风速分别为 6.87,6.47 和 6.60 m/s。由于受地形、周边建筑物和树木的影响,景区内月牙泉东侧和泉边的年均起沙风速较小,分别为 6.14 和 5.90 m/s。

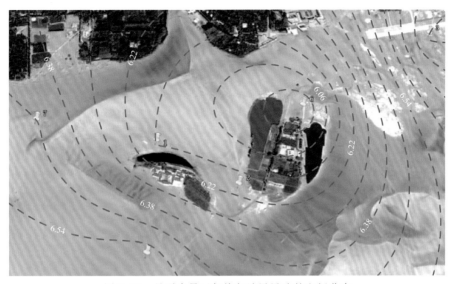

图 8.19　月牙泉景区年均起沙风风速的空间分布

Fig. 8.19　Isoline of sand-laden wind speed in the Crescent Moon Spring

从图 8.20 月牙泉景区各测点起沙风玫瑰图空间分布来看:月牙泉边起沙风向以 SSW 和 W 为主,分别占全年总量的 30.01% 和 20.10%,起沙风合成方向为 58°,以西南风为主。而北风和东风相对较少,这一点从南沙顶 5 号测点和西侧 7 号测点起沙风玫瑰图可以得到反映。月牙泉处主要受越过南山顺坡而下的南风的影响,南山顶 5 号测点处主要以南风和西南风为主,起沙风合成方向 25°,合成矢量占 75.19%,说明来自西南方向起沙风占绝对优势。大小泉湾 2 号测点起沙风主导方向表现为三组,除东北和西南方向外,来自东南向起沙风也有所增加,这主要由于受月牙泉北侧高大金字塔形沙丘和南侧线性沙丘的影响。景区内东侧 6 号测点和飞机场处 3 号测点,起沙风向较分散,除受高大沙丘地形条件的影响,还与周边建筑物、树木以及景区外围村庄、农田和果园关系甚密。

图 8.20　月牙泉景区起沙风玫瑰图空间分布

Fig. 8.20　Wind-blown rose map in the Crescent Moon Spring

2. 输沙势

从图 8.21 月牙泉景区各测点输沙势计算结果可以看出:景区各测点输沙势差异很大,其中,输沙势最大测点位于 3 号点飞机场位置,输沙势(DP)为 160.63VU;其次,位于南山顶和月牙泉西侧,DP 都大于 100 VU。根据 Fryberger 提出的年平均风能量变幅分类标准,月牙泉景区风能属于低能环境。另外,月牙泉边和大小泉湾处 DP 较小,尤其是月牙泉边,其 DP 为 10.29 VU。由于受地形影响,合成输沙势(RDP)和合成方向变化较大。但总体来看,月牙泉西侧、南山顶受南风的影响较大,DP 主要集中在偏南方向。南风越过月牙泉南侧沙山直达月牙泉边,这一点从月牙泉边输沙势玫瑰图也可以看出。另外,大小泉湾由于受多风向的交互作用,其合成输沙势(RDP)为 1.57 VU。从理论上讲,该测点风沙环境处于动态平衡,即各方向输沙强度可以相互抵消。

月牙泉周边各测点输沙势(DP)季节变化比较明显(图 8.22)。总体来说,春季各测点输沙势较高。其中,月牙泉边春季 DP 为 33.72 VU,占全年总输沙势的 31.8%。而夏季 DP 只有 6.05 VU,约占 8.02%。南山顶和月牙泉西侧两测点 DP 的季节分布与月牙泉处有所差异,3—8 月输沙势相对较高,分别达到了 60.94% 和 74.96%。秋季,南山顶和西侧 DP 分别为 97.60 VU 和 62.03 VU,约占全年的 15%。从空间分布来看,一年四季南山顶和西侧 DP 远高于月牙泉处。

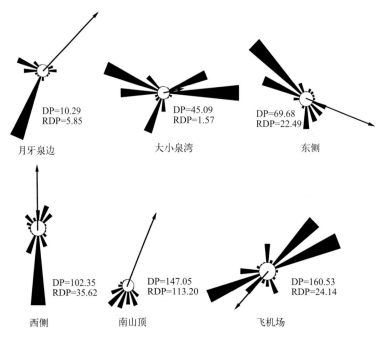

图 8.21　月牙泉景区输沙势空间分布

(DP 为输沙势(VU);RDP 为合成输沙势(VU))

Fig. 8.21　Drift potential in the Crescent Moon Spring

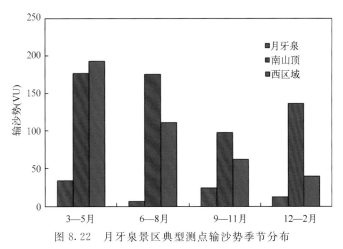

图 8.22 月牙泉景区典型测点输沙势季节分布

Fig. 8. 22 Seasonal distribution of drift potential of typical observation sites

8.4.2 鸣沙山—月牙泉区域近地表局地环流特征

高大沙山与湖泊地表热力差异造成山谷风对局地也有一定的影响,沙山和湖泊由于所处地势高差引起局地环流,形成昼夜风向相反的"山风"和"谷风"。白天沙面升温快,在近地表形成相对低压区,而湖面升温慢,近地表形成相对高压区,从而产生从湖泊吹向沙山的"谷风";夜晚,因沙面降温快,湖面降温慢,分别形成相对高压区和低压区,出现由沙山吹向湖泊的"山风"。图 8.23 为鸣沙山—月牙泉景区北沙山山谷风风向及频率的分布情况。

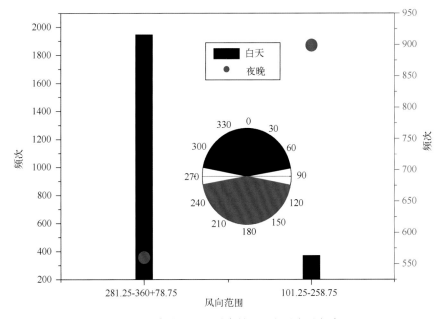

图 8. 23 鸣沙山—月牙泉景区山谷风向及频率

Fig. 8. 23 Frequency of mountain-valley wind direction in the Crescent Moon Spring

为揭示鸣沙山—月牙泉内近地表环流特征,利用研究区多点同步风况资料,分析局地环流特征,如图 8.24 所示。在区域盛行东风时,遇到高大沙丘受其阻挡,气流发生分离,风向发生改变,形成绕流和爬升气流。爬升气流沿沙丘东坡向沙丘顶部移动,翻越沙丘顶部后,形成下沉气流。绕流分为两组,第一组从 NW—SE 沙脊坡脚通过,风向变化较小;第二组从 N—S 沙脊坡脚通过,受外围林带影响,转为东北风,爬越 NE—SW 沙脊后再次转向形成偏北风,之后与下沉气流汇集,沿沙丘南坡向月牙泉方向移动,至坡脚处,与第一组绕流汇集,经月牙泉后再次形成爬升气流,爬越南山后与外围东风气流汇集离开研究区。西风盛行时,因高大沙丘 NE—SW 沙脊与风向基本平行,故西风气流受其影响较小,爬升气流风向转变幅度较小。N—S 沙脊绕流受景区外围林带和脊线共同影响,风向发生较大改变,绕过 N—S 沙脊后形成西北风。而翻越南山的西南气流在沙丘南坡阻挡下,转为西风,并沿南坡向东行进,之后绕过 NW—SE 沙脊后与前两股气流汇集,经东区域并翻越东山离开研究区。

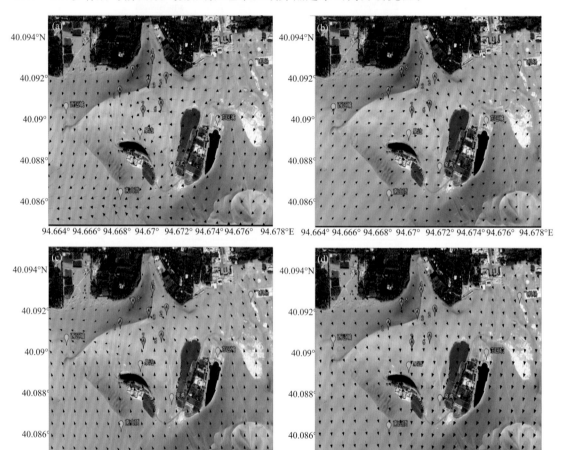

图 8.24　不同风向环境下鸣沙山—月牙泉区域近地表环流
(a)东风;(b)西风;(c)南风;(d)北风

Fig. 8.24　Local circulation near surface in the Crescent Moon Spring under different wind regimes

南风盛行时,受月牙泉外围东沙山沙脊线影响,风向发生偏转,形成东南风,继而沿沙丘东坡向上爬升,翻越沙丘顶部后与上层南风气流发生动量交换,气流再次发生转向,形成东北风,之后部分气流沿西北沙坡面溢出景区,其余气流再次形成爬升气流,越过 NE—SW 脊,在南沙坡面与穿越月牙泉并沙丘顶部爬升的南风气流汇集,之后转为东南风翻越 NE—SW 脊后溢出景区。北风盛行时,受高大沙丘阻挡作用,气流发生分离,形成爬升气流和绕流。绕流受 N—S

脊和外围林带影响,绕过 N—S 脊后风向发生改变,形成西北风,之后受地形和外围气流影响,方向再次发生改变,形成东北风,继而翻越 NW—SE 脊,与爬越西北沙坡面后形成的下沉气流汇集,经月牙泉后再次形成爬升气流,爬越南沙山后离开研究区。

8.4.3　高大沙山动态变化分析

通过航片解析和全站仪实测,对月牙泉周边沙丘的形态特征及变化进行定量研究,发现月牙泉周边金字塔沙丘的形成是复合风场作用的结果,其千年来未被沙丘掩埋得益于该区稳定的风场和金字塔沙丘的相对稳定性;1985—2009 年期间,月牙泉周边沙丘的脊线大多有向偏北方向移动的趋势,且偏南的滑落面基本处于风蚀状态,其他滑落面处于风积状态,表明 25 a 间该区的偏南风相对增强;为了维持月牙泉周边风场和输沙的动态平衡,需要对月牙泉北部绿洲的高大防护林、建筑等的规模加以限制。

1985—2009 年间,北沙山迎泉坡面从顶部向下约 2/3 处均有所增高,增高的最大处为距离山顶约 130 m 处,增高幅度在 20～28 m。沙丘底部高度略有下降,其下降幅度为 0.5～2.0 m。南沙山迎泉的坡面也在增高,增高的方向是向着月牙泉的,但其增高幅度相对较小,为 5～15 m,增高的最大位置约在沙丘中部。西沙山高度是有增高亦有降低。自沙丘顶部向下到中部呈现增高的趋势,增幅 1～8 m(图 8.25,图 8.26)。1985—2009 年间,沙脊线摆动的幅度为 5～10 m,均有向月牙泉中心靠拢的趋势。

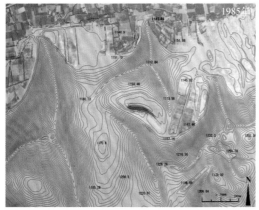
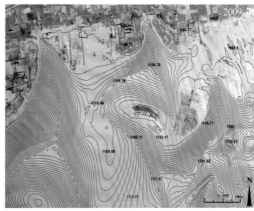

图 8.25　不同时期鸣沙山数字高程变化图

Fig. 8.25　Topographical contour maps of the area around the Crescent Moon Spring

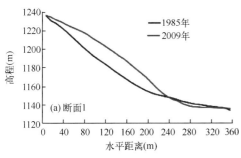
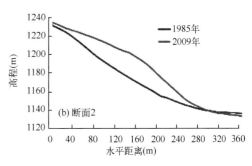

图 8.26　不同时期鸣沙山断面高程变化

Fig. 8.26　The change of height in the selected section of the pyramidal dune
in the north of the Crescent Moon Spring

8.4.4　鸣沙山—月牙泉近地表蚀积过程

选取 1985 年和 2004 年航片,利用北京四维测绘技术公司生产的数字摄影测量工作站(JX4),分别建立立体相对、特征线采集、输入控制点,最后生成两期数字高程模型(Digital Elevation Model,DEM);在 ArcGIS 9.0 中对上述 DEM 数据进行四则运算、脊线提取等处理,分析月牙泉周边沙丘形态特征、坡面蚀积和脊线移动等;此外,利用全站仪(Leica TS06)分别在 2011 年 7 月、9 月、11 月和 2012 年 10 月对月牙泉周边沙丘脊线进行测量,结合同期风速和风向数据,来探讨沙丘移动规律。

从图 8.27 和表 8.12 中可以看出,1985—2004 年间,月牙泉北侧金字塔沙丘南滑落面(区域 1)有 82.4% 的区域处于风蚀状态,平均风蚀深度 7.3 m,最大为 18.3 m;风积区域主要位于滑落面中上部,平均积沙厚度 5.3 m,最大为 18.5 m;整个滑落面单位面积风蚀深度为 5.1 m。东滑落面(区域 2)的风蚀区域的比例为 34.6%,主要位于滑落面的底部,平均风蚀深度 1.9 m,最大为 8.5 m;风积区域的比例为 65.4%,主要位于滑落面中上部,平均积沙厚度 7.7 m,最大为 20.1 m;整个滑落面单位面积积沙厚度为 4.4 m。西滑落面(区域 3)基本处于风积状态,整个滑落面单位面积积沙厚度为 4.3 m;风积区域的比例为 87.1%,平均积沙厚度为 5.4 m,最大为 16.2 m。

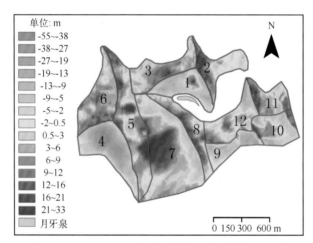

图 8.27　1985—2004 年月牙泉周边沙丘高程变化图

Fig. 8.27　The change of height of the dune around the Crescent Moon Spring

表 8.12　各区域风沙蚀积统计表

Table 8.12　Erosion-accumulation changes for the area around the Crescent Moon Spring

区域	风蚀				积沙					合计
	最大(m)	平均(m)	比例(%)	体积变化(m³)	最大(m)	平均(m)	比例(%)	体积(m³)	体积变化(m³)	单位面积变化量(m)
1	18.1	7.3	82.4	842013	18.5	5.3	17.6	132081	−709932	−5.1
2	8.5	1.9	34.6	82733	20.1	7.7	65.4	647095	564362	4.4
3	10.6	3.0	12.9	60996	16.2	5.4	87.1	730776	669780	4.3
4	55.0	16.7	93.3	3466636	7.9	2.4	6.7	35443	−3431193	−15.4
5	12.3	2.8	19.1	148330	32.8	8.2	80.9	1872988	1724659	6.1

续表

| 区域 | 风蚀 | | | | 积沙 | | | | | 合计 |
	最大(m)	平均(m)	比例(%)	体积变化(m³)	最大(m)	平均(m)	比例(%)	体积(m³)	体积变化(m³)	单位面积变化量(m)
6	6.0	1.7	5.6	18293	18.2	6.2	94.4	1133236	1114943	5.7
7	12.8	4.1	31.1	584996	28.0	8.3	68.9	2641015	2056019	4.4
8	7.0	1.9	16.9	42405	18.4	7.2	83.1	772031	729626	5.6
9	22.8	8.8	88.7	768428	16.4	4.7	11.3	52450	−715977	−7.3
10	19.4	6.0	60.1	477785	19.2	7.1	39.9	373521	−104264	−0.8
11	10.7	3.6	25.4	99287	18.6	7.6	74.6	613380	514094	4.7
12	16.9	5.5	43.3	385183	16.6	5.0	56.7	462110	76927	0.5
合计								10404868	2489045	1.1

注：＋ 表示积沙；－ 表示风蚀。

　　月牙泉西侧金字塔沙丘与北侧金字塔沙丘具有相似的变化规律：S 滑落面(区域 4)基本处于风蚀状态,单位面积风蚀深度为 15.4 m；风蚀区域比例为 93.3%,平均风蚀深度为 16.7 m,最大为 55.0 m,位于滑落面的中部。西和东滑落面(区域 5 和 6)处于风积状态,单位面积积沙厚度分别为 6.1 m 和 5.7 m；风积区域的比例分别为 80.9% 和 94.4%,平均积沙厚度分别为 8.2 m 和 6.2 m,最大分别为 32.8 m 和 18.2 m。月牙泉南侧沙垄的 S 滑落面(区域 7)有 68.9% 的区域基本处于风积状态,风积区域主要位于沙垄底部,平均积沙厚度 8.3 m,最大为 28.0 m；风蚀区域主要位于上部脊线附近,平均风蚀深度为 4.1 m,最大为 12.8 m；整个滑落面单位面积积沙厚度 4.4 m。北滑落面(区域 8)风积区域的比例为 83.1%,平均积沙厚度 7.2 m,最大为 18.4 m；整个滑落面单位面积积沙厚度 5.6 m。月牙泉东侧的金字塔沙丘链中的滑落面(区域 9)风蚀区域的比例为 88.7%,平均风蚀深度 8.8 m,最大为 22.8 m；整个滑落面单位面积风蚀深度 7.3 m。滑落面(区域 10)风蚀区域的比例为 60.1%,平均风蚀深度 6 m,最大为 19.4 m；风积区域平均积沙厚度 7.1 m,最大为 19.2 m；整个滑落面单位面积风蚀深度 0.8 m。滑落面(区域 11)风积区域的比例为 74.6%,平均积沙厚度 7.6 m,最大为 18.6 m；整个滑落面单位面积平均积沙厚度为 4.7 m。滑落面(区域 12)风积区域的比例为 43.3%,主要位于北部区域,平均风蚀深度 5.5 m,最大为 16.9 m；风积区域主要位于南部区域,平均积沙厚度 5.0 m,最大为 16.6 m；整个滑落面单位面积平均积沙厚度 0.5 m。总体来说,月牙泉周边沙丘的蚀积变化具有明显的规律性,沙丘偏南侧的滑落面基本处于风蚀状态,其他部位多处于风积状态。沙丘表面的蚀积变化是风动力状况的直接反映,该区的蚀积分布图表明该区 1985—2004 年间偏南风相对较强。滑落面(区域 12)北部区域之所以处于风蚀状态,是因为东北风从开阔地带进入沙丘所围的山谷,产生“狭管效应”,风速增大。

　　总之,月牙泉由于所处独特的地形环境,年均风速、起沙风玫瑰及输沙势等受局地地形的影响很大。月牙泉边起沙风向以 SSW 和 W 风为主,分别占全年总量的 30.01% 和 20.10%,起沙风合成方向为 58°,以西南风为主。鸣沙山—月牙泉景区属于低风能环境,其中,月牙泉边年输沙势(DP)为 10.29 VU。月牙泉东侧大小泉湾处,受多风向交互作用,风沙输移处于相对平衡。月牙泉沙害主要来自南侧沙山的北移。近年来受周边建筑物和树木的影响，月牙泉周边东风减弱，从空间上改变景区内流场结构，破坏了维系月牙泉东西两侧原有的输沙均衡。

金字塔沙丘是多方向作用下的一种典型沙丘类型，它虽属于裸露的沙丘形态，但由于各个风向风力较为均衡，沙丘来回摆动，总的移动量不大，相对来说比较稳定。月牙泉周边金字塔沙丘是在当地特殊的多风向作用下形成的，其千年未被流沙掩埋得益于该区稳定的风场和金字塔沙丘的相对稳定性。月牙泉 2011—2012 短期观测表明，沙丘脊线随观测期内的合成输沙势方向的改变出现摆动，而并非沿某个方向一致移动，这是月牙泉能与周边高大沙丘共存的关键所在。因此，月牙泉风沙危害治理应从恢复近地表流场结构出发，遵循风沙动态平衡原则。

中篇

能水过程

第9章 寒旱区蒸散发变化观测研究

蒸散发是水循环中最重要的变量之一,也是对气候变化最敏感的因子。表征蒸散发的常见指标主要有蒸发皿蒸发、参考蒸散量、实际蒸散量等。

9.1 干旱区蒸散发变化的区域特征

9.1.1 相关概念

蒸发皿蒸发 Ep(pan evaporation)是指在一定时段内,液态水分经蒸发而散布到空中的量。通常用蒸发掉的水层厚度的毫米数表示。一般温度越高、湿度越小、风速越大,则蒸发量就越大;反之蒸发量就越小。我国使用标准的水面蒸发观测装置主要是 E601 型水面蒸发器,同时有口径为 20 cm 的蒸发皿作为辅助观测设施。

参考蒸散量 ET_0(reference evapotranspiration),根据联合国粮农组织(FAO)定义,是指在假设作物高度为 12 cm、表面阻力为 70 s/m、反射率为 0.23 的参考冠层的蒸散量。它相当于高度一致、生长旺盛、在充分供水条件下,矮的绿色植物充分覆盖地面,对蒸发没有或者仅有微小阻力的一个广阔表面上单位时间的蒸发量,又称可能蒸散量或潜在蒸散量(potential evapotranspiration)。参考蒸散量的计算公式主要有:Penman-Monteith 公式(Monteith,1965),即输入的资料为辐射、气温、风速和相对湿度等气象因素。Priestley-Taylor 公式(1972),输入的资料为辐射和气温要素。Hargreaves-Samani 公式(1985),输入的资料仅为气温要素。Jensen-Haise 公式(1963),输入的资料为辐射和气温要素。

实际蒸散量 ET_c(actual evapotranspiration)是在特定气候和水分条件下,某一下垫面土壤蒸发与植物蒸腾之和,又称实际蒸散、腾发量或总蒸发量,单位为 mm。主要确定方法有:直接测定法,如大型蒸渗仪;间接测定法,如大孔径闪烁仪、波文比方法、涡度相关法等。

9.1.2 干旱区蒸散发变化

对西北干旱区 40 余个气象站 20 cm 口径蒸发皿的观测数据分析表明,1960—2000 年西北干旱区的平均蒸发皿蒸发(Ep)为 2002 mm/a;最大值为 2110 mm/a,出现在 1962 年;最小值为 1879 mm/a,出现在 1993 年。总体上呈下降趋势(图 9.1)。

利用 Penman-Monteith 公式估算了西北干旱区的参考蒸散量(ET_0),结果表明(图 9.2),1960—2000 年 ET_0 平均值为 949 mm/a;介于 817.67~1055.58 mm/a。总体上也呈下降的趋势,最大值与最小值出现的时期与 Ep 一致。

对地处干旱区的石羊河流域荒漠绿洲春小麦实际蒸散发(ET_c)研究表明,春小麦 ET_c 平均值为 513 mm/a,最大值为 525 mm/a,出现在 20 世纪 50 年代;最小值为 497 mm/a,出现在

80 年代。总体上呈下降趋势,但年际变化不大(表 9.1)。

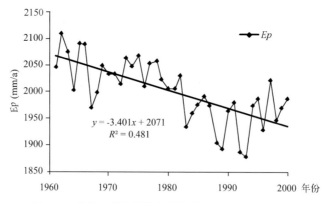

图 9.1 蒸发皿蒸发量的年际变化(Shen *et al*.,2010)

Fig. 9.1 Annual change on evaporation capacity of evaporating dish

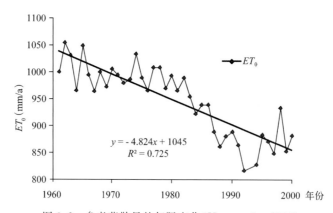

图 9.2 参考蒸散量的年际变化(Huo *et al*.,2013)

Fig. 9.2 Annual change of reference evapotranspiration

表 9.1 石羊河流域春小麦实际蒸散量(ET_c)年际变化(Tong *et al*.,2007)

Table 9.1 Annual change of the actual evapotranspiration on spring wheat in Shiyanghe basin

	1950s	1960s	1970s	1980s	1990s
ET_c(mm)	525	517	518	497	508

影响西北干旱区年平均蒸发皿蒸发量和潜在蒸散的主要因素是风速、太阳辐射和相对湿度。其中,风速的作用居首,其次是太阳辐射,再次是相对湿度(表 9.2)。

表 9.2 Ep、ET_0 与气象要素间相关关系

Table 9.2 Correlation among Ep、ET_0 and meteorological elements

	Ep(mm/a)	ET_0(mm/a)	T(℃)	R(MJ/($m^2 \cdot$ d))	W(m/s)	H(%)
Ep	1.000	0.827**	−0.198	0.432**	0.784**	−0.436**
ET_0	/	1.000	−0.295	0.567**	0.869**	−0.666**

注:** 表示在 0.01 水平上显著相关;R 为总辐射,W 为风速,H 为相对湿度。

9.2　寒旱区蒸散发观测案例研究

我国的气象观测站多在城市中或者城市边缘,城市的环境效应可能会导致气象站的观测数据与远离城市观测数据的差异。下面以距城镇一定距离的观测点的数据进行案例分析。所选择的 3 个观测点为:奈曼沙漠化研究站(奈曼站)位于内蒙古奈曼旗境内,地处科尔沁沙地腹地,距最近的县城奈曼旗 12 km;沙坡头沙漠试验站(沙坡头站)位于宁夏中卫市境内,地处腾格里沙漠东南缘,距中卫县城 20 km;临泽内陆河流域研究站(临泽站)位于甘肃省临泽县境内,地处河西走廊中段,离临泽县城 30 km。此外,潜在蒸散发的比较中增加了青藏高原 2 个点的数据。

9.2.1　干旱区蒸发皿蒸发量变化

1. 蒸发皿蒸发的特征

沙坡头站、奈曼站和临泽站使用的测量蒸发的仪器是口径 20 cm 的小型蒸发皿(以下简称 φ20)和 E601 型蒸发皿。2005—2010 年,在沙坡头站利用 φ20 蒸发皿进行了全年观测。奈曼站仅使用了 E601 型蒸发皿,临泽站两种蒸发皿均有使用,但由于冬季结冰无法持续观测,故奈曼和临泽站的观测时间仅为 4—10 月。

沙坡头站 φ20 蒸发皿 2005—2010 年年均水面蒸发为 2620.0 mm/a,年最大和最小水面蒸发出现在 2007 年和 2008 年,分别为 2778.7 和 2496.0 mm/a;奈曼 E601 型蒸发皿观测的 4—10 月份年平均为 1354.5 mm/a;临泽 4—10 月份 E601 和 φ20 观测的年均水面蒸发分别为 923.6 和 1539.4 mm/a(表 9.3)。

表 9.3　2005—2010 年各站水面蒸发量对照表(单位:mm)
Table 9.3　Comparison of evaporation from water surface for selected stations during 2005—2010

年份	沙坡头站		奈曼站	临泽站	
	φ20(年均)	φ20(4—10月)	E601(4—10月)	E601(4—10月)	φ20(4—10月)
2005	2732.6	2236.6	—	957.3	—
2006	2617.9	1835.0	1257.1	805.9	1483.2
2007	2778.7	2071.1	1471.8	721.4	1309.9
2008	2496.0	1864.4	1281.8	984.8	1651.6
2009	2501.9	1962.0	1503.3	1002.7	1590.4
2010	2593.1	1830.9	1261.9	943.1	1567.7

由 3 个观测站 2005—2010 年 6 年内各月日均蒸发值的观测数据表明,最大蒸发值均在 6 月份(图 9.3),其中沙坡头站 φ20 观测的蒸发 6 月份多年日平均值为 14.1 mm/d,日最大值均在 6 月中旬至 7 月初,剔除降雨等特殊天气的观测值后,其日均最大水面蒸发在 17.6～17.9 mm/d 间波动;临泽站 φ20 观测的水面蒸发 6 月份日均蒸发为 12.4 mm/d,日最大蒸发除 2010 年最大值 16.6 mm/d 在 7 月 21 日外,其余年份日最大值均在 6 月中旬至 6 月底,最大值在 15.6～17.7 mm/d 间波动。在生长季,沙坡头站 φ20 水面蒸发大于临泽站,约为临泽

站的 1.26 倍。奈曼站 E601 观测的水面蒸发月最大值分别出现在 5 月或者 6 月,日平均值为 10.5 mm/d;临泽站 E601 观测的水面蒸发最大值出现在 6 月份,日均值为 7.6 mm/d,小于同期奈曼站 E601 观测的水面蒸发。

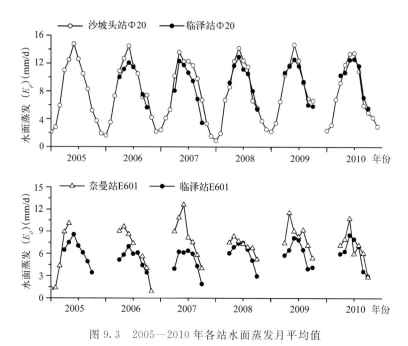

图 9.3　2005—2010 年各站水面蒸发月平均值

Fig. 9.3　Monthly mean evaporation from water surface for selected stations during 2005—2010

2. 不同规格蒸发器皿观测结果对比

目前有两种观测水面蒸发的方法,即 E601 和 ϕ20。利用临泽站 2005—2010 年每年 4—10 月 E601 和 ϕ20 两种蒸发器的观测资料,比较了这两种方法的观测结果,建立了相关关系。

观测结果表明,ϕ20 的蒸发值大于 E601 的观测值,但变化过程基本相对应,趋势一致。4—10 月 ϕ20 观测的蒸发量是 E601 观测值的 1.66 倍(图 9.4)。

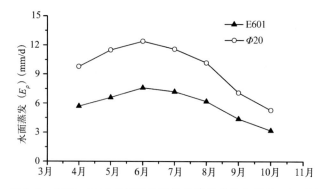

图 9.4　2005—2010 年临泽站平均月蒸发变化曲线(4—10 月)

Fig. 9.4　Monthly mean evaporation in Linze station during 2005—2010

造成 ϕ20 偏大的原因,主要是它口径小,水体少,又暴露在空气中,器皿热效应对水体蒸发的影响甚大。而 E601 口径大,水体多,又埋设在土壤中,故其水面蒸发接近自然水体状况。但这种观测方法设备昂贵,仪器稳定性相对较差。根据临泽站的观测数据,分析 ϕ20 与 E601 的相关性(图 9.5),由图可建立 ϕ20 与 E601 观测结果的回归方程,即:

$$E_{pE601} = 0.31 + 0.56 \times E_{p\phi20} \tag{9-1}$$

利用上式可对有 ϕ20 观测资料的地区估算 E601 蒸发值。

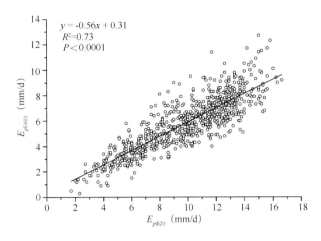

图 9.5　E601 型和 ϕ20 蒸发器观测水面蒸发相关关系

Fig. 9.5　Correlation of observed evaporation from water surface between evaporators of E601 and ϕ20

9.2.2　寒旱区潜在蒸发量变化

选择寒旱区观测资料时间序列较长的沙坡头站、奈曼站、临泽站及格尔木站的唐古拉和西大滩的观测资料,采用 Penman-Monteith 公式计算其潜在蒸发量,并对比分析了各站潜在蒸发量的变化趋势。

1. 潜在蒸发变化对比分析

从各站多年潜在蒸发量计算结果(表 9.4)可看出,沙坡头、奈曼和临泽 3 个站点年潜在蒸发量明显高于地处青藏高原的唐古拉和西大滩,临泽站年平均潜在蒸发量为 1325.2 mm/a,沙坡头站和奈曼站基本接近,分别为 1070.7 和 1088.0 mm/a,唐古拉和西大滩多年平均潜在蒸发量分别为 815.7 和 845.9 mm/a。

2. 典型观测站点的水面蒸发系数

水面蒸发具有简单易观测且可操作性强等特点,对于一些没有条件提供充足地面气象数据估算潜在蒸散发的地区,水面蒸发则提供了一种可行的方法去估算潜在蒸散发,潜在蒸散与水面蒸发之间可通过水面蒸发系数来联系,即:

$$K_p = PET/E_p \tag{9-2}$$

式中:PET 为潜在蒸散发(mm/d),E_p 为蒸发器观测水面蒸发(mm/d),K_p 为水面蒸发系数。

表 9.4　沙坡头、奈曼、临泽、唐古拉及西大滩潜在蒸散发

Table 9.4　The potential evapotranspiration in Shapotou, Naiman, Linze, Tanggula and Xidatan stations

| 年份 | 沙坡头 | | | 奈曼 | | | 临泽 | | | 唐古拉 | | | 西大滩 | | |
	年蒸散 (mm)	月平均 (mm/d)	生长季平均 (mm/d)	年蒸散 (mm)	月平均 (mm/d)	生长季平均 (mm/d)	年蒸散 (mm)	月平均 (mm/d)	生长季平均 (mm/d)	年蒸散 (mm)	月平均 (mm/d)	生长季平均 (mm/d)	年蒸散 (mm)	月平均 (mm/d)	生长季平均 (mm/d)
2000	—	—	—	—	3.7(缺 3,4,7)	—	—	—	—	—	—	—	—	—	—
2001	—	5.4(5~8,10~11)	—	1312.6	3.6	5.0	—	—	—	—	—	—	—	—	—
2002	1755.8	4.9(缺 9)	—	1128.3	3.1	4.2	—	—	—	—	—	—	—	—	—
2003	1803.5	5.0	7.0	1079.8	3.0	3.9	—	—	—	—	—	—	—	—	—
2004	—	4.8(1~5)	—	1125.5	3.1	4.5	—	—	—	—	2.1(6~12)	—	—	2.4(6~12)	—
2005	—	4.2(4~11)	4.6	—	3.1(6~9,11~12)	—	1348.5	3.7	5.1	716.0	2.0	2.7	822.4	2.3	2.9
2006	—	3.0(2,8~10)	—	1045.3	2.9	4.0	1362.9	3.8	5.0	851.5	2.4	3.0	890.4	2.5	3.1
2007	951.2	2.5(缺 5,6)	3.7	1066.1	3.0	4.2	1351.1	3.8	5.0	913.1	2.5	3.3	818.1	2.3	2.9
2008	1066.1	3.0	4.2	1029.5	2.9	4.0	1329.4	3.7	5.1	782.0	2.1	2.9	759.3	2.1	2.8
2009	—	3.5(1~10)	4.2	1093.3	3.0	4.5	1274.6	3.5	4.8	—	2.2(1~5)	—	773.5	2.1	2.6
2010	1075.2	3.0	4.1	911.7	2.5	4.0	1284.5	3.6	4.8	—	—	—	1011.5	2.8	4.0

注:①月平均值缺失>2 d,生长季平均值缺失>12 d,年平均缺失值>24 d,均按无效处理;月平均未标注年份有效月份均为12个月。

②表中沙坡头 2000—2010 年有效数据依次为 82,213,350,355,177,297,267,342,346,302 和 348 d;奈曼 2000—2010 年有效数据依次为 326,364,361,363,352,201,362,363,359,和 349 d;临泽 2005—2010 年的有效数据依次为 122,365,365,366,365 和 365 d;唐古拉 2004—2009 年有效数据依次为 322,365,365,365,366,169 d;西大滩 2004—2010 年有效数据依次为 219,365,365,365,366,365,365 d。

③中国科学院青藏高原水圈冻圈观测研究站位于青海省格尔木市,其唐古拉观测场位于青藏公路沿线北坡冲积扇面上(33°04′N, 91°56′E),海拔高度 5133 m,年平均气温约为—6.0℃,年平均风速约为 3.6 m/s;下垫面为典型多年冻土,全年冻结期为 9 个月左右,土壤以黏土为主,土壤颗粒松散;有少量粉砂和砾石;主要植被类型为高寒草甸,呈小块状覆盖,覆盖度为 20%~30%,植被最高高度约为 10 cm。另外一处观测场位于西大滩地区(35°43′N, 94°49′E),海拔 4538 m,年平均气温—4.0℃,降水量 393 mm,降水多集中在 5—9 月,下垫面植被以优势种和小嵩草为主,其生长季为 5 月初至 9 月下旬,植被覆盖度为 60%~70%。

基于 Penman 法估算的潜在蒸散和相应的实测水面蒸发,利用公式(9-2)得出各个观测站的水面蒸发系数。其中,沙坡头站年水面蒸发系数 $K_{p\phi20}$ 日均值为 0.42,介于 $0.4\sim0.5\ a^{-1}$ 之间;奈曼站 4—10 月 K_{PE601} 日均值为 0.56;临泽站 4—10 月 K_{PE601} 日均值为 0.85,$K_{p\phi20}$ 日均值为 0.51(图 9.6,图 9.7)。

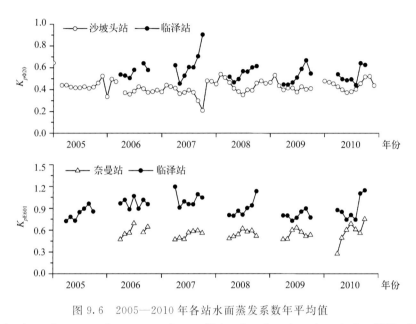

图 9.6 2005—2010 年各站水面蒸发系数年平均值

Fig. 9.6 Annual water surface evaporation coefficient in selected stations during 2005—2010

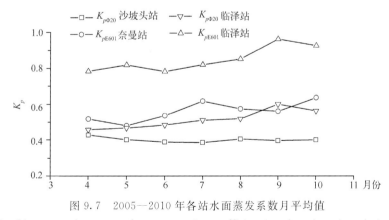

图 9.7 2005—2010 年各站水面蒸发系数月平均值

Fig. 9.7 Monthly-averaged water surface evaporation coefficient in selected stations during 2005—2010

9.3 干旱区实际蒸散发量

陆地表面实际蒸散发是陆面与大气系统动态相互作用条件下水热平衡的结果,其大小主要受其下垫面能量、水分供给条件及其近地面湍流传输机制等因素共同影响,通常根据控制蒸散的若干因素对实际蒸散发量进行估算。其估算方法主要为 Penman-Monteith 模型。

9.3.1　实际蒸散发量的估算方法

实际蒸散发量的估算采用 Penman-Monteith 模型,即:

$$\lambda E = \frac{\Delta(R_n - G) + \rho C_p(e_s - e_a)/r_a}{\Delta + \gamma(1 + r_s)/r_a} \tag{9-3}$$

式中:λE 为蒸发潜热(MJ·m^{-2}·d^{-1}),R_n 为净辐射(MJ·m^{-2}·d^{-1}),G 为土壤热通量(MJ·m^{-2}·d^{-1}),r_s 为冠层阻力(s·m^{-1}),r_a 为空气动力学阻力(s·m^{-1}),ρ 为空气密度(kg·m^{-3}),C_p 为空气定压比热(MJ·kg^{-1}·K^{-1}),e_s 为参考高度的饱和水汽压(kPa),e_a 为蒸发表面的实际水汽压(kPa)。其中,空气动力学阻力为:

$$r_a = \frac{\ln\left[\{(Z-d)/Z_0\}\right]\ln\left[(z-d)/(h-d)\right]}{k^2} \cdot \frac{1}{u} \tag{9-4}$$

式中:Z 为参考高度(一般取值 2 m),d 为零平面位移(m),Z_0 为粗糙长度(m),k 为 Karman 常数(经验取值 0.41),u 为参考高度 2 m 处的风速(m/s)。

$$d = 0.63\,h \tag{9-5}$$

$$z_0 = 0.13\,h \tag{9-6}$$

式中:h 为植被整体平均高度(m)。

冠层阻力采用下式估算:

$$r_s = r_{ST}/2L \tag{9-7}$$

式中:r_{ST} 为平均气孔阻力(s/m),L 为冠层叶面积指数(m^2/m^2)。

9.3.2　实际蒸散对比分析

对干旱区 3 个站点地带性植被的实际蒸散发估算结果(表 9.5)表明,沙坡头站典型年份(2008 年和 2010 年)实际蒸散发量变化范围为 304.1～344.8 mm/a,平均为 324.5 mm/a;奈曼站多年(2006—1010 年)实际蒸散发量变化为 402.2～455.0 mm/a,平均为 419.2 mm/a;临泽站多年(2005—2010 年)实际蒸散发量变化为 178.9～208.2 mm/a,平均为 195.5 mm/a。

奈曼站的实际蒸散远大于沙坡头站和临泽站,主要原因是奈曼地区年均降水量大约为沙坡头和临泽地区的两倍,其植被覆盖度明显高于后两者,且降水主要集中在植被生长季,此时气温和地温较高,各种植被进入生长高峰期,也是植物生理需水的高峰时期,故导致其实际蒸散较大。而临泽地区多年平均降水量最少,植被覆盖度最小,导致其实际蒸散发量最小。

表 9.5　沙坡头站、奈曼站和临泽站实际蒸散
Table 9.5　The actual evapotranspiration in Shapotou、Naiman and Linze stations

年份	沙坡头站			奈曼站			临泽站		
	年蒸散 (mm)	月平均 (mm/d)	生长季 平均 (mm/d)	年蒸散 (mm)	月平均 (mm/d)	生长季 平均 (mm/d)	年蒸散 (mm)	月平均 (mm/d)	生长季 平均 (mm/d)
2000	—	—	—		1.3(缺 3,4,7)	—	—	—	—
2001	—	2.0(5—8,10—11)	—	521.1	1.4	2.6	—	—	—
2002	634.5	1.7(缺 9)	—	318.7	0.9	1.7	—	—	—
2003	634.0	1.8	3.3	305.2	0.8	1.5	—	—	—

续表

年份	沙坡头站			奈曼站			临泽站		
	年蒸散 (mm)	月平均 (mm/d)	生长季平均 (mm/d)	年蒸散 (mm)	月平均 (mm/d)	生长季平均 (mm/d)	年蒸散 (mm)	月平均 (mm/d)	生长季平均 (mm/d)
2004	—	0.6(1—5)	—	364.0	1.0	2.0	—	—	—
2005	—	1.1(4—11)	1.4	—	1.9(6—9,11—12)	—	213.7	0.6	1.1
2006	—	1.1(2,8—10)	—	406.4	1.2	1.9	202.6	0.6	1.0
2007	301.6	0.8(缺5,6)	1.7	455.0	1.3	2.3	208.2	0.6	1.1
2008	304.1	0.8	1.6	402.2	1.1	2.0	207.3	0.6	1.1
2009	—	1.3(1—10月)	1.9	415.9	1.2	2.1	180.4	0.5	0.9
2010	344.8	1.0	1.8	416.6	1.2	2.3	178.9	0.5	0.9

注:①各站下垫面状况同前,数据有效性同表 9.4;②各站叶面积指数与平均气孔阻力均未观测,参照相关文献(Steiner et al., 1991;Stannard,1993;Howell et al., 1995;Allen et al., 1998;Liu et al., 2007),叶面积指数在生长季均取 0~0.5 m²/m²,平均气孔阻力取 200 s/m。

第10章　寒旱区不同下垫面地表能量与水分收支

地表的能量交换过程表现为地表辐射收支、热量和水分收支。生态环境演变及人类活动等自然或人为因素对气候变化的影响主要通过对地表辐射收支、热量收支的改变来实现，而且它们对气候变化的响应也是通过地表辐射收支和热量收支过程来传递的。因此，研究辐射收支、热量和水分交换过程对于了解当前的气候状态以及对未来的气候变化的预估都具有重要的意义。

10.1　联网通量站概况与资料处理方法

10.1.1　联网通量站环境特征

参加此次通量联网观测的站点共13个，图10.1给出了各站点的位置分布及下垫面类型。表10.1对各观测点的生态系统类型、植被状况、土壤等条件给出简单介绍。

图 10.1　各通量观测点的地理位置分布及下垫面特征

Fig. 10.1　The geographical location and surface feature of each station

表 10.1　各通量观测点下垫面状况（基本气候特征、植被、土壤、地貌）

Table 10.1　The underlying surface information of each station（climate，vegetation，soil and physiognomy）

生态系统	观测点	下垫面状况（基本气候特征、植被、土壤、地貌）
草原	阿柔	观测站位于黑河上游支流八宝河南侧的河谷高地上，试验场周围地势相对平坦开阔，自东南向西北略有倾斜下降，南北两侧约 3 km 外是连绵的山丘和高山
	玛曲	气候类型为高原亚寒带湿润区，多年平均气温为 1.2℃，多年平均降水为 620 mm。植被类型是以莎草科的线叶嵩草、禾本科的羊茅等为优势种和毛茛科的钝裂银莲花为常见种的典型高寒草甸；下垫面植被覆盖良好（夏季冠层约 15 cm，冬季约 10 cm）；土壤类型为亚高山草甸土（沙壤土），土壤呈有机碳及全量养分丰富而速效养分贫乏的特点；测站周围地形平坦开阔
	西大滩	下垫面植被属于小嵩草高寒草甸，植被覆盖度为 70%~80%；地形属于河流地貌，已演变成河流孤岛，为沼泽地形
	唐古拉	试验场地四周开阔，夏季地面为草高约 5 cm 的高原草甸覆盖
	那曲	气候类型为高原亚寒带季风半湿润气候，多年平均气温为 −0.64℃，降水量 449.51 mm。植被类型以建群种以莎草科和禾本科植物为主，伴生种有菊科、豆科和蔷薇科植物，这些植物均属于喜马拉雅区系，其中也加入了中亚植物区系的种；下垫面植被覆盖良好（植被覆盖度约 80%，夏季冠层高度约 20 cm，冬季约 10 cm）；土壤类型为高山草甸土（沙壤土，砂粒 40%~50%，粉粒 30%~40%，黏粒 5%~15%），土壤呈微碱性，富含有机质和全氮，速效氮和速效钾含量较高，速效磷含量较低；测站东、西、南方向地形平坦开阔，北面有低矮山丘存在
农田	盈科	盈科灌区绿洲站位于黑河中游，试验场周围平坦开阔，防风林的间距东西向为 500 m，南北向为 300 m，是一个比较理想的绿洲农田观测站
	临泽	气候类型为温带大陆性气候，多年平均气温 7.2℃，多年平均降水 117 mm。植被类型为以制种玉米为主的农田（绿洲区），以梭梭、柽柳为主的人工固沙植被（绿洲-荒漠过渡带）和以稀疏的红砂、泡泡刺群落为主的荒漠植被（荒漠区）。地带性土壤为灰棕漠土（荒漠区），绿洲区和绿洲-荒漠过渡带为灌耕风沙土和风沙土。地形总体平坦开阔，绿洲-荒漠过渡带有起伏不大的沙丘
	平凉	气候类型为温带半潮湿区，平均气温为 7.4~10.1℃，年降水量 420~600 mm。观测区为雨养农业区，天然森林植被稀少，主要农作物为玉米和小麦，也种植诸如谷、糜、胡麻、苜蓿和洋芋等作物，但种植面积较小。农作物为一年一熟，一般 8 月中下旬小麦播种，次年 6 月中下旬收割，3 月播种玉米，8 月下旬或 9 月上旬收，其余时段除苜蓿地外土地闲置，下垫面为裸地。土壤类型为垆土和黄绵土。测站周围地形平坦
荒漠稀疏植被	沙坡头	下垫面为人工固沙植被（柠条和油蒿），其中柠条平均株高约 1.5 m，油蒿平均株高约 55 cm。植被盖度约 35%
	敦煌	气候类型为典型的温带大陆性气候，气候极端干旱，多年平均气温为 9.9℃，多年平均降水为 39.9 mm。植被类型是以芦苇等为优势种和红柳、骆驼刺以及罗布麻等为常见种的典型高寒草甸；下垫面植被为高约 100 cm 左右的芦苇，其间还有红柳、骆驼刺及罗布麻等植被（夏季冠层约 100 cm，冬季约 85 cm）；土壤类型为沼泽土（黏土与细粉沙壤土），土壤呈有机质及全量养分丰富而速效养分相对较少的特点；测站周围地形平坦开阔
森林	关滩	林内主要是高 15~20 m 的云杉，地面覆盖有厚约 10 cm 的苔藓，植被生长情况良好
冰雪	老虎沟	大陆性干旱气候，常年受西风带控制，多年平均气温 −9.5℃，多年平均降水 430 mm。下垫面夏季 6~9 月为冰川冰（消融区 4550 m）和积雪（积累区 5040 m），其他月份都为积雪覆盖。架设仪器下垫面较平缓开阔（最近山坡 500 m），海拔 4550 m 气象站夏季周边有 10~20 cm 差别消融起伏的"丘陵状冰丘"

地表通量的主要观测手段为涡动相关观测系统。通过三维超声风速仪(CSAT3,Campbell Sci. Inc. ,UT,USA)和红外气体分析仪(LI-7500,LI-Cor,NB,USA)观测高频三维风速、虚温、水汽和CO_2密度。基于微气象学理论,计算设定高度上地表与大气间热量与物质(H_2O、CO_2)的交换。同时,通过四分量辐射、土壤热通量观测,系统研究不同下垫面能量的交换与分配(图 10.2)。

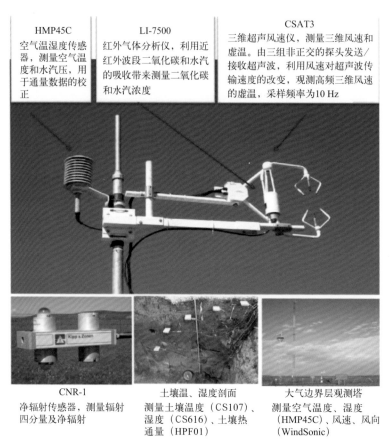

HMP45C
空气温湿度传感器,测量空气温度和水汽压,用于通量数据的校正

LI-7500
红外气体分析仪,利用近红外波段二氧化碳和水汽的吸收带来测量二氧化碳和水汽浓度

CSAT3
三维超声风速仪,测量三维风速和虚温。由三组非正交的探头发送/接收超声波,利用风速对超声波传输速度的改变,观测高频三维风速的虚温,采样频率为10 Hz

CNR-1
净辐射传感器,测量辐射四分量及净辐射

土壤温、湿度剖面
测量土壤温度(CS107)、湿度(CS616)、土壤热通量(HPF01)

大气边界层观测塔
测量空气温度、湿度(HMP45C)、风速、风向(WindSonic)

图 10.2　地表辐射观测的主要仪器(四分量辐射,土壤温、湿度剖面,边界层观测塔)

Fig. 10.2　The main instruments of observation system (radiometer, profiles of soil temperature and volumetric water content, and boundary layer observation tower)

10.1.2　资料处理方法

涡动相关法作为一种直接的观测手段在湍流通量的观测中不需要任何的经验化常数,但对涡动相关法野外观测数据进行精确性评价时,不仅要充分考虑涡动相关系统在实际观测中由于传感器构造及环境因素影响所产生的误差,还需考虑涡动相关技术对于常通量层假设的满足程度,后者主要与大气湍流条件和地形条件有关。如何解释现实的涡动相关系统的观测结果,使其能够代表地表与大气间的物质交换,对当代微气象学家来说是一个巨大的挑战。

该计算中利用通量软件"Edire"进行数据处理,为了保证各观测站的资料质量,实现资料的一致性和可比性,涡动相关系统的数据处理参考了美国通量网和欧洲通量网的涡动相关通量观测指南及有关专家的推荐文件等,数据处理流程如图 10.3 所示,主要包括原始湍流数据的预处理、通量的计算与修正，以及质量控制与质量评价三个部分，详细算法参看附录。

图 10.3　涡动相关数据处理及通量计算流程

Fig. 10.3　The data processing of eddy covariance system

1. 原始湍流数据的预处理

（1）检查超声风速计和红外气体分析仪的传感器异常标志（flag），并剔除相应异常数据。

（2）根据仪器说明，设定各物理量的合理范围（阈值），剔除超出阈值范围的数据。

（3）利用统计学方法，对原始数据中的"野点"做进一步剔除。

（4）计算水汽和二氧化碳信号相对于超声风速计（垂直风速 w）的时间滞后，并进行时间延迟校正。

（5）将超声风速计的笛卡尔坐标系转换为自然坐标系。该坐标系统 x 轴沿观测时段（30 min）的主导气流方向，不存在标量的水平平流，也不存在气流的辐合、辐散，从而消除了"倾斜"误差或湍流通量不同分量间的交叉干扰。

2. 通量计算与修正

（1）涡动相关系统中，超声风速计和红外气体分析仪响应能力的不匹配，以及实际安装中不可避免的传感器间距等会造成湍流协谱中高频区的损失。此外，通量计算中平均时间不够长和脉动量计算中存在线性趋势等会引起湍流协谱中低频区的损失。因此，借助湍流通量的"标准"协谱，在得到对动量、感热、潜热和 CO_2 通量的传输系数基础上，进而对各通量值进行频率响应修正。

（2）超声风速计观测到的超声虚温并非实际温度，超声虚温受到湿度和速度脉动影响。Campbell 公司在超声风速计结构设计时已对速度脉动的影响进行了修正。这里仅需考虑湿度的影响，将超声虚温转换为实际温度，并在雷诺分解的基础上进行感热通量的超声虚温修正。

（3）热量或水汽通量的输送会引起微量气体的密度变化，但这种变化并不代表真实的物质增加或减少。因此,对于潜热通量,需要消除感热通量的输送所造成的空气密度效应,对于 CO_2 通量则需同时消除水汽输送和感热输送对 CO_2 通量的影响。

3. 质量控制与质量评价

(1)涡动相关技术的常通量层假设客观的要求大气湍流满足定常性特征。定常,其意味着大气湍流统计特征不随时间变化。然而,湍流通量随时间或气象条件的变化都会引起大气湍流的非定常性。本节选用 Foken 等(2004)提出的非定常性检验方法进行非定常性指数 IST 的计算,并对相应数据进行质量标记。

(2)利用通量方差相似性进行总体湍流特征检验,能够反映大气湍流是否能够很好地形成与发展,从而可以获得有关观测站点特性和仪器空间配置对湍流通量影响的相关信息。检验时,比较通量方差关系的观测值与以往研究中的"标准值"的一致性,进而得到总体湍流特征指数(ITC),并对相应数据进行质量标记。

(3)结合非定常性检验和湍流总体特征检验,对湍流通量资料进行总体质量评价,根据数据质量将观测资料划分为三类,其中 0 级质量最高,可用于基础研究,1 级为中等质量数据,可用于长期观测资料处理,2 级为低质量数据,对此剔除。

10.2 能量总体特征分析

10.2.1 基本气象特征

冰雪下垫面的老虎沟站年平均气温最低;青藏高原唐古拉山口以北的西大滩和唐古拉站次之;位于青藏高原北部的阿柔、东部的玛曲、唐古拉山以南的那曲站气温稍高;位于河西干旱区的临泽、盈科及巴丹吉林沙漠东缘的沙坡头站气温最高,而处于陇东黄土高原雨养农田区的平凉站较干旱区气温偏低(图 10.4)(那曲:6.5℃;唐古拉:−4.4℃;西大滩:−3.4℃;老虎沟:−9.3℃;关滩:0.8℃;阿柔:−0.5℃;盈科:6.9℃;临泽:8.6℃;玛曲:1.7℃;沙坡头:11.4℃;平凉:8.1℃;敦煌:10.3℃)。

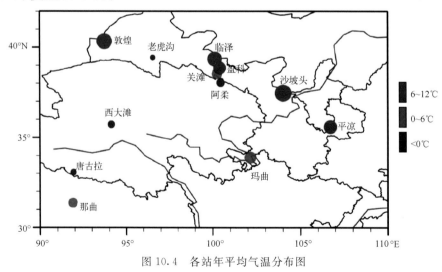

图 10.4　各站年平均气温分布图

Fig. 10.4　The distribution of annual average temperature for each station

位于青藏高原主体上的那曲、唐古拉、西大滩年平均风速最大;位于高原边缘的玛曲和阿柔两站较低;河西走廊农田下垫面由于受到防护林带的遮蔽,风速较低,而同样是农田下垫面的平凉站,位于开阔的源区,风速较大(图10.5)(那曲:4.8 m/s;唐古拉:3.9 m/s;西大滩:3.9 m/s;老虎沟:2.9 m/s;关滩:0.2 m/s;阿柔:2.0 m/s;盈科:1.5 m/s;临泽:1.5 m/s;玛曲:2.3 m/s;沙坡头:2.2 m/s;平凉:2.2 m/s;敦煌:2.0 m/s)。

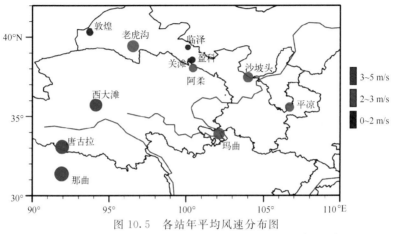

图10.5 各站年平均风速分布图

Fig. 10.5 The distribution of annual average wind speed for each station

10.2.2 辐射收支

1. 总辐射

由于总辐射是太阳高度角、日照时间长短和大气层的吸收和散射等消光机制共同作用的结果,因此,受纬度、海拔高度、天气状况的影响,青藏高原各站接收到的总辐射量最大;河西地区干旱少雨,阳光充足,临泽、盈科两站接收到的总辐射也较高;平凉地区多阴雨天气,总辐射量较小(图10.6)(那曲:6956 MJ/(m² · a);唐古拉:7288 MJ/(m² · a);西大滩:7492 MJ/(m² · a);老虎沟:649 2 MJ/(m² · a);关滩:4529 MJ/(m² · a);阿柔:6538 MJ/(m² · a);盈科:5903 MJ/(m² · a);临泽:6167 MJ/(m² · a);玛曲:6482 MJ/(m² · a);沙坡头:5637 MJ/(m² · a);平凉:5062 MJ/(m² · a);敦煌:8020 MJ/(m² · a))。

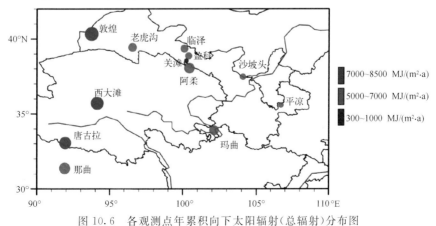

图10.6 各观测点年累积向下太阳辐射(总辐射)分布图

Fig. 10.6 The distribution of annual integrated solar radiation for each station

2. 净辐射

净辐射是地球表面的辐射差额,这部分能量包括了土壤和植被吸收的能量,用于地面使水分蒸发,以潜热形式给予大气,或以热对流方式直接返回大气,是研究能水循环的重要参量。由于青藏高原主体各站(那曲、唐古拉、西大滩)有效辐射(定义向上长波辐射与向下长波辐射的差值,主要受地表比辐射率和地气温差影响)和地表反照率较阿柔和玛曲两站高(图略),因此,虽然总辐射主体的三站较高,但可用于分配的地表能量较阿柔和玛曲两站偏低;对于老虎沟站的冰雪下垫面,由于常年的高反照率,净辐射值最低(图10.7)(那曲:2519 MJ/(m² · a);唐古拉:2662 MJ/(m² · a);西大滩:255 9MJ/(m² · a);老虎沟:803 MJ/(m² · a);关滩:145 MJ/(m² · a);阿柔:3427 MJ/(m² · a);盈科:2480 MJ/(m² · a);临泽:2756 MJ/(m² · a);玛曲:2577 MJ/(m² · a);沙坡头:2249 MJ/(m² · a);平凉:2199 MJ/(m² · a);敦煌:4946 MJ/(m² · a))。

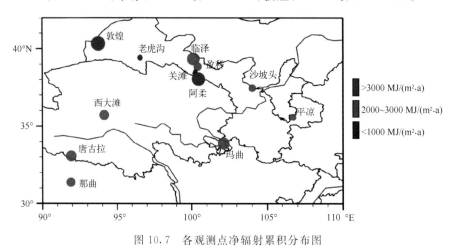

图 10.7　各观测点净辐射累积分布图

Fig. 10.7　The distribution of annual integrated net radiation for each station

10.2.3　地表通量

下垫面对大气边界层作用的两个重要强制因素为感热通量和潜热通量,分别代表地表热对流和水汽蒸发/凝结所输送的热量,主要受到地表辐射收支差额(净辐射)、下垫面植被、土壤条件、水热状况等因素的影响,因此不同观测点的通量特征存在很大差异。在此,将各观测点生长季(5—9月)的感热、潜热通量的平均值进行比较。

森林下垫面的关滩观测点和荒漠下垫面的沙坡头观测点感热通量最大;同样是作为农田下垫面,由于盈科在生长季以灌溉为主,在灌溉期,冷湿的下垫面与干热的大气间存在逆温,出现负的感热输送和较强的蒸发,而平凉属无人工灌溉的雨养农业区,相比较则感热通量较大,而潜热能量较小;5—9月属青藏高原雨季,以潜热输送为主;位于干旱区的沙坡头的潜热通量则取决于降水过程;老虎沟站冰川下垫面的感热和潜热在地表能量收支中的贡献最小(图10.8)(感热通量:那曲:32.3 W/m²;唐古拉:30.0 W/m²;老虎沟:-9.8 W/m²;关滩:52.8 W/m²;阿柔:30.5 W/m²;盈科:20.2 W/m²;玛曲:26.9 W/m²;沙坡头:52.8 W/m²;平凉:31.1 W/m²;敦煌:22.3 W/m²;潜热通量:那曲:83.0 W/m²;唐古拉:83.1 W/m²;老虎沟:16.2 W/m²;关滩:49.6 W/m²;阿柔:81.5 W/m²;盈科:92.1 W/m²;玛曲:75.9 W/m²;沙坡头:31.0 W/m²;平凉:65.0 W/m²;敦煌:103.1 W/m²)。

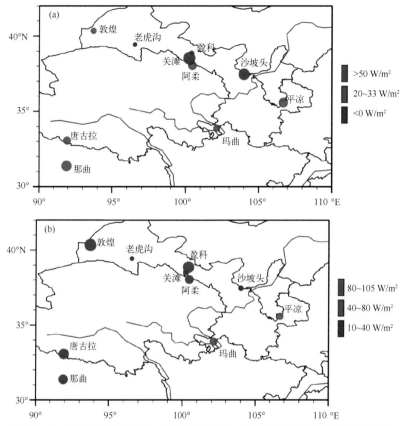

图 10.8 各站点 2011 年 5—9 月感热通量(a)和潜热通量(b)平均值分布图

Fig. 10.8 The distribution of averaged sensible heat flux (a) and latent heat flux (b) from May to September in 2011 for each station

森林(关滩站)和绿洲农田(盈科站)具有较强的碳汇能力,位于青藏高原边缘的阿柔和玛曲草原固碳能力相当,荒漠生态系统的沙坡头和冰川下垫面的老虎沟为很弱碳汇,而唐古拉站则是一个弱的碳源(图 10.9)(那曲:-0.016 mg/(m² · s);唐古拉:0.008 mg/(m² · s);老虎沟:-0.013 mg/(m² · s);关滩:-0.223 mg/(m² · s);阿柔:-0.115 mg/(m² · s);盈科:-0.292 mg/(m² · s);玛曲:-0.115 mg/(m² · s);沙坡头:-0.023 mg/(m² · s);平凉:-0.065 mg/(m² · s))。

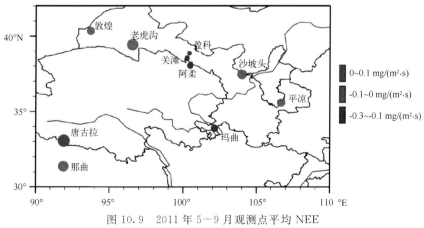

图 10.9 2011 年 5—9 月观测点平均 NEE

Fig. 10.9 The distribution of averaged net ecosystem exchange from May to September in 2011 for each station

10.3　典型下垫面地表能量收支分析

10.3.1　高寒草地下垫面能量状况

玛曲草原位于黄河源区中段,地处青藏高原东端,是我国地貌单元中的第二和第三阶梯交界带,属典型的生态系统过渡带,同时也是生态敏感区。在全球变暖和过度放牧等自然和人为因素的作用下,玛曲草原退化面积不断扩大,退化程度不断加剧。在玛曲草原这样一个生态敏感区开展地表能量、水分循环研究,不仅具有理论意义,可为当地的草场管理及生态恢复政策的制定提供科学依据,对繁荣藏区经济具有积极作用。

1. 入射太阳辐射

在天气晴好的条件下,入射太阳辐射日累积量的季节变化大致可以分为三个阶段:①在冻结期和生长期前,入射太阳辐射日累积量迅速增加;②在植被生长期,入射太阳辐射日累积量缓慢减小;③生长期后和冻结期,入射太阳辐射日累积量减小速度加快。全年入射太阳辐射累积量为 6482.2 MJ/(m² · a),与青藏高原唐古拉高寒草甸相当,高于青藏高原海北高寒草甸,低于藏北高寒草甸。冻结期、生长期前、生长期和生长期后这 4 个阶段所获得的入射太阳辐射分别占全年总量的 30%,12%,51% 和 7%(图 10.10)。

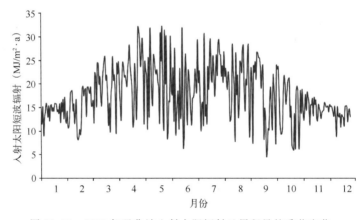

图 10.10　2010 年玛曲站入射太阳辐射日累积量的季节变化

Fig. 10. 10　Seasonal variation of daily integrated solar radiation at Maqu station in 2010

2. 地表反照率

在下垫面无雪条件下,日平均地表反照率介于 0.18～0.28。在有积雪覆盖的条件下,地表反照率最大可达 0.81。全年日平均地表反照率为 0.25。生长期内,地表反照率与浅层土壤的液态含水量呈负相关关系。冻结期、生长期前、生长期和生长期后 4 个阶段平均地表反照率分别为 0.28,0.27,0.22 和 0.28。青藏高原各站的平均地表反照率为 0.28,是全球平均地表反照率(0.13)和部分地区草地测站平均地表反照率(0.19)的 2.15 倍和 1.47 倍(图 10.11)。

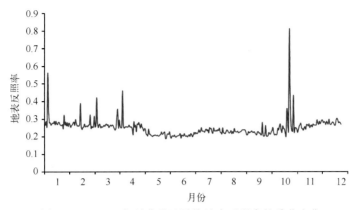

图 10.11　2010 年玛曲站日平均地表反照率的季节变化

Fig. 10.11　Seasonal variation of daily mean albedo at Maqu station in 2010

3. 净长波辐射

净长波辐射,即地表向上的长波辐射与地表接收到的大气长波辐射之差,年累积量为 2413.7 MJ/(m^2·a),高于海北高寒草甸,低于唐古拉地区和藏北高原。冻结期、生长期前、生长期和生长期后 4 个阶段的净长波辐射分别占全年总量的 44%,13%,36% 和 7%。从图 10.12 中可看到,净长波辐射与太阳辐射的比值与空气温度水汽压的季节变化表现出相反的变化趋势,平均值为 0.38。比较其他的研究可以看到,青藏高原部分测站净长波辐射同入射太阳辐射比率的平均值为 0.39,是全球平均(0.26)及部分地区草地平均值(0.16)的 1.5 倍和 2.4 倍。冻结期、生长期前、生长期和生长期后 4 个阶段的净长波辐射同入射太阳辐射的比率分别为 0.55,0.39,0.26 和 0.39(图 10.12)。

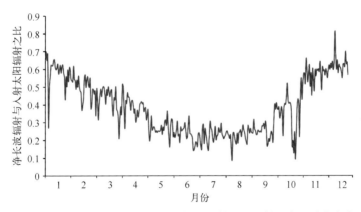

图 10.12　2010 年玛曲站净长波辐射同入射太阳辐射比率的季节变化

Fig. 10.12　Seasonal variation of the ratio of net longwave radiation to solar radiation

at Maqu station in 2010

4. 净辐射

净辐射年累积量为 2577.2 MJ/(m^2·a),比唐古拉地区高 30% 左右,与海北高寒草甸接近,低于藏北高原约 16%。冻结期、生长期前、生长期和生长期后 4 个阶段所获得的净辐射分别占全年总量的 15%,10%,69% 和 6%。由于较高的反照率和较强的净长波辐射,该地区获得的净辐射同入射太阳辐射的比值 $\eta = 0.38$，相对于全球及部分地区的草地明显偏低。在冻结期，玛曲高寒草甸所获得的净辐射仅占入射太阳辐射的 21%；而生长期所获得的净辐射则占入射太阳辐射的 54%；生长前期和生长后期分别占 37% 和 35%（图 10.13）。

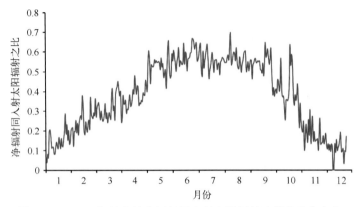

图 10.13　2010 年玛曲站净辐射同入射太阳辐射比值的季节变化

Fig. 10.13　Seasonal variation of the ratio of net radiation to solar radiation at Maqu station in 2010

5. 地表能量分配的季节变化

感热通量、潜热通量及地表热通量的年累积量分别为 901.1，1392.1 和 23.4 MJ/(m² · a)。从图 10.14a 可以看到，在冻结期 LE/R_n 变化幅度不大，H/R_n 逐渐减小，地表可利用能量的分配方式以感热为主；在生长期前，LE/R_n 与 H/R_n 基本相等；随着降水的增加，土壤含水量增加，能量的分配方式再次发生转变，可利用能量更多地被植被以蒸散发的形式所消耗；在生长期后及冻结期，由于植被的衰退及土壤水热条件的下降，能量的分配方式又以感热通量为主。在 1—2 月和 11—12 月两个阶段，土壤热通量与净辐射的比值表现为快速的增加和减小，这两个阶段分别对应土壤温度的增加和减小。其余阶段，G_0/R_n 变化幅度很小。冻结期、生长期前、生长期和生长期后 4 个阶段，H/R_n 的平均值分别为 0.93，0.55，0.22 和 0.52；LE/R_n 的平均值分别为 0.33，0.46，0.62 和 0.4；G_0/R_n 的平均值分别为 -0.24，0.1，0.02 和 -0.1。

波文比（β）定义为某一界面上的感热通量与潜热通量的比值，在绿洲灌溉的农田内，波文比在 ±0.1 左右，在热带海洋、雨林等地区，通常 $\beta < 0.2$，而在干旱区则基本 $\beta > 3.8$。从图 10.14b 中可以看到，β 的季节变化呈明显的 U 型分布特征，介于 0.1~7.7，年平均值为 1.55。在地表有积雪的时候，波文比明显偏小，其与较大的潜热蒸发有关。

10.3.2　陇东黄土高原雨养区农田下垫面能量平衡特征

陇东黄土高原属于温和半湿润气候向温和半干旱、温和干旱气候的过渡带，是雨养农业区，素有陇东粮仓之称，是我国干旱半干旱地区的重要组成部分，也是我国气候分界区和农牧交错带的主要分布区域。平凉站位于甘肃省平凉市白庙塬，是平凉北塬的主要组成部分，是平凉地区典型的黄土塬。观测场所在塬区比较平坦，海拔高度 1630 m，塬上全部为庄稼地和村庄，周围无高层建筑物和树木，代表性较好。塬上农业生产依赖自然降水，主要种植冬小麦、玉米、谷、糜、土豆及胡麻等作物。

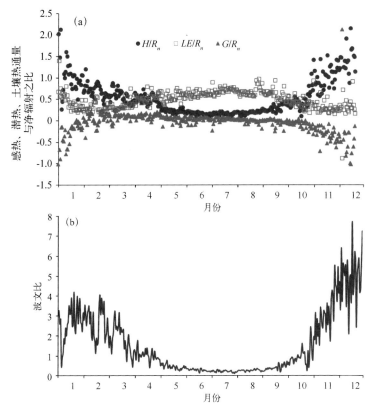

图 10.14　2010 年玛曲站感热、潜热、地表热通量与净辐射的比值(a)及波文比(b)的季节变化

Fig. 10.14　Seasonal variation of daily ratios of different ground fluxes to net radiation (a)
and daily Bowen ratio (b) at Maqu station in 2010

1. 入射太阳辐射

太阳辐射是地气系统的能量来源,陆地表面接收到的太阳辐射的季节变化主要取决于太阳高度角,同时受到天气状况和云量等的影响。如图 10.15 所示,日累计入射太阳辐射在 6 月下旬达到最大值,最大为 30.6 MJ/(m² · d),受天气状况的影响,日累计入射太阳辐射波动较大。全年入射太阳辐射累积量为 4955.4 MJ/(m² · a)。

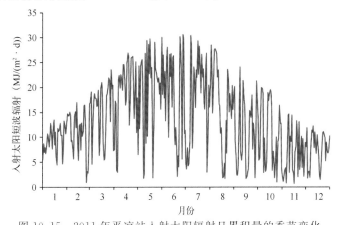

图 10.15　2011 年平凉站入射太阳辐射日累积量的季节变化

Fig. 10.15　Seasonal variation of daily integrated solar radiation in 2011

2. 地表反照率

地表反照率表征了地表对入射太阳辐射的反射能力,反照率的大小与下垫面的状况有关。如图 10.16 所示,冬季反照率波动较大,在有积雪覆盖的条件下,地表反照率最大可达 0.84。其他季节,日平均地表反照率波动较小,在 0.2 左右。全年日平均地表反照率均值为 0.23。生长期内,地表反照率与浅层土壤的液态含水量呈负相关关系。

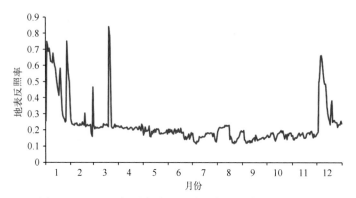

图 10.16　2011 年平凉站日平均地表反照率的季节变化

Fig. 10.16　Seasonal variation of daily mean albedo at Pingliang station in 2011

3. 净长波辐射

平凉站 2011 年净长波辐射年累积量为 1741.3 MJ/(m² · a)。净长波辐射与太阳辐射的比值如图 10.17 所示,与空气温度水汽压的季节变化表现出相反的变化趋势,秋冬季波动较大,全年平均值为 0.37,是全球平均值(0.26)的 1.4 倍。

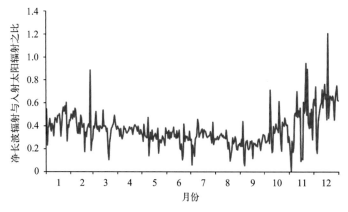

图 10.17　2011 年平凉站净长波辐射同入射太阳辐射比值的季节变化

Fig. 10.17　Seasonal variation of the ratio of net longwave radiation to solar radiation in 2011

4. 净辐射

2011 年净辐射年累积量为 2134.2 MJ/(m² · a),净辐射同入射太阳辐射的比值如图 10.18 所示,由于较高的反照率和较强的净长波辐射,冬季的净辐射占比最低,且受降雪过程影响有较大的波动;夏、秋季反照率低,净长波辐射占比较低,净辐射占比较高。全年净辐射同入射太阳辐射的比值为 0.40。

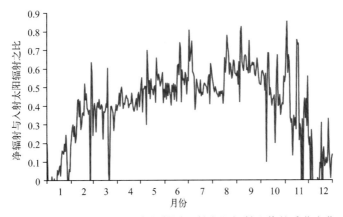

图 10.18　2011 年平凉站净辐射同入射太阳辐射比值的季节变化

Fig. 10.18　Seasonal variation of the ratio of net radiation to solar radiation in 2011

5. 地表能量分配的季节变化

感热通量、潜热通量及地表土壤热通量的年累积量分别为 866.5，1367.5 和 126.2 MJ/(m^2 · a)。从图 10.19a 可以看到,在雨季,LE/R_n 变化幅度较大,H/R_n 变化较小,地表可利用能量的分配方式以潜热为主;在旱季,LE/R_n 与 H/R_n 的变化幅度都较大,地表可利用能量的分配方式以感热为主;能量的分配方式与土壤含水量密切相关,随降水(降雪)波动明显。

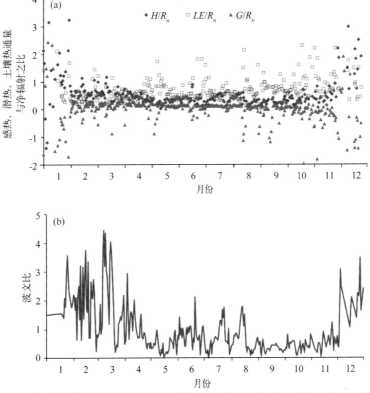

图 10.19　2011 年平凉站感热、潜热、地表热通量与净辐射的比值(a)及波文比(b)的季节变化

Fig. 10.19　Seasonal variations of daily ratios of different ground fluxes to net radiation (a) and daily Bowen ratio (b)

降水充沛的季节,可利用能量更多地被植被以蒸散发的形式所消耗;在旱季,由于植被的衰退及土壤水热条件的下降,能量的分配方式又以感热通量为主。在 1—2 月和 11—12 月两个阶段,因为土壤的冻融过程和降雪的影响,土壤热通量与净辐射的比值波动较大,其余阶段,G/R_n 变化幅度很小。

从图 10.19b 中可以看到,波文比在旱季较大,达到 4 以上,且随着降水(降雪)波动明显;雨季降至 1 以下,年平均值为 0.94。

6. 冬小麦生长过程中的能量分配

在冬小麦返青初期,由于植被覆盖度较低,日平均感热值大于潜热值,随着冬小麦的生长,植被覆盖度加大,地表能量通量中潜热逐渐占据主导地位,呈逐渐上升的趋势,感热略有减小,这种变化一直维持到 5 月中旬小麦的乳熟期以后。在小麦含水量逐渐变小,植株变干变黄时,感热量值逐渐升高,潜热通量迅速减小。在 6 月中旬小麦收割完毕后,感热通量明显高于潜热通量(图 10.20)。

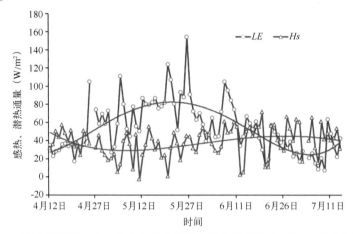

图 10.20　2011 年平凉站整个冬小麦生长过程中的日平均感热(Hs)和潜热(LE)变化

Fig. 10.20　Variation of daily mean sensible heat flux and latent heat flux during the growing season of winter wheat

反照率在植被生长旺盛、植被覆盖度高的时期明显低于植株刚开始返青时期及小麦成熟时期,更低于小麦收割完后的裸土时期。说明植被覆盖度高时,土壤—植被系统截留的总辐射也高(表 10.2)。

表 10.2　冬小麦不同生长期地表反照率的变化

Table 10.2　Variation of surface albedo in different periods during the growing season of winter wheat

时段(2011 年)	冬小麦生长期	平均反照率
4 月 27—29 日	返青期	0.195
5 月 6—7 日	返青期	0.192
5 月 15—16 日	抽穗期	0.184
5 月 26—27 日	开花期	0.175
6 月 9—10 日	乳熟期	0.181
6 月 17—18 日	成熟期	0.192
6 月 27—28 日	裸土期	0.185
7 月 10 日	裸土期	0.194

对黄土高原塬区地表能量的监测显示,在整个冬小麦的生长过程中,能量收支有很大差异。在冬小麦返青初期,日平均感热大于潜热,随着冬小麦的生长,植被覆盖度加大,地表能量通量中潜热逐渐占据主导地位,感热略有减小。当小麦成熟,植株变干变黄,感热通量逐渐升高,潜热通量逐渐减小。小麦收割后,感热通量明显高于潜热通量。反照率在植被生长旺盛、植被覆盖度高的时期,明显低于植株刚返青时期及小麦成熟期,更低于小麦收割后的裸土期。

10.3.3　冰川下垫面能量收支状况

冰川是气候变化的指示器,大气和冰川表面能量交换的时空变化在一定程度上决定着冰川的动态变化,通过冰川表面的能量平衡研究,对揭示冰川发育的水热条件及冰川对气候变化的响应具有重要意义。

利用祁连山老虎沟 12 号冰川海拔 5040 m 的 2010 年 10 月 23 日—2011 年 10 月 12 日和海拔 4550 m 的 2010 年 7 月 8 日—2011 年 10 月 31 日自动气象站资料,分别获得冰川积累区(海拔 5040 m)和消融区(海拔 4550 m)辐射各分量变化(图 10.21,图 10.22)。为了更好地论述,结合冰川区气温与降水的组合特征将研究时段中每年 6 月 1 日—9 月 30 日期间定义为湿季,其余时段为干季。

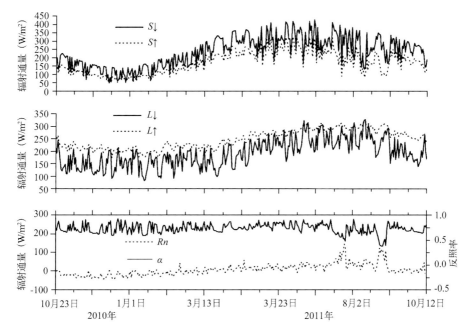

图 10.21　老虎沟 12 号冰川海拔 5040 m 总辐射($S\downarrow$)、反射辐射($S\uparrow$)、大气($L\downarrow$)和地面($L\uparrow$)长波辐射、净辐射(Rn)和反照率(α)日平均值(2010 年 10 月 23 日—2011 年 10 月 12 日)

Fig. 10.21　Daily global radiation($S\downarrow$), reflected radiation($S\uparrow$), atmosphere($S\downarrow$) and ground($S\uparrow$) long-wave radiation, net radiance(R_n)and albedo (α) at altitude 5040 from 23 Oct. 2010 to 12 Oct. 2011 in Laohugou glacier No. 12

对于长波辐射来说,无论积累区还是消融区都表现出:虽然大气长波比地面长波波动加大,但是两者变化趋势也存在很好的一致性,地面长波辐射强度要大于大气长波辐射。冰川表面反照率是影响辐射收支最重要的因子之一,积累区海拔 5040 m 处由于气温较低,常年为积雪下垫面,使得反照率全年维持在高值,受此影响,反射辐射随着总辐射的升高而升高,降低而降低,变化趋势非常一致(其中出现比较低的 2 个时段(2011 年 7 月底与 8 月底)是由于冰川表面积雪消融,冰川冰裸露,反照率降至 0.4 左右)。冰川消融区 4550 m 在干季被积雪覆盖,反照率维持在高值,与积累区特征相同;不同的是在湿季冰川表面积雪消融殆尽,裸露冰面出现,反照率降低很快,如果有固态降水出现,反照率又会很快升高,因此消融区在湿季波动变化非常大(图 10.22)。因此,造成冰川消融区湿季冰川表面下垫面反照率波动较大,反射辐射和总辐射的变化趋势并不一致,在干季时期,由于消融区下垫面变化不大,两者的变化趋势较好,有很好的正相关关系。

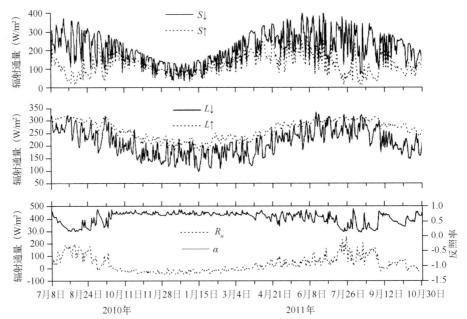

图 10.22　老虎沟 12 号冰川海拔 4550 m 总辐射($S\downarrow$)、反射辐射($S\uparrow$)、大气($L\downarrow$)和
地面($L\uparrow$)长波辐射、净辐射(Rn)和反照率(α)日平均值(2010 年 7 月 8 日——2011 年 10 月 31 日)
Fig. 10.22　Daily global radiation($S\downarrow$), reflected radiation($S\uparrow$), atmosphere($S\downarrow$) and
ground($S\uparrow$) long-wave radiation, net radiance(R_n)and albedo(α) at altitude 4550 m from
8 Jul. 2010 to 31 Oct. 2011 in Laohugou Glacier No. 12

　　在冰川消融的湿季,净辐射受反照率的影响,当反照率较低时,净辐射增强,当反照率较高时,净辐射减弱,两者存在着很好的反相关性,可以得出此阶段消融区冰川表面净辐射受控于冰川表面反照率。在干季,净辐射和反照率相对稳定,变化波动不大,两者相关性不如湿季的好。

　　通常开展冰川表面能量研究时,其能量平衡方程可表示为:
$$Q_M = R_n + H + LE + Q_G + Q_P \tag{10.1}$$
式中:Q_M 为消融耗热,R_n 为冰川表面净辐射,H 和 LE 分别为冰川表面与大气间的感热和潜热通量,Q_G 为冰川表面以下传输的热量,Q_P 为降水释放的热量。

　　结合能量平衡方程,估算了积累区和消融区冰川表面能量收支状况(图 10.23,图 10.24)。积累区在整个湿季期间,净短波和净长波辐射主导着能量收支,两者的变化趋势一致,净长波辐射随着净短波辐射升高而增强,降低而减弱,两者绝对值具有很好的相关性,不同的是净短波辐射强度要大于净长波辐射。感热和潜热通量的数量级一样,不同的是感热通量要比潜热通量稍小些,感热有一部分时间出现负值,表明冰川表面以感热的方式向大气输送热量,感热对能量消耗也有一定的贡献,但这个数值要远远小于其对冰川表面能量收入的贡献;潜热出现正值的时间要远远小于感热出现负值的时间,也说明冰川表面凝结/凝华释放的热量非常小,主要以蒸发/升华的方式消耗能量(图 10.24)。

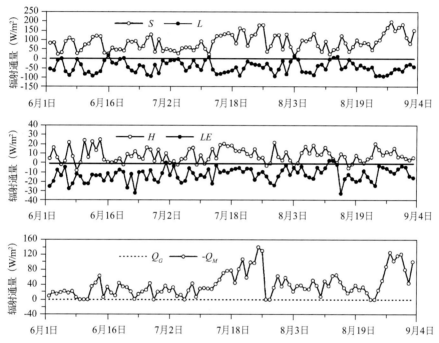

图 10.23　老虎沟 12 号冰川海拔 5040 m 净短波(S)和净长波(L)辐射、感热(H)和
潜热(LE)通量、冰面以下热通量(Q_G)以及消融耗热(Q_M)日平均值(2011 年 6 月 1 日—9 月 3 日)

Fig. 10.23　Daily net short-wave(S) and net long wave(L) radiation, sensible heat(H)
and latent heat(LE) flux, heat flux under the ice(Q_G) and ablation heat(Q_M)
at altitude 5040 m from 1 Jun. to 3 Sep. 2011 in Laohugou Glacier No. 12

　　受冰川表面反照率及不同天气过程的影响,冰川消融耗热日平均值波动较大,7 月和 8 月的消融明显强于 6 月,而且在 7 月 15—26 日以及 8 月 26 日—9 月 3 日期间出现了比较强烈的消融阶段;与冰川表面能量收支的其他项相比,冰川表面以下热通量明显要小 2 个数量级,因此在估算冰川表面能量收支中可以忽略不计。

　　图 10.24 是老虎沟 12 号冰川海拔 4550 m 处 2011 年 6 月 1 日—9 月 30 日净短波和净长波辐射、感热和潜热通量、冰下热通量和冰川消融耗热日平均值,净短波辐射明显强于净长波辐射,两者的变化趋势并不完全一致,主要是因为消融区冰川表面反照率变化波动较大的原因。

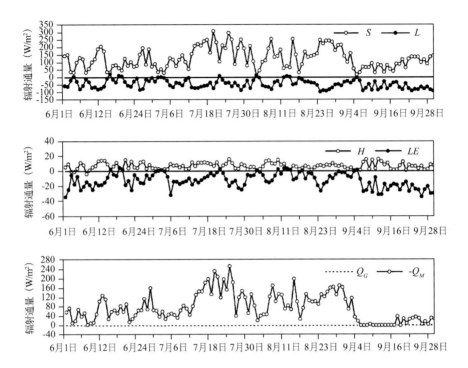

图 10.24　老虎沟 12 号冰川海拔 4550 m 净短波(S)和净长波(L)辐射、感热(H)和
潜热(LE)通量、冰面以下热通量(Q_G)及消融耗热(Q_M)日平均值(2011 年 6 月 1 日—9 月 30 日)

Fig. 10.24　Daily net short-wave(S) and net long-wave(L)radiation, sensible heat(H)
and latent heat(LE) flux, heat flux under the ice(Q_G) and ablation heat(Q_M)
at altitude 4550 m from 1 Jun. to 30 Sep. 2011 in Laohugou Glacier No. 12

　　冰川表面消融耗热项表现的规律和积累区的一样,在 7 月和 8 月消融明显强于 6 月,9
月的冰川消融明显减弱,甚至有段时间冰川消融出现停止,比如 2011 年 9 月 6—17 日,与积
累区不同的是消融区的冰川耗热数值明显要大,日平均最大值可达到 254 W/m²,出现在
2011 年 7 月 25 日。尽管冰川表面以下热通量要大于积累区的,但是和冰川消融耗热相比,
仍然很小,在讨论冰川表面能量收支中可忽略不计。

　　根据能量平衡方程计算获得的净短波和净长波辐射以及感热和潜热通量,估算出老虎沟
12 号冰川海拔 5040 m 与 4550 m 消融季冰川表面能量平衡组成(表 10.3,表 10.4)。在积累
区,冰川消融期净短波辐射是冰川表面的主要热量来源(93.5 W/m²,92%),其次是感热通量
(8.6 W/m²,8%);在冰川表面能量支出项中,冰雪消融耗热和净长波辐射非常接近,分别占
45% 和 43%,潜热通量所占比重最小(−11.9 W/m²,12%)。

　　能量收入项中净短波辐射在这 4 个月中的变化差异不大,所占比重都在 90% 以上,感热
通量所占比例都在 10% 以下,两者所占比例平均值分别为 92% 和 8%,可得出净短波辐射是
老虎沟 12 号冰川积累区冰川表面的主要热量来源,感热通量对热量来源的贡献相对较小,平
均值为 8.6 W/m²。在能量支出项中,净长波辐射在消融期内的 4 个月中所占比例差别较大,
尤其是 6 月,高达 57%,这主要是因为 6 月降水相对少,云量也小,使得大气长波辐射要明显

表 10.3　老虎沟 12 号冰川积累区海拔 5040 m 消融季(2011 年 6 月 1 日—9 月 3 日)能量收支

Table 10.3　Energy budget during melting season (1 Jun. —3 Sep. 2011) at 5040 m a. s. l. of accumulative area of Laohugou Glacier No. 12

| 月份 | 收入(W/m²) | | 支出(W/m²) | | | 收入(%) | | 支出(%) | | |
	S	H	L	LE	Q_M	S	H	L	LE	Q_M
6 月	73	8.4	−46	−15.2	−20.2	90	10	57	18	25
7 月	91	9.2	−42	−10.9	−47.3	91	9	42	11	47
8 月	94	8.5	−47	−9.8	−45.7	92	8	46	9	45
9 月	116	8.3	−35	−11.7	−77.6	93	7	28	9	63
平均	93.5	8.6	−42.5	−11.9	−47.7	92	8	43	12	45

注:9 月选用了 1—3 日的能量各分量的数据资料。

弱于地面长波辐射,导致净长波辐射也较强,达到−46 W/m²;潜热所占比例变化不大,平均值为 12%,但是在 6 月份达到了 18%,主要是因为 6 月份晴天相对较多,有利于冰川表面蒸发/升华的进行;冰川消融耗热所占比例在 7 月和 8 月相近,在 9 月份最强,其平均值为 45%;可得出,净长波辐射是老虎沟 12 号冰川表面第一耗热项,其次才是冰川消融耗热,尽管潜热通量平均值仅为−11.7 W/m²,所占比例也是最小,但是全年中蒸发/升华量在冰川物质亏损中所占的比例不可忽略。

海拔 4550 m 消融季(2011 年 6 月 1 日—9 月 30 日)冰川表面能量平衡组成如表 10.4 所示。从整个时期的能量平衡组成中来看,在冰川表面能量收入项中,7 月和 8 月的净短波辐射都超过了 150 W·m⁻²,明显大于其他月份,所占比重都超过了 90%,占绝对主导,2011 年消融期平均值为 95%;感热通量基本都在 10 W·m⁻² 以下,所占比重 5%。

表 10.4　老虎沟 12 号冰川消融区海拔 4550 m 消融季(2011 年 6 月 1 日—9 月 30 日)能量收支

Table 10.4　Energy budget during melting season (1 Jun. —30 Sept. 2011) at ablation area of Laohugou Glacier No. 12

| 月份 | 收入(W/m²) | | 支出(W/m²) | | | 收入(%) | | 支出(%) | | |
	S	H	L	LE	Q_M	S	H	L	LE	Q_M
6 月	103	6.7	−36	13.5	−60.2	94	6	33	12	55
7 月	158	6.8	−41	−11.0	−112.8	96	4	25	7	68
8 月	154	6.5	−44	−7.0	−109.5	96	4	27	5	68
9 月	89	6.0	−59	−19.7	−16.3	94	6	62	21	17
平均	126	6.5	−45	−12.8	−74.7	95	5	37	11	52

在能量支出项中,净长波辐射介于 36~59 W/m²,9 月份的值大于其他月份的,而且所占比重要远远超过其他月份,达到 62%,主要是因为 9 月份气温降低、空气湿度减小,云量减少,使得大气长波辐射减弱,导致净长波辐射增强,整个消融期平均值为−45 W/m²,所占比重为 37%;潜热通量所占比重相对来说较小,平均值为 11%;冰川消融耗热在 7 月和 8 月最大,都在 100 W/m² 以上,所占比重大于其他月份,9 月份的冰川消融耗热不管是数值还是在能量支出中所占比重都明显减小,比潜热所占比重还小,尽管如此,但是从整个消融期来看,冰川消融耗热在能量支出中仍然占主导地位,整个消融期的所占比重平均值为 52%。由冰川消融期能

量各分量分析可以得出,净短波辐射是消融区冰川表面的主要能量来源(126 W/m²)(占95%),感热通量仅为 6.5 W/m²(占 5%);冰川消融耗热是第一能量支出项(74.7 W/m²)(占52%),其次才是净长波辐射(45 W/m²)(占 37%),潜热通量最小,仅占 11%。

10.3.4 青藏高原高寒草地下垫面能量平衡和能量闭合度

青藏高原由于其特殊的地形、地貌和地理位置,形成了独特的高寒气候和季风气候,并蕴涵了丰富的气候资源;在全球变化背景下,高原气候对亚洲季风气候和西北干旱气候的形成和演化,乃至全球气候变化也具有重要的影响和强烈的响应。BJ 观测点(图 10.25)是那曲站的主观测场,站点位于西藏自治区那曲县罗玛镇娘曲村/十三村,地理位置 31.37°N,91.90°E,海拔高度 4509 m,下垫面为典型的藏北高原季节性冻土地带的高寒草地。

图 10.25 那曲站 BJ 观测点自动气象站(AWS)、行星边界层塔站(PBL)和涡度相关系统(EC)
Fig. 10.25 Automatic weather station (AWS), planetary boundary layer tower (PBL) and eddy covariance system (EC) at BJ site of Nagqu station of plateau climate and environment (NPCE)

1. 地表辐射收支

那曲站 BJ 观测点 2010—2011 年的辐射收支情况如图 10.26 所示。

2010 年年平均总辐射和反射辐射分别为 222.24 W/m² 和 53.62 W/m²,净短波辐射收入168.62 W/m²,地表反照率为 0.24(变化范围:0.18~0.30);2011 年年平均总辐射和反射辐射分别较 2010 年减小 3.98 W/m² 和 1.02 W/m²,净短波辐射收入减少 2.96 W/m²,这一减少主要与 2011 年 6—7 月多云雨天气有关,地表反照率增加 0.01(变化范围:0.17~0.35)。2010 年年平均地面长波辐射和天空长波辐射分别为 335.94 W/m² 和 244.24 W/m²,净长波辐射支出 91.70 W/m²;2011 年年平均地面长波辐射和天空长波辐射分别较 2010 年减小 5.79W/m² 和 0.21 W/m²,净长波辐射支出减少 5.58 W/m²,这一减少主要与 2010 年全年地面温度偏高有关。

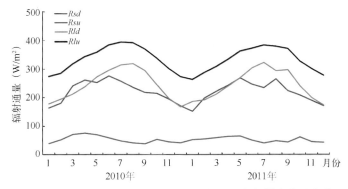

图 10.26　协同观测期那曲站 BJ 观测点的地表辐射收支月变化

（Rsd：总辐射；Rsu：反射辐射；Rld：天空长波辐射；Rlu：地面长波辐射）

Fig. 10.26　Annual cycle of ground surface radiation budget at BJ site of

NPCE during collaborative observation period

（Rsd：global radiation，Rsu：reflect radiation，Rld：downward longwave radiation，Rlu：upward longwave radiation）

2. 地面能量平衡

根据地表辐射收支（图 10.27）分析，2010 年那曲站 BJ 观测点的年平均地表净辐射值为 76.93 W/m^2，地表土壤热通量为 0.27 W/m^2；2011 年的地表净辐射值较 2010 年高 2.62 W/m^2，地表土壤热通量高 0.60 W/m^2。2011 年年平均地面感热和潜热通量分别为 37.12 W/m^2 和 45.71 W/m^2；地气间能量的交换形式存在明显的季节变化，感热通量在春季最大（49.13～59.35 W/m^2），而潜热通量在夏季达到最大（92.93～100.09 W/m^2），这与地面热源强度和地表水热配置密切相关。感热和潜热的季节差异，导致波文比（感热与潜热之比）存在明显的季节变化，冬季在 3.00～6.93，夏季在 0.24～0.31 间变化。

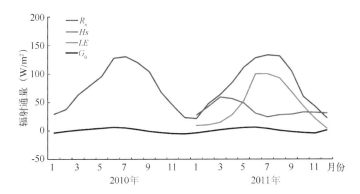

图 10.27　协同观测期那曲站 BJ 观测点的地表能量交换月变化

（R_n：净辐射；Hs：感热；LE：潜热；G_0：地表土壤热通量）

Fig. 10.27　Annual cycle of ground surface energy exchange at BJ site of

NPCE during collaborative observation period

3. 地面热源强度和能量闭合度

地面热源强度是地面可提供给近地层大气能量的一个度量，也是地气间水热交换的能量来源，它直接反映了地气之间相互作用的能力。地面热源强度通常用反算法，即地表净辐射与土壤热通量的差(R_n-G_0)得到。协同观测期间,涡动相关系统的介入使得正算法计算地面热源强度,即感热与潜热的和($Hs+LE$)得以实现,图 10.28 给出了两种算法计算得到的地面热源强度及其差值(2010 年涡动相关数据质量较差,在此省略)。

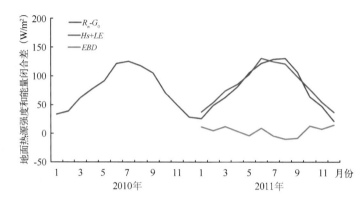

图 10.28　协同观测期那曲站 BJ 观测点的地面热源强度和能量闭合差的年内变化
(R_n-G_0:反算法地面热源强度;$Hs+LE$:正算法地面热源强度;EBD:正反算法的能量闭合差)

Fig. 10.28　Annual cycles of land surface heat intensity and energy misclosure at BJ site of
NPCE during collaborative observation period

(R_n-G_0: heat Intensity by anti-algorithm, $Hs+LE$: heat Intensity by positive algorithm,
EBD: energy misclosure between two algorithms)

从反算法得到的地面热源强度可以看出,2010 年最小和最大地面热源强度分别出现在 12 月和 7 月,达到 28.51 和 125.04 W/m²,年平均值为 76.65 W/m²;2011 年最小和最大地面热源强度分别出现在 12 月和 8 月,最小值只有 21.39 W/m²,但最大值达到 130.73 W/m²,致使当年的年平均值达到 78.67 W/m²,较 2010 年高 2.02 W/m²。从正算法得到的地面热源强度及其与反算法得到的差值 EBD 可以看出,两种算法的年内变化从振幅到位相都非常一致,差异主要是在高原夏季风雨季期间(6—9 月)正算法有所低估(范围 4.56~9.77 W/m²),而其他季节有所高估(范围 4.02~14.81 W/m²),其中 5—6 月有所例外,具体原因尚待进一步分析。2011 年正算法年平均地面热源强度达到 82.83 W/m²,与反算法的结果相比增加了 4.16 W/m²,能量平衡闭合比率 EBR(($Hs+LE$)/(R_n-G_0))达到 1.053。

10.3.5　黑河流域不同下垫面通量观测

1. 碳、水热通量的日变化特征

选取盈科绿洲灌区站、阿柔冻融观测站和大野口关滩森林站 2009 年质量较好的 4 个典型晴天的通量数据,分别为 2009 年 1 月 8 日,4 月 10 日,7 月 1 日和 10 月 13 日,来表示冬、春、夏、秋 4 个季节的通量变化,通过对不同下垫面近地层能量日变化特征的比较,来分析农田、草地、森林三种下垫面的净辐射(R_n)、潜热通量(LE)、感热通量(H)和二氧化碳通量(Fc)的日变化特征(图 10.29)。

净辐射、潜热通量、感热通量和 CO_2 通量在 4 个季节所选择的典型日里均呈现出明显的日变化特征,净辐射最大值一般出现在地方时午后 13:00 左右。在 4 个典型晴天里,关滩站的净辐射均呈现较大值,大于盈科站和阿柔站,最大值接近 800 W/m²,盈科站和阿柔站的净辐

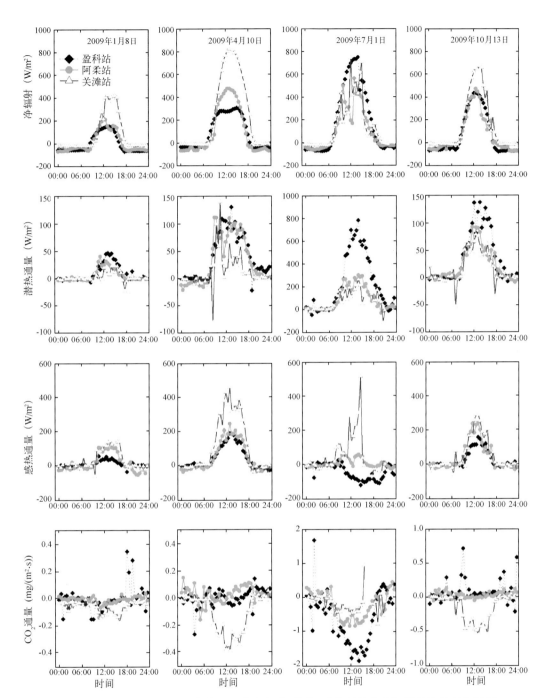

图 10.29　黑河流域三个站点典型日的净辐射、潜热、感热通量和 CO_2 通量的日变化特征

Fig. 10.29　Diurnal variation of energy balance component and CO_2 flux over different sites

射较为接近；盈科站的潜热通量大于阿柔站和关滩站，尤其在 7 月 1 日尤为显著，盈科站的潜热通量接近 800 W/m²，阿柔站和关滩站仅为小于 300 W/m²，原因是盈科灌区夏季生长玉米，灌溉充足，玉米生长旺盛，潜热通量大；对于感热通量，关滩站＞阿柔站＞盈科站，同时，发现在 7 月 1 日盈科站的感热通量呈现出负值，这一现象被称作"绿洲效应"，即感热通量在白天很长

一段时间(10:00－24:00)呈现负值,这是因为盈科灌区周围存在干热沙漠的缘故,在玉米生长旺盛季,经过灌溉的农田,水分蒸发量增加,空气的相对湿度加大,空气温度逐渐降低,热流由周围的干热沙漠流向农田,在农田上方出现热流由上向下传输的过程,整个过程是一个蒸发冷却过程;对于CO_2通量,可以看出关滩站总是呈现出一个碳汇的趋势,但是均很小,最大碳汇为 $0.5\ mg/(m^2 \cdot s)$,盈科站在 7 月 1 日的碳汇较明显,最大碳汇为 $1.86\ mg/(m^2 \cdot s)$,可见盈科站在玉米生长旺季呈现一个明显的碳汇。

2. 不同下垫面碳、水热通量的季节变化特征

根据盈科、阿柔和关滩 3 站从 2008 年 1—10 月的观测(阿柔站为 3 月),以涡动相关仪通量资料的再处理结果为主,初步分析了试验区潜热(蒸发蒸腾量)和感热的季节变化特征。为使特征更清楚,图 10.30 和图 10.31 所示通量数据为每天 10:00—16:00 观测数据的平均。如上所述,分析时对短时段缺失数据进行了插补;不处理因电源等问题引起的数天以上的数据缺失时段。

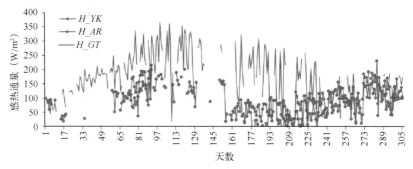

图 10.30　盈科、阿柔和关滩 3 站 2008 年 1—10 月的感热通量变化

Fig. 10.30　Seasonal variation of H at different sites

由于各站都处在植被覆盖区,感热通量总体都较小。关滩站感热的年变化符合一般趋势,其量值也大于其他两站。由于上述"绿洲效应"或近似原因,盈科站和阿柔站的感热通量在夏季反而比春秋季偏低。

各站潜热通量(蒸散量)的季节变化如图 10.31 所示,图 10.32 则给出 3 站 2008 年各月累积蒸散量的比较。

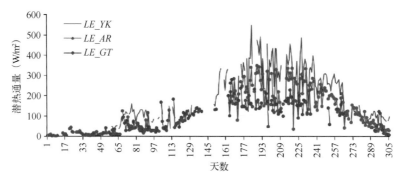

图 10.31　盈科、阿柔和关滩 3 站 2008 年 1—10 月的潜热通量变化

Fig. 10.31　Seasonal variation of LE at different sites

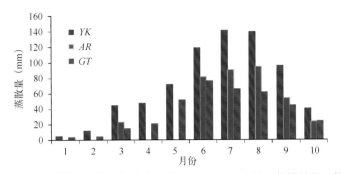

图 10.32　盈科、阿柔和关滩 3 站 2008 年 1—10 月累积蒸散量的比较

Fig. 10.32　Monthly variation of ET over different sites

由图可知,蒸散量季节变化明显,各站的差异也较大。1、2 月各站点潜热通量均很小,3 月潜热通量逐渐增加,随着气温的进一步升高及作物的生长,潜热通量增加明显。盈科、阿柔站的潜热通量在 7 月初达到最大值,关滩站的最大值则在 6 月中旬,之后又逐渐减小。作物生长季,盈科站的潜热通量明显大于其他两个站点,关滩站的潜热通量则相对较小。盈科和关滩站 1—10 月累积蒸散量分别为 719.15 mm 和 371.25 mm,阿柔站 6—10 月累积蒸散量为334.32 mm。其中作物生长季(5—9 月)盈科蒸散量为 568.37 mm,占 1—10 月蒸散总量的79%;关滩站为 301.16 mm,占 1—10 月蒸散总量的 81%。

3. 大孔径闪烁仪(LAS)的通量观测结果及其与涡动相关仪(EC)的比较

图 10.33、图 10.34 分别给出了黑河上游阿柔站和中游临泽站 LAS 与 EC 测量感热通量的比较。阿柔站为 2008 年和 2009 年 LAS 和 EC 同期的观测数据,临泽站为 2008 年 5 月有涡动相关仪观测期间数据。从图中看到,多数情况下,阿柔站 LAS 观测结果较 EC 观测值偏大,整体偏大约 18%,临泽站则是 EC 观测结果较 LAS 偏大。

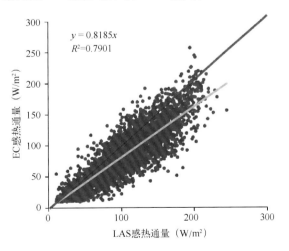

图 10.33　阿柔站 LAS 和 EC 比较结果

(感热通量大于 10 W/m², 2008.06.11—10.31,2009.01.01—06.30,2009.10.17—12.31)

Fig. 10.33　Comparison of H_LAS and H_EC at AR station (R_n>10 W/m², June 11th—Oct. 31st 2008,

Jan. 1st—June 30th,2009,Oct. 17th—Dec. 31st 2009)

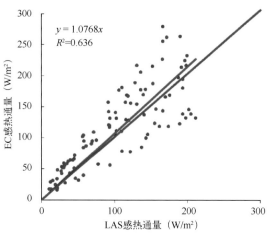

图 10.34　临泽草地站 LAS 和 EC 比较结果

（感热通量大于 10 W/m²，2008.05.20—24）

Fig. 10.34　Comparison of H_LAS and H_EC at LZ station ($R_n > 10$ W/m²，May 20th—May 24th 2008)

选取阿柔站和临泽站典型日的 LAS 与涡动相关仪所测感热通量，并结合风向（VD）进行分析，如图 10.35、图 10.36 所示。从图中看到，LAS 与 EC 测量值的差异在一天中随风向有很大变化，阿柔站 LAS 与 EC 测量值在东南风时两者比较接近，而在西北风时两者差异较大（10:30—16:00）。临泽站 LAS 与 EC 测量值同样表现出随风向产生明显差异，东南风时（08:00—16:00）LAS 测量值明显大于 EC 测量值，在西北风（16:30—19:30）时 EC 值大于 LAS 值。阿柔站 EC 和 LAS 源区内均为草地，若下垫面绝对均一，EC 与 LAS 测量值不会随风向发生明显改变，这说明看似均一的下垫面，由于表面温度和土壤含水量的空间变化，其实仍然表现出较明显的非均一特征。

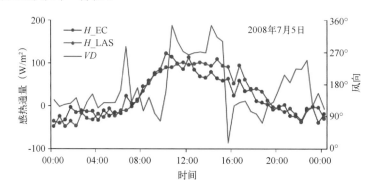

图 10.35　阿柔站 LAS 测量感热通量与 EC 测量值比较

Fig. 10.35　Comparison of H_LAS and H_EC at AR station

图 10.37 中也可以看到，当 EC 与 LAS 源区重叠区域较多时，两者测量值比较接近，重叠区域较少时，则两者差异较大。

下垫面的非均一性和 LAS 与 EC 两者源区的重叠程度，是导致两种方法测量值差异的因素之一。临泽站为湿地、盐碱地，下垫面为芦苇草地，在观测场内芦苇长势差异很大，土壤含水量也存在很大的不同，具体表现为 LAS 光径路线上南湿北干，涡动相关仪恰好位于 LAS 光径路线上干、湿相交位置,风向的不同会导致其测量值产生较大差异。在东南风时,涡动相关仪源区内包括较多的湿地在内,而 LAS 源区除包括湿地外,在其北侧还有较多的盐碱地在内,因此 LAS 测量感热通量要明显大于涡动相关仪测量值;而风向为西北风时,涡动相关仪源区以盐碱地为主,同 LAS 源区内下垫面比较一致,因此两者测量值较为接近。由以上分析可以看到,LAS 与 EC 测量值虽然有较好的一致性,但同时也存在着差异。对比分析了阿柔和临泽两个不同站点 LAS 与 EC 观测值,结果表明:EC 与 LAS 通量源区的重叠程度及下垫面的非均一性是导致两者差异的主要原因。

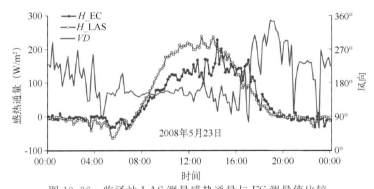

图 10.36   临泽站 LAS 测量感热通量与 EC 测量值比较

Fig. 10.36   Comparison of *H*_LAS and *H*_EC at LZ station

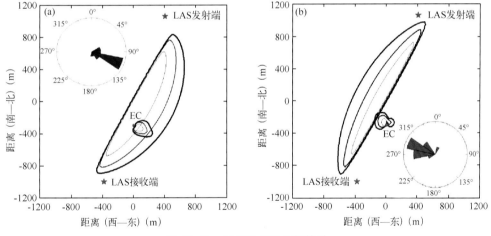

图 10.37   阿柔站源区比较结果

Fig. 10.37   Comparison of source area at AR station(the line from outside to inside stands for 80%,70%,50% source area respectively)(a) 06:30—10:00 and 16:00—19:00; (b) 10:30—16:00,2008.07.05

4. 地表能量平衡闭合分析

选择盈科站 2008 年 7 月上半月数据资料进行分析,该月天气相对晴朗,阳光充足,正是玉米的生长旺季。太阳短波辐射平均值为 240 W/m²,日最大值可达 1000 W/m²,日平均气温 20.6℃,总降雨量为 36.8 mm。该月主要气象变量参见图 10.38(其中 7 月 16—19 日这 4 天数据缺失)。

选取盈科站 2008 年 7 月上半月的数据,分析地表能量平衡闭合率(图 10.39)。图中显示了不考虑土壤热通量、采用土壤 5 cm 层热流板观测值,热传导方程校正法(TDEC)订正后的土壤表层热通量和加入大气—植被间的热存储项及植物光合作用耗能项后的地表能量闭合情况。

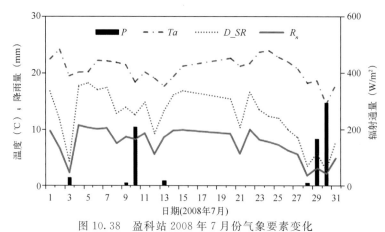

图 10.38 盈科站 2008 年 7 月份气象要素变化

（Ta 为日平均气温；P 为日总降雨量；D_SR 为日平均太阳短波辐射；R_n 为日平均净辐射）

Fig. 10.38 Variation of Yingke station meteorological elements

（Ta：daily average air temperature；P：daily total precipitation；D_SR：daily average
solar shortwave radiation；R_n：daily average net radiation）

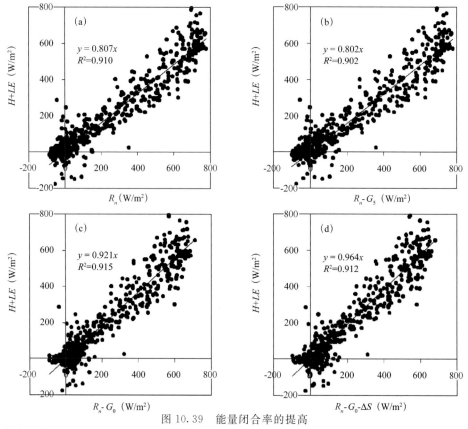

图 10.39 能量闭合率的提高

（a）不考虑土壤热通量时的闭合率；（b）采用土壤 5 cm 处热流板的土壤热通量观测值（G_5）得到的闭合率；
（c）采用 TDEC 法订正后的土壤表层热通量值得到的闭合率；（d）加入其他热量存储项，包括光合作用耗能
项、冠层热存储项、空气热存储项、冠层露水熵变项及空气湿度变化项的闭合率

Fig. 10.39 Improving of energy closure rate

（a）without consideration of ground heat flux；（b）using the ground heat flux by soil heat flux plate at
5cm；（c）using the TDEC method to recalculate data；（d）data of consideration of other heat storage terms

若不考虑土壤热通量,得到的能量闭合率是 80.7％,存在 20％左右的不闭合现象;如果采用土壤 5 cm 处热流板的观测值,得到能量闭合率是 80.2％;采用 TDEC 法订正后的土壤表层热通量,能量闭合率达到 92.1％;通过考虑并计算各种热存储项(光合作用耗能项、冠层热存储项、空气热存储项、冠层露水焓变项及空气湿度变化项)的贡献,能量闭合率达到 96.4％。通过对数据的分析得到:订正后的地表土壤热通量对闭合率的贡献为 11.9％,光合作用耗能的贡献为 3.8％,空气热存储及冠层热存储的贡献分别为 0.2％和 0.3％,而冠层露水焓变项和空气湿度变化项贡献很小。当然这只是个例,由于盈科农田站下垫面为玉米,观测期正值作物生长季,光合作用所占的比例较大,在其他复杂条件下计算能量平衡闭合时,还得考虑其他多方因素。

图 10.40 显示了盈科站 2008 年 7 月 1—15 日的地表能量平衡各分量的平均日变化结果,若只考虑净辐射、潜热通量、感热通量及地表土壤热通量(图 10.40a),则能量闭合残差最大可达到 109 W/m² (图 10.40c),日总的残差为 637.8 W/m²;当加入其他热量存储项,包括光合作用耗能项、冠层热存储项、空气热存储项、冠层露水焓变项及空气湿度变化项时,能量闭合残差最大为 80.2 W/m²,日总的残差为 271 W/m²。图 10.40b 显示了植被—大气间的热量存储项的平均日变化特征,光合作用耗能项最大,最大值为 25 W/m²,日总光合作用耗能为 364 W/m²。由此可见,植被—大气间的热量存储对地表能量平衡闭合的贡献作用不可忽略。

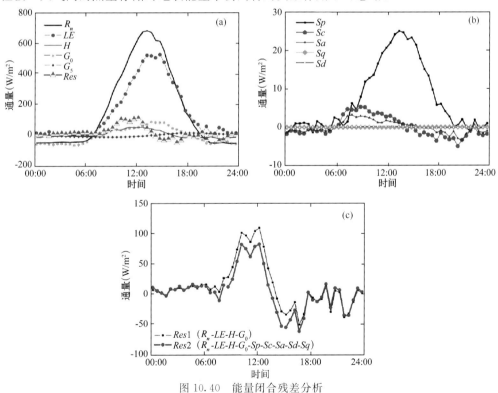

图 10.40　能量闭合残差分析

(a)地表能量平衡各项及剩余残差的平均日变化(7 月 1—15 日);(b)大气—植被内的热量存储项,包括光合作用耗能项、冠层热存储项、空气热存储项、冠层露水焓变项及空气湿度变化项的平均日变化;(c)考虑与否其他热量存储项得到的剩余残差(Res)的对比

Fig. 10.40　Surface energy balance closure residual analysis

　　能量平衡各项均有明显的日变化特征,且日变化趋势与净辐射一致。可利用能量中,潜热通量较大,感热通量较小。光合作用耗能项最大约为 25 W /m²,冠层热存储项最大为 5.3 W /m²,空气热存储项最大为 3.3 W /m²。本节中,计算得到的冠层露水焓变项及空气湿度变化项均较小,但是也要注意,在其他条件下也需要对这两项进行计算,例如,在干旱半干旱地区降露量比较高,且露水对于干旱地区的植物生长具有重要意义。

第 11 章　高寒山区降水及黄土高原水热过程

11.1　高寒山区降水变化

高寒山区气象数据的稀缺,是制约我国冰冻圈、寒区水文、寒区生态等相关学科过程研究的瓶颈,特别是降水和太阳辐射数据,这是寒区相关研究最重要的驱动数据。高山区气象要素时空分布复杂,在典型地区布设系统监测网络,既可满足寒区水文、生态及冰冻圈等精细研究的需要,又能了解研究区气象要素的时空分布规律,丰富我国西部高寒区气象数据库。

11.1.1　祁连山区降水与气温的垂直变化特征

黑河上游冰冻圈水文试验研究站立足典型内陆河流域——黑河祁连山区,在黑河源区葫芦沟小流域布设了系统的气象监测网络,目前主要观测设施及监测内容包括:2 个人工气象场、5 套综合环境观测系统(2 层/4 层塔)、1 套涡度相关系统,以及若干独立的称重式雨雪量计和总雨量筒等。结合现有国家基本、基准气象站同期观测数据,获取了黑河祁连山区气象要素海拔梯度。

现有葫芦沟监测数据及黑河祁连山区气象数据表明,黑河祁连山区日/次降水分布规律复杂,月/年降水海拔梯度明显,年降水海拔梯度约为 200 mm/km(图 11.1),补充高海拔降水数据以后,黑河山区年平均降水量可提高 200 mm 左右(相对于基于气象数据的算术平均法)。

寒区固态降水占较大比重,观测受风的扰动较大,须开展降水观测误差校正(图 11.2)。鉴于黑河山区降雪量较少,利用地面标准雨量筒(pit gauge)可以较好地校准风扰动造成的降水观测误差:①日尺度各种雨量筒观测结果为线性,若简单应用,降雨和降雪可选择统一动力损失校正系数:1.03~1.05;②若需雨雪分别校正:降雨动力损失校正系数 1.04,降雪 1.33;③也可采用校正公式:

$$CR_{snow} = 92.35 - 8.63W_s + 0.39T_{max} \tag{11.1}$$

式中:CR_{snow} 为降雪捕捉率(%),W_s 为中国标准雨量筒高度处的风速(m/s),T_{max} 为日最高气温(℃)。

1960—2011 年观测数据表明,黑河山区气温除在日尺度上存在个别逆温现象外,月、年尺度海拔梯度明显($R^2 > 0.95$),但气温递减率存在明显的季节和年际变化,年平均气温递减率约为 5.6℃/km(图 11.3)。

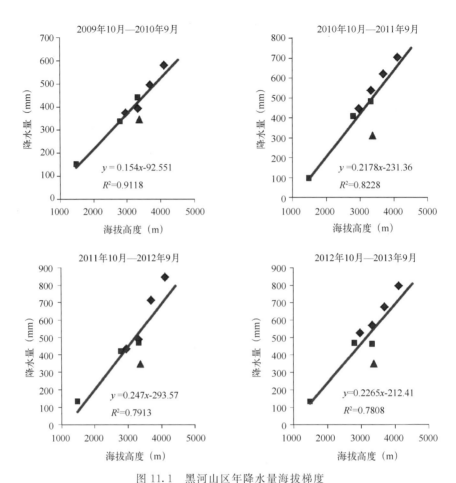

图 11.1 黑河山区年降水量海拔梯度

（图中菱形为葫芦沟站数据，矩形为张掖、民乐、肃南、野牛沟和祁连气象站，三角形为距离较远的
托勒气象站数据；2011 年和 2012 年度缺肃南和民乐站数据）

Fig.11.1 Annual precipitation varies with elevation in Heihe upstream

葫芦沟小流域水汽压和绝对湿度在暖季较大，递减率分别为 1.1 hPa/km 和 0.84 g/(m³·km)，而在黑河山区，最大相对湿度分布于海拔 3500～3700 m。由于积雪的存在，提高了高海拔地区的地表反照率，高寒草原、高寒草甸、沼泽化草甸和高山寒漠年平均反照率分别为 0.22，0.30，0.35 和 0.27。月平均净辐射和地表温度呈良好的线性关系，2009—2011 年平均地表温度递减率约为 7.5℃/km。地表温度受微地形（坡向、坡度）、植被等影响，但其是积雪消融、冻土水热传输过程直接驱动要素，须加强观测与研究。

高海拔山区气象要素分布复杂，目前我国的降水监测网络和遥感数据，远远无法满足高寒区水文、生态及冰冻圈等研究的需要。气温海拔梯度明显，现有数据基本能够满足相关研究的需要；基于气温的单临界气温法分离固液态降水，精度较高，但鉴于气温资料是百叶箱观测的结果，须加强与地表温度的关系研究。冰冻圈水文过程研究，在能量平衡数据稀少的情况下，建议目前尽可能选择一些基于气温的简单估算方法。

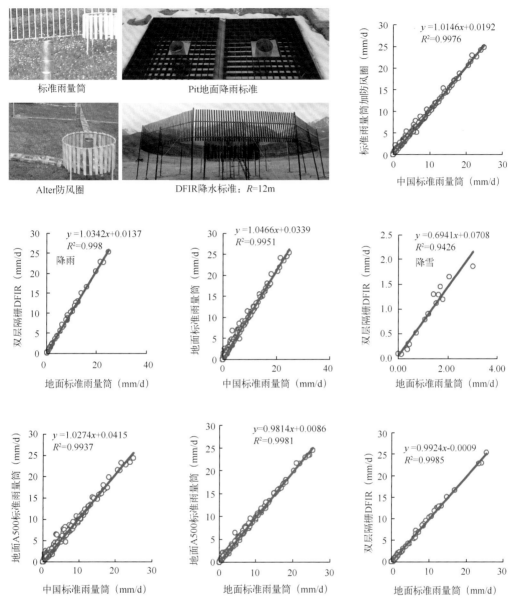

图 11.2　葫芦沟小流域日降水量观测误差校正

Fig. 11. 2　Daily precipitation calibration for wind-induced errors

11.1.2　唐古拉山降水特征

该项观测由唐古拉冰冻圈与环境观测研究站进行，观测地点位于唐古拉山的冬克玛底小流域。

1. 降水量观测

降水对比观测地点位于青藏高原唐古拉山多年冻土区，气候寒冷。2005 年流域下游平均温度为 $-3.1℃$，高于本地多年平均温度。2005 年固态降水的天数占到了观测时段的 41%；降雨多集中在 7、8 月份，降水天数占观测时段的 20%。

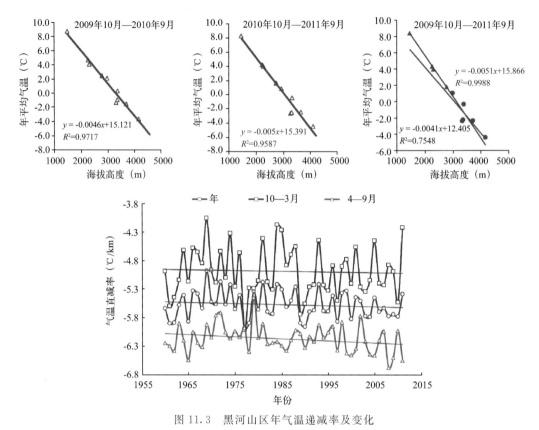

图 11.3　黑河山区年气温递减率及变化

Fig. 11.3　Annual lapse rate of air temperature and its variation in Heihe upstream

根据人工和自动观测数据对比分析,在唐古拉地区,日气温低于 2.7℃ 时不会发生纯液态降水,日气温低于 2.4 ℃ 时,降水均为固态降水。依此,按照 2.7℃ 的临界值在忽略混合类型降水的影响下,简单地将低于临界值的降水划入固态降水(图 11.4)。

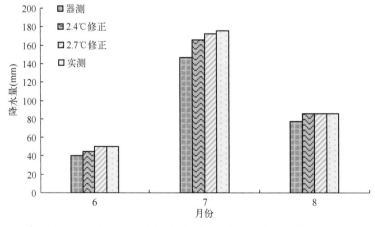

图 11.4　冬克玛底流域中游不同温度降水修正月降水量

Fig. 11.4　Monthly precipitation corrected by different temperature in midstream of Dongkemadi basin

2. 降水量修正

利用杨大庆在乌鲁木齐河流域所做的降水观测和降水修正,针对唐古拉冰冻圈与环境观测研究站观测降水所使用的 T-200B 和普通雨量计,建立两者关系,对相应降水进行误差修正,如图 11.5 所示。

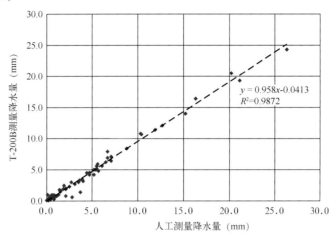

$$y = 0.958x - 0.0413$$
$$R^2 = 0.9872$$

图 11.5　T-200B 型自动雨雪量计与人工观测对比

Fig. 11.5　Comparison of T-200B automatic rain and snow meter with manual observation

利用图 11.5 获取的修正关系,针对观测值做了适当的修正后获得冬克玛底河流域日降水量,如图 11.6 所示。

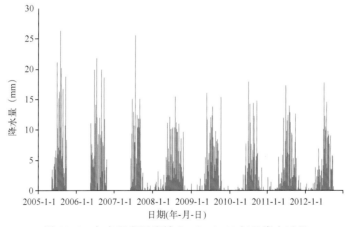

图 11.6　冬克玛底河流域 2005—2012 年日降水过程

Fig. 11.6　Daily precipitation from 2005 to 2012 in Dongkemadi area

表 11.1 为修正后的年降水量。年平均降水为 613 mm,较 1992 年的 560 mm 降水量增幅较大。2009 年降水为 709 mm,大大高于平均年份,这也直接导致了当年径流量的增加。

表 11.1　冬克玛底河流域 2005—2012 年降水量

Table 11.1　Precipitation from 2005 to 2012 in Dongkemadi area

年份	2005	2006	2007	2008	2009	2010	2011	2012
降水量(mm)	662	597	584	651	709	509	582	517(1—10 月)

3. 降水量的空间分布

目前对于降水资料的插值研究,基本上都是针对大尺度而言,而该研究区面积小,气候条件恶劣,降水资料不易获得。为得到特定地形下的降水资料,在流域内设置了15个雨量观测点,每个站点都具有代表性,观测点所在位置基本上反映了流域内不同坡向、坡度及海拔等地形因素状况(图11.7)。

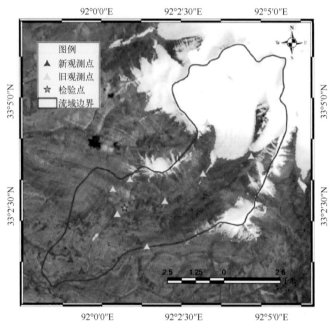

图 11.7　研究区降水观测站点分布

(新观测点为2009年新增站点,旧观测点和检验点是2008年已有站点)

Fig. 11.7　Observed sites in study area

在 GIS、SPSS 软件的支持下,采用空间插值法、统计模型法和综合方法分析研究区降水量的空间插值问题,并建立了降水空间分布(图11.8)。总体来讲,通过综合方法建立的"趋势面+残差修正"插值效果最好,能够获取研究区降水的空间分布。

即使在相同的季节,各月降水的空间分布也不尽相同。流域内南北坡降水量的分布存在差异,山顶到谷地的垂直落差为300~800 m,靠近山坡的地方,尤其是坡度较大的山坡,降水较少可能是降水时间段内处于向风坡;降水的总体分布来看,6、7月不同于8、9月,可能是主风向有变化;研究区6—9月总的降水量,西北坡少于东南坡,谷地大于两边的坡地,

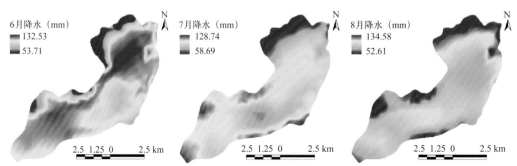

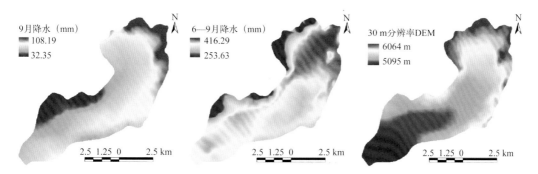

图 11.8 "趋势面模型＋残差趋势面"综合分析得出的研究区各时段降水空间分布

Fig. 11.8 Spatial distribution of precipitation in various duration in study area

主要是地形因素影响了降水的再分配；冰川末端存在降水较少的区域，可能是由于该区域两边的山坡比较陡峭，山顶到谷地垂直落差大，山体有遮挡作用。总体来讲，降水空间分布差异主要受青藏高原夏季风与局部地形的共同影响。

11.1.3 青藏高原那曲地区的气候背景、气候变化和协同观测期的气候状况

那曲地区 1981—2010 年多年平均气温－0.64℃，年平均降水量 449.51 mm（图 11.9a，b），属于典型的高原亚寒带季风半湿润气候。降水主要集中在高原夏季风期间的 6—9 月，达到 360.47 mm，占年降水量的 80%。相比较 1955—1980 年的另外一个独立的标准气候态，

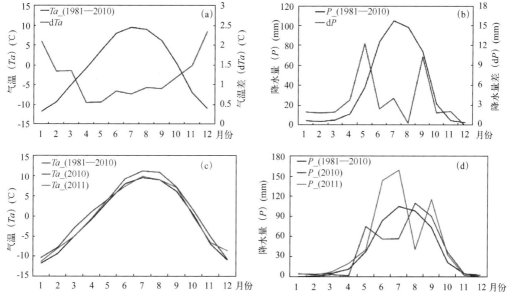

图 11.9 那曲地区的标准气候态（a，b）和协同观测期间的气候状况（c，d）

（Ta_(1981—2010)和 P_(1981—2010)：1981—2010 年标准气候态；dTa 和 dP：1981—2010 年与 1955—1980 年标准气候态之差；Ta_(2010)和 P_(2010)及 Ta_(2011)和 P_(2011)：2010 年和 2011 年的气候状况）

Fig. 11.9 Standard climatology (a, b) and climate condition during collaborative observation period (c, d) in Nagqu area (Ta_(1981—2010) and P_(1981—2010)：Standard climatology during 1981—2010；dTa and dP：The difference between standard climatology during 1981—2010 and 1955—1980；Ta_(2010)，P_(2010)，Ta_(2011) and P_(2011)：Climate condition in 2010 and 2011)

1981—2010 年多年平均气温上升了 1.20℃,而且温度升高主要发生在秋中(10 月)至翌年春初(3 月)期间,升温幅度在 1.21~2.35℃,春中(4 月)至秋初(9 月)升温幅度较小,只有 0.56~0.93℃;同时,多年平均降水量增加了 42.65 mm,除 12 月份降水减少 0.11 mm 以外,其他月份的降水量均有增加,降水的增加主要发生在高原夏季风建立的前期(5 月)和消退期(9 月),分别增加了 12.25 mm 和 10.27 mm,占降水年增加量的 52.8%,其他月份的增加量在 0.26~4.04 mm。可以看出,在年代际尺度上气温升高与降水增加同步发生,但在季节尺度上两者并不同步。

对比 2010—2011 年协同观测期与 1981—2010 年标准气候态的气温和降水(图 11.9c,d),2010 年年平均气温达到 0.34/0.74℃(那曲站 BJ 观测点/那曲气象站,下同),仅次于 2009 年,是有历史记录以来第二高温年,气温偏高 0.98/1.38℃,除 12 月外全年气温均偏高;2011 年年平均气温为 −0.01/−0.19℃,较多年平均偏高 0.63/0.45℃,表现为上半年偏低、下半年偏高。

2010 年和 2011 年年降水量分别为 436.50 mm 和 567.60 mm,较多年平均值分别偏少 13.01 mm 和偏多 118.09 mm;2010 年降水偏少主要源于高原夏季风初期(6—7 月)降水明显偏少 75.04 mm,而 2011 年 6—9 月高原夏季风期间(除 8 月)降水偏多 98.63 mm 是造成该年降水明显偏多的主要原因。由此可见,2010 年那曲为显暖偏干年(气温偏暖 1℃ 以上,降水偏少 20% 以内),2011 年是偏暖显湿年(气温偏暖 1℃ 以内,降水偏多 20% 以上)。

11.2　陇东黄土高原区土壤水热过程

黄土高原横跨干旱、半干旱区及湿润地区,下垫面状况十分复杂。土壤热状况(土壤温度、土壤导热率等)和土壤湿度等陆面状况对大气环流和气候变化有着重要的影响。对黄土高原区域的降水、土壤水热状况监测是黄土高原陆气相互作用研究的重要组成部分,对确定黄土(土壤粒隙较大,土壤结构比较松散,组分以碱性为主,与西北干旱区的沙土壤、东北的黑土壤和西南的红土壤等土壤类型相比,土壤属性比较特殊)陆面过程参数,完善陆面过程模式有重要意义。平凉具有较为典型的黄土高原下垫面,以下结果主要依托中科院平凉站对陇东黄土高原土壤温湿的观测资料所得。

11.2.1　土壤热状况

各下垫面土壤温度具有明显的日变化,尤其是近地层。5 cm 的土壤温度在 05:00(北京时)左右达到最小值,在 15:00 左右达到最大值。糜子地各层土壤温度都明显低于麦茬地和翻耕裸地,温度振幅也明显偏低。由于土壤的压实密度和孔隙度等的不同,在土壤较深层(20 cm 和 40 cm),麦茬地的土壤温度大于翻耕裸地的土壤温度,但是这两种地表的浅层土壤温度变化有交叉,翻耕裸地的土壤温度达到最大值的时间滞后于麦茬地(图 11.10)。

各层土壤都有明显的日变化。5 cm,10 cm 和 20 cm 土壤温度有明显的日变化,一天中有一个峰值和一个谷值,与太阳辐射的日变化一致,尤其是 5 cm 土壤温度升温和降温过程都很剧烈(年平均日变幅达到了 7℃)。而 20 cm 以下各层土壤温度日变化变幅较小。各层土壤温度最大值存在时间上的滞后,5 cm 土壤温度最大值出现在 16:00 左右,而 10 cm 土壤温度最大值出现在 17:30 左右(图 11.11)。

各层土壤温度都有明显的年内变化。土壤温度变化为正弦曲线,与太阳辐射的年变化一致,在 1 月左右达到最低,7 月左右达到最高,太阳辐射的年变化至少影响到了地下 40 cm 处土壤温度的长期变化。浅层土壤温度比深层土壤温度波动大,位相略微超前。各层土壤 3 月份开始由上至下解冻,从 12 月开始土壤由上至下开始冻结(图 11.12)。

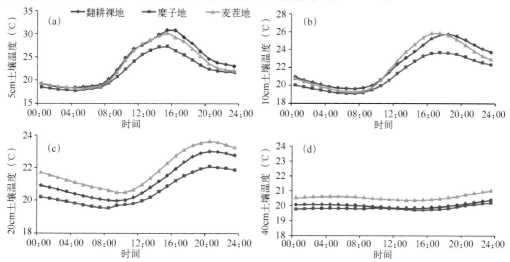

图 11.10 平凉站夏季典型晴天不同下垫面不同深度土壤温度对比

Fig. 11.10 Comparison of soil temperature over different land types on a summer sunny day

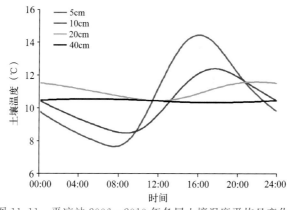

图 11.11 平凉站 2006—2010 年各层土壤温度平均日变化

Fig. 11.11 Diurnal cycle of the mean soil temperature from 2006 to 2010

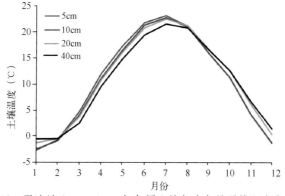

图 11.12 平凉站 2006—2010 年各层土壤年内各月平均温度变化(℃)

Fig. 11.12 Variation of the monthly mean soil temperature from 2006 to 2010

由图 11.13 可知,土壤温度在 1—2 月间最低,7—8 月间最高,土壤从 2 月以后开始解冻,表层增温较快,6—8 月间表层温度高于深层,之后,表层降温较快,深层温度略高于表层。

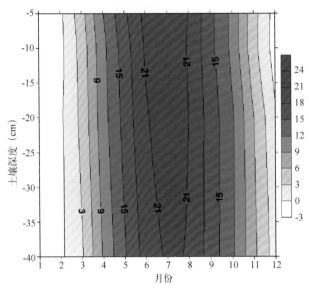

图 11.13 平凉站 2006—2010 年月平均土壤温度(℃)剖面图

Fig. 11.13 Variation of monthly mean soil temperature profile from 2006 to 2010

5 cm 层土壤温度对降水比较敏感,随着降水的发生,土壤温度迅速下降,在白天,土壤温度比晴天时降低约 13℃以上。随着深度的增加,土壤温度下降的幅度逐渐减小,且滞后时间逐渐延长,在 40 cm 深度时,滞后时间可以达到 5 d 以上。降水发生时伴随的云量增加、辐射减小和气温的减小也是影响土壤温度的重要原因(图 11.14)。

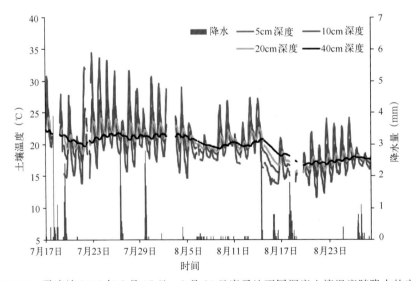

图 11.14 平凉站 2005 年 7 月 17 日—8 月 29 日糜子地不同深度土壤温度随降水的变化

Fig. 11.14 Variation of soil temperature in different depths to precipitation over
the Millet land from 17 July to 29 August,2005

11.2.2　土壤水分状况

在近地层,不同下垫面的土壤湿度有微弱的日变化特征,上午 05:00—10:00,表层土壤湿度基本没有变化,10:00 以后,表层土壤湿度减小,其中麦茬地减小幅度最明显,糜子地次之,翻耕裸地减小最少。翻耕裸地各层土壤湿度分布均匀,从上层到下层依次增大,其 40 cm 土壤湿度远大于糜子地和麦茬地。糜子地和麦茬地的土壤湿度分布较复杂,先从上层依次增大,至 10 cm 处达到一个峰值,然后减小,至 20 cm 处土壤湿度为一极小值,往深处依次增加。这种变化与前一天有降水,翻耕过的裸地易于雨水下渗有关(图 11.15)。

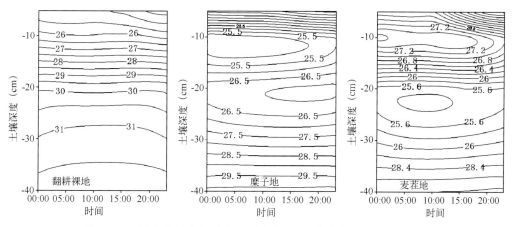

图 11.15　平凉站夏季典型晴天不同下垫面土壤含水量日变化剖面图

Fig. 11.15　Variation of soil water content profile over different land types on a summer sunny day

土壤含水量垂直分布为上干下湿,5 cm 土壤含水量明显低于 10～40 cm 层,约为 40 cm 层土壤含水量的一半。5 cm 和 10 cm 土壤含水量有较小的日变化,20 cm 和 40 cm 无明显日变化(图 11.16)。

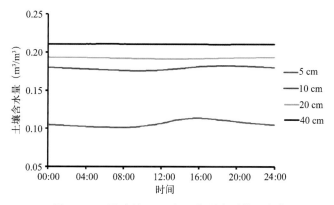

图 11.16　平凉站 2008 年土壤湿度平均日变化

Fig. 11.16　Diurnal cycle of the mean soil water content of 2008

2006 年、2009 年和 2010 年土壤含水量呈现两个峰值,分别在上半年和下半年,下半年的峰值含水量高于上半年,深层土壤含水量高于浅层。2007 年和 2008 年在上半年和下半年的土壤含水量峰值之间有一个较小的峰值。2006 年和 2010 年较其他年份湿润,2008 年土壤含水量最低。土壤含水量的变化与降水有密切的关系,2010年的降水量达616 mm,且主要在7—10月,因此2010年下半年的土壤含水量维持在较高值;2008年的降水量仅有322 mm,主要在6—9月。土壤深层含水量的峰值滞后于浅层(图11.17)。

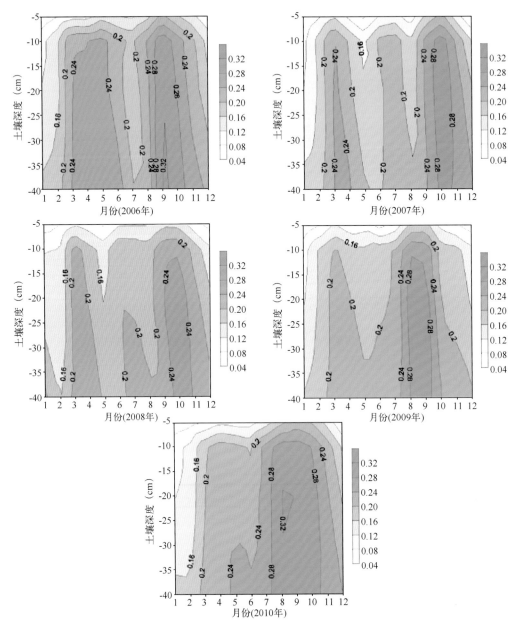

图11.17　平凉站2006—2010年各年月平均各层土壤体积含水量(m³/m³)剖面图

Fig. 11.17　Variation of the monthly mean soil water content profile from 2006 to 2010

　　降水对土壤湿度有明显的影响。5 cm层土壤含水量对降水比较敏感,随着降水的发生,土壤含水量迅速上升。随着深度的增加,土壤含水量上升的幅度逐渐减小,滞后时间逐渐延长,在40 cm深度处,土壤含水量的日变化就基本不受降水影响了(图11.18)。

对黄土高原塬区土壤水热特征的监测显示,20 cm 以上各层土壤温度有明显的日变化特征,随着深度的增加,温波振幅明显减小;各层土壤温度最大值出现在 7—8 月,最小值出现在 12 月—次年 2 月,土壤冻结深度可达 40 cm;年际变化至少可以影响到地下 40 cm 处土壤温度的长期变化。近地层土壤湿度有微弱日变化;各层土壤湿度有明显的年变化,表层土壤含水量对降水比较敏感,随着深度的增加,土壤含水量对降水的响应振幅减小,滞后时间延长。

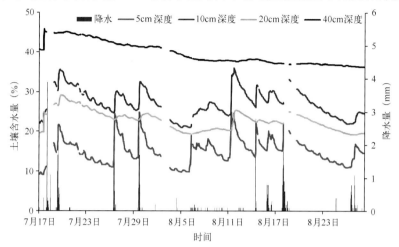

图 11.18　平凉站 2005 年 7 月 17 日—8 月 29 日稀疏糜子地不同深度土壤含水量随降水的变化

Fig. 11.18　Variation of soil water content in different depths to precipitation over the Millet land from 17 July to 29 August,2005

11.3　黄土高原西部荒漠草原区水热过程

11.3.1　黄土高原西部荒漠草原区降水量和蒸发量

2010—2012 年黄土高原西部荒漠草原区降雨的观测结果显示,该区域降雨量年际变化总体呈现明显增加趋势。2012 年的总降雨量为 281.3 mm,较 2011 年增加 67.4 mm,较 2010 年增加 91.2 mm,(图 11.19)。与 2010 年和 2011 年 6 月降雨量最大不同的是,2012 年 7 月降雨量最多,且降雨主要集中在 7、8、9 月(图 11.20)。

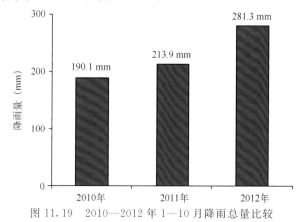

图 11.19　2010—2012 年 1—10 月降雨总量比较

Fig. 11.19　Total rainfall of January to October in 2010—2012

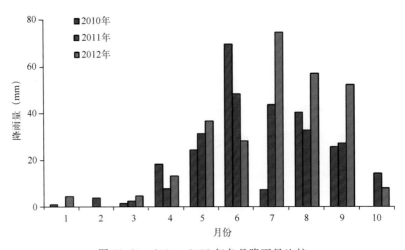

图 11.20　2010—2012 年各月降雨量比较

Fig. 11.20　Monthly rainfall in 2010—2012

　　连续 3 a 的水面蒸发观测结果显示(图 11.21),2012 年月最大蒸发量出现在 8 月,其次为 9 月,与 2010 年相似,不同于 2011 年月最大蒸发量出现在 6 月,其次为 7 月。

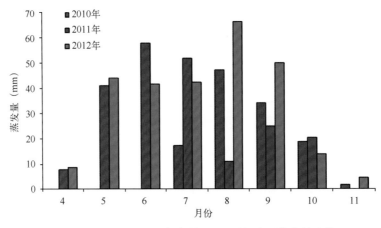

图 11.21　2010—2012 年各月(4—11 月)水面蒸发量比较

Fig. 11.21　Monthly evaporation in 2010—2012

11.3.2　黄土高原西部荒漠草原坡面径流和土壤水分变化

　　2001—2012 年连续 10 a 的径流小区年径流量数据表明,阳坡径流量普遍最大,阴坡、半阴坡差异较小(图 11.22)。阳坡植被覆盖度、物种数目、生物量明显低于其他两种坡向,而且坡度最大(41°),其他两种坡向为 38°左右,因而,其坡面径流量较大。从 2001—2012 年逐年径流量变化趋势看,2001、2003 和 2007 年各径流小区年径流量较多,而 2004、2006 年年径流量较少,这种变化可能与当年的降雨量及降雨强度有关。

　　以分布于阳坡的猪毛菜小区和分布于阴坡的白毛锦鸡儿小区、针茅小区、红砂小区为研究对象,对 2010—2012 年 4 种植被类型状况下的坡面径流进行观测,结果显示,2012 年各径流小区年径流量变化为:猪毛菜小区＞白毛锦鸡儿小区＞针茅小区＞红砂小区,与 2011 年猪毛菜小区径流量最大相似,却不同于 2010 年针茅小区径流量最大(图 11.23)。

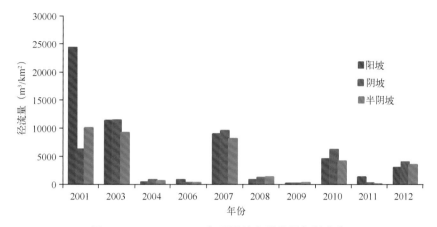

图 11.22　2001—2012 年不同坡向径流量年际变化

Fig. 11.22　Inter-annual variation of runoff in different direction slopes from 2001—2012

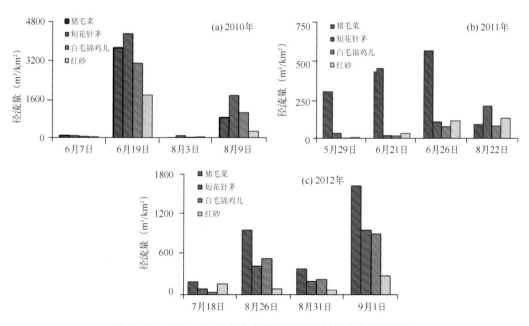

图 11.23　2010—2012 年各年份观测的不同径流小区径流量

Fig. 11.23　Runoff of different plots in 2010—2012

对不同小区径流水质进行化验分析,结果表明,各径流小区径流水盐分离子含量明显不同(表 11.2),阴阳离子总量变化大小顺序为:猪毛菜小区＞红砂小区＞白毛锦鸡儿小区＞针茅小区,pH 大小也表现为:猪毛菜小区＞红砂小区＞白毛锦鸡儿小区＞针茅小区。但各阴、阳离子含量变化顺序在小区间变化各异,并没有表现出一定的变化规律。

表 11.2 不同径流小区径流水质分析

Table 11.2 Water quality of different runoff plots

径流小区名称	重碳酸根离子(mg/L)	氯化物(mg/L)	硫酸根离子(mg/L)	钙离子(mg/L)	镁离子(mg/L)	钾离子(mg/L)	钠离子(mg/L)	阴阳离子总量(mg/L)	pH
猪毛菜	151.3	52.5	438.1	77.5	5.3	12.6	57.0	794.3	7.34
针茅	130.6	77.4	22.1	58.1	5.3	14.3	23.4	331.2	7.17
白毛锦鸡儿	172.1	38.6	104.9	60.1	8.8	24.0	37.2	445.1	7.22
红砂	182.5	41.9	74.0	58.1	8.8	17.6	39.0	421.9	7.28

2001—2012 年连续 11 a 监测数据表明,土壤水分对坡向变化响应显著(图 11.24)。0～40 cm 平均土壤水分均表现为阴坡最高,半阴坡居中,阳坡样地最低;而 40～200 cm 平均土壤水分则以阳坡更高。阴坡样地因光照强度、时数和土壤蒸发量较阳坡减少,而具有较高的浅层土壤含水量。不过,阴坡、半阴坡植被盖度、生物量更高,消耗了更多的下层和深层土壤水分,从而引起深层土壤含水量较阳坡更低。

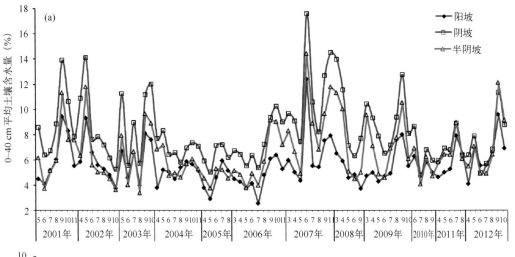

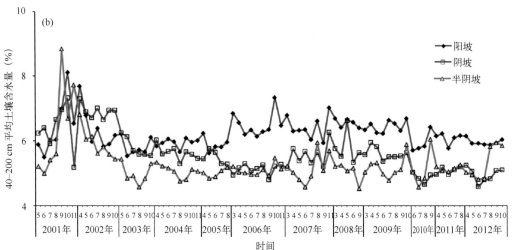

图 11.24 2001—2012 年不同坡向土壤水分年际变化

Fig. 11.24 Inter-annual variation of soil moisture in different direction slopes during 2001—2012

11.3.3　黄土高原西部砾石覆盖的生态水文效应试验

本节通过研究不同砾石覆盖年限农田土壤的有机碳库、有机碳组分、酶活性和微生物的变化,探讨长期覆盖砂田的退化原因和可持续利用的措施,为深入理解砾石覆盖条件下农田土壤碳素生物化学循环机理提供理论依据。通过人工模拟降雨试验,明确地表覆盖层特征参数变化对土壤水文过程的影响,建立覆盖层结构特征参数与土壤蒸发量、水分入渗率和径流量等的定量关系,并在较大尺度上进行验证,为优化覆盖层结构、提高旱作农田的水分生产率提供理论支持,也为覆盖农田水文过程的模拟研究及尺度转换提供参数和依据。

在 0～20 a 范围内,砾石覆盖土壤酶活性随着覆盖年限的延长呈抛物线变化趋势,在砾石覆盖 10～11 a 前呈上升趋势,之后呈下降趋势。总体而言,在砾石覆盖 11 a 左右农田土壤中土壤酶活性最高,砾石覆盖超过 15 a 的农田,土壤酶活性较低(图 11.25)。

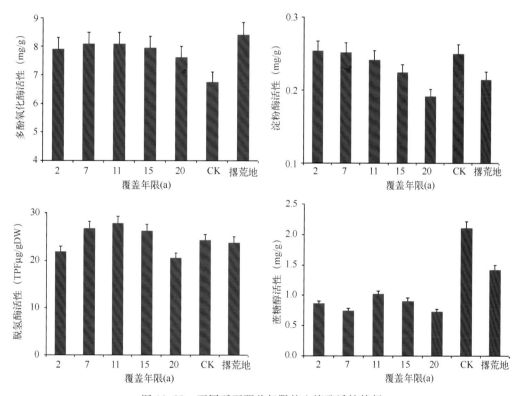

图 11.25　不同砾石覆盖年限的土壤酶活性特征

Fig. 11.25　Enzyme activities of soil covered by gravel with different years

砾石覆盖下的农田土壤有机碳库在不同层次有不同的变化特征,但在表层变化显著,呈先升后降趋势。砾石覆盖下,土壤中微生物比较稳定,随着砾石覆盖年限的增加,土壤微生物数量逐渐降低,在覆盖 7～11 a 时最为稳定,此后微生物多样性指数和均匀度指数持续降低(图 11.26)。

所有的砾石覆盖处理相比裸土对照均能显著延缓产流时间,其中小粒径处理效益最大,将产流时间延长了 204%,相应的累计降雨量达到了 235%。同时较大幅度减少了累积径流量。小粒径的不同覆盖厚度处理产流时间无明显差异,但 3 cm 的处理其累积径流量要高于其他厚度处理,而 7 cm 处理在减少累积径流量上效果最佳(图 11.27)。

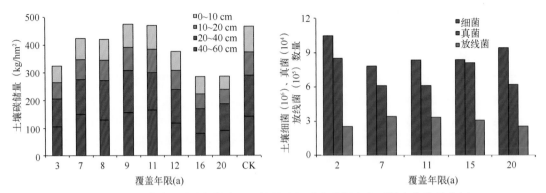

图 11.26　不同砾石覆盖年限农田土壤的有机碳库特征和主要微生物数量特征

Fig. 11.26　Organic carbon stocks and the main microorganism characteristics
of soil covered by gravel with different years

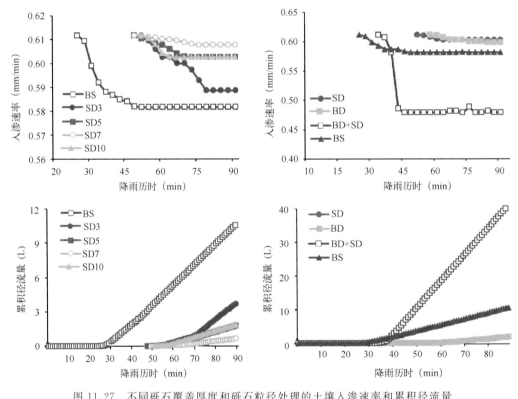

图 11.27　不同砾石覆盖厚度和砾石粒径处理的土壤入渗速率和累积径流量

(BS:裸土处理;SD:小粒径处理(2~5 mm); MD:中等粒径处理(5~20 mm);BD:大粒径处理
(20~60 mm);BD+SD:两处理按照 1:1 体积比混合;3,5,7,10:不同的砾石覆盖层厚度(cm))

Fig. 11.27　Infiltration rate and the cumulative runoff at different cover thickness and gravel size treatments
(BS:boil soil; SD:small diameter treatment (2~5 mm); MD:middle diameter treatment (5~20 mm);
BD:big diameter treatment (20~60 mm); BD+SD:mix them together in 1:1 volume ratio;
3,5,7,10:different thickness of gravel mulch layer (cm))

通过野外模拟试验和实验室测定,对砾石覆盖不同年限的西瓜农田土壤质量的变化情况进行研究,并进行了人工模拟降雨试验,探索砾石覆盖的综合生态水文效应。然而土壤质量演变是一个相对漫长的过程,随着时间的推移,各项指标也会发生相应的变化。因此有必要采用田间短期连续覆盖试验、长期定位控制试验和同一流域不同覆盖年限样地调查三种方法相结合进行研究。

地表覆盖对农田水文过程有重要影响,这种影响效应随覆盖层结构和性状的改变而发生变化。由于覆盖层结构和性状比较复杂,大部分研究仅考虑了部分结构或性状参数,不能真实反映覆盖层的综合特征和土壤整体水文过程的变化,也无法在较大尺度的研究上应用。本项研究下一步拟找出既能反映覆盖层综合性状,又与各水文过程密切相关的代表性特征参数,建立这些特征参数与主要水文过程的关系,为进行较大尺度上覆盖地面水文过程的研究奠定基础。

第12章　黄土高原强对流天气与寒旱区大气环境监测

12.1　黄土高原强对流天气特征

平凉站所处地区为黄土高原腹地,塬、梁、峁、川、沟壑齐全,地形复杂,属大陆性半干旱气候区,是东亚夏季风影响的边缘地带。北进西伸的东亚夏季风在六盘山脉的阻挡下抬升,使平凉成为冰雹和雷电等灾害性天气的多发区,特别是当东亚夏季风偏强时,该地区冰雹和雷电灾害频繁,严重威胁当地脆弱的生态和农业生产系统。探寻各种强对流天气生成、发展、演变的规律及其致灾机理,了解不同强对流雷暴、雹暴、强风暴和局地暴雨云产生灾害的雷达回波征兆,判别和识别致灾回波特点,对提出超前预报和预警、减轻灾害损失有重要意义。

12.1.1　2008—2011年主要天气过程情况

2008—2011年夏季(5—9月)平凉站共监测到对流天气(包括有对流积云发展的浓积云、积雨云、雷暴云、雹暴云、中尺度强对流系统)212例(表12.1)。其中雷达监测到或连续跟踪观测较强或强对流云168次(表12.2),包括不同天气系统或锋面条件下产生的剧烈天气,区域性气候和地形条件影响的不稳定大气层结发展的浓积云、积雨云、强对流雷暴云、雹暴云和中尺度对流系统(飑线、线性回波、弓状回波和超单体等)。在168次强对流天气中有强雷暴云48例,包括部分有降冰雹、阵性雨、零星大雨滴、强阵风、闪电、雷鸣等;有降冰雹的雹暴云37例(表12.2),包括有雷电活动、产生降雹、强风、强降水(雨夹软雹或小冰雹)。

表 12.1　平凉站 2008—2011 年雷达观测到的不同天气过程
Table 12.1　Different weather processes observed by radar from 2008 to 2011

年份	雷达观测不同天气过程(次)	降水天气过程(次)	对流天气过程(次)
2008	45	17	28
2009	77	38	39
2010	102	30	72
2011	114	41	73
合计	338	126	212

表 12.2　平凉站 2008—2011 年 XDR 和 LLX 天气雷达监测到的对流天气
Table 12.2　The convective weather monitored by weather radar XDR and LLX from 2008 to 2011

年份	弱对流	较强对流	雹暴	强雷暴
2008	3	14	5	6

续表

年份	弱对流	较强对流	雹暴	强雷暴
2009	9	16	4	10
2010	15	29	12	16
2011	13	24	16	16
合计	40	83	37 *	48 **

注：* 其中有29次是区域降雹，约40%有强雷电活动；

** 其中有37次经过或临近平凉站（以听到雷声或看见闪电，并伴有强阵风和阵性降雨为准）。强雷暴中有50%强阵雨中夹有小冰雹或软雹（冰粒），这50%中约有40%产生较大或大冰雹。

2008—2011年夏季平凉站共观测到降雨过程（包括不同天气系统背景和受台风影响的大范围降水或层状云降雨）116次（表12.3）。4年中观测到大到暴雨3次，中到大雨5次，小到中雨16次，小雨50次（包含零星雨、毛毛雨、小阵雨）。

表 12.3 平凉站 2008—2011 年 XDR 和 LLX 天气雷达监测到的降水天气情况
Table 12.3 Conditions of the precipitation monitored by weather radar XDR and LLX from 2008 to 2011

降雨类型	降水云系	大雾层云	小雨	小到中雨	中到大雨	大到暴雨
2008	16	4	8	3	1	—
2009	37	13	20	3	—	1
2010	26	10	7	5	3	1
2011	37	15	15	5	1	1
合计	116	42	50	16	5	3

2008—2011年，平凉地区发生的强对流雷暴雹暴和中尺度对流系统天气过程十分频繁，平均每年有强雷暴雹天气20～30次，其中强对流雷暴雹产生降雹的平均每年10～15次，在平凉市区周边乡镇造成冰雹灾害的每年有5～10次。不同对流天气经过本站的次数和产生强阵风、阵雨和雷暴、闪电雷鸣、降雹的主要特点有以下几点：

①2008年在平凉地区形成的对流性天气过程大多以干雷暴天气为主，与该年平凉地区冬春严重干旱、夏初旱有关；

②2010年和2011年经过平凉站的雷暴、雹暴云与历史同期相比偏多，尤其是强雷雹云；

③2008—2011年夏季平凉地区发生强对流雷暴、雹暴的天气过程，平均每年20～40次（包括与平凉相邻近的六盘山、隆德、泾原、镇原县镇乡）。

12.1.2 对流雷暴雹云生成的主要源地和演变移动路径

图12.1～图12.3为2008—2011年夏季平凉站雷达观测到的典型对流云回波，不同强度对流云中有约65%的雷暴、雹暴是由固原—六盘山生成的，主要沿着六盘山南下发展旺盛，大多在泾原到平凉的安国、崆峒、麻武直至华亭。强盛的雷暴、雹暴在麻武、华亭产生降雨雹后，移向白水、泾川和崇信等地。其中约20%在蒿店—安国偏向东移，到达大秦、寨河，再南下到达白庙或本站和平凉市，有些移向十里铺到四十里铺。固原六盘山是平凉主要强雷暴雹云形成源地之一。泾原只是强雷暴雹云发展演变过程中水汽能量的馈给地。

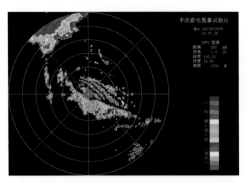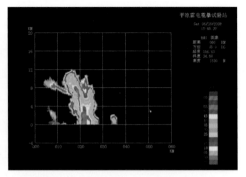

图 12.1 2008 年 6 月 30 日雷达观测到固原到六盘山北发展的强冰雹云

Fig. 12.1 The developing strong hailstorm over Guyuan to Liupan mountain observed
by radar on 30 June,2008

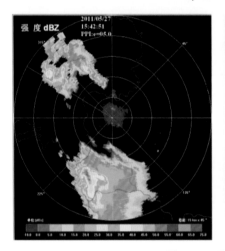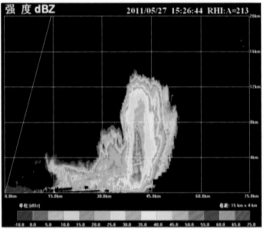

图 12.2 强对流云生成发展示例

Fig. 12.2 Sample of the generation and development of strong convective clouds

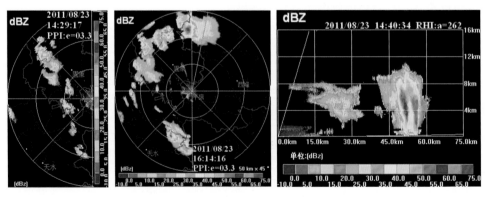

图 12.3 强单体雷暴云群形成示例

Fig. 12.3 Sample of the generation of strong isolated thunderstorm cluster

2011 年 5 月 27 日平凉西北固原生成发展的强对流云沿着六盘山南下,经泾原、崆峒、麻武,在华亭发展成强盛单体冰雹云。

2011 年 8 月 23 日天气系统背景下固原—六盘山产生强单体雷暴云群,局部有雨夹小雹。

12.1.3　对流雷暴雹暴中的中尺度对流系统雷达回波特征

如图12.4所示,2010年7月19日平凉东侧超单体钩状雹暴云回波,草峰有雹,镇原特大冰雹。十分经典的特强对流超单体冰雹云回波,在平凉邻近的庆阳和镇原形成很典型的清晰钩状回波,回波强度达到该雷达最大强度色标(70 dBZ)。RHI回波上,这例超单体雹暴普遍达到12 km以上,最高达到15 km。强中心(50 dBZ)高度普遍上升到10 km,并且上升气流区悬挂体和弱回波十分完整。在RHI回波上可明显看到这些强单体组成弯曲的"?"形的强中心回波剖面,表明有强盛上升气流和结构模型。

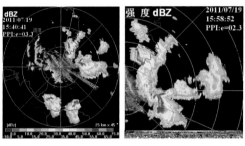

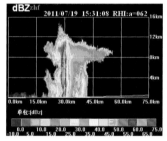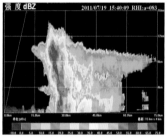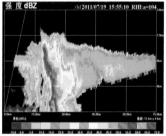

图12.4　特强对流超单体冰雹云回波图

Fig.12.4　Echo of severe convective supercell hailstorm

如图12.5所示,2010年8月25日经典的弓状回波或"人"字形,平凉大部分县乡有强雷雹暴。这是一例少见的特强雷雹暴云雷达回波,先由西北—东南走向的多个单体组成的MCS(mesoscale convective system)结构,后MCS中的一个强单体演变成超单体。从雷达观测的回波强度、强回波伸展的高度来看,说明上升气流十分强,致使云体发展很高。这例强对流单体有准稳定性,即移动慢,基本不变,有超单体征兆。

2008—2011年平凉站雷达观测到的多例经典强单体、超单体和中尺度强对流系统的弓状回波、钩状回波、"人"字形强回波和"V"形槽强回波多是国内少见的,也是平凉、庆阳等地区受灾最主要的强烈雹暴天气。这些特强雹暴云的生成、发展和演变主要有以下特征:

①特强雷雹暴主要由北部海原形成移入平凉;

②2008—2011年平凉强对流天气中,中尺度强对流系统偏多。大多由平凉北和西北移入,并受六盘山影响而发展;

③中尺度强对流系统发展演变中有多种强回波形态结构:弓状回波、超单体回波、"V"形槽等,回波体积大,生命期长,垂直剖面较均匀。

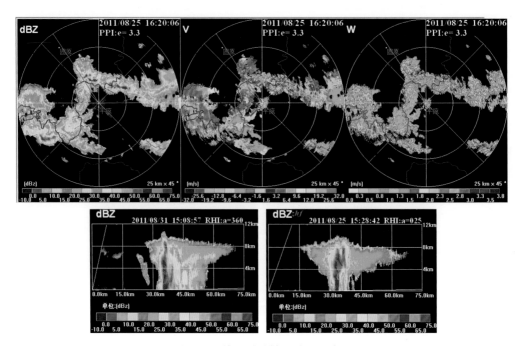

图 12.5 特强雷雹暴云雷达回波图

Fig. 12.5 Echo of severe thunderstorm and hailstorm

12.1.4 平凉地区冰雹天气气候特征

从图 12.6 看,冰雹的年际变化显著,1980 年代是降雹的高峰期,降雹发生最多的是 1984 年,降雹次数为 25 次;1990 年代至今冰雹相对较少,总的趋势来看,冰雹发生的次数是减少的,每 10 a 减少 2.2 次。

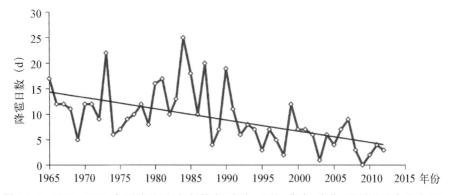

图 12.6 1965—2011 年平凉地区(包括静宁、庄浪、崆峒、华亭、崇信、泾川和灵台 7 个区)
降雹次数的年际变化

Fig. 12.6 Interannual variability of the number of hail over Pingliang (including seven districts: Jingning, Zhuanglang, Kongtong, Huating, Chongxin, Jingchuan and Lingtai) from 1965 to 2011

由图 12.7 可知,平凉地区冰雹发生的季节性特征非常明显,47 a 来平凉地区降雹最早的月份为 3 月,最晚结束在 10 月,3—10 月为平凉地区降雹期,雹期长达 8 个月。主要降雹时段在 4—9 月,期间降雹占冰雹总数的 95%。

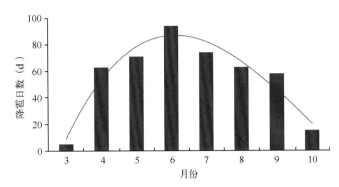

图 12.7　1965—2011 年平凉地区(包括静宁、庄浪、崆峒、华亭、崇信、泾川和灵台 7 个区)
降雹次数的月际变化

Fig. 12.7　Variability of the monthly cumulative number of hail over Pingliang

(including seven districts：Jingning，Zhuanglang，Kongtong，

Huating，Chongxin，Jingchuan and Lingtai) from 1965 to 2011

　　平凉地区冰雹的日变化特征非常明显。降雹的主要时段集中在午后至傍晚时分,尤以傍晚时分发生频率最高,上午和 23 时以后没有降雹发生。17 时前平凉冰雹的发生率较小,12—17 时降雹发生率为 6.5%,17 时起降雹概率逐渐增加,并于 20 时左右冰雹发生率达最大,占冰雹总数的 27.4%,后逐渐降低,22 时以后降雹很小,只占冰雹总数的 2.9%,17—22 时降雹发生率达 90.6%,大部分冰雹发生在午后至傍晚时分,说明热力条件在冰雹天气发生时起重要作用。

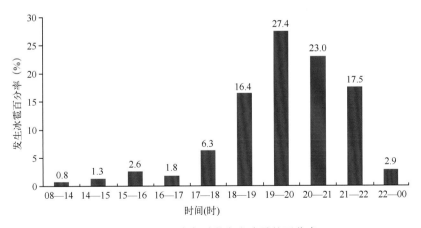

图 12.8　一日中各时段发生冰雹的百分率

Fig. 12.8　Percentage of hail during each time period of the day

　　平凉市 7 县区近 47 a 的冰雹观测资料给出了平凉市冰雹的变化特征和趋势。在年代际尺度上,1980 年代是降雹高峰期,1990 年代至 21 世纪初逐渐减少;从季节变化上看,降雹最早发生在 3 月,最迟为 10 月,雹期长达 8 个月,6 月份冰雹高发;从日变化上看,平凉市冰雹主要发生在午后至傍晚时分,尤以傍晚时分发生频率最高,特别是 17—22 时为主要的降雹时段。

12.2 祁连山冰川区大气成分监测

青藏高原以其独特的地理环境特征影响着区域及全球的气候变化,近些年,其大气环境变化及一系列反馈效应引起广泛关注。尽管高原上人为活动较少,但有证据表明,其经常受到远距离输送污染物的影响,如高原雪冰中检测到逐年增加的黑碳气溶胶以及细颗粒物(PM1)在每年季风前期显著增加等现象。为了了解这些偏远地区大气污染物的浓度水平及其影响,依托野外站点或短期观测项目,已开展了多次相关的观测研究;其中大多数研究集中在青藏高原南部地区,特别是喜马拉雅山南北两侧,主要原因是由于日益加重的南亚地区的空气污染引起了喜马拉雅山地区的气候环境发生显著变化。相比青藏高原南部地区,高原北部地区的观测研究相对较少,从 2009 年开始,在祁连山冰川与生态综合观测研究站开始监测大气环境变化特征(包括颗粒物浓度、黑碳气溶胶和 O_3),结果表明北部地区同样受到大量人为源的影响(主要来自于西北内陆城市及中亚地区),且与南部观测结果存在一定的差异性。

12.2.1 大气颗粒物浓度

祁连山老虎沟冰川地区大气气溶胶近 3 a 的观测期间平均粒子数浓度值为 27/cm³ ,将数浓度值转换为标准状况条件下(273 K,1013 hPa),浓度值为 45±54/cm³ 。月平均气溶胶数浓度如图 12.9 所示。

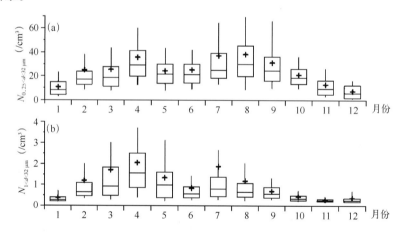

图 12.9　祁连山站不同粒径范围气溶胶粒子数浓度的月平均变化

(a)总的粒子($N_{0.25<d<32\ \mu m}$);(b)粗粒子模态($N_{1<d<32\ \mu m}$)

Fig.12.9　Change of monthly average particle number concentration in various particle size range in Qilian station

月平均气溶胶数浓度表现为秋冬季节的低浓度到春夏季节的高浓度变化趋势,最低值出现在 12 月,最高值出现在 8 月。月平均数浓度值变化显示出双峰特征,峰值分别出现在 4 月和 8 月。4 月的峰值可能对应于同时期在中国北部发生的高频率沙尘暴,而 8 月的峰值可能是夏季强烈的山谷风引起的人为源的输送造成的;粗颗粒($N_{1<d<32\ \mu m}$)的浓度变化曲线只有一个峰值在 4 月,进一步证明 7 月和 8 月粒子浓度峰值的重大贡献主要来自于细粒子($N_{0.25<d<1\ \mu m}$)。

图 12.10 为不同季节颗粒物数浓度的日变化特征,夏秋季节的日变化具有相似的特点,早上 07—10 时处于谷值而在傍晚 20—22 时达到峰值;变化幅度分别为 13.9/cm³ 和 8.6/cm³。考虑到本区域要比北京时间的日出时刻晚 1 h 30 min,这种特点可以归因于边界层高度变化和热对流循环引起的,日出后地面加热盛行谷风,晚间则是稳定的下山风(冰川风)。黑碳浓度在夏秋季节也表现出了类似的特征。冬春季节与夏秋季节颗粒物日变化特征的区别就是出现双峰值:一个在早上 05—10 时左右,另一个出现在傍晚 17—22 时,且冬季的日变化曲线振幅没有春季大。在冬春季节,祁连山高空主要受到强烈的西风带控制,气团主要来自于测站的西部和西北部。由于该时期热力循环微弱,测站白天大部分时间以东南风为主(冰川风)。下午是中国北方沙尘暴暴发的高频时段,特别是 18—21 时之间。粗粒子与总粒子数浓度表现为一致的变化特征,说明该时期粗粒子与细粒子具有类似的传输途径。因此,可以猜测冬春季节的气溶胶日变化类型与天气尺度系统相关,且主要含有矿物粉尘成分。

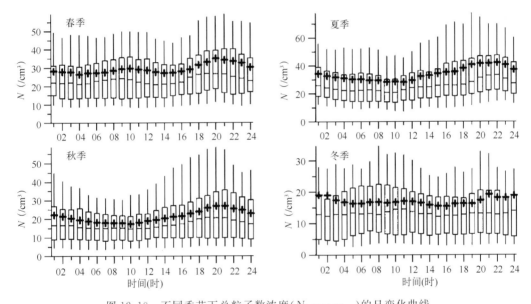

图 12.10 不同季节下总粒子数浓度($N_{0.25<d<32\ \mu m}$)的日变化曲线

Fig. 12.10 Daily change of the total particle number concentration in different seasons

为了深入讨论祁连山站地区空气污染的传输途径,分别选取了 2011 年 3 月 16 日和 2011 年 8 月 2 日两个特殊的高浓度事件具体分析(图 12.11)。它们分别代表了春季傍晚高浓度水平与夏季白天高浓度水平。利用了美国 NOAA HYSPLIT 后向轨迹模式选取距离地面 1200 m 高度上计算每 2 h 的前推 24 h 轨迹曲线(图 12.12)。

所有的浓度峰值均与偏北风、比湿升高和温度降低相结合。高比湿意味着气团来源于边界层内,这与黑碳浓度变化原因具有一致性。而低温很可能是由于沙尘颗粒和云团减少了地面辐射强迫引起的。在 2011 年 3 月 16—17 日期间,22 时之前主导风向为东南风,从 18—22 时黑碳和颗粒物浓度分别为 78 ng/m³ 和 8/cm³,而到了 17 日 02 时开始风向转变为西北风,同时黑碳和颗粒物浓度迅速升高至 695 ng/m³ 和 153/cm³。风速并没有特别的变化。细粒子占的比重有所下降,直到 17 日中午颗粒物的浓度才有所下降。

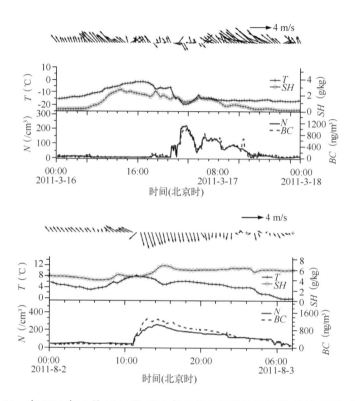

图 12.11　在 2011 年 3 月 16 日和 2011 年 8 月 2 日期间风矢量、比湿(SH)、气温、
黑碳(BC)浓度及总粒子数浓度时间序列

Fig. 12.11　Time series of wind vector，SH，air temperature，black carbon concentration，
and total particle number concentration from 16 Mar. to 2 Aug.，2011

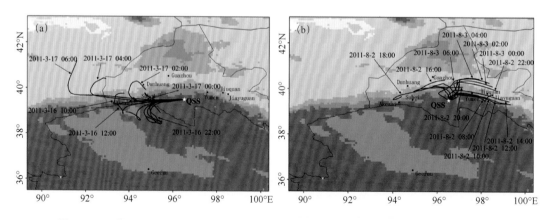

图 12.12　利用 NOAA 后向轨迹模式计算不同时期祁连山站的前推 24 h 后向轨迹曲线
(a)2011 年 3 月 16 日；(b)2011 年 8 月 2 日

Fig. 12.12　Curves of backward trajectory forward 24 hours calculated by NOAA
backward trajectory model in Qilian station

后向轨迹分析表明 16 日 22 时之前气团来自于西方,而在 17 日 02 时之后气团主要来于西北方向,这很可能是由于来自西伯利亚的天气系统造成的。对于 2011 年 8 月 2 日,在早上 10 时之前主导风向为东南风,在 24 时之后主导风向变为了西北风,黑碳和颗粒物浓度也从早上 06—10 时的 159 ng/m³ 和 46/cm³ 到了 20—24 时变成为 1185 ng/m³ 和 230/cm³。细粒子占的比重有所下降,风速明显升高。污染物的高浓度持续了 15 h 以上。通过后向轨迹分析得出污染物主要来自于东方和东北方向,也就是说这些方向上工业城市的污染物很有可能吹到了祁连山站。

总之,青藏高原北部祁连山山区每年夏秋季节大气环境受到人为源的影响显著。由于青藏高原北部和中国西北地区气候环境密切相关,特别是其上发育的冰川是周边地区河流重要的补给和居民生活生产的重要淡水资源,进一步的研究我们将主要关注气溶胶颗粒的化学特征及气溶胶颗粒物在云和降水中的大气化学过程研究,为了解气溶胶颗粒物对山区降水的抑制作用提供科学依据,且为进一步通过冰芯记录恢复历史环境记录做基础。

12.2.2 大气黑碳气溶胶

观测表明,黑碳日平均浓度一般低于 150 ng/m³,4 个日平均浓度峰值主要与当日盛行风(北西北风,NNW)或者前一日盛行风(NNW)有关。祁连山地区,大气黑碳的背景浓度范围为 18~72 ng/m³。观测期间,平均浓度为 48 ng/m³(图 12.13)。

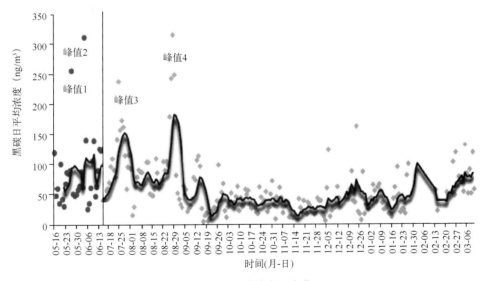

图 12.13 黑碳浓度日变化

Fig. 12.13 Daily change of black carbon concentration

祁连山地区,夏季黑碳浓度最高为 100 ng/m³(7 月最高,为 106 ng/m³),秋季最低为 37 ng/m³(11 月最低,为 28 ng/m³)。北西北风(NNW)盛行时,黑碳浓度较高($R = 0.754$,$N = 11$,$\alpha = 0.01$);南东南风(SSE)($R = -0.672$,$N = 11$,$\alpha = 0.05$)和东东南风(ESE)($R = -0.680$,$N = 11$,$\alpha = 0.05$)盛行时,黑碳浓度较低(图 12.14)。

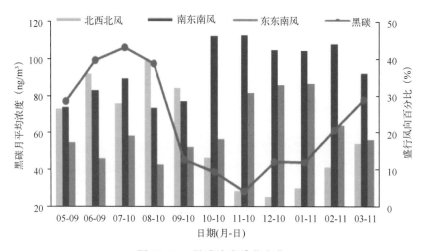

图 12.14 黑碳浓度季节变化

Fig. 12.14 Seasonal change of black carbon concentration

黑碳日平均浓度与相对湿度的显著相关性($R=0.284,\alpha=0.001$)说明疏水性黑碳粒子在低湿环境下(一般认为相对湿度 $RH<50\%$)可能是该地区重要的云雾凝结核之一;高湿环境下(相对湿度 $RH>50\%$),二者为弱负相关性,但低于信度检验最低限(图 12.15)。

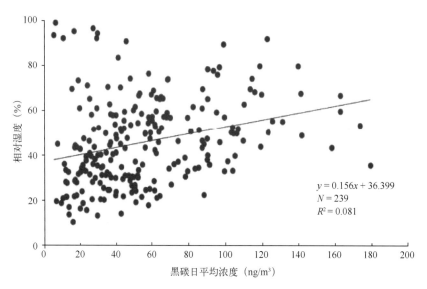

图 12.15 黑碳浓度与相对湿度关系

Fig. 12.15 Relationship between black carbon concentration and relative humidity

如图 12.16 所示,典型 3 d 气团后向轨迹分析表明,祁连山地区黑碳可能主要来自其西北偏北方向的排放源。

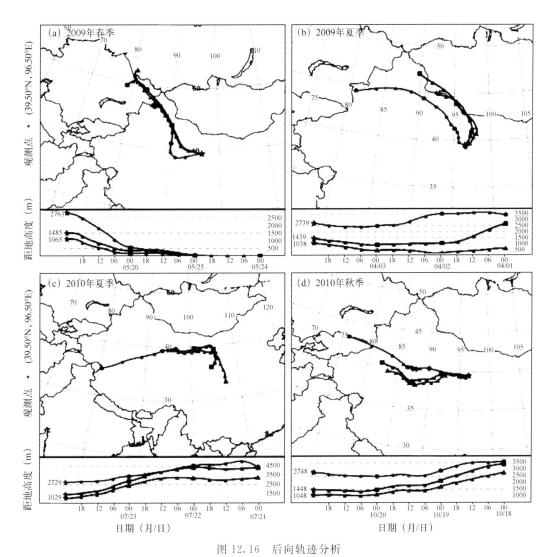

图 12.16 后向轨迹分析

Fig. 12.16 Analyses on backward trajectory

12.3 兰州市大气环境监测

大气颗粒物是目前影响我国大部分城市大气环境质量的首要污染物，对气候、环境和人体健康都有重要的影响。大气颗粒物气溶胶的浓度、化学成分和谱分布是研究气溶胶气候强迫的重要物理特征量。对气溶胶颗粒物粒径大小、化学成分及其谱分布特征进行研究，对深入了解颗粒物的性质、来源及其对气候、环境和人体健康的影响有重要的意义。不同地区、不同类型大气环境中气溶胶的浓度、化学成分和粒径分布存在着很大差异。国外从 1970 年代就开始了大气颗粒物粒径分布的观测研究，在不同环境条件气溶胶的谱分布特征及其影响因素方面取得了许多研究结果。目前，国内对大气颗粒物理化特征的研究大多集中在中东部地区及沿海大城市。随着兰州市经济的发展、城市化进程的加快和机动车保有量的增加，大气颗粒物污染成为影响兰州市大气环境质量的首要污染物，也是大气污染治理的关键。为此，依托中科院寒旱所，于 2008 年开始在兰州市城区东部对粒径小于 10 μm 和 2.5 μm 的大气颗粒物浓度进行监测，并于 2010 年 8 月开始对粒径在 0.5～20 μm 范围内大气颗粒物谱分布进行监测，2012 年 8 月增加了对 10～700 nm 粒径段颗粒物谱分布的监测。

12.3.1   大气颗粒物浓度

采用武汉天虹仪表有限责任公司 TH-16A 型大气颗粒物智能采样仪对大气中 PM_{10} 和 $PM_{2.5}$ 进行同步采样。采样时间为每周星期三上午 10 时开始，每个样品累积采样时间为 48 h（冬季为 24 h）。图 12.17 给出了 2008—2013 年不同季节 $PM_{2.5}$ 和 PM_{10} 质量浓度变化情况。由图可知，2009，2010 和 2013 年年均 $PM_{2.5}$ 和 PM_{10} 质量浓度分别为 215.7 和 317.0 $\mu g/m^3$，192.0 和 272.5 $\mu g/m^3$，184.9 和 264.7 $\mu g/m^3$。除了春季，2009 年以来兰州市 $PM_{2.5}$ 和 PM_{10} 质量浓度下降明显，特别是冬季。

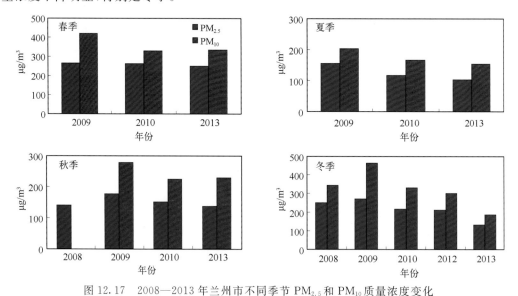

图 12.17   2008—2013 年兰州市不同季节 $PM_{2.5}$ 和 PM_{10} 质量浓度变化

Fig. 12.17   Seasonal variations of $PM_{2.5}$ and PM_{10} mass concentrations in urban Lanzhou during 2008 to 2013

利用空气动力学粒径谱仪（TSI APS 3321）和电迁移率粒径谱仪（SMPS）观测得到兰州东部城区 2012 年 9 月—2013 年 8 月大气气溶胶（10 nm～10 μm）平均粒子数浓度为 2.3×$10^4/cm^3$。月平均气溶胶数浓度如图 12.18 所示。

月平均气溶胶数浓度表现为夏秋季浓度低、冬春季浓度高的变化趋势。小于 2.5 μm 的细粒子月平均数浓度变化呈双峰特征，峰值分别出现在 1 月和 3 月；粗粒子月平均数浓度变化呈单峰，峰值出现在 3 月，与 2013 年 3 月发生的沙尘天气有关。亚微米粒子（$N_{0.01<d<1\ \mu m}$）在冬季浓度较高，与燃煤有关。

图 12.19 为不同季节 10 nm～10 μm 颗粒物数浓度的日变化特征，秋、冬季的日变化具有相似的特点，都呈双峰型，一个出现在上午 10—12 时，另一个出现在傍晚 19—22 时。春季的日变化与秋、冬季类似，也呈双峰型，但上午的峰较宽。夏季的日变化与其他季节有所不同，呈单峰型，峰值出现在午后。

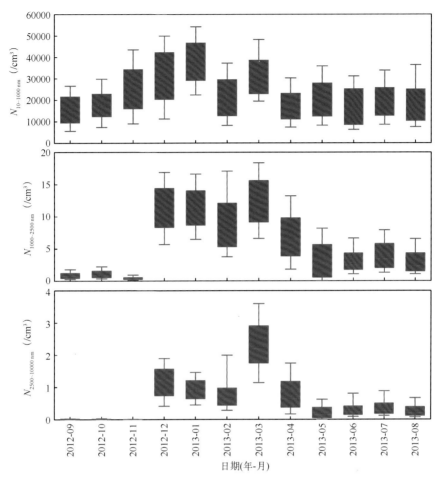

图 12.18　2012 年 9 月—2013 年 8 月兰州市不同粒径范围气溶胶粒子数浓度的月平均变化

（a）亚微米粒子（$N_{0.01<d<1\,\mu m}$）；（b）细粒子（$N_{1<d<2.5\,\mu m}$）；（c）粗粒子（$N_{2.5<d<10\,\mu m}$）

Fig. 12.18　Evolutions of monthly mean particle number concentrations in different size bins

（a）submicron particles（$0.01<d<1\,\mu m$），（b）fine particles（$1<d<2.5\,\mu m$）and

（c）coarse particles（$2.5<d<10\,\mu m$）during Sep. 2012 to Aug. 2013 in Lanzhou

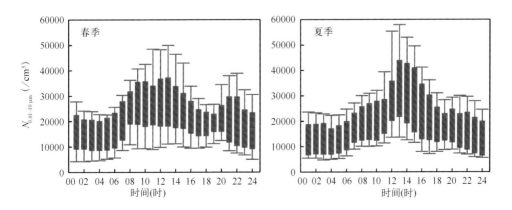

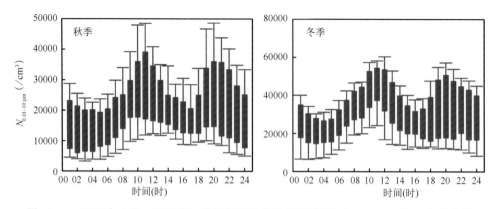

图 12.19　2012 年 9 月—2013 年 8 月不同季节总粒子数浓度($N_{0.01<d<10\ \mu m}$)的日变化曲线

Fig. 12. 19　Diurnal variations of total particle number concentrations in four seasons during Sep. 2012 to Aug. 2013

12.3.2　水溶性无机离子浓度

大气颗粒物的化学组成极其复杂,因其来源不同、粒径大小不同,化学组成也有较大差异。颗粒物的毒性大小与其所含的化学成分密切相关,分析颗粒物的化学组成,是对颗粒物进行源解析和研究其毒理学机制的基础。

兰州市 $PM_{2.5}$ 中水溶性离子总浓度($\sum ions = SO_4^{2-} + Cl^- + NO_3^- + Na^+ + NH_4^+ + K^+ + Mg^{2+} + Ca^{2+}$)2010 年年均值为 37.7 $\mu g/m^3$,占 $PM_{2.5}$ 质量浓度的 19.6%。SO_4^{2-} 占水溶性离子总质量的 35.9%,NO_3^-、Ca^{2+}、NH_4^+ 和 Cl^- 分别占水溶性离子总质量的 20.1%、10.2%、12.2%和 12.1%。图 12.20 是兰州市 2010 年 $PM_{2.5}$ 中水溶性无机离子质量浓度和贡献百分比的季节均值变化。离子总浓度在夏季最低,春季次之,秋季较高,冬季最高,与 $PM_{2.5}$ 浓度季

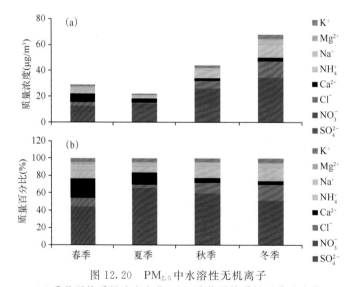

图 12.20　$PM_{2.5}$ 中水溶性无机离子

(a)季节平均质量浓度变化;(b) 季节平均质量百分比变化

Fig. 12. 20　Variation of seasonal mean (a) mass concentrations and (b) mass percentages of water soluble inorganic ions of $PM_{2.5}$

节变化趋势一致。秋、冬季 SO_4^{2-}，NO_3^-，Cl^- 和 NH_4^+ 是 $PM_{2.5}$ 中主要的水溶性离子，约占总离子数的 85%；春、夏季 SO_4^{2-}，NO_3^- 和 Ca^{2+} 是 $PM_{2.5}$ 中主要的水溶性离子，三种离子分别占总离子数的 67%（春季）和 80%（夏季）。

图 12.21 是兰州市 2010 年 $PM_{2.5}$ 中水溶性无机离子质量浓度和贡献百分比的月均值变化。离子总浓度峰值出现在 12 月，1 月、11 月和 12 月离子总浓度值高，5—9 月离子总浓度值低。Ca^{2+} 在水溶性离子中所占比例在 3—8 月较高，其他月份较低。各月 SO_4^{2-} 在水溶性离子中所占比例最高，其次是 NO_3^-。

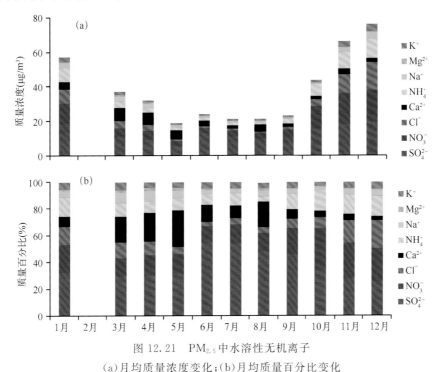

图 12.21　$PM_{2.5}$ 中水溶性无机离子

（a）月均质量浓度变化；（b）月均质量百分比变化

Fig. 12.21　Variation of monthly mean (a)mass concentrations and
(b)mass percentages of water soluble inorganic ions of $PM_{2.5}$

下篇

冰冻圈过程

第 13 章　冰川物质平衡及物理过程

冰川物质平衡是了解冰川收支状况、认识冰川变化的重要指标。在中国近 5 万条冰川中，有冰川物质平衡观测的冰川只有天山乌鲁木齐河源 1 号冰川(以下简称 1 号冰川)、云南玉龙雪山冰川、祁连山老虎沟冰川、唐古拉山冬克玛底冰川、阿克苏科其喀尔冰川等为数不多的几条，而超过 30 a 观测的只有天山乌鲁木齐河源 1 号冰川。近几年，我们加强了对冰川物质平衡的观测，开展冰川物质平衡观测的冰川已经有 20 多条，但由于时间较短，多数还不足以反映冰川变化状况。冰川表面运动速度和冰内温度的观测更加缺少，只在个别冰川上开展了冰面运动速度和冰温观测。本章是对已有观测结果的汇总。

13.1　冰川物质平衡变化

13.1.1　天山冰川物质平衡变化特征

现今乌鲁木齐河源 1 号冰川东、西支各布设 9 排共 41 根花杆，测点平均密度为 29 根/km²，冰川消融区以花杆法观测，积累区以雪坑观测为主(图 13.1)。

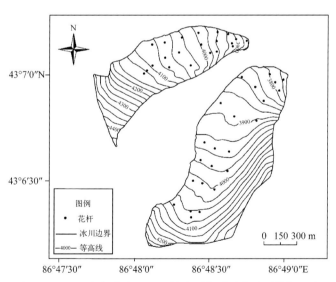

图 13.1　天山乌鲁木齐河源 1 号冰川物质平衡观测花杆网阵

Fig. 13.1　Distribution of observed stakes in Urumqi glacier No. 1, Tianshan

1959—2010 年，多年平均物质平衡为 −288 mm，正平衡年与负平衡年之比为 16∶36，年际物质平衡呈现加速亏损状态。可分为 3 个时期：1986 年以前，正负平衡年交替，年平均为

−94 mm,1987—1996 年,负平衡趋势加强,平均为−242 mm,1997—2010 年出现强的负物质平衡,14 a 平均为−691 mm, 2009 年出现了弱的正平衡,为 63 mm,2010 年物质负平衡达到最小值为−1327 mm(图 13.2)(WGMS,2010;天山冰川站,2010)。

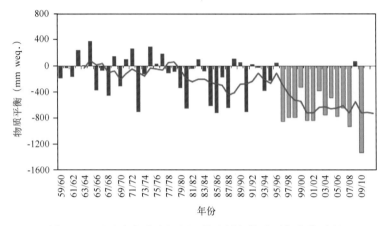

图 13.2　天山乌鲁木齐河源 1 号冰川年物质平衡变化过程

Fig. 13.2　Annual mass balance of Urumqi glacier No. 1,Tianshan

1 号冰川自 1959 年以来年累积物质平衡表现为明显的下降趋势。在 1959—1984 年间,冰川累积物质平衡在正常范围内波动。自 1985 年开始,冰川物质出现了加速亏损,累积物质平衡变化率由−94 mm/a 降至−190 mm/a。自 1997 年以来,进一步加速亏损,变化率由 1985—1996 年间的−190 mm/a 降至−660 mm/a(图 13.3)。

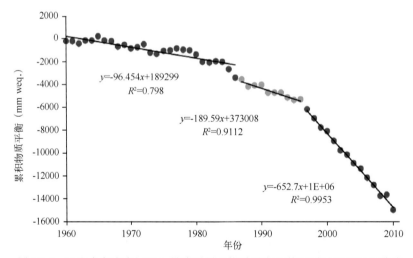

图 13.3　天山乌鲁木齐河源 1 号冰川累积物质平衡及其不同时段的回归曲线

Fig. 13.3　Cumulative mass balance of Urumqi glacier No. 1, Tianshan and its regression
line for different periods

由天山几条冰川物质平衡随高度变化的对比发现(图 13.4),乌源 1 号冰川、奎屯河哈希勒根 51 号冰川及哈密庙尔沟冰帽三条冰川中,乌源 1 号冰川纵跨海拔范围最大,2000 年以来平衡线海拔约为 4080 m,消融区表现出较大物质平衡海拔梯度,冰川作用能大于其他两条。东、西支末端海拔为 3750 m 和 3825 m,消融强烈,年平衡达到−3 m。相比乌源 1 号冰川,奎屯河哈希勒根 51 号冰川 2000 年以来的消融要缓和许多,末端海拔约 3450 m,低于乌源 1 号冰川 300～375 m,但物质平衡为－1.5 m,由于花杆点覆盖海拔范围较小,不能准确判断该冰川的物质平衡海拔梯度,但观察已有点发现其量值略小于乌源 1 号冰川。庙尔沟冰帽的观测资料涵盖 4200～4500 m 海拔范围,除顶端三点的观测数据较为凌乱外,其他点总体表现出物质平衡随海拔缓慢升高的趋势,与乌源 1 号冰川相比升高梯度明显要低。顶端三点的海拔非常接近,其中靠近悬崖两点的物质平衡约－1.5 m,而位居冰川腹地一点则为正平衡,三点物质平衡最大差值约 2 m,说明该冰川物质平衡受到局地地形因素的显著影响。除这三点代表的海拔区域(海拔 4480～4500 m)外,冰帽其他区域表现出一致的负平衡,波动幅度较小,限于－1.0～0.4 m 之间。虽然末端没有出现如乌源 1 号冰川强烈消融造成的显著负平衡,相比奎屯河哈希勒根 51 号冰川末端的消融也较为缓和,但在相同海拔处,该冰川的负平衡程度要远远大于乌源 1 号冰川的观测值。庙尔沟冰帽的总年度净平衡与乌源 1 号冰川近似。

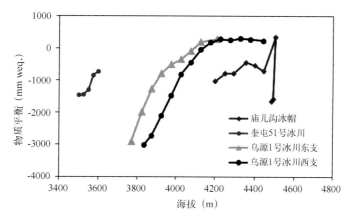

图 13.4　天山三条冰川年物质平衡随高度的变化

Fig. 13.4　Vertical distribution of mass balance of 3 glaciers in Tianshan

青冰滩 72 号冰川只有 2008 年 8 月 1—31 日的物质平衡观测资料,观测间隔每日一次。乌源 1 号冰川的多年物质平衡资料中,夏季观测间隔为每月一次。将乌源 1 号冰川 2000—2007 年平均 8 月物质平衡挑出来,与青冰滩 72 号冰川观测资料进行对比,绘制物质平衡与海拔关系曲线如图 13.5 所示。

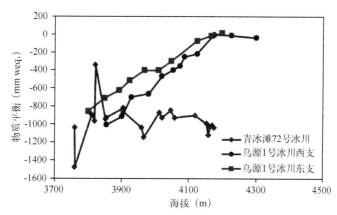

图 13.5　乌鲁木齐河源 1 号冰川与青冰滩 72 号冰川 8 月物质平衡对比

Fig. 13.5　Comparison of mass balance in August of Urumqi glacier No.1 and Qingbingtan glacier No.72

　　两条冰川覆盖海拔范围接近(青冰滩72号冰川只计入下部绵长冰舌,约占整条冰川长度的75%),有较长的交叠部分(海拔3750～4350 m),但消融特征迥异。乌源1号冰川8月物质平衡与年净平衡(图13.2)类似,表现出明显随海拔增加的趋势,说明该冰川物质循环的主要影响因素仍是气温与降水,其他因素(如反照率等)对其影响较小,或者影响结果是使物质平衡随海拔上升的趋势更为显著。青冰滩72号冰川的物质平衡在海拔分布上较为稳定,从末端到冰舌顶端都在-1.0 m weq.上下波动。末端净平衡与乌源1号冰川接近,但随着海拔升高,其物质平衡要明显低于乌源1号冰川,最大差值达到-1.2 m weq.。总体来看,这条冰川的物质损耗十分强烈,并且整条冰舌都处于强烈损耗之中。若没有充足的动力物质补充,山谷中的冰舌部分很可能在短期内消亡。

　　科其喀尔冰川通过分布式水文模型的解算,得到2007—2011年4个冰川年的物质平衡数据,如图13.6所示。

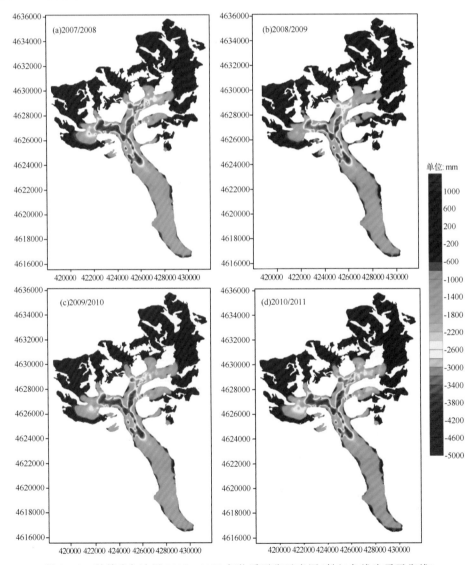

图13.6　科其喀尔冰川2007—2011年物质平衡示意图(粉红色线为零平衡线)

Fig. 13.6　Mass balance during 2007—2011 in Koqikaer glacier (the pink line is zero equilibrium line)

对冰川区的计算表明,2007—2011 年,科其喀尔冰川仍处于连续的物质亏损状态,平均年平衡为-393.2 mm weq.。需要注意的是,科其喀尔冰川是一条典型的托木尔型山谷冰川,粒雪盆狭小,冰川补给来源除降雪外,还有相当一部分来源于冰雪崩,应用传统的降水分析法可能会高估负平衡的状态。由于冰雪崩难于观测,其对于冰川的补给比例也较难确定,因此将一个平衡年中处于冰雪积累状态的基岩部分也加入到冰川物质平衡的计算范围,由此得到科其喀尔冰川 2007—2011 年年均物质平衡为-229.9 mm weq.。随着冰川持续的物质亏损,ELA 也发生了明显的变化,如图 13.6 所示,2007 年以来,ELA 逐年升高,与冰川物质负平衡相对应。

13.1.2　祁连山冰川物质平衡监测

1. 祁连山老虎沟 12 号冰川

2010 年开始,在祁连山最大的冰川——老虎沟 12 号冰川上已经设立了物质平衡花杆观测网(图 13.7),共计花杆 49 根,并定时开展观测。

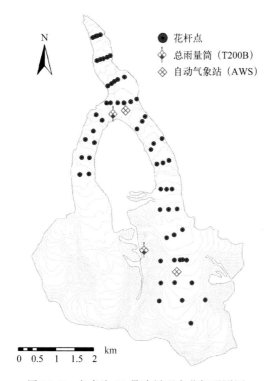

图 13.7　老虎沟 12 号冰川现有花杆观测网

Fig 13.7　Observation network of Laohugou glacier No.12

由 2010—2012 年间不同海拔高度带的净积累量变化表现出 7、8 月消融最盛,6 月次之,5、9 月消融最弱的特征(图 13.8),不同年份变幅有所差异。其中,7、8 两月升温显著,降水频次高,两者共同影响显著。与此同时,不论是冰川末端还是东支,依然维持了以往随海拔升高,消融量减少、水当量升高的特点,其趋势略有不同。

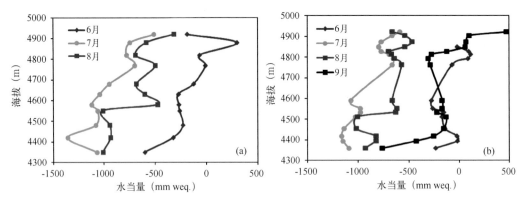

图 13.8　2000 年(a)和 2011 年(b)6—8 月不同海拔高度带水当量分布

Fig. 13.8　Monthly vertical profiles of mass balance (in water equivalent) in 2000 (a) and 2011 (b)

2012 年西支可观测区域的逐月观测显示(图 13.9),6 月份的水当量依然表现出与汇合处以下及东支一致的变化特征,7、8 两月则显示出相反的变化特征,而这一区域属于汇合处至西支的过渡地带,山体遮挡较大,初步考虑可能为山体遮挡及局部地形差异所致。9 月份的水当量表现出较为特殊的变化特征,整条冰川水当量浮动较小且较为接近,反映出消融与积累两者随海拔变化的平衡态。

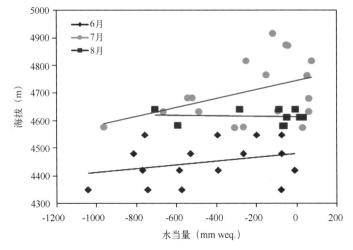

图 13.9　2012 年 6—9 月水当量随不同海拔高度带分布图

Fig. 13.9　Vertical profiles of mass balance during June-September,2012

基于实测资料,初步分析了老虎沟 12 号冰川年内的单点物质量和度日因子空间变化特征。为进一步探讨时间序列上的物质平衡变化过程及内在机理,基于度日模型恢复并重建了老虎沟 12 号冰川近 50 a 的物质平衡变化曲线,经率定,获取了较为理想的模拟结果,如图 13.10 所示。

由图 13.10 可以看出,1990 年代以前,祁连山西部的冰川物质平衡维持在一个相对稳定的状态,基本上在正平衡水平上波动。1990 年代以后,物质平衡急剧下降,冰川平衡线(ELA)显著上升,冰川处于严重的物质亏损状态。

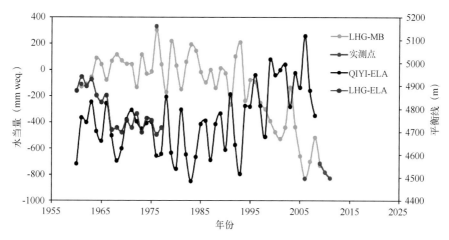

图 13.10　用度日因子法重建的老虎沟 12 号冰川物质平衡

Fig. 13.10　Reconstruction of mass balance on Laohugou glacier No. 12 based on degree-day model

2. 祁连山十一冰川物质平衡观测及度日因子估算

祁连站葫芦沟小流域有冰川 6 条,重点观测"十一"冰川,该冰川现面积 0.54 km²,为一条悬冰川和山谷冰川的结合体,其大小和形状上在祁连山冰川中具有很好的代表性(祁连山冰川平均面积 0.33 km²)。

葫芦沟小流域冰川总面积自 1956 年的 1.45 km² 减少到 2010 年的 1.01 km²(RTK-GPS),其中一条冰川已经消失,另一条分解为 2 条。十一冰川面积由 0.64 km² 缩减为 0.54 km²,冰川末端海拔由 4270 m 抬高到 4320 m。地质雷达探测表明,十一冰川目前最大厚度约 70 m。

冰川物质平衡监测结果表明,2009 年消融期消融量为−1720 mm,积累期为 1680 mm,基本平衡;2010 年度(水文年)消融量为−2000 mm。平均度日因子为 5.9 mm/(℃·d),随海拔变化较为剧烈(图 13.11)。

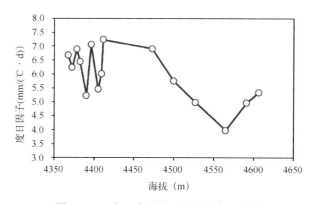

图 13.11　十一冰川度日因子随高程变化

Fig. 13.11　Degree-day factor change along altitude in Shiyi Glacier

采用考虑固液态降水分离的简单度日因子法,能够较好地估算冰川消融;考虑地形遮蔽效应的改进度日因子法,模拟效果更好(图 13.12)。但度日因子法受其原理限制,局地观测结果难以推广到大区域尺度。应用天山乌鲁木齐1号冰川、长江源冬克玛底冰川及天山科其喀尔冰川资料发现,冰川消融量与地温存在良好的统计关系,而且具有一个所谓的"最佳地温厚度"处的地温与径流关系最好。鉴于地温的时间波动稳定性,利用地温估算冰川消融可能是一种新的简单途径。

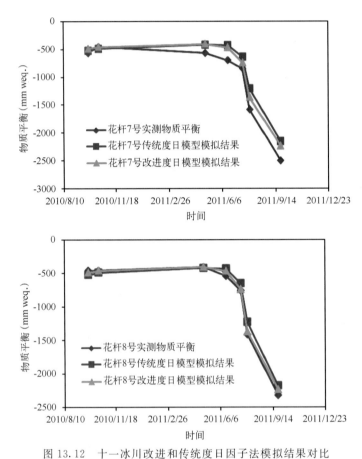

图 13.12　十一冰川改进和传统度日因子法模拟结果对比

Fig. 13.12　The comparison of mass balance simulated by traditional degree-day model
and modified degree-day model in the Shiyi glacier

13.1.3　唐古拉山冰川物质平衡变化

唐古拉冬克玛底冰川物质平衡观测始于1989年,也是首次在青藏高原腹地系统进行物质平衡研究。其冰川物质平衡监测时间长度仅次于天山乌鲁木齐河源1号冰川。于2005年开始建站,完善了冬克玛底河流域的冰川监测系统,开展长期定位监测(图13.13)。

对于小冬克玛底冰川,1980年代末和1990年代初物质平衡主要以正平衡为主导。然而进入90年代中期以来,冰川物质平衡转以负平衡为主导,从1994年至今的19 a间,只出现过2次物质平衡正值(图13.14)。对比物质平衡量和距离研究区较近的安多气象站夏季气温发现,冰川物质平衡量减小和夏季气温升高有很好的相关性;小冬克玛底冰川表面物质反而处于加速亏损状态,初步的分析表明,夏季气温升高是其主要原因。

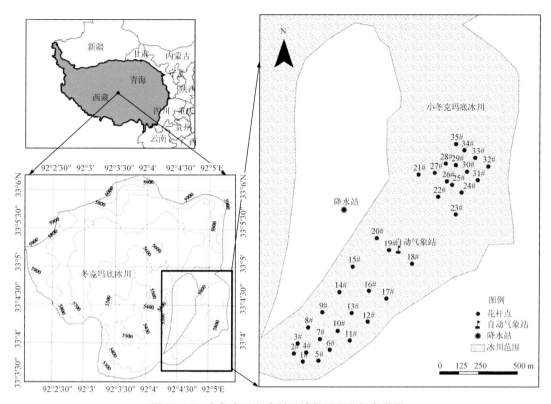

图 13.13 小冬克玛底冰川区域位置和花杆布设图

Fig. 13.13 Location of Dongkemadi glacier in Tanggula Mts. and observation stakes of mass balance

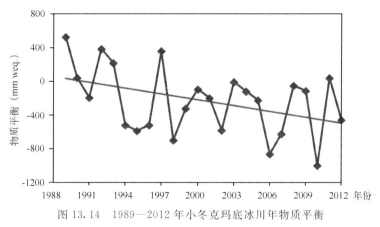

图 13.14 1989—2012 年小冬克玛底冰川年物质平衡

Fig. 13.14 Mass balance of Xiaodongkemadi glacier during 1989—2012

2008 年 7 月至 2012 年 9 月间小冬克玛底冰川总物质平衡量为－1383 mm weq.，冰川减薄 1.5 m。2008 年和 2011 年夏季物质平衡均为少量的正平衡，2010/11 年物质平衡也为少量的正平衡；与之相反，2009/2010 年物质平衡（－996 mm weq.）则出现极大的负值，其物质平衡量是 1989 至今观测到的最低值。小冬克玛底冰川太阳辐射是冰川消融热平衡的主要热源，因而高的净辐射必将直接导致冰川表面消融的加剧。因此，小冬克玛底冰川物质平衡在 2010 年夏季出现异常低值，主要是由高的气温和高的净辐射影响造成的。

13.1.4　区域冰川物质平衡变化

图 13.15 为 20 世纪 60 年代以来,我国主要监测冰川物质平衡变化情况。从图中可见,自观测以来,上述冰川一直处于退缩状态。这一退缩在 20 世纪 80 年代,尤其是 90 年代中期以来出现了明显的加速趋势。不同地区的冰川物质平衡变化幅度从 4 m 到 16 m 不等,其中海洋性冰川玉龙雪山白水 1 号冰川变化幅度最大,接近 16 m,而所谓的极大陆性冰川——祁连山老虎沟 12 号冰川变化最为缓慢,只有 4 m。天山乌鲁木齐河源 1 号冰川的变幅介于两者之间,在 14 m 左右,在亚洲尤其是中亚地区具有良好的代表性(WGMS,2010)。

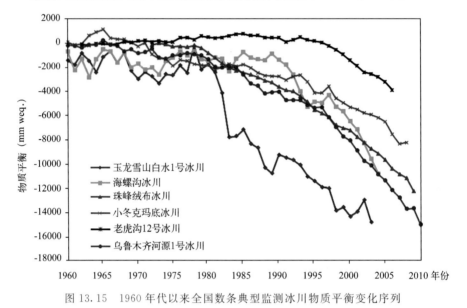

图 13.15　1960 年代以来全国数条典型监测冰川物质平衡变化序列

Fig. 13.15　Mass balances on some observed glaciers in China since 1960

13.2　冰川表面运动速度变化

13.2.1　天山冰川表面运动速度

1. 乌鲁木齐河源 1 号冰川表面运动速度的变化

乌源 1 号冰川运动速度是从控制点上对布设在冰川上的花杆进行重复前方交会,以坐标法计算,求出花杆(冰体)在单位时间内的空间位移而得到的。多年观测结果显示,乌源 1 号冰川运动缓慢,年流速仅几米,最快速度为 10.62 m。西支的运动速度大于东支,东、西两支均有纵向速度变化,东支 D~F 排相对其他排运动快,而西支 C~E 排较其他排运动快。乌源 1 号冰川流速最高值并不出现在物质零平衡线附近,而是在冰舌的中部附近。冰川的运动方向受冰川槽谷方向及物质补给来源方向的综合制约,自积累区向主流线辐合,在冰舌下部向两边辐散,图 13.16 显示了乌源 1 号冰川的流速场分布。

表 13.1 显示了 2001—2010 年乌源 1 号冰川上各测点的运动速度,整体来看冰川的运动速度呈现逐年降低的趋势。

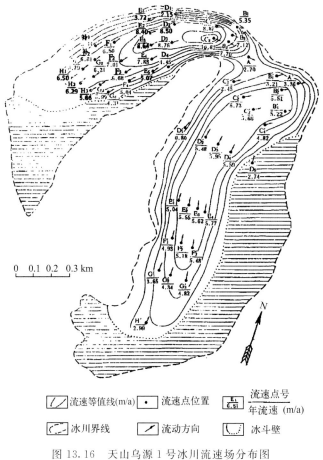

图 13.16　天山乌源 1 号冰川流速场分布图

Fig. 13.16　Velocity distribution of Urumqi glacier No. 1，Tianshan

表 13.1　天山乌源 1 号冰川 2001—2010 年各点流速

Table 13.1　Annual motion rates at specific points in Urumqi glacier No. 1 during 2001—2010

花杆点	各观测时段运动速度（m）								
	2000.08.16 至 2001.08.26	2001.08.25 至 2002.08.26	2002.08.26 至 2003.08.23	2002.08.26 至 2004.08.22	2004.08.22 至 2005.08.21	2005.08.21 至 2006.8.20	2006.08.19 至 2007.08.20	2008.06.24 至 2009.08.15	2009.08.15 至 2010.08.20
A'	2.77	2.73	2.76	2.77	2.74	2.76	2.55	2.77	2.74
B1'	—	—	—	—	—	—	2.77	3.08	2.93
B2'	3.39	3.32	3.36	3.37	3.35	3.36	3.93	4.56	4.08
B3'	4.56	4.54	4.48	4.46	4.46	4.42	3.88	4.90	4.03
C1'	4.05	3.95	4.05	4.04	4.03	4.00	3.95	4.04	4.10
C2'	4.20	4.12	4.20	4.20	4.17	4.16	3.95	4.51	4.12
C3'	3.98	3.95	3.98	3.96	3.96	3.91	3.91	4.07	4.08
D1'	3.54	3.43	3.57	3.57	3.55	3.53	3.40	3.69	3.65
D3'	3.51	3.46	3.53	3.50	3.50	3.46	3.39	3.47	3.57

续表

花杆点	各观测时段运动速度(m)								
	2000.08.16 至 2001.08.26	2001.08.25 至 2002.08.26	2002.08.26 至 2003.08.23	2002.08.26 至 2004.08.22	2004.08.22 至 2005.08.21	2005.08.21 至 2006.8.20	2006.08.19 至 2007.08.20	2008.06.24 至 2009.08.15	2009.08.15 至 2010.08.20
E1'	0.69	0.68	0.68	0.67	0.68	0.68	3.49	3.87	3.69
E2'	4.04	4.04	4.04	4.03	4.03	4.07	4.26	4.57	4.51
E3'	4.87	4.77	4.72	4.68	4.67	4.70	4.12	4.36	4.35
F2'	3.73	3.66	3.69	3.67	3.67	3.66	3.00	3.56	3.34
F3'	4.34	4.27	4.33	4.28	4.26	4.26	3.17	3.33	3.30
G1'	0.41	0.39	0.38	0.36	0.38	0.36	1.68	2.14	1.91
G2'	3.21	3.11	3.20	3.20	3.19	3.18	2.50	2.89	2.79
G3'	3.55	3.49	3.55	3.49	3.54	3.49	3.24	3.58	3.50
H1'	1.31	1.28	1.30	1.30	1.29	1.32	1.41	1.99	1.83
H2'	1.98	1.92	1.91	1.85	—	—	2.26	2.69	2.52
H3'	—	—	—	—	—	—	1.79	2.38	2.15
A	1.15	1.15	1.10	1.07	1.09	1.05	1.83	2.15	2.11
B	5.54	5.43	5.54	5.54	5.25	5.49	3.88	3.30	3.50
C1	3.72	3.67	3.65	3.64	3.63	3.63	3.48	3.59	3.32
C2	5.64	5.46	5.53	5.52	5.38	5.48	4.24	3.90	3.61
C3	5.45	5.40	5.41	5.39	5.38	5.39	3.76	3.67	3.68
D1	2.46	2.39	2.41	2.40	2.40	2.38	2.77	3.70	3.86
D2	5.01	4.95	4.99	4.90	4.96	4.98	3.45	5.92	4.84
D3	6.12	5.90	5.72	5.67	5.54	5.67	3.28	4.60	4.60
E1	6.11	6.03	6.01	5.01	5.97	6.03	3.56	3.19	3.40
E3	5.74	5.71	5.74	5.81	5.72	5.80	4.30	3.84	3.63
F3	4.60	4.54	4.56	4.51	4.54	4.49	3.15	3.82	3.66
G2	4.80	4.75	4.80	4.78	4.77	4.77	3.14	3.62	3.49
G3	5.22	5.16	5.17	5.10	5.14	5.08	3.22	3.76	3.61
H1	0.27	0.27	0.25	0.25	0.25	0.25	1.78	2.56	2.28
H2	4.43	4.38	4.39	4.34	4.37	4.34	2.82	3.13	2.87
H3	4.80	4.71	4.77	4.67	4.74	4.66	2.95	3.40	3.38
I1	4.62	4.53	4.59	4.58	4.57	4.57	4.37	4.97	4.71
I2	5.54	5.43	5.49	5.41	5.46	5.37	4.45	5.32	4.78

2. 天山冰川表面运动速度的比较

乌源 1 号冰川拥有近 30 a 表面运动速度观测资料,而奎屯河哈希勒根 51 号冰川的速度观测则从 1999 年开始。选取同时段(1999/2000—2003/2004 年)冰面主流线年运动速度(以下简称"运动速度")资料来比较两条冰川运动特征的异同(图 13.17a)。

青冰滩 72 号冰川只有 2008 年 8 月的运动速度资料,为了与其他冰川相比较,在冰川运动速度没有季节性差异的假定下计算出年平均数据。如图 13.17b 所示,青冰滩 72 号冰川的运动速度明显大于其他两条冰川(图 13.17a),变化幅度为 20~70 m/a,是其他两条冰川相应数值的 11~24 倍。最小值出现在海拔 4170 m,而后沿海拔下降迅速增加。峰值出现在海拔 3900 m,而 3900~4025 m 为一个由局部台阶地形造成的小型冰瀑。相比其他区域,该处的冰川表面更加沟壑丛生,不断从高处向下运动的冰流被伸张应力拉扯开裂,表现出强烈的冰川作用。而后,随海拔下降到 3850 m,运动速度有了明显减小。总体来看,该冰川动力物质输送活跃,每年有大量冰由较高海拔处被运送到低海拔区域。冰川运动速度受到局地地形的严重影响,冰舌末端区域的运动速度达到 40~50 m/a,表明冰川下游很可能发生着剧烈的底部滑动,由于底部滑动只在消融季节发生,实际冰川运动速度范围很可能为 20~45 m/a。

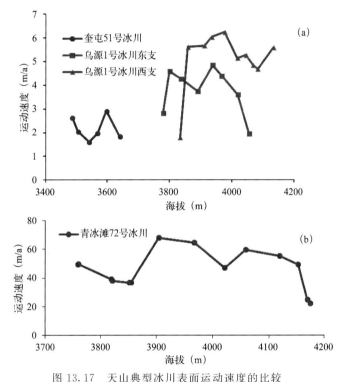

图 13.17　天山典型冰川表面运动速度的比较

(a)乌鲁木齐河源 1 号冰川与奎屯哈希勒根 51 号冰川;(b)青冰滩 72 号冰川

Fig. 13.17　Comparison of motion speed of glaciers in Tianshan

乌源 1 号冰川东支的运动速度普遍低于西支,变化范围为 1.9~4.9 m/a,沿海拔呈现双峰趋势,峰值分别位于末端以上 50 m(海拔 3800 m)及海拔 3950 m 处。较高峰值所处海拔接近零平衡线,为上游伸张流与下游压缩流的交汇处。地形较为平坦,冰川厚度大,造成表面运动速度明显高于周围区域。较低峰值的形成则很有可能与末端底部滑动及沉积层变形有关。西支运动速度的变化范围为 1.8~6.2 m/a,若不计末端一点,其范围缩小为 4.6~6.2 m/a。除末端外,整条冰川运动速度较为稳定,最大值出现在海拔 4000 m 附近,同样接近零平衡线。西支平均坡度明显高于东支,地形差异很可能是造成两支速度差异的根本原因。相比乌源 1 号冰川,奎屯河哈希勒根 51 号冰川的运动速度较小,变化范围为 1.6~2.9 m/a,最大值出现在海拔 3600 m。诸多因素都会影响冰川的运动速度,如冰川所在山谷地形、冰川厚度、冰川坡度及冰川温度等。目前,由于缺乏其他相关参数的观测,无法准确判定奎屯河哈希勒根 51 号冰川运动速度较小的原因,初步认为冰下地形及冰面坡度平坦是重要影响因素。据多年速度资料推测,该冰川零平衡线海拔应在 3600~3650 m。

3. 天山"托木尔"型山谷冰川表面运动速度观测

所谓"托木尔"型或"土耳其斯坦"型冰川是指冰川消融区被大量表碛所覆盖的大型山谷冰川。科其喀尔冰川就是这种类型的冰川。对于科其喀尔冰川表面运动速度的测量自 2003 年以来进行过零星的工作,但未能获取连续有效的数据。2009 年,利用两台国产单频 GPS 接收机进行"静态测量+后差分处理"的方法,对所建立的 55 个花杆测量点进行了较为细致的测量,获得了科其喀尔冰川夏季的运动速度分布图(图 13.18)。

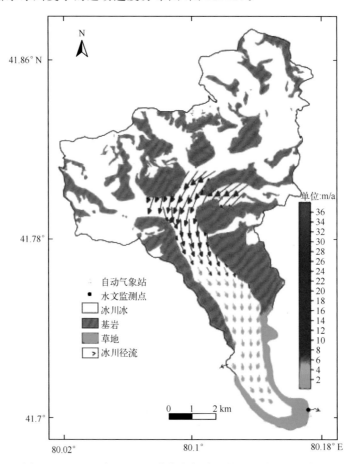

图 13.18 2009 年 5—9 月科其喀尔冰川表面运动速度分布图

Fig. 13.18 Surface velocity of Koqikaer glacier during May—Sep. in 2009

2006/2007 年度科其喀尔冰川表面平均运动速度为 24.4 m/a。最大运动速度为 117.9 m/a,位于东支海拔 4500 m 附近,最小速度位于冰川末端及冰川边缘。从冰川上部到冰川末端冰川横剖面上运动速度从中部向边缘逐渐减少,这是由山谷冰川受到两侧山体的阻尼作用及冰川厚度由中间向两侧减薄所致。冰川表面年平均运动速度随海拔降低,从海拔 3800 m 处的

33.4 m/a 逐渐减小至冰舌末端的 2.8 m/a,但海拔 3400~3500 m 区域冰川表面年平均运动速度为 4.4 m/a,均低于毗邻 2 个高度带海拔 3300~3400 m 和海拔 3500~3600 m 的年平均运动速度。这可能主要由坡度差异性引起,一般而言,冰川运动速度随坡度增大而增大,海拔3400~3500 m 高度带平均坡度为 3.95°,小于高度带海拔 3300~3400m 和海拔 3500~3600 m的平均坡度(4.95°和 5.86°)。冰川汇合口以上东、西支冰川表面运动速度分别为 66.0 m/a 和34.4 m/a,东支运动速度明显大于西支,约为 2 倍。

13.2.2　祁连山和唐古拉山冰川表面运动速度

1. 祁连山冰川表面运动速度

祁连山老虎沟 12 号冰川整年间东支最大流速出现在海拔 4750~4800 m,达到 32.4 m/a;海拔 4800 m 以上到粒雪盆之间表面流速开始减小,处在 23~26 m/a 范围内,变化不大;进入粒雪盆,流速减小为 12 m/a 左右。在西支仅剩的两个横剖面中,流速最大出现在海拔4800~4850 m,达到 32.6 m/a,海拔升高 10 m,表面流速则降为 29 m/a。与东支相比,西支海拔 4 800 m 附近流速高出约 16.6%。相比 1959 年使用后方交会法观测到平衡线附近的运动速度为 36 m/a,2008—2009 年间老虎沟 12 号冰川运动有所减缓,减缓幅度在 11% 左右(图 13.19)。

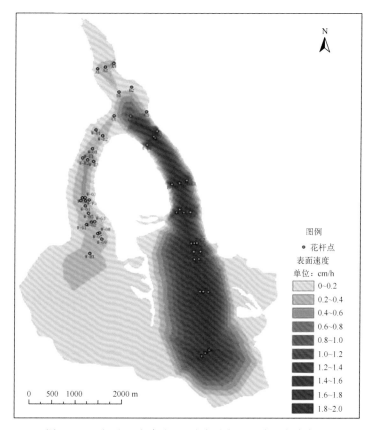

图 13.19　祁连山老虎沟 12 号冰川表面运动速度分布图

Fig 13.19　Surface velocity of Laohugou glacier No. 12

2. 唐古拉山冬克玛底冰川表面运动速度

冬克玛底冰川运动主要集中于冰川表面运动速度监测。合成孔径雷达具有全天候和全天时的观测能力,合成孔径雷达干涉测量是近年来发展起来的空间遥感新技术,其利用空间上分开的两副天线或同一天线重复飞行对同一区域进行两次成像,得到的两幅图像(包括强度信息和相位信息)经配准后生成相位差图像,利用相位差图像来提取地面目标的三维信息等。而InSAR技术探测视线向位移的精度可达毫米级。本节采用SAR干涉数据利用InSAR技术提取了青藏高原唐古拉山冬克玛底冰川区域的表面运动速度(图13.20)。地面验证工作采用GPS测量角反射器(corner reflector CR.)(表13.2)。

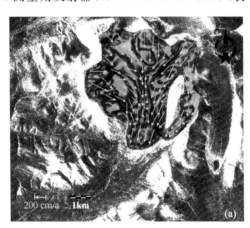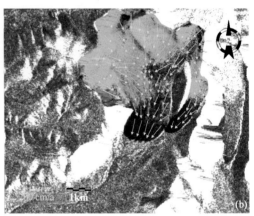

图 13.20　冬克玛底冰川表面冰流速度分布图

(a)ALOS/PALSAR 数据提取的冰流速度图;(b)ERS-1/2 数据提取的冰流速度图,图中箭头标示为冰流方向和大小

Fig. 13.20　Surface velocity of Dongkemadi glacier

表 13.2　不同方法测量角反射器位置冰川运动速度

Table 13.2　Measured velocities at the sites of corner reflector by different methods

角反射器	CR1	CR2	CR3	CR4	CR5
CR 速度(cm/a)	66.8	107.9	86.7	100.7	86.7
ERS 速度(cm/a)	59.5	98.4	77.0	82.2	77.6
ALOS 速度(cm/a)	63.8	100.7	83.2	97.0	82.1
差分 1	7.3	9.5	9.7	18.5	9.1
差分 2	3.0	7.2	3.5	3.7	4.6

计算可知,积累区冰川表面平均运动速度为 0.6~0.9 m/a,消融区冰川表面平均运动为1.2~4.0 m/a。

13.3　冰川温度变化

13.3.1　天山冰川温度比较

以有冰温数据的庙尔沟冰帽、乌源 1 号冰川和哈希勒根 51 号冰川对比其温度分布及不同时期冰川温度数值。三个监测点的温度孔海拔分别是 3910 m,3840 m,3610 m,都是在其雪线高度附近(图 13.21),从图上看出,三条监测冰川的温度明显不同,奎屯河哈希勒根 51 号冰川的温度最高,哈密庙尔沟冰帽的冰川温度最低,乌源 1 号冰川的温度处于二者之间。

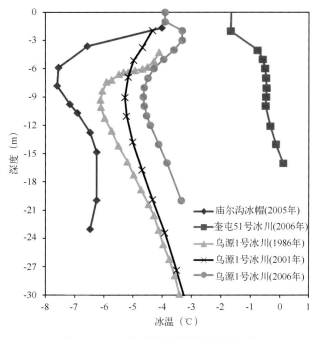

图 13.21　三条监测冰川温度剖面比较

Fig. 13.21　Comparison of ice temperature profiles of 3 monitored glaciers

显示区域的不同冰川温度也有所不同,同一条冰川不同时期温度有所升高。哈密庙尔沟冰帽温度剖面曲线呈暖季型,因为其温度测量的时间(8 月)仍然处于夏季。冰温在 8 m 深度和 20 m 深度测点时有两个明显的转折点,以此两点为界冰温随测点深度的变化表现出相反的趋势,1~8 m,温度从 -2.92℃ 逐渐降低,到 8 m 深度处达到 -7.62℃,温度梯度为 -0.67℃/m;8~20 m 深度,冰温逐渐升高到 -6.25℃,温度梯度为 0.11℃/m。对于乌源 1 号冰川,1986 年和 2001 年的冰温剖面曲线显示了暖季型特征,温度剖面只有一个转折点,转折点深度分别为 9.1 m 和 10.0 m,温度梯度分别为 -0.32℃/m,-0.12℃/m。而 2006 年冰温剖面曲线显示了冷季型特征,温度剖面有两个转折点,在 0~3.1 m 深度冰温升高,温度梯度为 0.22℃/m,3.1~10.5 m 深度冰温降低,温度梯度为 -0.19℃/m。一般认为,大陆型冰川纵深层最低温度的位置是在季节变化层的底部,而季节变化层的厚度大概在 5~10 m,最大不超过 20 m(黄茂桓,1982;任贾文,1983)。乌源 1 号冰川 1986 年、2001 年和 2006 年三期的冰温测量数据显示,冰川温度有了明显的升高,其季节变化层的厚度也有所加深。

哈希勒根 51 号冰川在 10 m 深度处有一温度的转折点,但是此转折点不太明显,该测温孔的温度梯度为 0.11℃/m。51 号冰川的温度明显高于其他两条冰川,这可能和冰川融水的渗透对它的影响有关,此冰川的融水渗透深度要大于其他两条监测冰川。2006 年 10 月在哈希勒根 51 号冰川钻取冰芯时发现,15 m 深处的冰层中含水量较大,明显高于其他两条监测冰川,随着冰川温度的升高,冷储减少,冰川抵御外界变化的能力减弱。

13.3.2　老虎沟 12 号冰川冰温

2009 年 9 月,在老虎沟 12 号冰川上布设了 2 个温度测孔,其位置分别位于冰川消融区(海拔 4551 m)及平衡线附近(海拔 4875 m)。图 13.22 分别为老虎沟 12 号冰川的消融区(图 13.22a)与平衡线(图 13.22b)四季温度图。其中,夏季数据选自 2010 年 8 月 1 日零点,秋季数据选自 2010 年 11 月 1 日零点,冬季数据选自 2011 年 2 月 1 日零点,春季数据选自 2011 年 5 月 1 日零点。

从图中可以看出:消融区与平衡线处春、夏、秋、冬四季温度剖面形态表现非常一致,而且都大约从 10 m 深度以下季节差别已经很小,至 15 m 深度处季节波动基本没有(不足 0.2℃)。其区别只是表现为海拔梯度的温度减少,分别为−4.4℃ 和 −7.9℃。

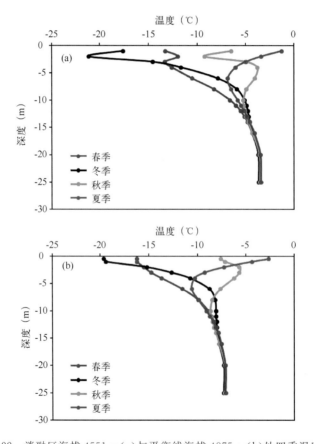

图 13.22　消融区海拔 4551 m(a)与平衡线海拔 4875 m(b)处四季温度剖面

Fig. 13.22　Seasonal ice temperature profiles at (a) 4551 m a. s. l. (ablation area) and (b) 4875 m a. s. l. (around ELA)

从图 13.22 所示温度剖面的趋势来看,春季伊始,气温开始回暖,此时冬季冷波传输至 10 m 深度左右,而 3 m 深度左右为受冷波作用最强烈的区域,之后冷波继续下传,温度趋势呈现先降低后增高的趋势;至夏季中旬的时候,冷波已传输至其影响的最深处约 20 m 深度左右,而受冷波作用的最强烈的区域在 7 m 深度左右,表层温度达到最高温,温度剖面趋势呈现先降低后增高;秋季来了之后,冰川表层首先响应气温变化,温度降低,而此时夏季暖波传输至 7 m 深度左右,暖波作用的最强烈区在 4 m 左右,呈现的趋势恰好与春季相反,为先增高后降低再增高的趋势;冬季来后,气温降至最低,冷波开始侵袭,此时暖波也传输至其能影响的最深处,约 20 m 深度左右,暖波影响的最强烈区在 7 m 深度左右,这层温度达到其年季温度的最大值,冬季剖面的温度趋势为一直增高的趋势。

13.4 大型冰川不同表面形态消融观测

该观测研究在托木尔冰川站进行,选取的观测冰川为科其喀尔冰川。

13.4.1 表碛厚度测量与埋藏冰消融研究

有连续表碛覆盖的大中型冰川在我国天山、喜马拉雅山、喀喇昆仑山和昆仑山等冰川集中作用区广泛分布。对于表碛覆盖如何影响冰川的消融,国内外已经开展了大量的工作,主要表现在两个方面:①在特定气候条件下,具有一定厚度的表碛下,埋藏冰的消融速率如何变化。通过大量的观测研究已经证实,小于 2～3 cm 的薄层表碛能够促进冰面的消融,而随着表碛厚度的增加,冰面消融速率迅速减小,且其消融强度相对于气温变化的滞后效应愈加明显;②基于能量平衡的模型研究。通过地表能量平衡方程的解算,获得地热通量,然后引入热阻系数来估算埋藏冰的消融速率。该模型在表碛厚度较薄时,能够取得较好的效果,但当表碛厚度增加,其误差随之增大。通过在科其喀尔冰川表碛区的实验研究,在埋藏冰的消融估算模型方面取得了进展。

1. 表碛厚度分布

主要利用人工开挖的方式对表碛区中下部的表碛厚度情况进行了调查。考察期间共开挖了 556 个点以获取表碛厚度的分布(图 13.23)。

冰崖上部的表碛厚度通常在 0.2～1.0 m 间变化,表碛厚度向冰崖后部迅速增大,这也表明,冰川下部表碛下的冰面地形起伏较大,地形条件较为复杂。在离冰崖较远的地段,表碛厚度在 1.2～3.2 m,可见对科其喀尔冰川来说,冰川下部的冰舌区具有相当厚的表碛覆盖,这与西琼台兰等其他托木尔型冰川不同,后者的表碛覆盖虽然广泛,但厚度较薄,一般小于 1 m。

2. 埋藏冰消融实验与模拟研究

在冰舌中部选取了表碛厚度分别为 0.7 m、1.2 m 和 2.0 m 的试验点,分层次布设温度传感器,并在表碛底部布设热通量板,监测表碛内的温度和热通量变化,为埋藏冰的消融模型研究提供基础数据(图 13.24)。

针对已有模型的缺点,以热传导原理和能量平衡原理为基础,提出了热传导模型,核心思路是通过自上而下对表碛温度的求解来估算冰面的消融量。利用科其喀尔冰川三个试验点的实测资料对热传导模型进行了计算分析,结果表明,热传导模型能够对不同深度处的地温进行较好地模拟,但模拟值与实测地温之间的相位差是产生模拟误差的主要原因,相位差产生的原因与热通量的变化与温差变化的不同步等有关。在经过相位的校正后,对于冰面消融速率的模拟效果是较好的(图 13.25)。

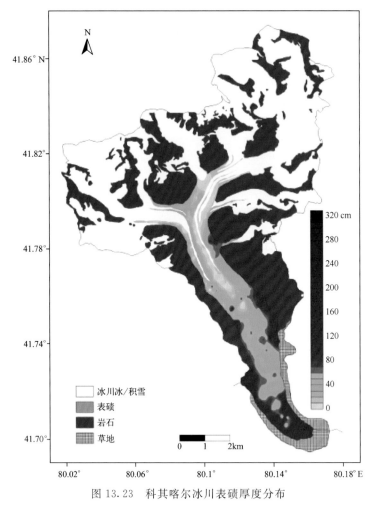

图 13.23　科其喀尔冰川表碛厚度分布

Fig. 13. 23　Depth of surface debris coverage in Koqikaer glacier

图 13.24　表碛温度监测

Fig. 13. 24　Monitoring temperature in surface debris

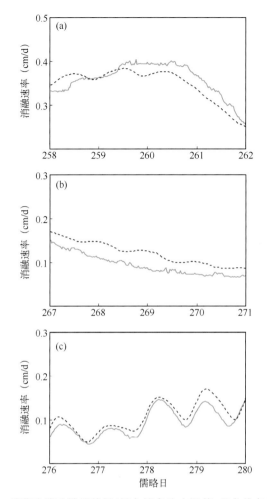

图 13.25　埋藏冰消融模拟结果(绿色线条为实测值,蓝色线条为模拟值)

Fig. 13.25　Modeling result on buried ice(Green line is observed and blue modeled)

　　总之,表碛的相关研究是一项长期的工作,目前已经在点上开展了初步的研究,后期工作着重于开展区域的模拟,但仍存在不少问题,最大的困难在于表碛属性数据的获取,如表碛厚度分布、表碛热参数等。解决这些问题的前提是观测,以观测结合遥感的方法有望获得较好的效果。

13.4.2　冰崖消融的观测与模拟研究

　　冰崖是具有一定坡度、坡向的裸露冰面。对于具有连续表碛覆盖的大中型冰川而言,表碛区内分布有大量的冰崖,对于冰川区地貌、物质平衡和冰川融水径流都具有重要意义。

1. 冰崖的分布与形态

　　采用随机抽样的方法对科其喀尔冰川表碛区冰崖的规模及形态进行了调查。在冰崖比较集中的表碛区中上部任意选取了 20 个冰崖,利用测绳、皮尺并结合 GPS 测量的方法对冰崖的长度和高度进行了调查,同时利用地质罗盘对冰崖的坡向和坡度进行了测量,从而了解冰崖的长度、高度、坡面面积、坡向和坡度等形态特征及其关系。

对冰崖形态的分析表明,消融区内冰崖的规模相差很大,且随着海拔高度的增加,冰崖规模有减小的趋势(图 13.26),这可能主要与地形起伏随海拔高度的差异性变化有关,消融区下部冰崖表面消融过程较为活跃也是一个重要的因素。

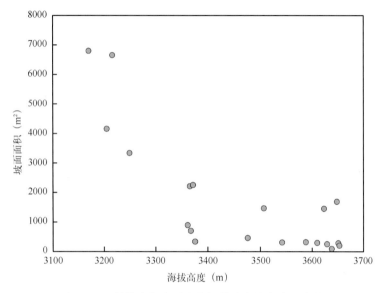

图 13.26　科其喀尔冰川冰崖规模随海拔高度的变化

Fig. 13.26　Changes of ice cliff with altitude in Koqikaer glacier

通过对冰崖的坡向和规模之间的分析(图 13.27)可以看到,坡向为 NW 和 NNE 方向的冰崖最多,其规模也较大,而太阳直接辐射是影响冰崖发育坡向和发育规模的重要因素。

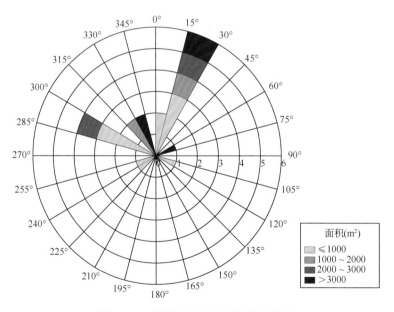

图 13.27　科其喀尔冰川冰崖坡度分布

Fig. 13.27　Distribution of slope of ice cliff in Koqikaer glacier

2. 冰崖消融的度日因子研究

我们于 2007 年 7 月 9 日—8 月 30 日在科其喀尔冰川的表碛区进行了冰崖消融试验,通过在一些具有不同海拔高度、坡向和坡度冰崖的裸露冰面上栽设消融杆的方法,获得了 33 个有效的冰崖消融观测数据,结合观测点附近的自动气象站所获取的同期气温资料,计算得到各个冰崖的度日因子,并对其变化特征进行了分析(图 13.28)。结果表明,表碛区内冰崖的度日因子变化较大,平均为 4.81 mm/(℃·d),小于青藏高原及其他地区冰川的度日因子,其原因可能主要与该冰川的海拔高度较低、平均气温较高有关。在较高的温度环境下,冰面的消融对于温度变化的敏感性减小,使得该地区的度日因子较小。

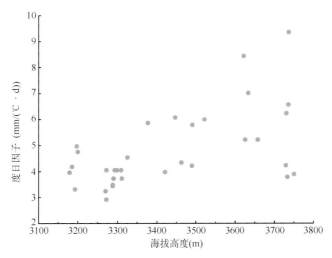

图 13.28　科其喀尔冰川冰崖消融的度日因子随海拔高度的变化

Fig. 13.28　Change of degree-day factor for ice cliff ablation with altitude in Koqikaer glacier

3. 冰崖消融模型

以冰崖表面的能量平衡方程为基础,通过长、短波辐射、散射辐射、湍流热通量等热分量的参数化,建立了一个基于物理过程的冰崖消融模型,通过对表碛区内 38 个具有代表性冰崖消融的观测,获得模型的驱动和验证数据。结果表明(图 13.29),模型误差为 ± 1.96 cm/d,能够较好地模拟冰崖的消融。冰川区冰崖的平均消融速率为 7.64 m/a,消融量约占表碛区来水量的 22%。冰崖消融的能量来源中,有 76% 来源于短波辐射,其余为感热通量和长波入射。

总之,对于冰崖变化的研究,前人已经做了一些工作,但对其在冰川物质平衡变化和水文影响方面的认识仍显不足。今后的研究主要放在以下几个方面:①冰崖的形成与演化;②冰崖发育同冰川排水系统变化的关系;③冰崖消融对于冰川融水径流的影响。

13.4.3　冰面湖观测研究

冰面湖是冰川水文系统的重要组成部分,对于调节冰川径流、改造冰川地貌形态等都具有积极的意义。科其喀尔冰川冰面湖非常发育,其与冰川融水径流的水量交换也非常频繁。研究冰面湖的水量变化、湖岸稳定性等,能够为冰湖溃决灾害的研究奠定良好的基础。

对于冰面湖的研究,目前关注于水量的交换与冰面湖的稳定性。通过在冰面湖布设水文监测剖面可以获得不同深度的水温信息,利用压力式水位传感器能够取得水位的变化资料。

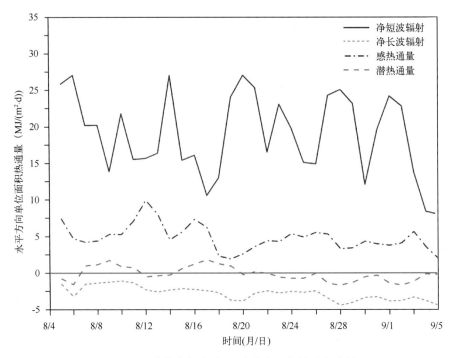

图 13.29　科其喀尔冰川 F5 冰崖表面能量平衡分量

Fig. 13.29　Component of surface energy balance for ice cliff F5 in Koqikaer glacier

　　图 13.30 记录了 2010 年 6 月 7 日—8 月 15 日冰川中部一个冰面湖的溃决过程。可以看到，溃决初期冰面湖水位下降较快，可能是由于天气转暖，临近冰面湖的冰川内部排水通道突然打开，导致其快速排水，随后在水流的冲刷作用下，排水通道逐渐扩大，但由于水流侵蚀较慢，冰面湖水位虽然总体上在下降，但排水速度放缓。图中水位的短期升高可能是由于日间上游融水补给增大造成的。

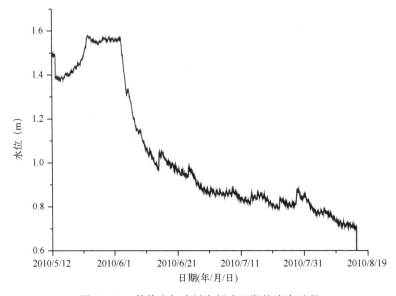

图 13.30　科其喀尔冰川中部冰面湖的溃决过程

Fig. 13.30　Outburst process of surface lake in middle area of Koqikaer glacier

第14章　冰川面积及末端变化

第一期《中国冰川目录》(以下简称《目录》)的编撰于20世纪80年代初完成。《目录》中按照国际冰川编目规范和主要应用20世纪60年代与70年代航空相片与航测地形图,对逐条冰川的34项指标进行量算,并对各山脉和各级流域进行了统计和分析研究,公布中国共发育有冰川46377条,面积59425.18 km²,冰储量5600.2498 km³(折合水储量50402.3×10⁸ m³)。卫星、航空遥感技术近年来飞速发展,以区域为地理单元的冰川资料信息源不断丰富,成为目前冰川变化研究有力的数据支撑。

冰川作为对气候变化最敏感的要素之一,其响应有瞬时与滞后两种形式。遥感影像资料虽针对大地理单元,但由于受时间与空间精度限制,仅能把握较长时间尺度上冰川的外在形态变化,即两种响应的综合宏观表现。作为补充,针对代表性冰川的实地定点监测则能够较为准确地获取:①短时间内冰川进退情况;②冰川物质积消(净物质平衡);③反映冰川滞后响应的各项指标(速度、温度等)。结合影像与实地观测资料是清晰了解区域冰川变化规律,进而对其未来变化趋势进行预测的有效技术方案。

本章以5个冰川野外观测站(天山冰川观测试验站、祁连山冰川与生态环境综合观测研究站、玉龙雪山冰川与环境研究站、天山托木尔峰冰川与环境观测研究站和唐古拉冰冻圈与环境观测研究站)实测冰川形态数据为基础,结合其他相关研究数据及结果,讨论我国西部数十条监测冰川的规模现状、变化历史及变化特征等。区域冰川变化的数据源为各类卫星遥感影像。

14.1　典型冰川变化

14.1.1　天山地区

天山地区所选取的8条冰川皆为天山冰川观测试验站定位、半定位监测冰川,自西向东分别为:托木尔峰青冰滩72号冰川(以下简称72号冰川)、托木尔峰青冰滩74号冰川(以下简称74号冰川)、科其喀尔冰川、奎屯河哈希勒根51号冰川(以下简称哈希勒根51号冰川)、乌鲁木齐河源1号冰川(以下简称乌源1号冰川)、博格达北坡扇形分流冰川(以下简称扇形分流冰川)、四工河4号冰川、黑沟8号冰川与哈密庙儿沟平顶冰川(以下简称庙儿沟平顶冰川)。前三条冰川位于东天山最西段,我国与吉尔吉斯斯坦及哈萨克斯坦的交界区域托木尔峰地区;庙儿沟平顶冰川位于东天山最东端的哈尔里克山;其余5条冰川散布于天山中部地区。其中乌源1号冰川的观测始于1959年。在数代冰川学研究工作者前赴后继的努力下,乌源1号冰川不仅是我国监测历史最长的冰川,其丰富、系统及高质量的观测数据在国际上亦享有盛名。本章将略偏重利用该冰川资料来说明气候变化背景下我国冰川的变化情况。

1. 乌源 1 号冰川变化

乌源 1 号冰川自 1959—2012 年进行过多次冰川地形图的测量,使用测量方法包括平板仪、航空摄影、地面立体摄影、航空摄影、GPS 测量、GPS-RTK 测量等,图 14.1 列出的 4 幅地形图分别为 1962 年,1986 年,1994 年,2012 年实测图。分别为有观测以来最早时期,冰川东、西支分离时期和最近一期成图结果。

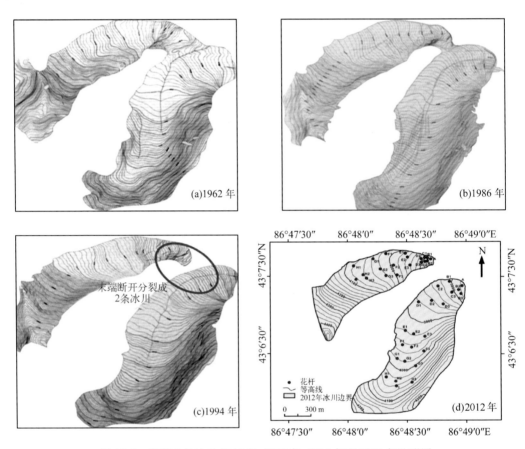

图 14.1　乌源 1 号冰川 1962 年、1986 年、1994 年和 2012 年地形图

Fig. 14.1　Topographic map of Urumqi glacier No. 1,

Tianshan in 1962,1986,1994 and 2012

乌源 1 号冰川面积从 1962 年的 1.95 km² 减少到 2009 年的 1.65 km²,过去 47 a 间共减少了 0.3 km²(15.7%)。从减少速率上看,1986—2009 年为 0.0086 km²/a,比 1962—2009 年的 0.0062 km²/a 高出 40%(图 14.2),表明 1 号冰川自 1962 年有观测记录以来一直呈退缩状态,且自 20 世纪 80 年代中期,冰川面积出现了加速退缩。

冰川长度变化反映在冰川末端位置的变化上。据观测,河源 1 号冰川末端在 1959—1993 年间每年以 4.5 m 的速度退缩(图 14.3)。自 1993 年东、西两支冰舌完全分离成两条独立冰川后,末端退缩速率加快。表现为 1994—2008 年西支冰舌末端平均退缩速率为 6.0 m/a,东支退缩速率相对较缓,为 3.5 m/a。可能与东支冰舌末端覆盖有表碛、减小冰川消融强度有关(李忠勤等,2007)。

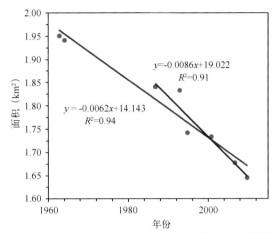

图 14.2　1962—2009 年和 1986—2009 年间 1 号冰川面积变化

Fig. 14.2　Changes in area of Urumqi glacier No. 1 during

1962—2009 and 1986—2009

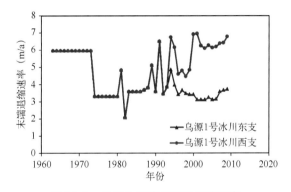

图 14.3　乌源 1 号冰川末端退缩速率

Fig. 14.3　Retreat rate of Urumqi glacier No. 1

此外,对 1 号冰川在 1980 年 8 月、2001 年 10 月和 2006 年 9 月使用地面探测雷达对厚度进行了观测(孙波等,2003)。每次观测需要建立两条纵向冰川中心厚度剖面观测线和四条横向冰川厚度剖面观测线,最终转换成冰川的平均厚度。1 号冰川厚度在 1981 年为 55.1 m,2001 年为 51.5 m,到 2006 年减少到 48.4 m,1981—2001 年平均减小速率为 0.18 m/a,2001—2006 年为 0.62 m/a,表明 1 号冰川厚度呈加速减薄趋势。

2. 哈希勒根 51 号冰川变化

哈希勒根 51 号冰川(图 14.4)位于天山依连哈比尔尕山北坡、奎屯河上游支沟哈希勒根河源区。1964—1981 年间处于相对稳定的状态;1964—1999 年的 35 a 间该冰川末端仅退缩了 49 m,平均每年退缩量为 1.4 m,说明在这期间该冰川末端变化不大,处于相对稳定状态;在 1964—2006 年期间,哈希勒根 51 号冰川末端累计退缩了 84.51 m。其中,1999—2006 年的 7 a 间冰川末端累计退缩了 35.51 m,即年平均退缩速度为 5.07 m/a。

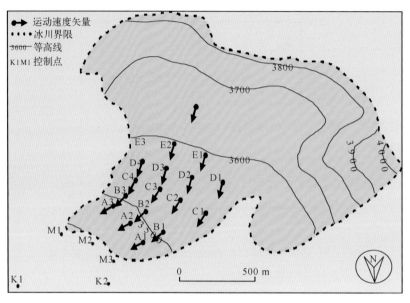

图 14.4　天山奎屯河哈希勒根 51 号冰川图

Fig. 14.4　Map of Haxilegen glacier No. 51 in Kuitong basin，Tianshan

　　哈希勒根 51 号冰川在 20 世纪 90 年代末期以来，末端退缩速度具有明显增大的趋势。该冰川面积在 1964—2006 年间累计减少了 0.123 km²，即减少了 8.3%。其中，2000—2006 年间冰川面积减少了 0.04 km²，和 1964—2000 年间减少的冰川面积相比，最近 7 a 冰川面积变化量几乎占到了 50%，这也说明该冰川在 20 世纪 90 年代末期以来，冰川面积减小具有明显加速的趋势。

3. 科其喀尔冰川变化

　　该冰川位于阿克苏地区温宿县境内，是托木尔峰地区比较典型的大型树枝状山谷冰川（图 14.5）。据实地考察与卫星判读，1942—1976 年该冰川前进了 850 m（1977 年的科考判断该冰川仍处于前进状态）。在 1981 年对冰川公路考察时观测到冰川末端以 <5 m/a 的速度在退缩，这一退缩趋势持续到 1984 年；此后，冰川基本处于稳定状态，期间伴有轻微前进或后退的波动变化。

　　科其喀尔冰川快速退缩出现在 20 世纪 90 年代早期，平均退缩幅度在 15～20 m/a。定位观测结果表明，2003 年 9 月到 2004 年 11 月冰川末端退缩了 35 m，2004 年 9 月冰川末端位置相对于 1974 年地形图最大退缩达 380 m 左右。冰川末端退缩主要发生在出水口附近，出水口左侧冰川并没有退缩，但是厚度明显在减薄。近 30 a 来冰川厚度明显减薄，冰舌区平均厚度减薄在 0.5～1.5 m/a。科其喀尔冰川的全面退缩，标志着托木尔峰地区冰川处于全面的负物质平衡状态。

4. 庙尔沟平顶冰川变化

　　在 1972—2005 年间，庙尔沟平顶冰川面积由 3.64 km² 缩小到 3.28 km²，缩小了 0.36 km²（9.9%）。冰帽末端最大退缩速率平均为 2.3 m/a。2005 年以来，冰帽末端最大退缩速率平均

图 14.5　天山科其喀尔冰川图

Fig. 14.5　Map of Koqikaer glacier in Tianshan

增至 2.7 m/a。物质平衡观测显示顶部的消融微弱。从钻取的冰芯资料来看，冰川在最近的 20～30 a 消融加快。冰帽的厚度在 1981—2007 年间减薄了 0～20 m（图 14.6），主要发生在冰帽的中下部，顶端的减薄不明显。庙尔沟平顶冰川末端在 1973—1981 年间变化不大，而 1981—2005 年间则以 2.7 m/a 的速度退缩。

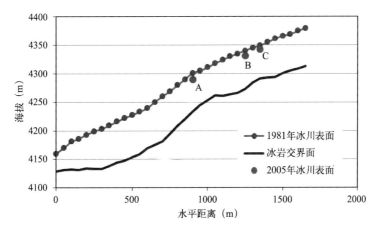

图 14.6　庙尔沟平顶冰川纵剖面雷达测厚结果

A、B、C 三点为 1981 年与 2005 年相同的测点

Fig. 14.6　Thickness measured by radar along longitudinal profile of Miaoergou glacier

5. 天山地区冰川长度变化（退缩速率）

表 14.1 和图 14.7 所示为天山地区几条监测冰川末端退缩对比结果。由此可见，20 世纪 60 年代以来，72 号冰川、74 号冰川、哈希勒根 51 号冰川、扇形分流冰川、四工河 4 号冰川、黑沟 8 号冰川及庙儿沟平顶冰川均处于退缩状态，其退缩速率表现出明显的区域差异及阶段性。位于天山最西段的 72 号冰川末端退缩速率最大，1964—2009 年为 41 m/a。2008 年天山站科研人员开始对 72 号冰川进行观测，发现 2008—2009 年间冰川末端退缩 40.8 m（沿主流线方向）。其次是 74 号冰川，1964—2009 年间以 30.0 m/a 的速度后退。另外，2008 年测得 72 号冰川面积为 5.62 km²，2009 年 74 号冰川面积为 8.15 km²。王璞玉等（2010）对比分析 1964 年地形图、GOOGLE EARTH 地图及野外照片（2008 年和 2009 年）发现，72 号冰川和 74 号冰川面积的减少主要发生在消融区，由末端退缩造成。冰川末端变化最小的是天山中部地区的哈希勒根 51 号冰川，1964—2006 年间末端年均退缩 2.01 m。而 1964—1999 年间冰川末端退缩了 49 m，年平均退缩量为 1.40 m；1999—2006 年退缩了 35.51 m，年平均退缩量为 5.07 m，后者是前者的 3 倍多，冰川末端呈现越来越明显的退缩趋势。位于天山最东端的庙儿沟平顶冰川的退缩速率（2.32 m/a）略快于哈希勒根 51 号冰川，虽从 2005 年起其退缩速率有所加速，但与 1972—2005 年量值相差无几，表现相对稳定。庙儿沟平顶冰川是典型的冰帽，末端海拔（3840 m）较其他代表性冰川高，消融缓和是使其退缩速度较慢的主要原因。

表 14.1　天山地区 8 条代表性冰川末端变化
Table 14.1　Retreat rates of 8 representative glaciers in Tianshan

冰川名称	地理坐标	冰川面积及相应时间	研究时段	末端退缩速度（m/a）	数据来源	资料来源
托木尔峰青冰滩72 号冰川	41°45′N，79°54′E	5.62 km²；2008 年	1964—2008 年；2008—2009 年	−41.0−40.8	地形图；野外实地测量	王璞玉，2010
托木尔峰青冰滩74 号冰川	41°44′N，79°56′E	8.15 km²；2009 年	1964—2009 年	−30.0	—	李忠勤，2010
奎屯河哈希勒根51 号冰川	43°43′N，84°24′E	1.36 km²；2006 年	1964—1999 年；1999—2006 年	−1.40−5.07	地形图与 GPS；野外实地测量	焦克勤，2009
乌鲁木齐河源1 号冰川	43°06′N，86°49′E	1.68 km²；2001 年	1962—1974 年；1974—1980 年；1980—2004 年	−5.96 *−3.28 *−3.93 *	地形图；野外实地测量	张祥松，1984；李忠勤，2010
博格达北坡扇形分流冰川	43°48′N，88°20′E	—	1962—2006 年	−8.7	—	李忠勤，2010
四工河4 号冰川	43°49′N，88°21′E	2.98 km²；2006 年	1962—1981 年；1981—2006 年；2006—2009 年	−6.0−8.9−13.3	地形图；野外实地测量；ASTER 遥感	伍光和，1983；李忠勤，2010；王璞玉，2011
黑沟8 号冰川	43°46′N，88°22′E	5.63 km²；2009 年	1962—1980 年；1980—2009 年	～0.0−11.0	地形图数据；野外实地测量	伍光和，1983；李忠勤，2010
哈密庙儿沟平顶冰川	43°03′N，94°19′E	3.28 km²；2005 年	1972—2005 年；2005—2007 年	−2.3−2.7	地形图数据；野外实地测量	李忠勤，2010

注：* 仅指乌源 1 号冰川东支退缩速率。

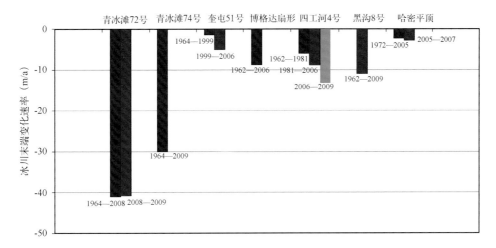

图 14.7　天山地区 8 条代表性冰川末端退缩速率

Fig. 14.7　Retreat rates of 8 representative glaciers in Tianshan

扇形分流冰川、四工河 4 号冰川、黑沟 8 号冰川是位于博格达峰的 3 条代表性冰川,2009年对这 3 冰川进行了野外考察。根据李忠勤等(2010)关于博格达峰的研究,位于南坡的黑沟 8 号冰川(末端变化速率 11 m/a)明显比北坡的扇形分流冰川(末端变化速率 8.7 m/a)和四工河 4 号冰川(末端变化速率 8 m/a)退缩快。其中,四工河 4 号冰川自 20 世纪 60 年代初以来末端加速退缩且退缩速率阶段性显著。具体来说,1962—1981 年年均退缩速率为 6.0 m/a(伍光和,1983),1981—2006 年退缩速率为 8.9 m/a,2006—2009 年每年以 13.3 m 的速度退缩,其速率接近 1962—2006 年的 2 倍。四工河 4 号冰川面积在 1962 年为 3.33 km²,2006 年为 2.98 km²,40 多年来由末端退缩引起冰川面积大幅减小(王璞玉等,2011)。扇形分流冰川变化主要以连续退缩为特征(伍光和,1983),退缩速度与四工河 4 号冰川相近,这主要是由于二者所处地理位置相近,水热条件相似。黑沟 8 号冰川是博格达南坡最长的山谷冰川,1962—1980 年间冰川无明显变化(伍光和,1983),但 80 年代以来退缩加剧。这 3 条冰川末端的变化差异,造成了其不同程度的面积萎缩。

总体来看,天山地区 8 条代表性冰川由西向东末端退缩逐渐减缓,且存在明显的区域差异性与阶段性。位于天山西段的 72 号冰川和 74 号冰川末端退缩明显快于天山东段的庙儿沟平顶冰川,这与康尔泗(1980)关于天山西段的托木尔峰地区是我国天山现代冰川作用最强烈地区的观点相一致。冰川末端退缩是引起冰川面积减小的主要原因,进一步导致冰储量减少。

14.1.2　祁连山地区

1. 老虎沟 12 号冰川变化

1960—2009 年间老虎沟 12 号冰川末端退缩见表 14.2。1960—1976 年间冰川持续退缩,退缩速率介于 4.5~6.5 m/a;1977 年开始,退缩速率剧减,此后数年间(1977—1985 年)冰川归于平稳态(退缩速率为 1.3 m/a)。1986 年开始,冰川再次呈现高速退缩,且退缩不断加剧。如图 14.8 所示,1960—2009 年间,老虎沟 12 号冰川末端退缩总计 311.3 m,冰川长度由冰川编目(王宗太,1981)中的 10.1 km 减少为 9.8 km。

表 14.2　1960—2009 年祁连山老虎沟 12 号冰川末端变化
Table 14.2　Terminus variation of Laohugou glacier No. 12 in Qilian Mts. during 1960—2009

时段	末端变化(m)	变化速率(m/a)	相对年变化量(%)	数据来源
1960—1962 年	−13.5	−4.5	−0.02	孙作哲,1981
1962—1976 年	−97.5	−6.5	−0.03	
1976—1985 年	−11.7	−1.3	−0.006	刘潮海,1988,1999
1986—1993 年	−47.1	−5.89	−0.03	
1994—2005 年	−93	−7.75	−0.04	杜文涛,2008
2005—2008 年	−42.6	−14.2	−0.06	
2008—2009 年	−5.9	−5.9	−0.03	刘宇硕

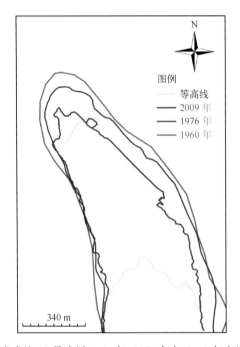

图 14.8　老虎沟 12 号冰川 1960 年、1976 年与 2009 年末端位置变化
Fig. 14.8　Terminus locations of Laohugou glacier No. 12 in 1960，1976 and 2009

由图 14.8 可见,老虎沟 12 号冰川末端在不断退缩的同时,其形态也发生了较大的变化。

1957—2009 年近 50 a 来老虎沟 12 号冰川面积变化序列见表 14.3。近 50 a 来老虎沟 12 号冰川面积一直处于减小的状态,但在 1976—1985 年间减少最小,1985 年之后,尤其 90 年代后期以来面积减少速率不断加快。总的趋势表现为:老虎沟 12 号冰川面积减小速率呈现出先减小后增大的趋势。1957—1993 年面积减少了 2.82%(约 0.62 km²);1993—2009 年间冰川面积减少了 0.26 km²,占总面积的 1.2%。

2. 老虎沟流域冰川变化

老虎沟流域冰川总面积呈逐渐减少的趋势。其中,1994—1999 年间的变化最为明显,冰川面积年变化率为 −0.672%;1999—2009 年间的变化次之,冰川面积年变化率约为 −0.4%;1957—1994 年间的变化最小,冰川面积年变化率仅为 −0.066%(表 14.4)。

表 14.3 1957—2009 年祁连山老虎沟 12 号冰川面积变化

Table 14.3 Area variation of Laohugou glacier No. 12 in Qilian Mts. during 1957—2009

年份	面积(km²)	面积变化(km²)	面积年变化率(%)	数据来源
1957	21.91	—	—	王宗太,1981
1960	21.56	−0.35	−0.0160	集刊 5 号
1976	21.45	−0.11	−0.0051	集刊 5 号
1985	21.44	−0.01	−0.0005	集刊 7 号
1993	21.29	−0.15	−0.0070	杜文涛,2008
2009	21.03	−0.26	−0.0122	刘宇硕,2010

表 14.4 1957—2009 年祁连山老虎沟冰川总面积年变化率

Table 14.4 Annual change rate of total glacier area on Laohugou glacier

年份	面积(km²)	面积变化(km²)	面积年变化率(%)
1957	54.320	—	—
1994	52.949	−1.371	−0.066
1999	50.758	−2.191	−0.672
2006	48.972	−1.786	−0.411
2009	48.024	−0.948	−0.436

1957—2009 年面积小于 1 km² 的冰川面积年平均变化率为−0.474%,是所有分类冰川中面积年平均变化率中最大的,大于 10 km² 的冰川面积年平均变化率仅为−0.098%,变化最弱,1~5 km² 的冰川面积平均变化率约为−0.25%。随着冰川规模的递增,冰川面积平均变化率呈逐渐减小的趋势。另一方面,不同规模冰川在时间序列上变化特征也不同:1994 年之前,不同规模冰川的面积变化特征(图 14.9)表现为随面积增大而减小的趋势,但这种特征表现不明显,波动较小。1994—1999 年和 1999—2006 年两个时段,上述面积变化特征维持,但变幅明显增大。2006—2009 年,面积变化特征呈现出较大差异,大规模和小规

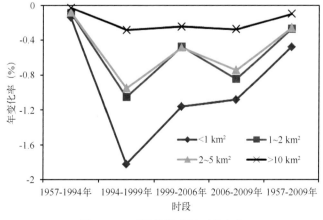

图 14.9 不同规模冰川面积变化

Fig. 14.9 Changes of glaciers with different sizes

模冰川皆波动较小,而处于中等规模的两类冰川(面积为 1～2 km² 或 2～5 km²)则呈现出显著的波动。老虎沟流域不同规模冰川在时间序列上的变化特征揭示出面积参数变化的复杂性。

3. 其他典型冰川变化

七一冰川位于祁连山走廊南山北坡,冰川融水流入北大河支流柳沟泉河。1956—1975 年间七一冰川末端以 2.1 m/a 的速度后退,面积减小了 0.024 km²;1975—1984 年间冰川末端以 1.1 m/a 速度后退,而最近的观测表明,2001/2002 年冰川末端加速后退。水管河 4 号冰川在 1956—1976 年冰川末端退缩 320.0 m,年均 16.0 m/a,冰川面积减少 0.2650 km²,退缩了 0.97%;1976—1984 年冰川末端退缩 69.7 m,年均 8.7 m/a,冰川面积减少 0.0142 km²,退缩了 0.12%。宁缠河 3 号冰川 1972—1995 年冰川末端退缩 47.4 m,年均 2.1 m/a,冰川面积减少 0.064 km²,退缩了 4.62%;1995—2009 年,冰川末端退缩 43.9 m,年均 3.1 m/a,冰川面积减少 0.118 km²,退缩了 8.93%。十一冰川最大厚度为 70 m,面积由 1956 年的 0.64 km² 缩减为 2010 年的 0.54 km²,共减少了 0.10 km²,变化率为 −15.76%,同时冰川末端升高了 50 m,由海拔 4270 m 上升至 4320 m(表 14.5)。

表 14.5　祁连山典型冰川变化情况

Table 14.5　Change of typical glaciers in Qilian mountain

冰川	坐标	观测时段	冰川末端变化		冰川面积变化		资料来源
			m	m/a	km²	%	
七一冰川	39°14′19″N 97°45′20″E	1956—1975	−40	−2.1	−0.0240	−0.042	Xie *et al*., 1985
		1975—1984	−10	−1.1	−0.0047	−0.018	Liu *et al*., 1992
		1985—2005	−90	−4.5	−0.1680	−0.276	
水管河 4 号冰川	37°33′N 101°44′08″E	1956—1976	−320.0	−16.0	−0.2650	−0.97	刘潮海和谢自楚,1988
		1976—1984	−69.7	−8.7	−0.0142	−0.12	
		1972—2007	−225.0	−5.4	−0.0500	−0.077	上官冬辉(未发表)
宁缠河 3 号冰川	37°31′N 101°49′10″E	1972—1995	−47.4	−2.1	−0.064	−0.20	刘宇硕,2012
		1995—2009	−43.9	−3.1	−0.118	−0.64	
十一冰川	38°12′48″N 99°52′40″E	1956—2010			−0.10	−15.76	天山站未发表资料

祁连山冰川变化可以分为 1956—1975 年、1976—1985 年和 1986 年以后的 3 个阶段,其主要表现为冰川末端后退率与面积减少率自祁连山东段向西段的依次减小,冰川末端变化范围为 −1.1～ −16.0 m/a,面积变化范围为 −0.018%～ −15.76%,这是由于祁连山山脉地形与气候特征共同决定的。

14.1.3　喜马拉雅山中西段

表 14.6 为喜马拉雅山中西段若干冰川末端和面积变化情况,与其他地区相同,整体处于显著退缩状态。

表 14.6　喜马拉雅山中西段典型冰川变化情况
Table 14.6　Change of typical glaciers in central part of Himalaya mountain

冰川	观测时段	冰川末端变化		冰川面积变化		资料来源
		m	m/a	km²	%	
绒布冰川 （中绒布冰川）	1966—1997	−270	−8.7			任贾文等，1998
	1997—2001		−9.1			Ren et al.，2004
	1997—1999		−8.9			Ren et al.，2006
	1999—2002		−9.1			Ren et al.，2006
	2002—2004		−9.5			Ren et al.，2006
	1976—2006		−14.64±5.87			Nie et al.，2010
东绒布冰川	1966—1997	−170	−5.5			任贾文等，1998
	1997—2001		−5.56			Ren et al.，2004
	1997—1999		−7.6			Ren et al.，2006
	1999—2002		−8.0			Ren et al.，2006
	2002—2004		−8.3			Ren et al.，2006
远东绒布冰川	1976—2006		−9.10±5.87			Nie et al.，2010
	1966—1997	−230	−7.4			任贾文等，1998
	1976—2006		−13.95±5.87			Nie et al.，2010
抗物热冰川	1976—1991		−4			苏珍，1992
	1991—1993		−6			Ma et al.，2010
	1991—2001		−5.23			Ren et al.，2004
	1994—2001		−7～10			Pu et al.，2004
	1974—2007	−303	−8.9	−1.02	−34.2	Ma et al.，2010
热强冰川	1977—2003		−71		−22.90	Che et al.，2005
	1976—2006		−65.95±5.87			Nie et al.，2010
吉葱普冰川	1977—2003		−48		−7.29	Nie et al.，2010
达索普冰川	1968—1997		−4.0			姚檀栋，1998

绒布冰川（中绒布冰川）：1966—1997 年的 30 a 中退缩 270 m。1997—1999 年间末端退缩率为 8.9 m/a，1999—2002 年间为 9.1 m/a，2002—2004 年间为 9.5 m/a。1997—2001 年间，退缩速度为 9.1 m/a。

东绒布冰川：1966—1997 年，年平均退缩量分别为 5.5 m/a。1997—1999 年间冰川末端退缩率为 7.6 m/a，1999—2002 年间为 8.0 m/a，2002—2004 年间为 8.3 m/a。

抗物热冰川：自 20 世纪 70 年代以来，冰川面积减少了 34.2%，体积减小了 48.2%，平均厚度减薄了 7.5 m。

热强冰川：1977—2003 年的 27 a 中，冰川面积减小了 22.90%，年退缩速度 0.063 km² 左右，冰舌退缩 27.56%，年退缩约 71 m/a。

吉葱普冰川：1977—2003 年的 27 a 中，冰川面积减小了 7.29%，每年的退缩速度为 0.057 km²，冰舌退缩 16.60%，每年退缩大约 48 m/a。

总体来看,喜马拉雅山中西段地区冰川末端和面积变化整体处于显著退缩状态。由 7 条典型冰川的变化情况发现,从 20 世纪 70 年代到 21 世纪初,该段的冰川末端变化范围为 $-4.0\sim-65.95$ m/a,存在明显的区域差异性与阶段性。

14.1.4　冈底斯山东段—念青唐古拉山西段

扎当冰川在 2005/2006 年度物质平衡为负,冰面减薄显著;1970—2008 年间冰川末端退缩 381.8 m,年均退缩量为 10.3 m/a。拉弄冰川(在念青唐古拉峰北坡)1970—1999 年间末端退缩了 285 m,平均年退缩量 9.8 m/a;1999—2003 年拉弄冰川退缩 13 m,平均年退缩量 3.25 m/a;1970—2008 年间冰川末端退缩 489.5 m,年均退缩量为 13.4 m/a。西布冰川 1970—1999 年间的平均退缩量为 39.0 m/a。爬努冰川为 6.2 m/a,但 1999—2007 年爬努冰川的平均退缩幅度增大到 24.7 m/a。1970—2007 年扎当冰川、拉弄冰川和爬努冰川的平均退缩量基本一致,为 $10\sim11$ m/a(表 14.7)。

表 14.7　冈底斯山东段—念青唐古拉山西段典型冰川变化情况
Table 14.7　Change of typical glaciers in east part of Gangdisê mountain—west part of Nyainqentanglha mountain

冰川	观测时段	冰川末端变化		冰川面积变化		资料来源
		m	m/a	km²	%	
扎当冰川	1970—2008	-381.8	-10.3			Chen *et al.*,2009
	1970—2007		$-10\sim11$			康世昌等,2007
拉弄冰川	1970—1999	-285	-9.8			张堂堂等,2004
	1999—2003	-13	-3.25			张堂堂等,2004
	1970—2008	-489.5	-13.4			Chen *et al.*,2009
	1970—2007		$-10\sim11$			康世昌等,2007
西布冰川	1970—1999		-39.0			康世昌等,2007
爬努冰川	1970—1999	-179.6	-6.2			康世昌等,2007
	1999—2007	-197.7	-24.7			康世昌等,2007
	1970—2007	-377.2	$-10\sim11$			康世昌等,2007

由冈底斯山东段—念青唐古拉山西段 4 条典型冰川的变化特征看,由 20 世纪 70 年代至 21 世纪初,该区扎当冰川、拉弄冰川和爬努冰川退缩相当,为 $-10\sim-11$ m/a,差异性不明显。

14.1.5　唐古拉山

冬克玛底冰川(大冬克玛底冰川与小冬克玛底冰川)在 1992—1994 年间,两条冰川前端变化基本稳定,一般在冬季略有前进,夏季消融退缩。大冬克玛底冰川由前进转入后退的时间滞后于小冬克玛底冰川,1989—1994 年年初前进了 15.7 m,到 1994 年夏季转入退缩,进入退缩状态后,其年退缩量也在不断增大,到 2001 年时已达到每年 4.56 m。1989—1994 年的 5 a 间,冰川大幅前进,大冬克玛底与小冬克玛底冰川分别前进约 15 m 和 5 m,自此之后该冰川于波动变化中一直退缩,小冬克玛底冰川在短短的 $6\sim7$ a 里,不仅将前 25 a 的积累量全部消退完,而且还进一步后退,主冰川的退缩幅度相对要小些。末端后退出现于 1994 年,1994—2001

年间累计退缩了13 m。大、小冬克玛底冰川末端原是相连的,但2007年野外实地考察发现,末端已经分离(表14.8)。

2009年夏季至2012年夏季期间冰川末端共退缩19.7 m,平均每年约退缩4.9 m。最近4年小冬克玛底冰川末端年退缩速度为1990 s中末期的2.3倍(图14.10)。

由唐古拉山大冬克玛底冰川和小冬克玛底冰川末端退缩情况看,从20世纪70年代到21世纪初,冰川末端变化范围为-3.0~+5 m/a,1969—1994年存在末端前进的情况。

表14.8 唐古拉山典型冰川变化情况
Table 14.8 Change of typical glaciers in Tanggula mountain

冰川	观测时段	冰川末端变化		冰川面积变化		资料来源
		m	m/a	km²	%	
	1969—1989	+9.4				Jiao et al. 1993
	1989—1992	+14.81	+5			
大冬克玛底冰川	1989—1994	+15				
	1994—1999		-3.4			Ren et al., 2004
	1994—2001	-13				
	1969—1989	+2.1				
小冬克玛底冰川	1989—1994	+5				
	1994—1999		-3.0			Ren et al., 2004

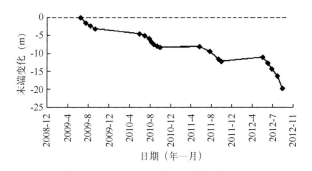

图14.10 小冬克玛底冰川末端变化
Fig.14.10 Terminus change of Xiaodongkemadi glacier, Tanggula

14.1.6 横断山(海洋性冰川)

海螺沟冰川在20世纪70年代至80年代初期,年均后退速度为11.8 m/a;1983—2006年后退速度为20.5 m/a。燕子沟冰川在1966—2008年间,末端退缩约494 m,每年平均退缩约11.76 m,面积由30.044 km²减小到20.151 km²,减少率达到了32.93%。小贡巴冰川在1966—2008年的42 a间,末端退缩约210 m,每年平均退缩约5 m;面积由6.163 km²减小到5.734 km²,退缩率为6.96%。大贡巴冰川消融区的冰川明显变窄,面积由20.359 km²减小到19.137 km²,退缩率为6%。玉龙雪山白水1号冰川在1982—2008年间后退速度为14.62 m/a,末端海拔年后退7.9 m。阿扎冰川自20世纪20年代至70年代的50 a间冰川末端后退了700 m,冰面减薄约100 m,1973—1976年年均退缩量达65 m,1976—1980年后退速度有所减缓,但仍达37.5 m/a。密西共和冰川 50—70 年代的 25 a 间末端退缩了 450 m。来古冰川也在明显后退,40 年代至 1973 年约 30 a 间,冰舌宽度收缩了 116 m,在海拔 4110 m 处,冰面下降了 43.5 m(表 14.9,图 14.11)。

表 14.9 典型海洋性冰川变化情况
Table 14.9 Changes of the Chinese typical temperate glaciers

冰川	观测时段	冰川末端变化		冰川面积变化		资料来源
		m	m/a	km²	%	
海螺沟冰川	1966—1981		−12.7			叶笃正,1992
	1981—1998		−20.0			叶笃正,1992
	1983—2006		−20.5			
	1966—2008	−943	−22.45		−4.02	Zhang et al.,2010
燕子沟冰川	1966—2008	−494	−11.76		−32.93	Zhang et al.,2010
小贡巴冰川	1966—2008	−210	5		−6.96	Zhang et al.,2010
大贡巴冰川	1966—2008				−6	
白水 1 号冰川	1982—2008		−14.62			Li et al.,2010
	70s—80s 初期		+32			Li et al.,2010
明永冰川	1932—1959	−2000				He et al. 2008
	1959—1971	+730~+930				
	1971—1982	+70				
	1982—1998	+280				Li et al.,2010
阿扎冰川	1973—1976		−65			
	1976—1980		−37.5			
密西共和冰川	50s—70s	−450				

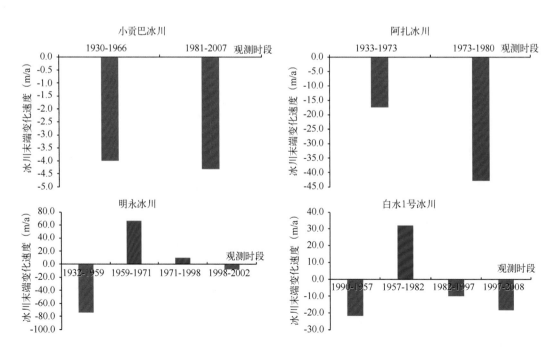

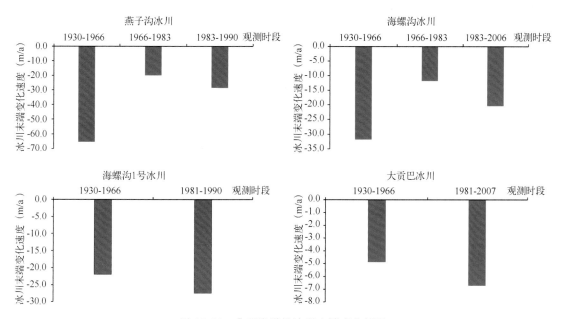

图 14.11　典型海洋性冰川末端变化情况

Fig. 14.11　Terminal changes of the typical temperate glaciers

海洋性冰川的末端在 20 世纪 30 年代至 60 年代处于冰川退缩阶段；20 世纪 70 年代至 80 年代中期为冰川相对稳定或减速后退阶段；20 世纪 80 年代中期至今为冰川后退阶段。

总体来看，横断山地区冰川变化有典型相对稳定或减速后退阶段；20 世纪 80 年代中期至今，该段的冰川末端变化范围为 -65~-37.5 m/a；该区冰川变化阶段性显著，区域差异性较大。

14.2　区域性冰川变化特征

14.2.1　新疆冰川变化

新疆的冰川资源居全国第一，在新疆水资源构成和河川径流调节方面占有重要地位。由于新疆各流域中冰川的分布、变化特征，以及融水所占河川径流的比例不同，因此，未来气候变化对新疆各个区域水资源的影响程度和表现形式是不同的。气候变暖使得新疆冰川固态水资源量迅速减少，动态水资源量呈总体上升趋势，并对气温的依赖性增强。但未来会因冰川储量的枯竭而急剧减少，冰川水资源及其对河流的调节作用也随之消失，使水资源状况恶化。

所研究的 1800 条冰川，在过去 26~44 a 间总面积缩小了 11.7%，平均每条冰川缩小 0.243 km²，末端退缩速率为 5.8 m/a。冰川在不同区域的缩小比率为 8.8%~34.2%，单条冰川的平均缩小量为 0.092~0.415 km²，末端平均后退量为 3.5~10.5 m/a(图 14.12)。

14.2.2　全国冰川变化

根据近年来中国典型区域冰川面积变化遥感监测数据，分析了近 50 a 气候变化背景下中国冰川面积状况，如图 14.13 所示。

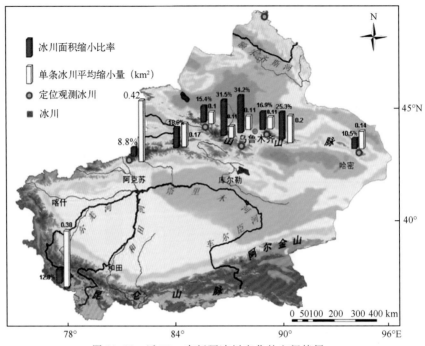

图 14.12 近 50 a 来新疆冰川变化的空间特征

Fig. 14.12 Spatial feature of glaciers in Xinjiang in past fifty years

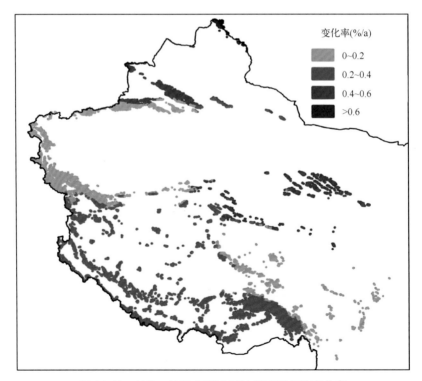

图 14.13 1960—2009 年间中国冰川面积年均变化率

Fig. 14.13 Annual change rate of glacier area in China during 1960—2009

　　结果表明,研究区冰川面积从 20 世纪 60—70 年代的 23982 km² 减小到 21 世纪初的 21893 km²,根据冰川分布进行加权计算后冰川面积退缩了 10.1%,对时间插补后得到 1960 年以来的冰川面积年均变化率为 0.3%/a。就冰川面积变化的空间分布特征而言,天山的伊犁河流域、准噶尔内流水系、阿尔泰山的鄂毕河流域、祁连山的河西内流水系等都是冰川退缩程度较高的区域。

　　气温决定冰川的消融,降水量决定冰川的积累,它们的组合共同决定着冰川的性质、发育和演化。1960—2009 年夏季的气象资料表明,中国冰川区总体呈暖湿化趋势。139 个地面站的平均气温倾向率为 0.22℃/10a,相当于近 50 a 夏季气温升高了 1.1℃;平均降水量倾向率为 1.1 mm/10a,相当于近 50 a 增加了 5.7 mm(图 14.14)。

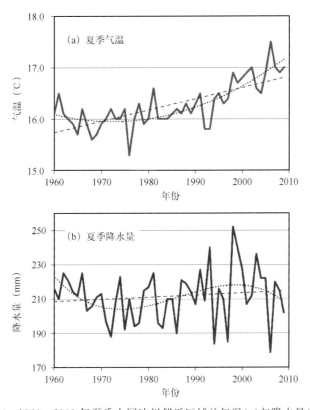

图 14.14　1960—2009 年夏季中国冰川邻近区域的气温(a)与降水量(b)变化

Fig. 14.14　Air temperature (a) and precipitation (b) in summer in adjacent area of glacierized regions in China during 1960—2009

　　图 14.15 反映了中国冰川邻近区 139 个气象站 1960—2009 年夏季气温与降水量变化的空间差异情况。夏季气温仅在极个别站点的倾向率为负,绝大多数站点气温表现出升高的趋势且倾向率大于 0.15℃/10a。显然,夏季大气 0 ℃层高度升高后,冰川环境温度上升,冰川消融加快,积累将会减少。大多数站点夏季降水量呈现出增多的趋势,但在青藏高原南部出现了变干区域与变湿区域交错的现象。考虑到青藏高原西南部海洋性冰川较多,而海洋性冰川对于气候变化较为敏感,因此从长远而言该区域冰川消融将较为显著(图 14.15)。

　　表 14.10 列出我国典型山系冰川长度及面积变化,其变化的幅度和差异性都比较大,即使

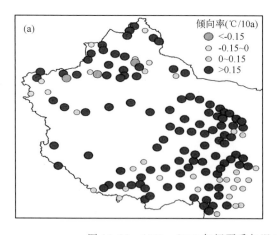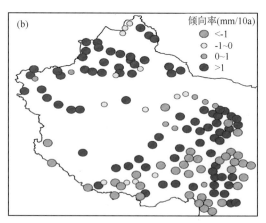

图 14.15　1960—2009 年间夏季气温(a)、降水量(b)线性倾向率的空间分布

Fig. 14.15　Spatial distribution of linear trend on summer air temperature(a) and precipitation(b) during 1960—2009

同一条山系,由于冰川表面形态及所处区域环境的不同表现出的差异性也很大,例如,天山山脉冰川长度变化从 -2.3 m/a 到 -41 m/a,面积变化从 -1.3% 到 -22.7%,变化范围较大,但整体都呈现退缩状态。

表 14.10　我国典型山系冰川变化情况

Table 14.10　Change of typical glaciers in China

山系		观测时段	冰川末端变化		冰川面积变化		资料来源
			m	m/a	km²	%	
天山	托木尔峰青冰滩 72 号冰川	1964—2008		−41.0	−1.65	−22.7	王璞玉,2010
	托木尔峰青冰滩 74 号冰川	1964—2009		−30.0	−1.40	−14.7	李忠勤,2010
	奎屯河哈希勒根 51 号冰川	1964—1999		−1.40	−0.123	−8.3	焦克勤,2009
		1999—2006		−5.07			
	乌鲁木齐河源 1 号冰川	1962—1974		−5.96	−0.31	−15.7	张祥松,1984 李忠勤,2010
		1974—1980		−3.28			
		1980—2004		−3.93			
	博格达北坡扇形 分流冰川	1962—2006	−509	−8.7	−0.45	−7.1	李忠勤,2010
	四工河 4 号冰川	1962—1981		−6.0	−0.31	−10.6	伍光和,1983
		1981—2006		−8.9			李忠勤,2010
		2006—2009		−13.3			王璞玉,2011
	黑沟 8 号冰川	1962—2009		−11	−0.08	−1.3	李忠勤,2010
	哈密庙儿沟 平顶冰川	1972—2005		−2.3	−0.36	−9.9	李忠勤,2010

山系		观测时段	冰川末端变化		冰川面积变化		资料来源
			m	m/a	km²	%	
祁连山	七一冰川	1975—1984	−10	−1.1	−0.0047	−0.018	Liu *et al*.，1992
	水管河 4 号冰川	1976—1984	−69.7	−8.7	−0.0142	−0.12	刘潮海和谢自楚,1988
	十一冰川	1956—2010			−0.10	−15.76	天山站未发表资料
喜马拉雅山中西段	中绒布冰川	1976—2006		−14.64±5.87			Nie *et al*.，2010
	东绒布冰川	2002—2004		−8.3			Ren *et al*.，2006
	远东绒布冰川	1976—2006		−13.95±5.87			Nie *et al*.，2010
	抗物热冰川	1974—2007	−303	−8.9	−1.02	−34.2	Ma *et al*.，2010
	热强冰川	1976—2006		−65.95±5.87			Nie *et al*.，2010
	吉葱普冰川	1977—2003		−48		−7.29	Nie *et al*.，2010
	达索普冰川	1968—1997		−4.0			姚檀栋,1998
冈底斯山东段一念青唐古拉山西段	扎当冰川	1970—2007		−10～11			康世昌等,2007
	拉弄冰川	1970—2008	−489.5	−13.4			Chen *et al*.，2009
	西布冰川	1970—1999		−39.0			康世昌等,2007
	爬努冰川	1970—2007	−377.2	−10～11			康世昌等,2007
唐古拉山	大冬克玛底冰川	1969—1989	+9.4				Jiao and Yan，1993
		1994—1999			−3.4		Ren *et al*.，2004
	小冬克玛底冰川	1969—1989	+2.1				
		1994—1999			−3.0		Ren *et al*.，2004
横断山	海螺沟冰川	1966—2008	−943	−22.45		−4.02	Zhang *et al*.，2010
	燕子沟冰川	1966—2008	−494	−11.76		−32.93	Zhang *et al*.，2010
	小贡巴冰川	1966—2008	−210	−5		−6.96	Zhang *et al*.，2010
	白水 1 号冰川	1982—2008		−14.62			Li *et al*.，2010
	明永冰川	1982—1998	+280				Li *et al*.，2010
	阿扎冰川	1976—1980		−37.5			
	密西共和冰川	50s—70s	−450				

第 15 章　积雪变化监测

15.1　中国积雪的分布

15.1.1　背景与方法

在干旱区和寒冷区,积雪既是最活跃的环境影响因素,又是最敏感的环境变化响应因子,区域积雪的长期波动是区域气候长期变化的结果。近百年来,监测积雪变化已成为探测全球变暖、诊断区域气候和研究气候与积雪相互作用的重要手段。区域气候变化导致的积雪变化,对春、夏季河川径流的影响及对干旱区农牧业和脆弱的生态系统产生了严重的后果,甚至会导致旱涝灾害的频繁发生。因此,掌握寒旱区积雪与气候变化的关系对寒旱区脆弱的生态环境演变和经济的可持续发展具有重要的意义。

被动微波因其能全天时全天候工作、不受云层的影响、时间分辨率较高且有丰富的数据,而被广泛地应用于大尺度的雪深和雪水当量反演研究。多频率、双极化的星载被动微波数据始于 1978 年 Nimbus-7 卫星的发射。随着其携带的 SMMR 数据的获取,以体散射为核心理论的亮度温度梯度法广泛应用于雪深和雪水当量的反演。对于西北地区,通过调查的积雪特性获得积雪特性的先验信息,并建立不同积雪特性条件下雪深和亮度温度查找表(Dai et al.,2012)。对东北地区的积雪和森林特性进行调查,通过优化算法获得东北地区森林透过率,并建立了东北地区雪深和亮度温度查找表。在青藏高原地区,由于没有足够的积雪实地调查信息,使用车涛修改的 Chang 算法,得到青藏高原地区的雪深反演方程(Che et al.,2008)。

本章从全球 SMMR、SSM/I 及 SSMI/S EASE-Grid 数据提取中国地区 1979—2013 年亮度温度,并利用交叉平台定标方法对数据进行标准化处理,计算得到逐日雪深数据。最后,根据该数据计算了我国雪深及其变化信息,并分东北、西北和青藏高原地区分析了 3 个区域过去 35 a 来积雪变化的时空特征。

15.1.2　中国积雪分布特征

一般情况下,我国积雪开始于 10 月份,零星分布在天山和横断山脉。10 月至翌年 2 月是积雪的积累期,面积和雪深一致呈增长趋势。1 月和 2 月是积雪的鼎盛时期,从雪深和面积上都达到最大,此时,积雪主要分布在东北的大、小兴安岭及长白山地区,西北的阿勒泰山和天山山脉,以及青藏高原的横断山脉(图 15.1)。这些主要的积雪区雪深通常大于 20 cm,并且积雪持续时间最长。大于 30 cm 的雪深主要出现在大、小兴安岭。

3 月份,全国积雪处于消融期,只有大、小兴安岭和阿勒泰山脉有大于 20 cm 雪深的地区,积雪面积也大幅度减少。4月份是积雪消融最快的时期,只有大兴安岭、阿勒泰山、天山和横断山脉存在小面积厚度5 cm以上的积雪。5月份,积雪基本消失殆尽,只有横断山脉还有零星的积雪存在。因此,总体上可以认为我国积雪主要分布在山区。

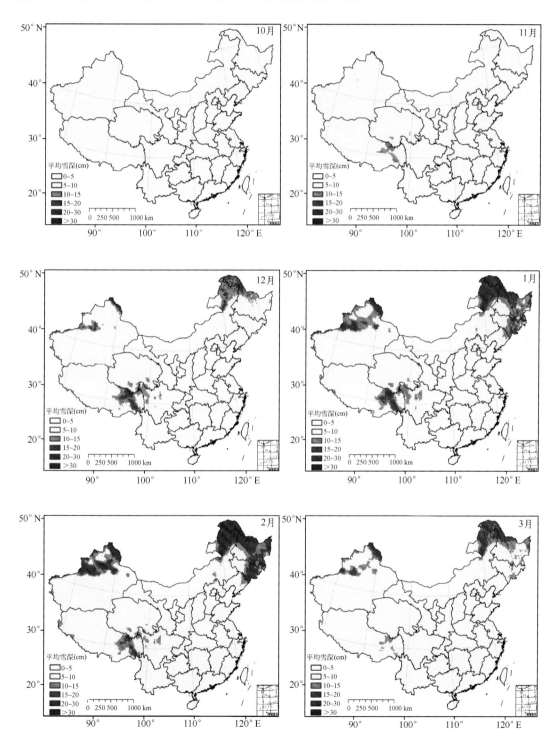

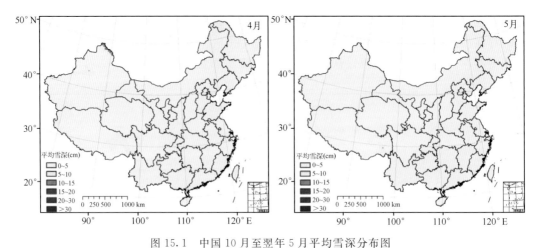

图 15.1 中国 10 月至翌年 5 月平均雪深分布图

Fig. 15.1 Distribution of snow depth from Oct. to the following May in China

15.2 中国积雪时空变化

15.2.1 积雪年内变化

通过计算得到全国多年积雪储量,并分别计算青藏高原、西北和东北地区 3 个主要积雪区 10 月至翌年 5 月的积雪储量,分析不同月份的变化,如图 15.2 所示。

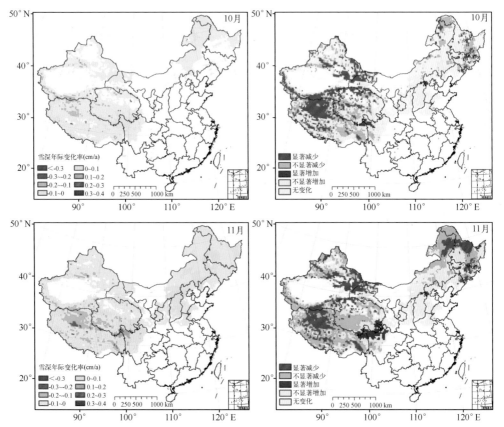

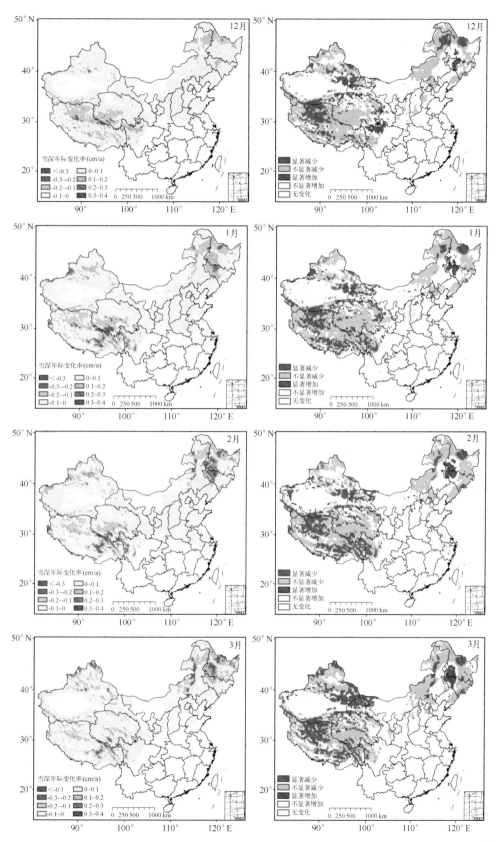

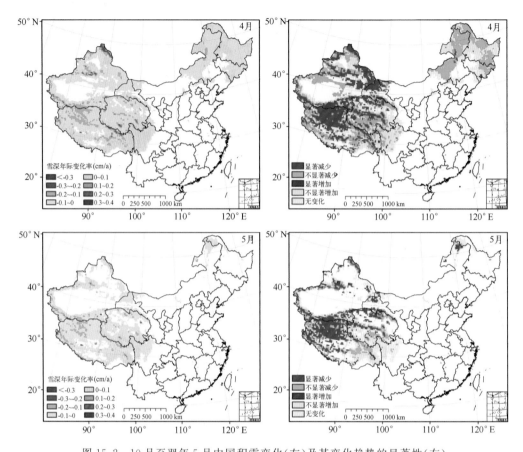

图 15.2　10 月至翌年 5 月中国积雪变化(左)及其变化趋势的显著性(右)

Fig. 15.2　Snow cover change(left) and significance of variation trend(right)

from Oct. to the following May in China

　　总体上我国雪深呈下降趋势,变化幅度较小,但变化趋势随时间和空间变化。95% 以上的地区变化率在 ±0.3 cm/a 之间,大小兴安岭、东北平原和藏东南地区是变化率较大的区域。在积雪鼎盛期,大小兴安岭和藏东南部分地区雪深变化为 −0.3～−0.2 cm/a,东北平原雪深变化为 0.2～0.3 cm/a。在 4 月份,阿勒泰地区雪深年际变率为 −0.3～−0.2 cm/a。

　　在整个积雪季节,新疆、甘肃和内蒙古交界处,青藏高原西北部以及东北的山区(大小兴安岭和长白山)呈显著下降趋势。藏东南地区有一部分区域在 12 月份之前呈显著增加,在雪深最深的 1—3 月藏东南大部分地区呈下降趋势。东北平原地区一直处于增加趋势,并在 1—3 月份大面积呈现显著增加。阿勒泰和天山地区基本呈减少趋势,只有 12 月至翌年 1 月天山西部的少数地区呈增加趋势。

15.2.2　积雪空间变化

　　如图 15.3 所示,总体上,青藏高原雪深呈显著减少趋势,青海省、甘肃省和四川省交界部分地区呈增加趋势;东北的大、小兴安岭和长白山部分地区呈显著减少,其他都呈非显著减少,中部平原呈非显著增加。甘肃的东北,内蒙古西部和新疆的东北大面积雪深显著减少,新疆南部以非显著增加为主,北部非显著减少和增加相当。

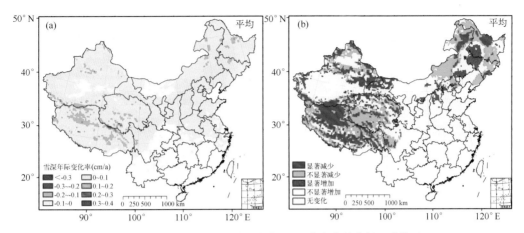

图 15.3　1979—2013 年的雪深变化(a)及其变化趋势的显著性(b)

Fig. 15.3　Change of snow depth(a) and significance of variation trend(b)

from 1979 to 2013 in China

15.2.3　不同地区积雪年际变化

　　青藏高原、西北和东北地区是我国三个主要积雪区,分别对三个区域 10 月至翌年 5 月每个月的平均雪深年际变化进行统计(图 15.4,表 15.1),得到三个区域的年际变化率及变化显著性。近 35a 来,我国积雪总体上处于减少趋势,但区域差异较大。在空间上,积雪显著增加地区非常少,大部分地区处于显著减少和不显著变化趋势。从 1979—2013 年东北、西北和青藏高原三大积雪区变化特征分别为:①青藏高原地区在所有月份呈现下降趋势,其中 10 月、1—5 月呈显著下降趋势,并且其变化率相对其他地区最大;②西北地区雪深在 12 月至翌年 2 月呈非显著性上升趋势,而在积雪初期(10 月,11 月)和融化期(3—5 月)呈显著下降;③东北地区雪深在整个积雪季节都呈下降趋势,在下雪初期 10 月份和雪季末期 5 月份呈显著下降,但总体上变化不显著。

表 15.1　积雪年际变化趋势的斜率和 F 显著性

Table 15.1　Slope of annual variation trend and F significance on snow cover

月份	西北地区		东北地区		青藏高原	
	斜率	F	斜率	F	斜率	F
10	−0.0077	17.2*	−0.0010	4.81*	−0.0195	13.96*
11	−0.0121	10.67*	−0.0070	3.22	−0.0291	2.41
12	−0.0071	0.85	−0.0047	0.12	−0.0387	2.96
1	0.0028	0.08	−0.0016	0.01	−0.0661	8.37*
2	0.0036	0.16	−0.0013	0.00	−0.0589	11.10*
3	−0.0245	5.69*	−0.0188	0.65	−0.0410	9.58*
4	−0.0228	25.07*	−0.0055	0.37	−0.0319	16.60*
5	−0.0063	13.48*	−0.0003	12.28*	−0.0185	14.09*
平均	−0.0093	5.43*	−0.0050	0.27	−0.0379	15.17*

注:** 表示在 0.01 水平下显著,* 表示在 0.05 水平下显著,未标记为不显著。

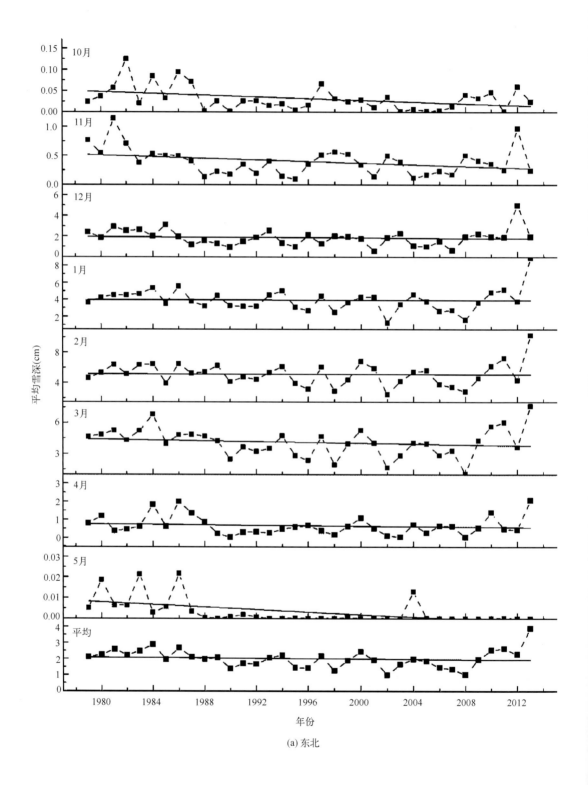

(a) 东北

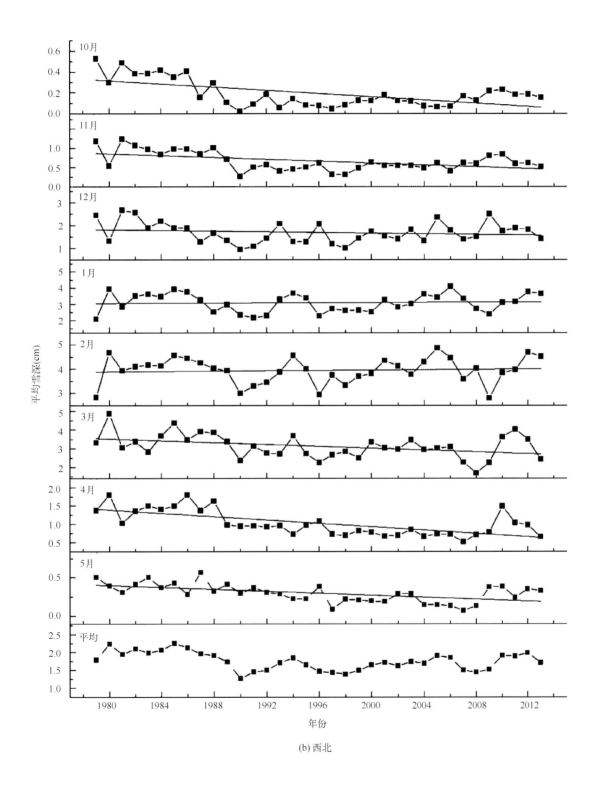

(b) 西北

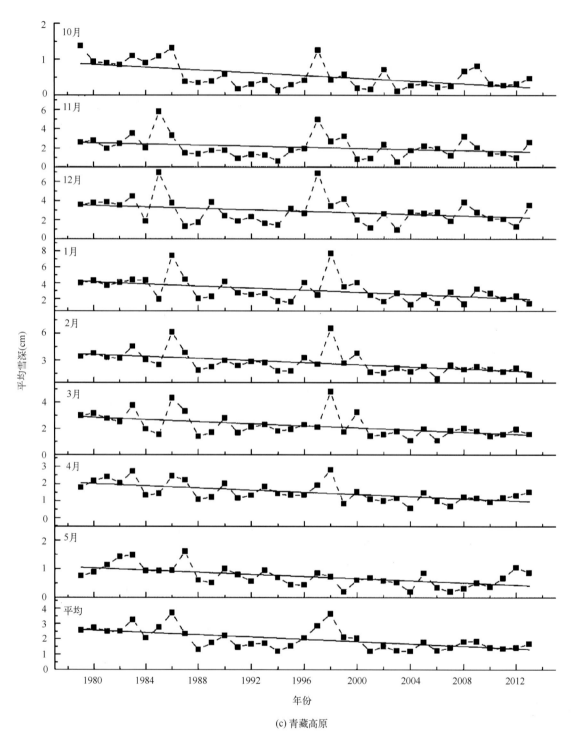

(c)青藏高原

图 15.4　1979—2013 年我国东北(a)、西北(b)和青藏高原(c)10 月至翌年 5 月各月平均雪深年际变化曲线

Fig. 15.4　Change of monthly average snow depth in northeast(a)，northwest(b)

and Qinghai-Xizang Plateau(c) from 1979 to 2013

　　总体上,我国积雪主要分布在青藏高原、西北和东北地区。积雪开始于 10 月份,10 月至翌年 2 月是积雪的积累期,1 月和 2 月达到积雪鼎盛时期,3—5 月份,全国积雪处于消融期,大部分地区 4 月份积雪消融殆尽。整体上,山区积雪的深度和持续时间均大于平原地区。

　　近 35a 来,我国积雪总体上处于减少趋势,但区域差异较大。在空间上,积雪显著增加地区非常少,大部分地区处于显著减少和不显著变化趋势。在季节变化上,冬季积雪变化不显著,秋季和春季变化显著,年际变化的空间差异大。三大主要积雪区,除了西北地区 1、2 月份呈上升趋势外,其他地区和月份都呈减少趋势。

第 16 章　季节冻土变化

16.1　季节冻土监测

冻土是指温度在 0℃ 和 0℃ 以下并含有冰的各种岩石和土壤,是地气系统长期相互作用的产物。按土的冻结状态保持时间的长短,冻土可分为短时冻土(数小时、数日以至半月)、季节冻土(半月至数月)及多年冻土(数年及数年以上)三种类型。全球气候呈现以变暖为主的显著变化,作为对气候变化敏感的指示器,冻土对气候变化的响应受到广泛关注。冻土由于其独特的水热特性而成为地球陆地表面过程中的一个很重要的因子,气候变化影响下的冻土变化将引起寒区环境和工程稳定性发生显著变化,冻土的表面温度和冻融状态的变化影响着冻土与大气之间的物质和能量交换并反作用于气候系统。同时,冻土变化对水文循环和水资源平衡都有极其重要的作用。研究不同下垫面冻土热状况的变化差异也将对我们认识地表能量水分平衡的区域差异具有重要的科学意义。

参与本次协同联网观测的冻土观测点共 24 个,其中 12 个位于季节冻土区,12 个位于多年冻土区,图 16.1 所示为各站点的位置分布图。季节冻土主要监测最大冻结深度及该深度内

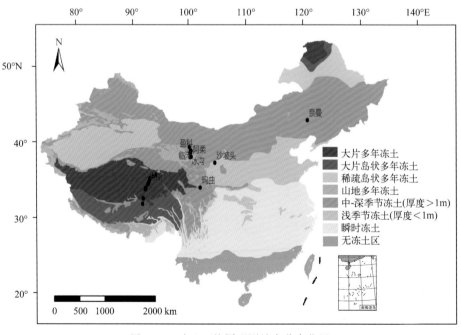

图 16.1　冻土区协同观测站点分布位置

Fig. 16.1　Location of the cooperative observation stations

的土壤温度,在国家气象台大多数台站都有此项观测。但气象站的观测大多在城郊平坦地表,在山地和干旱沙漠地区很少有监测。而在寒旱区开展的季节冻土监测,均在沙地或沙漠及高寒山区。

与多年冻土相比,由于季节性冻胀和融沉的原因,季节冻土在很多方面也存在特殊性。冻土协同观测基于各野外观测站的实测资料,对监测区域季节冻土的变化现状做了研究,季节冻土区观测站点如图 16.1 所示,各站位置信息在表 16.1 中给出。

表 16.1　季节冻土区协同观测站点描述
Table 16.1　Description of the cooperative observation stations in seasonally frozen ground regions

站点描述	北纬(°N)	东经(°E)	海拔(m)
乌丽观测站	34.47	92.73	4625
沙坡头观测站	37.27	104.57	1300
临泽观测站	39.33	100.12	1384
奈曼观测站	42.93	120.70	358
玛曲观测站	34.88	102.13	3473
冰沟寒区水文气象观测站	38.07	100.22	3449
大冬树山垭口积雪观测站	38.01	100.24	4147
大野口关滩森林站	38.53	100.25	2835
大野口马莲滩草地站	38.55	100.30	2817
盈科灌区绿洲站	38.86	100.41	1519
阿柔冻融观测站	38.06	100.46	3000
花寨子荒漠站	38.77	100.32	1725

16.2　季节冻土的温度变化

16.2.1　气候背景

温度是一个重要的热力指标,冻土退化与温度升高有密切关系,因而,我们先从研究区域温度的区域差异特征来分析不同观测场的变化特征。根据图 16.1 和表 16.1 各个观测站点所处地理位置,选取数据相对完整,同时具有不同地域特征的乌丽、临泽、玛曲、奈曼、沙坡头 5 个站点作为代表,来分析冻土区各深度温度特征,然后从各观测点温度层位数据中选取具有代表性的温度层位绘制地温分布曲线,分别讨论其变化特点。

冻土退化与温度升高有密切关系,过去 50 a 的监测资料分析表明,中国气温变化与全球气温变化趋势是一致的,近 20 a 中国气温回升更快,特别是青藏高原地区,极端最低气温在四季均表现为增温趋势,其中增温最强的是冬季。自 20 世纪 70 年代以来,相对于气温升高,青藏高原季节冻土区地面温度的上升幅度高于气温的上升幅度,与冬半年气温升高幅度较大相反,夏半年地面温度的升幅明显高于冬半年,其中,高原北部地区的升温幅度较高,而高原腹地地面温度相对较小。高原地区 1960—2006 年时段负积温距平指标有一明显的增大趋势,其年变化率达 25.6℃·d/10a,20 世纪 90 年代的负积温距平指标较 60 年代增大了 73.4℃·d。1961—2000 年间黄河源区季节冻土的地表温度升高约 0.9℃,增温率为 0.23℃/10a,且地表温度的冻结指数不断减小,而融化指数则逐渐增大,从 20 世纪 80 年代开始地表温度年平均值由负转为正值,融化指数与冻结指数之比从 1.34 快速升至 1.63,冻土已经转向退化趋势。

16.2.2　乌丽季节冻土温度变化

乌丽地处高原腹地,下垫面类型为高寒草原,该地区土壤温度变化如图 16.2 和图 16.3 所示。

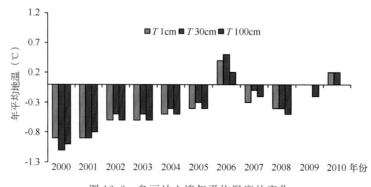

图 16.2　乌丽站土壤年平均温度的变化

Fig. 16.2　Variation of the mean annual soil temperature at Wuli station

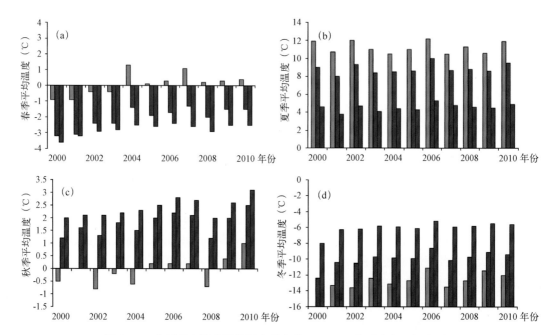

图 16.3　乌丽站土壤季平均温度的变化(a、b、c、d 分别为春、夏、秋、冬)

Fig. 16.3　Variation of the mean seasonal soil temperature at Wuli station

(a, b, c and d denote spring, summer, autumn and winter, respectively)

就年平均温度而言,三个深度处年平均地温呈现较明显的上升趋势,三个层位上温度变率在 0.8~1.1℃/10a 间变化。2006 年不同层位之间的温度升高,2007 年和 2008 年地温下降期,随后地温又呈现出明显的升高趋势。

就季节而言,春、冬季节的增温趋势明显高于夏秋。冬季三个层位处的升温率分别为 2.3,2.0,1.5℃/10a,春季的升温率分别为 1.3,1.6,0.8℃/10a,而对于夏季而言,1 cm 温度近 11 a 来略有下降趋势,其他两层位的升温率从浅层到深层依次为 0.6,0.5℃/10a。地温的季节变化趋势与年平均地温的变化趋势略有差异,1 cm 春季平均地温在 2006—2008 年为上升趋势,2008—2010 年为下降趋势,这与年平均正好相反。1 cm 年平均地温的最高值出现在 2006 年,而冬季的平均地温最高值出现在 2005 年,2006 年为一个相对低值。40 cm 和 100 cm 深度季节平均土壤温度跟表层的年变化有很好的一致性,但是变幅要小于地表。

总体上,乌丽点的地温在观测时段呈现出增大趋势。乌丽地温的变化特点与区域大背景的气温变化特征一致,均表现出冬、春季节显著升温。

16.2.3 临泽季节冻土温度变化

临泽内陆河综合观测场地处甘肃河西走廊中部的临泽县,位于绿洲—荒漠过渡带,主要的景观类型为沙漠、戈壁。临泽地区气候类型属于大陆干旱气候,年平均降水量 117 mm,年蒸发量 2390 mm。针对这一地区而言,该地年平均气温 7.6℃,最高气温 39.1℃,最低气温为 −27℃,年内无霜期 105 d。依据临泽站 2004 年 9 月—2010 年 9 月的土壤温度梯度观测资料,分析了临泽季节冻土区土壤热状况。图 16.4 和图 16.5 分别给出了 0 cm,40 cm,100 cm 深度处的年平均地温和季节平均地温。

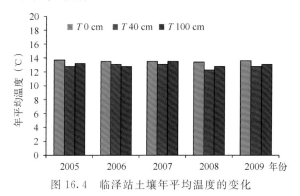

图 16.4　临泽站土壤年平均温度的变化

Fig. 16.4　Variation of the mean annual soil temperature at Linze station

由图可以看出,临泽观测点 2005—2009 年地表的年平均地温的变化趋势不明显,地表 0 cm 温度在 13.4～13.7℃间变化,平均温度 13.5℃,温度的年际之间的波动在 0.2℃之内。40 cm 深度温度在 12.2～13.1℃范围内变化,平均值 12.8℃。100 cm 深度处温度的变化范围为 12.8～13.5℃,平均值 13.1℃。近期的观测结果与该地区历史数据相比可发现,2005—2009 年间 0～20 cm 的土壤温度比 1967—1981 时段的平均值高 2.6～3.0℃。与高原地区相比,临泽地区年平均地表温度明显高于位于高原地区的乌丽。40 cm 和 100 cm 深度地温波动相对较大,但是也在 1℃之内。年平均温度呈现出了弱的下降趋势。这与大背景的变化相反,这可能是由于临泽站所处的环境条件所限制,临泽地处绿洲与荒漠的过渡带,无霜期相对较短,冬季易受冷空气袭扰,相应的土壤温度较低。

就季节变化而言,临泽地表温度春、秋、冬季节波动较大,升温主要发生在夏季,所给出的 3 个土层夏季的升温率可达 2.0℃/10a。100 cm 深度秋、冬季平均土壤温度在观测期内有明显的下降趋势。

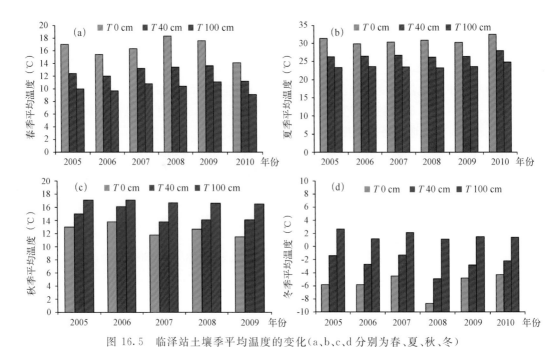

图 16.5　临泽站土壤季平均温度的变化（a、b、c、d 分别为春、夏、秋、冬）

Fig. 16.5　Variation of the mean seasonal soil temperature at Linze station

（a，b，c and d denote spring，summer，autumn and winter，respectively）

　　对比深处内陆的临泽站与高原腹地的乌丽站两站的结果发现，临泽站土温变化明显异于乌丽站地温的变化，乌丽站研究时段总体上呈现出了一些升温趋势，而且以冬、春季节升温为最，而临泽则表现出了降温趋势，仅夏季升温。不同的下垫面特征及受不同区域气候类型影响是形成两地不同地温变化类型的重要原因。从与 20 世纪 80 年代的结果对比来看，近年来该区域的温度高于 20 世纪 80 年代，因而临泽站 2004—2009 年平均地温表现出的略微下降趋势还与资料序列较短有关。

16.2.4　玛曲季节冻土温度变化

　　玛曲观测场地处高原东缘，下垫面类型为高寒草甸。玛曲站的观测始于 2006 年 9 月，其中 2009 年 1、2 月份数据缺失。5 cm、40 cm、100 cm 土壤温度的年变化和季节变化见图 16.6 和图 16.7。

　　玛曲站地温从 2007—2008 年，5 cm 和 100 cm 深度的年平均土壤温度都为下降趋势，5 cm 深度下降趋势更为明显，但 40 cm 深度年平均土壤温度有略微的上升趋势。

　　就季节变化方面，春季 5 cm 和 40 cm 深度平均土壤温度在 2008 年之前和 2009 年之后都为上升趋势，2008—2009 年期间有明显的降温，100 cm 深度土壤在 2009 年之前都为上升趋势，之后有略微的下降。夏季表层土壤平均温度在 2009 年之前为下降，2009 年之后开始略微上升，而 40 cm 和 100 cm 深度处土壤温度主要以升温为主。秋季平均地温在 3 个深度表现较为一致，2008 年之前为下降，之后开始上升。冬季平均地温在 3 个深度表现也较为一致，由于缺失 2008 年数据，2008 年的趋势无法判断。

　　玛曲的地温变化与该站的资料序列有关，由于该站的数据序列较短，同时 2008 年冬季极端低温事件恰好处于这个序列中，结果造成了温度降低。对比玛曲与乌丽的变化情况可看到，

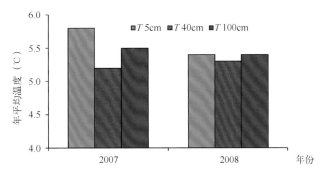

图 16.6　玛曲站土壤年平均温度的变化

Fig. 16. 6　Variation of the mean annual soil temperature at Maqu station

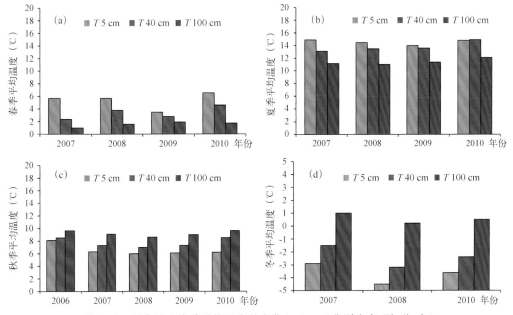

图 16.7　玛曲站土壤季平均温度的变化(a、b、c、d 分别为春、夏、秋、冬)

Fig. 16. 7　Variation of the mean seasonal soil temperature at Maqu station

（a，b，c and d denote spring，summer，autumn and winter，respectively）

对于高原东北缘的玛曲而言,其温度的季节变化与位于高原腹地的乌丽不同,其他土温的变化在冬、春季节均呈现下降趋势,夏、秋季节的升温也不明显,这可能由于该站位于黄河源区地带,土壤水分条件相对较好,下垫面植被状况相对于乌丽好等局地的因子影响,使玛曲的变化呈现出类似的特点。

16.2.5　奈曼季节冻土温度变化

奈曼站位于内蒙古东部科尔沁沙漠腹地,地处东北平原向内蒙古高原、半湿润区向半干旱区、农业区与牧业区三条过渡带的交汇处。奈曼站的地温数据时段为 2005 年 1 月—2012 年12 月,期间 2005 年 1—5 月和 2006 年 1—3 月 40 cm 和 100 cm 深度的土壤温度有缺失。土壤温度的年变化和季节变化见图 16.8 和图 16.9。

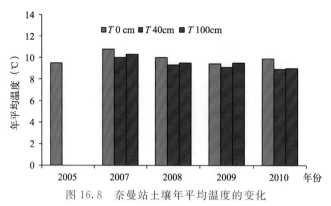

图 16.8　奈曼站土壤年平均温度的变化

Fig. 16.8　Variation of the mean annual soil temperature at Naiman station

从图 16.8 可以看出，年平均地表温度在 2009 年之前为连续的下降期，过了 2009 年之后开始回升。而 40 cm 和 100 cm 深度年平均土壤温度则表现为下降趋势。

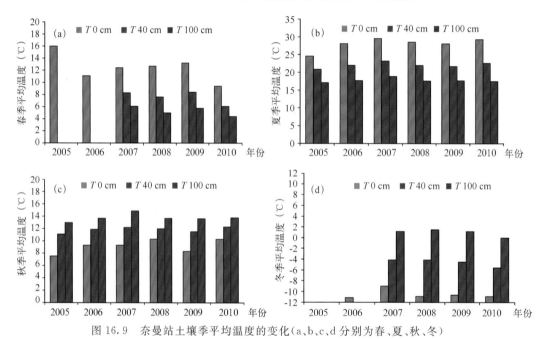

图 16.9　奈曼站土壤季平均温度的变化（a、b、c、d 分别为春、夏、秋、冬）

Fig. 16.9　Variation of the mean seasonal soil temperature at Naiman station

（a，b，c and d denote spring，summer，autumn and winter，respectively）

从季节平均来看，除夏、秋两季地表温度有升高趋势之外，其他两个季节不同土层的温度均呈现下降趋势。

奈曼站地温的变化特点不同于位于高原腹地的乌丽站与高原东北缘的玛曲站，也不同于位于沙漠绿洲的临泽站。总体而言，产生这种差异的原因除了受不同的气候系统影响之外，还与局地因素有关。

16.2.6　沙坡头季节冻土冬季温度变化

沙坡头位于腾格里沙漠南缘，是典型的荒漠地区，是荒漠化草原向草原化荒漠的过渡区，也是沙漠与绿洲的过渡区。沙坡头站海拔约为 1339 m,受蒙古高气压的影响,气候寒冷干燥,多西北风,年平均气温为 9.6℃,最高气温为 38.1℃,最低气温为 −25.1℃,年均降水量仅为186 mm,年潜在蒸发量高达 2900 mm。沙坡头站的地温观测每年观测月份为 11 月—翌年 3 月。数据为2001—2010 年每年上述 5 个月的月数据。冬季各层土壤温度为当年 12 月至翌年 2 月土壤月平均温度的平均值,数据完整无缺失。各层土壤冬季平均温度的变化见图 16.10。

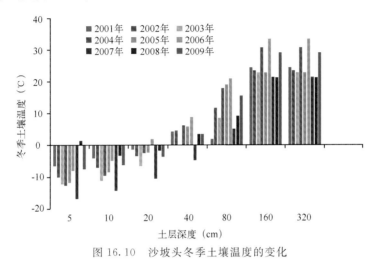

图 16.10　沙坡头冬季土壤温度的变化

Fig. 16.10　Variations of the soil temperature in winter at Shapotou station

从图 16.10 可以看出,沙坡头地表 5～20 cm 冬季土壤温度自 2001—2003 年逐渐降低而后又逐年升高,波动较大。40～80 cm 深度冬季地温基本逐年升高,160～320cm 深度冬季地温则总体上有逐年降低的趋势。

16.3　季节冻土的冻结深度与冻结时间变化

16.3.1　冻结深度变化

季节冻土最大冻结深度是下垫面土壤水热综合作用的结果,冻结深度在某种程度上是下垫面热力特征的重要体现。最大冻结深度从各个观测场冻结深度观测资料中获取,各观测场最大冻结深度变化如图 16.11 所示。

由图 16.11 可知,乌丽观测场的最大冻结深度明显大于其他几个观测站,这可能由于乌丽站地处高原腹地,海拔高,温度低,加之该地地处高原半干旱气候区,年降水量较小,土壤含水量相对较小,因而冻结深度相对较大。不同观测场的最大冻结深度从高原腹地向周边地区减小,总体上高原地区的最大冻结深度大于非高原区域。对于高原地区不同的下垫面而言,高寒草原类下垫面最大冻结深度大于高寒草甸类。5 个观测点中,以沙坡头观测场最大冻结深度为最小,这与该站的气候条件及局地状况有关,该站位于腾格里沙漠东南缘,处于沙漠和草原的过渡带,气候干旱,年平均降水量小于 200 mm。沙坡头观测场土壤湿度较小,年平均气温达 9.6℃,高于位于沙漠绿洲的临泽站,因此该站的最大冻结深度最小。而奈曼站由于纬度较高,年均温度相对于沙坡头与临泽低(6.0～6.5℃),年降水量较沙坡头与临泽大,因而,奈曼站的最大冻结深度在非高原区的 3 站中较大。

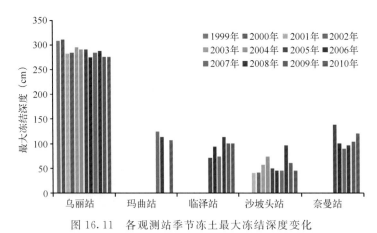

图 16.11　各观测站季节冻土最大冻结深度变化

Fig. 16.11　Variations of the frozen depth at the seasonally frozen ground stations

16.3.2　冻结时间变化

冻土持续时间是根据地面表层温度稳定小于0℃时的日期,从连续冻结期的初日(冻结时间)统计到终日计算得到的,各站点的冻结时间和融化时间如表 16.2～表 16.6 和图 16.12 所示。对比表与图中的数据可以发现,乌丽站的冻结时间明显早于其他 3 个观测站点,同时乌丽站的融化时间也明显晚于其他 3 个观测站点,这就导致乌丽站的年平均冻结天数(181 d)要高于其他 4 个观测站的年平均冻结天数(临泽站 81 d,玛曲站 108 d,奈曼站 111 d,沙坡头站75 d)。这主要是由于乌丽站地处高原腹地,海拔高,观测时段的年平均气温仅为−3.4℃,因而该地的冻结日数相对其他几个站长。从变化趋势上看,随着温度的升高,乌丽站近 11 a 来的冻结日数呈现减少的趋势,相对于 2000 年的冻结日数,2010 年的冻结日数减小了 14 d,总体上冻结日数每 10 a 减小 4 d。另外,4 个站点在 2008 年都为冻结日数的峰值。除奈曼站与沙坡头站冻结日数略有增大外,其余各站的冻结日数均有减小的趋势。冻结日数的减小对地表植被、农作物的生长有利,随着冻结日数的减少,用于土壤升温的热量增多,土壤的积温增大,这就为农作物的生长积累了热量条件,再者,冻结日数的减少可使农作物受到冻害的可能性有所降低,有利于作物越冬。

表 16.2　乌丽站季节冻土冻结、融化时间表

Table 16.2　Time table on freezing and thawing processes of seasonally frozen ground at Wuli station

年份	融化时间	融化时 1 cm 深度日均温(℃)	冻结时间	冻结时 1 cm 深度日均温(℃)	冻结天数(d)
1999	—	—	10 月 13 日	−0.2	—
2000	4 月 21 日	1.1	10 月 16 日	−1.3	188
2001	4 月 14 日	0.4	10 月 14 日	−0.9	182
2002	4 月 8 日	2.0	10 月 11 日	−0.5	179
2003	4 月 16 日	1.2	10 月 18 日	−0.3	180
2004	4 月 18 日	1.1	10 月 16 日	−1.7	185
2005	4 月 6 日	0.6	10 月 16 日	−0.8	183
2006	4 月 18 日	1.5	10 月 18 日	−0.5	182

续表

年份	融化时间	融化时 1 cm 深度 日均温(℃)	冻结时间	冻结时 1 cm 深度 日均温(℃)	冻结天数(d)
2007	3 月 30 日	0.4	10 月 18 日	−0.3	163
2008	4 月 17 日	0.7	10 月 8 日	−0.9	192
2009	4 月 13 日	0.4	10 月 17 日	−0.3	188
2010	4 月 15 日	0.3	10 月 9 日	−0.1	174

表 16.3 临泽站季节冻土冻结、融化时间表

Table 16.3 Time table on freezing and thawing processes of seasonally frozen ground at Linze station

年份	融化时间	融化时 0 cm 深度 日均温(℃)	冻结时间	冻结时 0 cm 深度 日均温(℃)	冻结天数(d)
2004	—	—	11 月 10 日	−1.5	—
2005	2 月 20 日	0.37	11 月 21 日	−1.73	91
2006	2 月 4 日	0.67	11 月 25 日	−1.47	71
2007	2 月 6 日	2.1	11 月 29 日	−1.67	69
2008	2 月 19 日	0.23	11 月 17 日	−1.73	94
2009	2 月 1 日	0.9	11 月 14 日	−0.57	79
2010	2 月 5 日	0.35	—	—	—

表 16.4 玛曲站季节冻土冻结、融化时间表

Table 16.4 Time table on freezing and thawing processes of seasonally frozen ground at Maqu station

年份	融化时间	融化时 0 cm 深度 日均温(℃)	冻结时间	冻结时 0 cm 深度 日均温(℃)	冻结天数(d)
2006	—	—	11 月 29 日	−0.2	—
2007	3 月 2 日	0.1	11 月 2 日	−0.2	93
2008	3 月 11 日	0.1	11 月 20 日	−0.1	130
2009	3 月 8 日	0.1	11 月 13 日	−0.4	108
2010	2 月 28 日	0.8	11 月 8 日	−0.3	107

表 16.5 奈曼站季节冻土冻结、融化时间表

Table 16.5 Time table on freezing and thawing processes of seasonally frozen ground at Naiman station

年份	融化时间	融化时 0 cm 深度 日均温(℃)	冻结时间	冻结时 0 cm 深度 日均温(℃)	冻结天数(d)
2005	3 月 4 日	1.43	11 月 10 日	−0.73	114
2006	2 月 28 日	0.8	11 月 8 日	−5.17	112
2007	2 月 23 日	2.0	11 月 12 日	−1.8	103
2008	2 月 27 日	9.87	11 月 7 日	−1.9	112
2009	2 月 28 日	1.23	11 月 8 日	−0.53	112
2010	3 月 3 日	2.3	11 月 9 日	−0.13	114

表 16.6　沙坡头站季节冻土冻结、融化时间表
Table 16.6　Time table on freezing and thawing processes of seasonally frozen ground at Shapotou station

年份	融化时间	冻结时间	冻结日数(d)
2001	2 月 12 日	11 月 30 日	—
2002	2 月 10 日	12 月 4 日	74
2003	2 月 14 日	—	—
2004	2 月 12 日	11 月 24 日	—
2005	2 月 20 日	12 月 1 日	88
2006	2 月 8 日	11 月 26 日	69
2007	2 月 2 日	12 月 1 日	68
2008	2 月 16 日	12 月 3 日	77
2009	1 月 30 日	11 月 14 日	58
2010	2 月 18 日	12 月 5 日	96

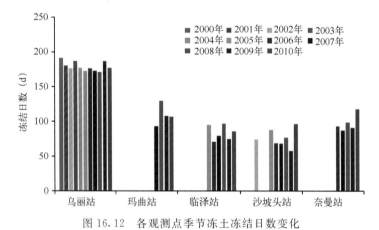

图 16.12　各观测点季节冻土冻结日数变化
Fig. 16.12　Variation of freezing days at seasonally frozen ground stations

第 17 章　多年冻土变化

17.1　多年冻土的监测

　　多年冻土监测是定量描述多年冻土特征及其与环境因子的关系、查明多年冻土的动态过程并预测其未来变化的基础。因此,要了解多年冻土的变化特征并开展相关研究,必须对多年冻土及其环境因子进行长期连续的监测。多年冻土监测主要为有关多年冻土基本要素的观测,主要包括多年冻土的温度及活动层的水热动态监测。多年冻土地温观测是了解各地区多年冻土的上限、年变化深度、年平均地温及多年冻土厚度等特征指标,以及多年冻土的发育和退化过程及其与冻土环境间相关关系的重要手段。多年冻土层地温观测孔深度应超过多年冻土年变化深度(一般为 15～20 m),尽可能达到多年冻土层的下限。活动层监测的目的是获取活动层厚度、活动层的冻结融化过程及活动层中不同深度的温度、水分及能量的分布和动态过程等信息。因此,活动层监测所包括的内容包括活动层内部不同土层的温度、湿度、地表热通量。

　　多年冻土研究过程中常常利用测温方法确定活动层的热状况。活动层温度观测的传感器一般安装在土壤剖面的不同深度,活动层温度监测剖面层数和各层的埋设位置主要取决于研究内容的需要。一般来说,活动层观测布设 5 层,在需要进行活动层水热过程模拟时可以适当增加层数以满足需要,其层次划分主要根据土壤的结构和质地来确定。活动层温度观测的传感器一般分为热电偶和热电敏两种,其观测精度能分别达到±0.1℃和±0.03℃。

　　青藏高原多年冻土地温的连续系统观测始于 20 世纪 90 年代末,迄今沿青藏公路(铁路)沿线已经布设了 12 个长期连续的观测钻孔。青藏高原多年冻土地温监测点主要分布于青藏公路沿线,沿线共计 9 个监测点,其地貌类型涵盖了高山、丘陵、高平原及断陷盆地(谷地)等地貌类型(图 17.1)。

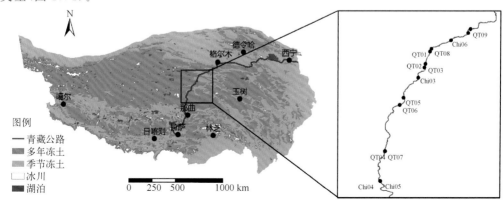

图 17.1　青藏高原多年冻土综合观测场分布图

Fig. 17.1　Distribution of comprehensive observation sites of permafrost on the Qinghai-Tibetan Plateau

由图 17.1 中多年冻土观测场分布可以看出,观测区域由北向南基本上穿越了高原多年冻土区,相关监测基本上可以反映出青藏高原多年冻土区南北剖面上活动层的水热状况。

不同活动层观测点的资料连续程度如表 17.1 所示,由表可以看出,少数站点除因数采仪的电缆被老鼠破坏导致观测数据中断外,整体上活动层数据的连续性比较好。

表 17.1　青藏高原活动层各观测场各年具有完整记录资料的天数(单位:d)
Table 17.1　Days with complete record of active layer observation at each station from 1998—2010 on the Qinghai－Tibetan Plateau

年份 观测场	1998	1999	2000	2001	2002	2003	2004	2005	2006	2007	2008	2009	2010
Chi01	227	365	366	351	252	365	366	365	365	365	366	365	365
Chi02		152	366	365	365	365	366	365	365	365	366	365	365
Chi03		149	366	365	365	365	366	365	365	365	366	365	365
Chi04		96	262	208	365	365		365	365	365	366	365	365
Chi05		95	209	250	334	365	312	365	365	365	366	365	227
Chi06						84	187	364	365	365	366	365	365
QT01						84	366	365	365	365	366	365	365
QT02						90	366	365	365	365	366	365	365
QT03						89	333	365	365	365	366	365	365
QT04								75	365	365	366	365	365
QT05						86	366	365	365	365	366	365	365
QT06						87	366	365	365	365	118	270	365

17.2　多年冻土活动层的变化

17.2.1　活动层底部温度变化

青藏公路沿线 10 个观测场中活动层底部温度(即多年冻土顶板温度 T_{top})及 50 cm 深度处土温(GT_{50})总体呈现出上升趋势,T_{top} 及 GT_{50} 的高值出现于 2006/2010 年(图 17.2,图 17.3)。

不同观测场 T_{top} 变幅为 0.1~1.6℃,平均变幅 0.7℃。研究区域 T_{top} 平均变化率为 0.31℃/10a,在－0.44~0.98℃/10a 范围内波动。低温多年冻土区 T_{top} 平均变化率为 0.32℃/10a,高温多年冻土区 T_{top} 平均变化率为 0.31℃/10a,观测场海拔高度大于 4700 m 的观测场 T_{top} 的平均变化率为 0.34℃/10a,观测场海拔高度小于 4700 m 的观测场 T_{top} 的平均变化率为 0.29℃/10a。地面植被类型不同,T_{top} 升温率也不相同,草甸类观测场 T_{top} 变化率为 0.41℃/10a,草原类观测场 T_{top} 变化率为 0.09℃/10a;研究站点活动层 50 cm 处温度平均变幅约 0.9℃,在 0.3~1.2℃范围内波动。

低温多年冻土区 GT_{50} 变幅为 1.1℃,平均变率为 1.05℃/10a,高温多年冻土区 GT_{50} 变幅为 0.8℃,平均变率为 0.75℃/10a,海拔高度大于 4700 m 的观测场 GT_{50} 平均变幅 0.9℃,变化率 0.86℃/10a,海拔高度小于 4700 m 的观测场 GT_{50} 平均变幅 0.8℃,平均变化率 0.78℃/10a。对不同的地表植被类型 GT_{50} 变化特点不同，草甸类 GT_{50} 的平均变幅在 0.9℃左右，平均变率 0.98℃/10a，草原类观测场 GT_{50} 的平均变幅 0.8℃，平均变率 0.75℃/10a。

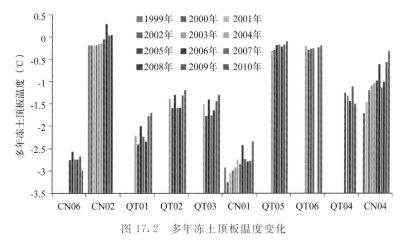

图 17.2　多年冻土顶板温度变化

Fig. 17.2　Variation of the T_{top} at all permafrost stations

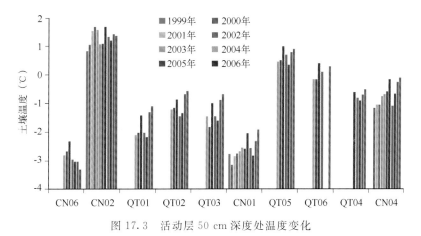

图 17.3　活动层 50 cm 深度处温度变化

Fig. 17.3　Variation of the temperature at 50 cm depth of active layer

17.2.2　5 cm 积温及活动层温度位移

活动层浅层年内土壤积温是衡量活动层土壤热量条件的重要指标之一。图 17.4 给出了青藏公路沿线 CN2 等 8 个观测场 5 cm 深度积温（CT）变化。

观测结果显示，不同观测场 CT 最大值出现于 2006/2010 年，8 个观测场的 CT 值在 190～595℃·d 范围内波动，平均变幅 400 ℃·d。不同观测场的数据分析结果显示，低温多年冻土区 CT 值变幅 595 ℃·d，变率达 774.6 ℃·d/10a，而高温多年冻土区 CT 值平均变幅 373℃·d，变率为 334.5℃·d/10a。观测场的海拔高度及地表植被类型对 CT 值的影响也比较大。海拔高度大于 4700 m 的观测场 CT 值变幅约为 432.36℃·d，CT 变率 432.3℃·d/10a。海拔高度小于 4700 m 的观测场 CT 值变幅约为 381.8℃·d，CT 变率 376.3℃·d/10a。对比不同植被类型研究各站点的 CT 值发现，草甸类观测场活动层 CT 值变幅为 425.5℃·d，变率可达 443.8℃ · d/10a,对于草原类观测场,活动层 CT 值变幅为 359.5℃ · d,变率可达 299.0 ℃ · d/10a。

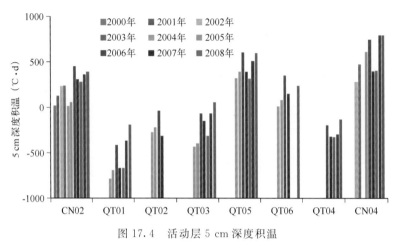

图 17.4　活动层 5 cm 深度积温

Fig. 17.4　Cumulative temperature of shallow active layer

　　表面位移(表层 5 cm 深度土壤温度与活动层顶板温度 T_{top} 的差值)代表了整个活动层内土体的热量状况。图 17.5 给出了青藏公路沿线由北向南 6 个观测场表面位移的近期变化。

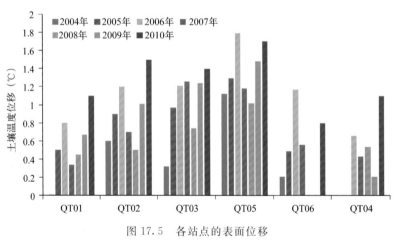

图 17.5　各站点的表面位移

Fig. 17.5　Thermal offset of active layer in different sites

　　研究时段内,青藏公路沿线不同观测场表面位移均呈现出增大的趋势,6 个观测场中,表面位移的最大值同样出现于 2006/2010 年,6 个观测场表面位移平均变幅 0.9℃,在 0.8～1.1℃范围内波动,平均变率 0.84℃/10a。对于低温多年冻土区观测场而言,表面位移平均变幅 1.1℃,平均变率 1.25℃/10a。高温多年冻土区表面位移平均变幅 0.9℃,平均变率 0.75℃/10a。海拔高度大于 4700 m 时表面位移平均变幅 1.1℃,平均变率 1.25℃/10a。海拔高度大于 4700 m 时表面位移平均变幅 0.9℃,平均变率 0.75℃/10a。6 个观测场中,草甸类观测场表面位移平均变幅 1.0℃,平均变率 1.02℃/10a,草原类观测场表面位移 0.8℃,平均变率 0.47℃/10a。

17.2.3 活动层厚度变化

活动层厚度是活动层土体水热状况的综合体现。上述活动层土体热力状况的变化导致了活动层厚度的变化,图 17.6 为青藏公路沿线不同观测场活动层厚度的变化序列。

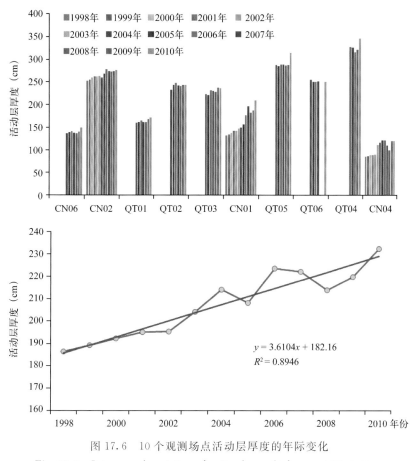

图 17.6 10 个观测场点活动层厚度的年际变化

Fig. 17.6 Interannual variation of active layer thickness at 10 stations

对低温多年冻土区,从有观测记录至 2010 年时段,CN06 活动层厚度在 137~150 cm 间波动,观测时段最小值 137 cm 出现于 2008 年,最大值出现于 2010 年,活动层厚度的线性变化率为 13.7 cm/10a;QT01 活动层厚度波动范围为 160~173 cm,最小值出现于 2004 年,最大值出现于 2010 年,活动层厚度的线性变化率为 16.6 cm/10a;观测序列较长的 CN01 活动层厚度波动范围为 132~210 cm,1998 年的观测值较小,观测时段 2010 年活动层厚度最大,活动层厚度的线性变化率为 62.6 cm/10a。有观测史以来低温多年冻土区活动层厚度增大幅度为 13~78 cm,平均增厚了 34 cm,活动层厚度的线性变化率变化范围为 13.7~62.6 cm/10a,平均值为 31 cm/10a。相对于低温多年冻土区,有观测记录以来高温多年冻土区活动层厚度增大范围为 15~35 cm,平均增厚了 22 cm,活动层厚度的线性变化率除 QT05 为 −5 cm/10a 外,其余观测场在 8~32.4 cm/10a 间变化,平均变化率为 24 cm/10a。高温多年冻土区观测结果显示,高原腹地活动层厚度平均变化幅度约为 20 cm,边缘地区活动层厚度变化幅度大于 30 cm。

不同观测场的观测事实表明,青藏公路沿线多年冻土区活动层厚度总体呈现增大趋势,最大活动层厚度出现于 2010 年,次大值出现于 2006/2007 年。近 13 a 来活动层厚度平均增大了 46 cm,变率达 3.6 cm/a。

海拔高度和植被类型的差异对活动层影响很大。对观测场海拔高度、植被类型与活动层厚度变化关系分析发现,随着海拔高度的增大,活动层厚度的变幅相应增大(图 17.7)。

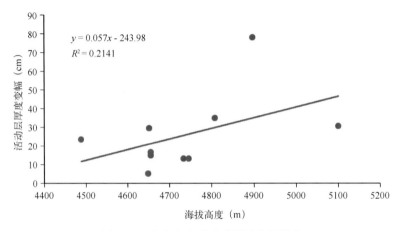

图 17.7　海拔高度对活动层厚度的影响

Fig. 17.7　Correlation of active layer thickness variation to altitude

海拔高度每增大 100 m,活动层厚度的变幅增大 5.7 cm。其中海拔高度大于 4700 m 的观测场活动层厚度平均变幅近 34 cm,平均变化率为 31 cm/10a。海拔高度低于 4700 m 的观测场,活动层厚度平均变幅约为 18 cm,平均变化率近 16 cm/10a。草甸类观测场活动层厚度平均变幅近 30 cm,平均变化率约 27 cm/10a,高寒草原类观测场活动层厚度平均变幅为 20 cm,平均变化率 18 cm/10a。

上述对比分析结果表明,活动层厚度的变化与地表植被状况、地形地貌条件及多年冻土类型密切相关。其中草甸类观测场活动层厚度变幅较大,荒漠草原地带活动层厚度变幅较小;低温多年冻土区活动层增厚的幅度较高温多年冻土区大。从平均状况看,海拔高度与多年冻土区活动层厚度的关系比较密切,海拔越高,活动层厚度变化相对越大。多年冻土分布边界地区活动层厚度的变化相对于腹地要大。

17.2.4　活动层冻结起止日期变化

受活动层温度变化的影响,近年来,活动层观测场的冻结及融化开始的日期也发生了较明显的变化。几个观测场活动层的融化日期有不同程度的提前,而冻结日期有不同程度的推迟,冻结日数有不同程度的缩短。不同观测场地相比从有观测记录至 2006/2007 年活动层开始融化的日期平均提前了 16 d(图 17.8),开始冻结的日期平均推后了 14 d。2008 年与 2006/2007 年相比,冻结期结束的日期平均提前了 6 d 左右,开始融化的日期推后了 9 d。从多年冻土北界的西大滩至多年冻土南界的两道河,活动层冻结日期均有不同程度的减小,每 10 a 冻结日数减少了 5~24 d,南北边界处冻结日数变化率为 -8.1 d/10a,从可可西里到唐古拉一线,冻结日数变化率在 -13~-23.9 d/10a 范围内变动,平均变化率为 -17.8 d/10a(图 17.9)。就冻结日数而言,高原腹地多年冻土区减小的冻结日数较南北两边界处的大。

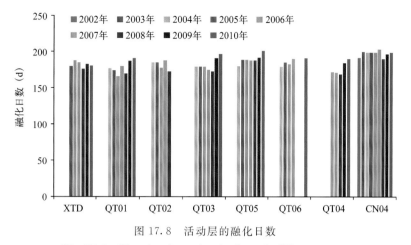

图 17.8 活动层的融化日数

Fig. 17.8 Thawing days of active layer in different years

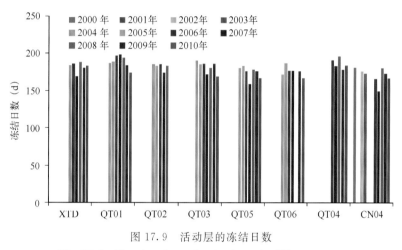

图 17.9 活动层的冻结日数

Fig. 17.9 Freezing days of active layer in different years

17.3 多年冻土区冻土层变化

17.3.1 多年冻土上、下限变化

由图 17.10a 可以看出,9 个站点的多年冻土上限基本都呈现增大趋势,在一定程度上反映了气候变暖对多年冻土表层的影响比较显著,其中 QT05,QT15,和 QT16 多年冻土上限增大的趋势最为明显。图 17.10b 表明多年冻土下限基本稳定不变,不过下限深度较深的 QTB16 这个点却有明显的减小趋势,反映了在 QT16 观测点地中热流对多年冻土下限有比较明显的作用。

17.3.2 多年冻土厚度变化

相对来讲,多年冻土厚度的变化与多年冻土下限的变化基本一致,远没有多年冻土上限变化那么快,相对稳定。由图 17.11 可以看到,6 个观测点的多年冻土厚度维持在一个稳定值。

其中仅仅 QTB16 厚度的减少趋势明显,从 17.3.1 节的分析可以看出,可能是由于这些观测点多年冻土上限增大而下限显著减少而导致多年冻土厚度显著减少。

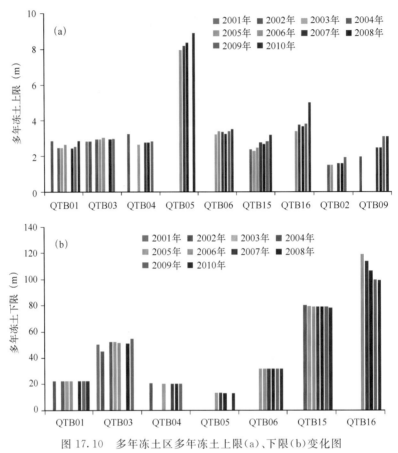

图 17.10　多年冻土区多年冻土上限(a)、下限(b)变化图

Fig. 17.10　Position of permafrost upper and lower boundary in different years

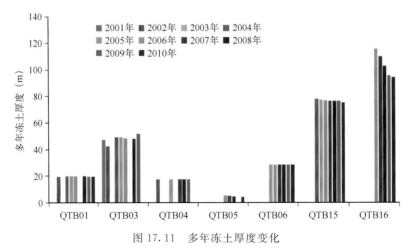

图 17.11　多年冻土厚度变化

Fig. 17.11　Variation of permafrost thickness in different years

17.3.3　10 m 深度处地温年平均值的变化

如图 17.12 所示,8 个观测点 10 m 深度处的年平均温度基本稳定在−1~0℃,属于高温多年冻土,只有 QTB02 观测点 10 m 深度处的年平均温度维持在−2℃附近,总体上说,各观测点 10 m 深度处的年平均温度近年来有逐渐升高的趋势。

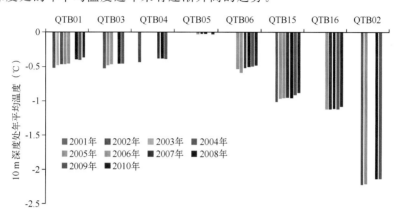

图 17.12　各观测点 10 m 处地温平均值变化

Fig. 17.12　Variation of mean annual ground temperature at 10 m depth at the observation sites

17.4　工程作用下的多年冻土热状况

工程活动中由于开挖地表、铲除植被、修筑路堤、改变天然地表性质,从而改变地表与大气的水热交换条件,从而使得地气相互作用的产物——多年冻土的热状况发生巨大变化,导致多年冻土的冰水、地温等平衡状态变化,从而引发和加剧一系列冻土环境工程地质问题。为了综合评价气候变化和工程活动对多年冻土热状况的影响,在青藏公路、青藏铁路沿线典型的多年冻土地温监测断面布设有左路肩和右路肩位置的地温监测孔,左路肩、右路肩测温孔深度均为 20 m。截至目前,已获取 2005 年 10 月至 2009 年 12 月共计 5 a 较为完整、连续、准确的地温监测资料。协同观测选择青藏铁路沿线风火山、五道梁、安多和开心岭 4 个观测点的左路肩和右路肩钻孔观测资料进行比较分析。

17.4.1　低温多年冻土

风火山和五道梁为低温基本稳定型多年冻土区,选取这两个地区的观测断面,分析青藏铁路路基工程对地温的影响。风火山断面的观测结果如图 17.13 所示。该断面位于风火山南麓,海拔 4715 m,多年冻土类型为饱冰、多冰冻土,天然孔年平均地温为−2.0℃,路基高度 0.9 m。

多年冻土上限附近地温基本稳定,无明显变化。受阴阳坡效应影响,左路肩较右路肩多年冻土上限附近地温明显要高。但在工程实施后,路基对多年冻土上限并没有产生明显影响,5 年的观测结果表明两侧路肩下多年冻土上限维持相对稳定。

从多年冻土地温变化看,处于阳坡的左路肩地温升高趋势比右路肩明显。如果不考虑图中 2003 年和 2004 年温度探头刚布设时的不稳定性,左路肩地温变化最显著的深度在 5~10 m,

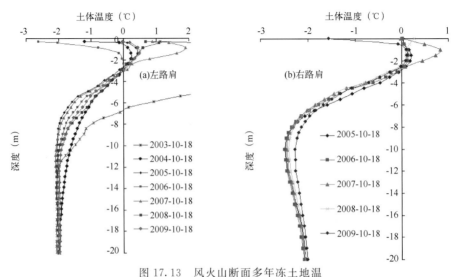

图 17.13　风火山断面多年冻土地温

Fig. 17.13　Ground temperature profiles at Fenghuoshan site

最大升温在 0.5℃ 左右。相对而言,右路肩的多年冻土温度要稳定得多,变化较小。

五道梁断面的观测结果如图 17.14 所示。该断面位于可可西里北坡,海拔 4734 m,多年冻土类型为多冰、富冰、含土冰层,年平均地温为 −1.6℃,天然多年冻土上限为 1.8 m,路基高度 4.0 m。左右路肩多年冻土上限位置地温都有略微降低的趋势。地温监测剖面表明过去 7 a 间左路肩 10 m 深度以上地温有略微降低的趋势,10 m 深度以下地温有略微升高的趋势,右路肩地温在 2~10 m 深度处有比较明显升高的趋势。总体而言,该断面属于工程热稳定性较好的断面。

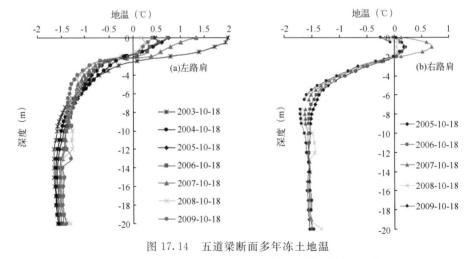

图 17.14　五道梁断面多年冻土地温

Fig. 17.14　Ground temperature profiles at Wudaoliang site

17.4.2　高温多年冻土

安多作为高温不稳定型多年冻土区的代表,分析道路工程对其的影响有重要意义。安多断面位于安多谷地局部低洼湿地区,海拔 4807 m,冻土类型为富冰、饱冰,年平均地温为

－0.2℃,多年冻土天然上限为 3.5 m,路基高度 2.9～3.1 m,为普通路基。

由图 17.15 可知,右路肩多年冻土上限处地温有明显的降低趋势,而左路肩相对稳定。左、右路肩的地温监测剖面表明,近 5 a 来 9 m 深度以下各深度处温度有略微的升高趋势(图 17.15),4～9 m 范围则略有下降。

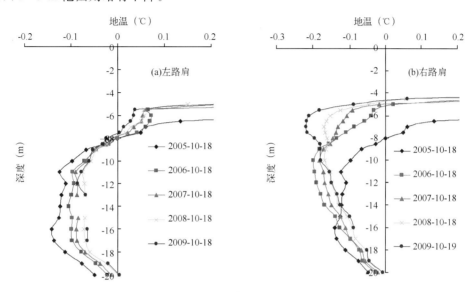

图 17.15　安多断面路基下部多年冻土地温

Fig. 17.15　Ground temperature profiles at Anduo roadbed

开心岭地区多年冻土类型为富冰冻土,年平均地温为－0.8℃,多年冻土天然上限为 2.9 m,路基高度 3.6 m。从图 17.16 可以看出,左路肩和右路肩钻孔 10 m 以下的温度均有显著的升高。

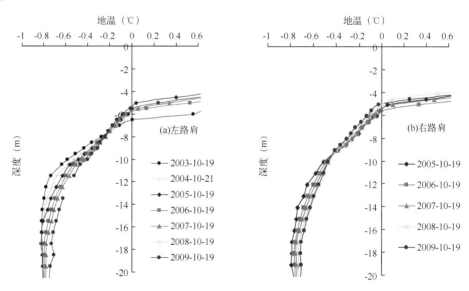

图 17.16　开心岭断面路基下部多年冻土地温

Fig. 17.16　Ground temperature profiles at Kaixinling roadbed

　　总之,青藏公路沿线多年冻土区活动层浅层及底部温度总体呈升高趋势,活动层厚度总体呈增大趋势。活动层热特性因区域而异,低温多年冻土区活动层热状况对气候变化的响应相对于高温多年冻土区敏感。多年冻土地温变化与位于其上的活动层热状态变化特征类似,低温多年冻土的地温近年来的变化较高温冻土敏感。

第18章 寒区水文观测试验研究

18.1 祁连山区不同下垫面水文功能的观测试验

这一研究主要在黑河上游冰冻圈水文试验研究站开展。黑河站正式建立于 2008 年,在我国典型内陆河流域——黑河祁连山区部署了葫芦沟小流域冰冻圈-生态-水文综合观测试验平台(海拔 2960～4820 m)。该平台围绕寒区水循环能水输入、输出及动态过程,重点针对冰冻圈动态过程及其对水文和生态的影响,布设了试验点、坡面/群落、子流域和小流域尺度的多种观测试验。包括:冰冻圈水文——冰川、冻土、积雪;生态水文——高山寒漠、沼泽化草甸、高寒草甸、高寒灌丛、森林和高寒草原;气象——多要素海拔梯度同步观测;地下水——同位素、水化学、观测井;陆地水文——多个子流域和小流域水文断面等。该平台是我国目前冰冻圈要素和寒区下垫面监测最齐全、观测最系统的寒区水文综合试验研究平台。

18.1.1 冻土的水文效应

我国多年冻土面积约占国土陆地面积的 1/4,季节性冻土面积更占 2/3 以上。多年冻土不仅仅是隔水底板,其活动层变化及季节性冻土的水热传输过程改变了土壤的实际孔隙度、饱和导水率,由此改变了实际的导热系数、导水率和水分运移途径及运移量,最终改变了流域的产汇流过程及径流的年内、年际变化,是寒区水文过程的核心环节。由于冻土分布广泛,冻土水热传输过程还受实际下垫面类型影响。寒区下垫面主要以草原/草甸(约70%)和寒漠(约 25%)为主,间或森林、灌丛和沼泽等。在葫芦沟小流域高寒草原、高寒草甸、沼泽化草甸和高山寒漠分别布设了系统监测设施,探讨其一维水热传输过程(SVATs),并布设了专门的高寒草甸和高山寒漠试验小流域。此外,特殊的监测/验证措施包括蒸散发和同一海拔、不同坡向/坡度和下垫面类型的地表温度观测及散布的地温监测等。

观测研究结果表明,广泛应用的 CoupModel 比 SHAW 模型模拟该区的 SVATs 结果要好(表 18.1)。该模型不仅能够较好地估算不同深度的地温,土壤含水量结果也是目前陆面过程模式中很好的,其估算的冻结深度及其变化与观测结果极为接近(阳勇,2011)。

模拟发现,地表水汽交换量:沼泽＞草甸＞草原＞寒漠;地表热量交换剧烈程度:寒漠＞沼泽＞草甸＞草原;波文比:草原＞草甸＞沼泽＞寒漠;蒸散发:沼泽＞草甸＞草原＞寒漠;蒸散降水比率:草原＞草甸＞沼泽＞寒漠(图 18.1);调蓄能力:沼泽＞草甸＞草原＞寒漠;推算的径流系数:寒漠＞沼泽＞草甸＞草原(陈仁升等,2014b)。

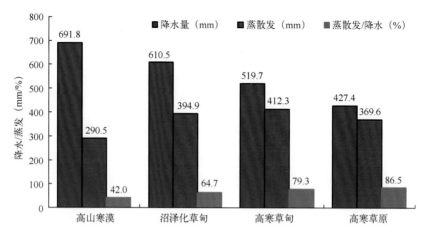

图 18.1　葫芦沟小流域典型下垫面蒸散发/降水比率(2008.10—2012.9)

Fig. 18.1　Precipitation/evapotranspiration ratio of typical underlying surfaces in Hulu small watershed(2008.10—2012.9)

表 18.1　葫芦沟小流域典型下垫面 SVATs 系统模拟日平均结果对比表

Table 18.1　R^2 values of the linear relationship between simulated and observed daily averaged soil temperatures and moistures in research sites

模型	验证项	试验点	土壤分层									平均	
			0 cm	20 cm	40 cm	60 cm	80 cm	100 cm	120 cm	160 cm	200 cm		
SHAW	含水量	高寒草原	0.51	0.56	0.33	0.55	0.47	—		0.95	—		0.78
		高寒草甸	0.62	0.56	0.71	0.8	0.78	0.41	—	—	—	0.65	
		沼泽草甸	0.7	0.79	0.77	0.75	0.58	0.48	—	—	—		
		高寒荒漠	0.69	0.67	0.72	0.73	0.72	0.71	—	—	—		
	地温	高寒草原	0.92	0.91	0.87	0.90	0.93	—	0.94	0.93	—		
		高寒草甸	0.95	0.96	0.95	0.93	0.92	0.91	0.91	0.92	0.91	0.90	
		沼泽草甸	0.97	0.94	0.93	0.88	0.88	0.86	0.82	0.80	0.50		
		高寒荒漠	0.92	0.93	0.93	0.95	0.92	0.92	0.91	0.87	0.85		
Coup	含水量	高寒草原	0.65	0.62	0.41	0.51	0.68	—		0.92	—		0.83
		高寒草甸	0.59	0.61	0.75	0.77	0.79	0.49	—	—	—	0.72	
		沼泽草甸	0.74	0.84	0.76	0.75	0.68	0.55	—	—	—		
		高寒荒漠	0.83	0.84	0.83	0.81	0.78	0.77	—	—	—		
	地温	高寒草原	0.94	0.98	0.95	0.88	0.87	—	0.93	0.93	—		
		高寒草甸	0.97	0.97	0.96	0.96	0.95	0.95	0.96	0.96	0.95	0.93	
		沼泽草甸	0.97	0.96	0.95	0.93	0.83	0.73	0.72	0.66	0.62		
		高寒荒漠	0.98	0.98	0.97	0.97	0.97	0.97	0.96	0.95	0.89		

上述对比结果为水平面水量平衡结果。实际流域产流能力及径流贡献率与各种下垫面的分布面积比例、坡度直接相关。基本结论为:若全球变暖,植被带上移,则流域的蒸散发/降水比例增大,流域产流量减少。

18.1.2 高山寒漠带产流能力观测试验

在葫芦沟小流域开展了高山寒漠带一维水热传输过程试验,并配备观测了蒸散、凝结和入渗过程。此外专门布设了高山寒漠带小流域产流能力观测试验。葫芦沟寒漠带试验小流域海拔 3611~4280 m,面积 111782 m²,平均坡度 38.4°,坡向 324°。

2009—2012 年监测结果表明,寒漠带降水量平均约 670 mm,这远远高于高寒草甸地区。高山寒漠带试验小流域年平均径流深 560 mm,平均径流系数 0.84(图 18.2)。按照黑河干流山区流域 2009—2012 年寒漠带平均径流深 560 mm,寒漠带面积比例 22%,以及同期黑河平均年径流量 17.0×10⁸ m³ 粗略估算(流域面积 10009 km²),黑河干流山区高山寒漠带径流贡献量约为 12.3×10⁸ m³,占黑河干流山区径流量的 72%。当然,寒漠带试验小流域在黑河山区的气候、地形和海拔等方面的代表性还没有详细考虑(陈仁升等,2014b)。

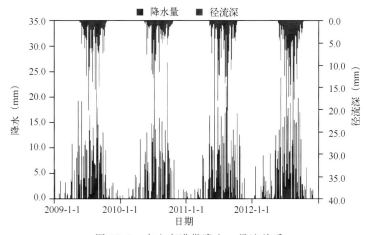

图 18.2 高山寒漠带降水—径流关系

Fig. 18.2 Precipitation-runoff relationship in a small alpine desert watershed

高山寒漠面积占我国西部寒区面积的 25%~28%,由于其海拔分布最高、降水多、气候冷,基本无植被覆盖,地表主要以入渗快速的石块为主,地形陡峭(平均坡度 40°以上,陡峭处 70°~90°),应该是寒区主要的产流区,但这一水文功能始终没有得到重视,关键问题是没有相关监测数据。本项试验研究表明,高山寒漠带在黑河山区,甚至是我国寒区,都是主要的产流区。

18.1.3 高寒草甸/草原的生态水文功能

高寒草甸/草原在我国西部寒区的面积比例约为 70%,其主要分布于地形开阔、平缓的地区,在较陡的山坡也有分布。我国寒区高寒草甸多以高山草甸土、亚高山草甸土为主,厚度波动于 0.3~2.0 m,底板一般以砾石为主,多数地区土壤层约为 50 cm,这也正是高寒草甸密集根系层所在。高寒草甸盖度一般较高,接近 100%,植被高度多数在 10~20 cm。在前期降水较少或者雨强正常的情况下,由于地形平缓,密集的高寒草甸拦蓄了绝大多数的降水,使降水—产流较少,而由于土壤为壤土类土,导水率较低,而且由于根系层密集,降水入渗缓慢。但由于地形平缓,降水慢慢入渗。由此造成的结果就是高寒草甸区根系层含水量较高,而产流较少,降水或者土壤水多数消耗于蒸散发,而且平缓高寒草甸面积大,从而形成了湿润的小气候环境。理论上讲,平缓地形下的高寒草甸具有较多的生态水文功能,而对径流贡献较小。

根据一维水热传输过程模拟结果,平缓高寒草甸/草原蒸散发面积比例约为 87%(图18.1;高寒草原观测点水平,高寒草甸观测点坡度 20°)。2009.6—2012.9 葫芦沟小流域气象场(图 18.1 中高寒草原)两个小型蒸渗仪观测结果表明,水平高寒草原区蒸散发/降水比例约为 99%(图 18.3,年降水量 1672 mm,年蒸散发 1655 mm),这意味着几乎所有的降水消耗于蒸散发(陈仁升等,2014b)。

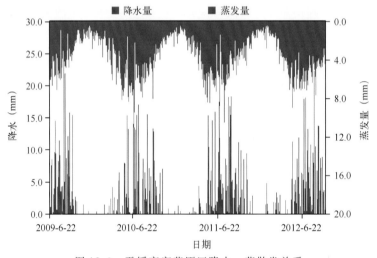

图 18.3　平缓高寒草原区降水－蒸散发关系

Fig. 18.3　Precipitation-evapotranspiration at a alpine grassland point

红泥沟高寒草甸试验小流域(海拔 3060～3607 m),面积 1.165 km²,平均坡度 19.1°(0～51°),平均坡向 92°。2009—2012 年观测结果表明,红泥沟小流域平均径流系数仅为0.17,平均年径流深 82.3 mm(图 18.4)。坡度是控制高寒草甸/草原区的关键因素,黑河干

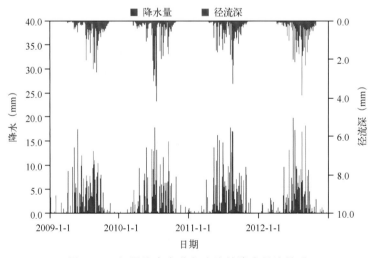

图 18.4　红泥沟高寒草甸小流域降水径流关系

Fig. 18.4　Precipitation-runoff relationship in a small alpine meadow watershed

流山区流域高寒草甸/草原面积比例约为 63%,平均坡度 $10.8°$,低于红泥沟小流域平均坡度 $19.1°$的面积比例约为 88%。按照坡度较陡、径流系数相对较高的红泥沟小流域资料估算,黑河干流山区流域高寒草甸/草原径流产流量约 5.2×10^8 m³,占黑河干流山区流域径流量的 30%。根据上述分析,所估算的高寒草甸/草原产流量及径流比例应该较实际偏大,但相对于其广泛的面积,其绝对数字并不很大。也就是说,高寒草甸/草原区的径流贡献比率还是很小的。

占我国西部寒区约 70% 面积的高寒草甸/草原,平缓地区的降水主要消耗于蒸散发,其在形成和维持区域湿润小气候环境方面具有重要的作用,但对流域径流量贡献很少(陈仁升等,2014b)。

18.1.4 风吹雪动力过程及积雪消融

我国绝大多数地区冬季都有积雪分布,特别是西部高寒区,积雪长达 $8\sim10$ 个月,并能够形成春季洪峰,对于保墒、减缓春旱等具有重要意义。但我国积雪观测数据严重不足,在高海拔山区及青藏高原腹地观测更是基本空白,由此造成雪水文学研究薄弱,难以回答气候变化背景下国民经济所面临的相关问题。风吹雪造成积雪/降雪的空间分布差异,由此引起消融差异及产汇流过程变更,从而影响寒区径流的年内、年际变化。在葫芦沟小流域布设了试验点、测线、观测场和子流域系统降雪、积雪消融及风吹雪观测场,开展了积雪消融物理过程及风吹雪模拟和估算研究。

雨与雪的水文过程不同。根据观测数据发现,降雪临界瞬时气温一般为 $0℃$,在日尺度上,给出了我国不同地区固液态降水分离的临界气温和临界露点温度,这对于缺乏降水类型观测地区具有重要意义。鉴于西部高寒区气象资料稀少、风吹雪主要发生在降雪过程的现状,构建了简单、实用的风吹雪动力模式(图 18.5)。解决了照片自动摄影技术,提出了依据照片 RGB 值之和是否大于 450 的积雪面积自动提取算法,由此可以连续获取积雪面积的变化(图 18.6)。构建了包含风吹雪动力过程积雪消融能量平衡模式,单点及面上验证结果均较好(图 18.7,刘俊峰,2011)。

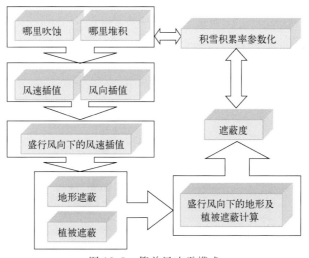

图 18.5　简单风吹雪模式

Fig. 18.5　Simple drifting snow model

利用气温和露点温度可以较好地分离雨雪（Chen *et al.*,2014b），简单风吹雪模式在我国西部高寒区更为实用，所提出的积雪面积自动提取算法简单实用，所构建的积雪消融模式能够较好地模拟积雪消融过程。相关研究将进一步深化。

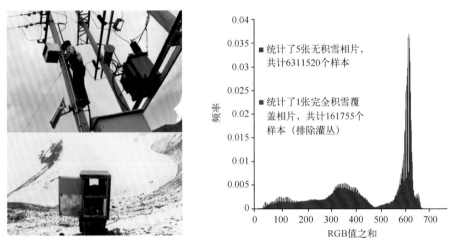

图 18.6 积雪面积自动摄影及提取算法

Fig. 18.6 Terrestrial photographic methods of snow area

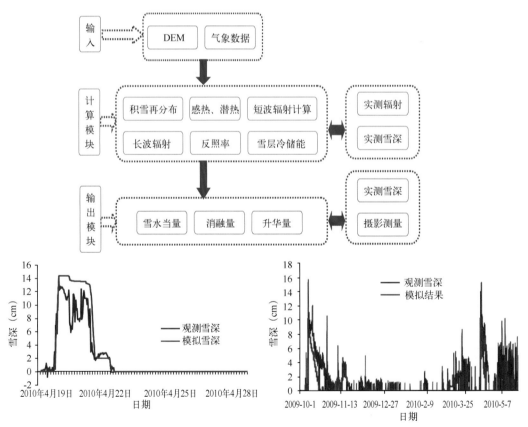

图 18.7 积雪消融能量平衡模式及单点和单场积雪验证

Fig. 18.7 Energy balance method of snowmelt and its validation

18.1.5　灌丛、森林水文功能

　　森林能够增加水平降水,但在西部寒区是否具有水源涵养作用一直是争议的话题。相对而言,西部寒区森林分布面积较少,而灌丛约占我国西部寒区面积的 20%,但相关研究很少。因此我们开展了森林、灌丛降水截留观测及水量平衡研究。

　　获取四种典型灌丛的降水截留参数,认识到灌丛穿透水、茎杆流出现的单次临界降水量约为 2.0 mm(图 18.8)。对比分析了各灌丛穿透率,结果为:高山柳＞金露梅＞鬼箭锦鸡儿＞沙棘;茎杆流:沙棘＞鬼箭锦鸡儿＞金露梅＞高山柳;截留率:沙棘＞鬼箭锦鸡儿＞金露梅＞高山柳(表 18.2)。获取了各灌丛的稳定截留率及其临界降雨量(图 18.9):金露梅:$P＞10$ mm,截留率:25%;高山柳:$P＞10$ mm,截留率:20%;锦鸡儿:$P＞15$ mm,截留率:18%;沙棘:$P＞25$ mm,截留率:20%。此外,还获取了雨强与截留率及茎杆流的统计关系及临界参数,分析了各降雨截留参数与株高、投影面积、基茎等植被参数的关系,并对比应用了原始 Gash 和修正 Gash 模型,发现原始模型更适合于高寒灌丛(刘章文等,2012)。

　　此外,研究获取了森林、灌丛下苔藓持水的多个关键参数(表 18.3),发现吸水速率随时间变化呈良好对数关系;还研究了苔藓对灌丛蒸散发的影响(图 18.10),探讨了高山柳灌丛与水分的关系(距水源距离)。

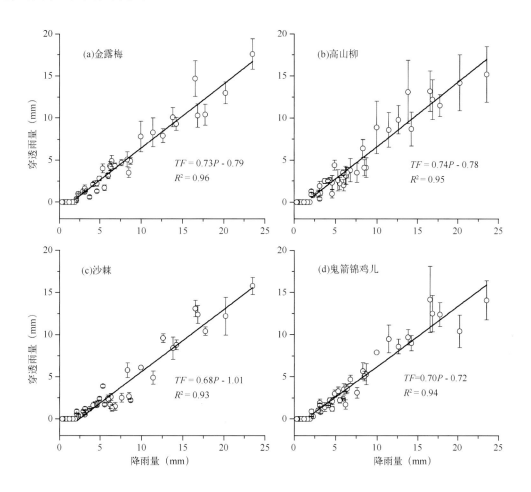

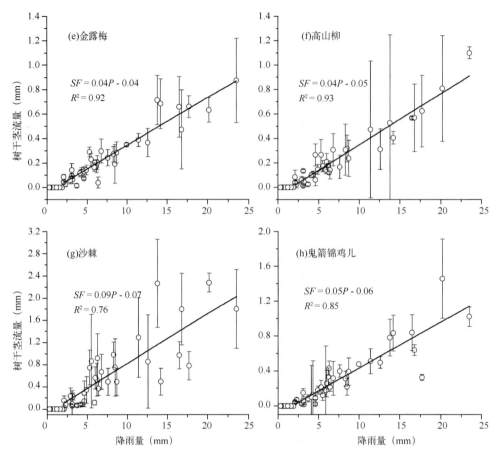

图 18.8　4 种典型寒区灌丛降雨截留参数(a~d 穿透水；e~h 茎杆流)

Fig. 18.8　Rainfall interception of four typical alpine shrubs

表 18.2　4 种典型寒区灌丛降水截留参数对比

Table 18.2　Precipitation interception of four typical alpine shrubs

灌丛	穿透雨量 (mm)	穿透率 (%)	树干茎流 (mm)	树干茎流率 (%)	截留量 (mm)	截留率 (%)
金露梅 (P. fruticosa)	175.8(2.2)	62.0(18.3)	9.5(0.7)	3.4(1.2)	98.0(1.5)	34.6(18.0)
高山柳 (S. cupularis)	179.8(2.4)	63.5(16.9)	9.1(0.3)	3.2(1.3)	94.2(1.6)	33.3(18.9)
沙棘 (H. rhamnoides)	148.1(1.5)	52.3(15.0)	22.5(1.2)	8.0(4.1)	112.5(2.5)	39.7(19.7)
鬼箭锦鸡儿 (C. jubata)	170.4(2.6)	60.2(18.5)	11.8(0.8)	4.2(1.7)	100.9(1.7)	35.6(19.4)

注：括号内数值为标准差。

　　总之，高山寒漠带应为中国高寒山区的主要产流区；而高寒草甸/草原区径流贡献较小，其水源涵养功能大于水文功能；高寒区典型下垫面径流系数可粗略排序：冰川＞寒漠＞沼泽化草甸＞山坡灌丛＞草甸＞草原＞森林；若全球变暖引起植被带上移，则高寒山区流域蒸散/降水比例增大、径流系数减小。

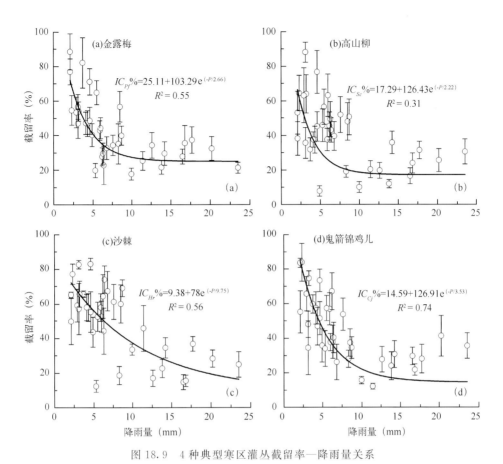

图 18.9　4 种典型寒区灌丛截留率—降雨量关系

Fig. 18.9　Interception ratio-rainfall relationship of four typical alpine shrubs

表 18.3　4 种典型寒区灌丛下苔藓持水参数

Table 18.3　Water parameters of lichen under four typical alpine shrubs

灌丛	蓄积量（t/hm²）	自然含水率（%）	最大持水量（t/hm²）	最大持水率（%）
金露梅	6.01	150.69	17.07	715.23
高山柳	5.53	164.76	17.18	620.91
沙棘	5.07	99.50	18.98	454.83
鬼箭锦鸡儿	6.02	62.73	19.19	682.95

图 18.10　苔藓对灌丛蒸散发影响

Fig. 18.10　Lichen effects to evapotranspiration of alpine shrubs

18.2　典型冰川水文过程观测

18.2.1　天山乌鲁木齐河源 1 号冰川水文

1. 乌源 1 号冰川水文断面径流变化

根据乌鲁木齐河源 1 号冰川水文断面 1959—2008 年径流实测资料统计分析（其中 1967—1979 年间中断观测，这一期间的径流数据由气象数据恢复重建）可知，1 号冰川水文断面径流在过去 50 a 呈明显增加趋势（图 18.11a），平均径流为 194.7×10^4 m³/a。1990 年以前径流没有表现出明显增加，但自 1994 年以来增加趋势尤为显著。1994—2008 年年平均径流为 270.9×10^4 m³，相比 1959—1993 年的 159.9×10^4 m³ 增加了 69.4%，观测期间径流最大值

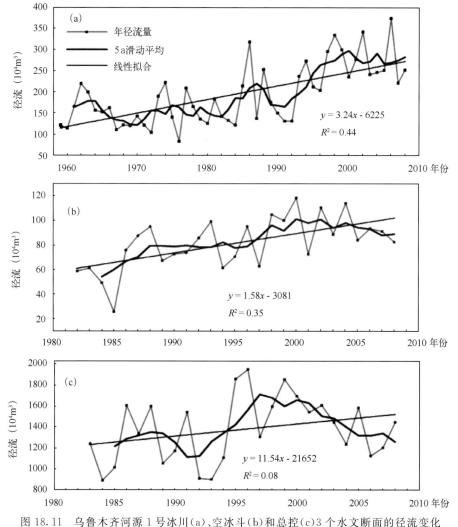

图 18.11　乌鲁木齐河源 1 号冰川(a)、空冰斗(b)和总控(c)3 个水文断面的径流变化

Fig. 18.11　Runoff change in three hydrological observed sites of glacier No. 1(a), vacancy cirque(b) and total controlled section(c) in the source of Urumqi River

出现在 2006 年,为 375.1×10⁴ m³,最小值仅有 82.3×10⁴ m³,出现在 1976 年。径流年内分配极不均匀,主要集中在 5—9 月份(图 18.12a)。根据观测期间的径流资料分析,5—9 月份径流分别占全年径流的 3.6%、18.0%、41.5%、35.2% 和 1.7%,其中 6—8 月径流约占整个消融期径流的 90% 以上。此外,为和空冰斗、总控两个水文断面径流变化对比,乌源 1 号冰川水文断面径流年代际变化主要分析 1980 年以来的径流资料。20 世纪 80 年代,乌源 1 号冰川水文断面径流年代际距平为 −23%,而 90 年代增长到 −9%,2000 年之后又迅速上升到 33%(图 18.12b),相比 20 世纪 80 和 90 年代,2000—2008 年径流分别增加了 56% 和 40%,可见径流增幅之大。

2. 空冰斗水文断面径流变化

空冰斗水文断面径流在 1982—2008 年观测期间总体上呈增加趋势(图 18.11b),多年平均径流为 81.6×10⁴ m³。2000 年以后径流略有下降,但也维持在一个较高水平,2000—2008 年年平均径流为 95.2×10⁴ m³,比 1982—1999 年的年均径流增加 20.4×10⁴ m³(27.3%)。观测期间最大径流为 118.5×10⁴ m³,出现在 2000 年,最小径流为 25.6×10⁴ m³,出现在 1985 年。空冰斗水文断面径流年内分配也不均匀(图 18.12a)。一般情况下,空冰斗从 5 月中旬开始出现融雪径流,到 6 月上旬季节积雪才能全部融化,6 月中旬到 8 月底,径流量大小主要取决于降水多寡及气温高低,空冰斗断流时间一般在 9 月初。根据 1982—2008 年资料统计,空冰斗 5—9 月径流分别占到了全年径流的 17.4%、23.9%、34.2%、22.5% 和 2%。空冰斗径流年代际距平 20 世纪 80 年代为 −20%,90 年代上升到 1%,2000—2008 年达到 17%,表现出径流随时间推移呈增加趋势(图 18.12b),但相比径流在 20 世纪 80—90 年代的增幅,90 年代至 2000 年后的增加幅度减少了 5%。

3. 总控水文断面径流变化

总控水文断面径流在 1983—2008 年观测期间总体上呈增加趋势,但 2000 年以后径流明显下降(图 18.11c)。多年平均径流为 1304.9×10⁴ m³,约是河源 1 号、空冰斗水文断面径流的 7 倍和 16 倍。最大径流出现在 1995 年,为 1860.7×10⁴ m³,最小径流出现在 1984 年,为 893.6×10⁴ m³。总控水文断面径流主要集中在 5—9 月(图 18.12a),一般该水文断面从 4 月底开始出现微弱的流量,这时水量来源为河冰融水和高山积雪融水。河冰解冻可延续到 5 月中旬,而高山区冬季积雪可延续到 6 月初才能全部融化。6—8 月为河源区雨季,气温较高,冰川进入强烈消融期,这段时期的径流由冰川融水或冰川融水加降水组成。总控水文断面 5—9 月径流占全年径流比例分别是 14.5%、22.7%、42.3%、19.2% 和 1.3%。根据总控水文断面 1983—2008 年资料,径流距平 20 世纪 80 年代为 −17%,90 年代为 4%,2000 年后增长到 13%,表现出径流增加幅度随时间推移有所减小,但整体呈增加趋势(图 18.12b)。

由以上分析可知,乌鲁木齐河源区 3 个水文断面径流自有观测记录以来整体上都呈增加趋势,但从 2000 年以后,总控水文断面径流有明显下降趋势。3 个水文断面径流年内分配极不均匀,都集中在 5—9 月,9 月径流最少,其次是 5 月,径流最多是 6—8 月,尤以 7 月径流最多,约占到了全年径流量的 40%。此外,3 个水文断面径流在 6 月、8 月和 9 月的分配比例相当,但在 5 月和 7 月差别较大。主要表现在:空冰斗水文断面 5 月的流量比例在 3 个水文断面中最大,7 月比例最小,而 1 号冰川水文断面流量在 5 月比例最小,7 月最大。这与它们的径流物理过程关系密切。5 月空冰斗径流为融雪径流,集水面积(1.68 km²)小,汇流时间短,相应

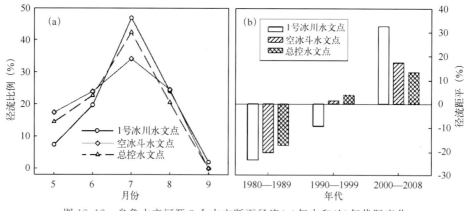

图 18.12　乌鲁木齐河源 3 个水文断面径流(a)年内和(b)年代际变化

Fig.18.12　Annual(a) and interdecadal(b) runoff changes in three hydrological observed sites in the source of Urumqi River

的径流量占全年流量比例大一些,7 月径流量主要与夏季降水有关。1 号冰川水文断面径流主要来自冰川融水,5 月气温较低,融雪径流量少,而 7 月气温高,冰川强烈消融,径流量大增。此外,这 3 个水文断面的径流年代际变化表现为:1 号冰川水文断面径流增加幅度最大,其次是空冰斗水文断面,增幅最小的是总控水文断面,这与它们集水区的冰川覆盖率不同有关。已有研究(Fountain *et al*.,1985;Chen *et al*.,1990)表明,在冰川作用面积介于 10%～40% 的流域,冰川径流的年际变化较小,而在高于或低于 10%～40% 的流域内,冰川径流的年际变化相对较大。

18.2.2　乌源 1 号冰川融水径流计算及对河流补给

国际上,关于冰川径流概念的认识并不统一,一般接受的观点认为,冰川径流是指冰川区除去裸露上坡径流的所有径流,主要包括冰雪融水和降水形成的径流(杨针娘,1991)。基于这一概念,Li *et al*. 应用以下两个公式计算了乌鲁木齐河源 1 号冰川融水径流(表 18.4)。

$$R_g = R - R_b \tag{18.1}$$

$$R_b = P_g \times (A_c - A_g) \times a \tag{18.2}$$

式中:R_g 表示冰川径流,R 表示水文断面径流,R_b 表示裸露山坡径流,P_g 为降水量,A_c、A_g 分别为冰川区总面积和冰川面积,a 是裸露山坡径流系数,取值 0.7。1959—2006 年的 47 a 间,乌鲁木齐河源 1 号冰川平均融水径流为 134.3×10^4 m³/a。总体上看,冰川融水径流在 20 世纪 90 年代前期变化不大,基本在正常范围内波动,90 年代中后期以来,增加趋势显著。1994—2006 年冰川平均径流为 197.8×10^4 m³/a,相比 1959—1993 年的平均径流增加了 92.6×10^4 m³/a(或 88.0%),表明冰川融水径流在过去近 50 a 呈显著增加趋势。

此外,过去近 50 a 冰川融水对河流径流的补给率也呈增加趋势。图 18.13 是乌鲁木齐河源 1 号冰川融水径流及其对河川径流贡献率。从图中可以看出,冰川融水径流与 1 号水文断面径流变化趋势高度相关($R^2 = 0.975$),表明 1 号水文断面径流几乎全部来自冰川融水,冰川融水的波动对流域水资源影响非常显著。在 1959—1994 年的 35 a 里,乌鲁木齐河源 1 号冰川平均融水径流为 105.2×10^4 m³/a,冰川融水对河流径流的补给比重为 62.8%;1995—2008 年,冰川融水对河流径流的补给比重增大到 72.1%,与多年平均值相比,冰川融水对河流径流贡献在 1994 年后明显增大。Jansson *et al*.(2003)指出,尽管仅仅发生在占流域面积百分之几的冰川作用区,但其影响可波及流域的中、下游,尤其在干旱半干旱区。1 号水文断面集水区冰川覆盖率高达 54%,可见冰川融水对河川径流影响之大。

表 18.4 乌鲁木齐河源 1 号冰川融水径流

Table 18.4 Melting runoff of glacier No. 1 in the source of Urumqi river

年份	冰川径流（10^4 m^3）	年份	冰川径流（10^4 m^3）
1958/59	63.0	1982/83	78.5
1959/60	61.7	1983/84	72.4
1960/61	112.5	1984/85	169.5
1961/62	165.5	1985/86	272.2
1962/63	138.7	1986/87	82.0
1963/64	101.8	1987/88	187.6
1964/65	91.2	1988/89	113.2
1965/66	116.9	1989/90	79.9
1966/67	57.3	1990/91	143.7
1967/68	74.9	1991/92	71.7
1968/69	61.9	1992/93	180.7
1969/70	95.9	1993/94	197.6
1970/71	63.6	1994/95	151.0
1971/72	43.8	1995/96	112.7
1972/73	146.5	1996/97	244.3
1973/74	171.1	1997/98	251.6
1974/75	82.3	1998/99	232.7
1975/76	22.8	1999/00	149.6
1976/77	159.5	2000/01	221.4
1977/78	108.4	2001/02	257.7
1978/79	80.4	2002/03	198.7
1979/80	76.7	2003/04	189.1
1980/81	124.3	2004/05	183.3
1981/82	78.1	2005/06	304.5

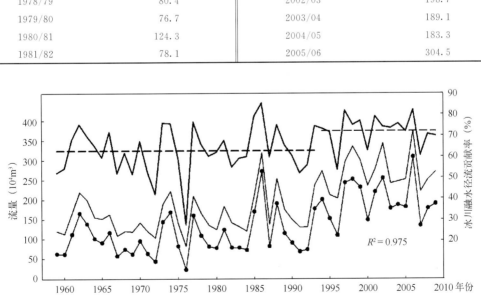

图 18.13 乌鲁木齐河源 1 号冰川融水径流及其对河川径流的贡献率

Fig. 18.13 Melting runoff of glacier No. 1 and its contribution to streamflow in the source of Urumqi river

18.2.3 天山托木尔地区科其喀尔冰川水文

托木尔峰地区处于塔里木盆地北部,区内充沛的冰雪融水和山区径流使每年产生的径流量平均约为 63.4 ×10⁸ m³,是我国新疆阿克苏地区和伊犁地区主要的水资源,也是塔里木盆地北侧汇入塔里木河的主要支流的源头。在托木尔峰地区各河流的出山口流量中,冰雪融水所占的比重多在 30%~70%,而个别河流,如木扎尔特河的这一比例达到 81.1%。由于该地区河川径流中冰川融水的补给比例较大,气候变暖所造成的冰川加速消融则对区内的水资源产生了重大的影响。因此,研究该地区典型冰川融水径流的组成、变化及对气候变化的响应,对于评估地区冰川水资源的可持续性具有重要意义。

通过在冰川末端附近的平整河道上架设水文监测断面,进行连续的水位测量,并进行定期的流量测验,建立水位—流量关系曲线,从而可以恢复断面连续的流量过程,为融水径流的分析和模拟提供了基础数据。

1. 融水径流变化特征

对 2005—2008 年科其喀尔冰川的实测径流资料进行分析,表明科其喀尔冰川的年平均径流量为 102.86×10⁶ m³,其中 93.6% 集中于 5—10 月,而 7、8 月的产流量占全年径流量的 55% 以上(图 18.14)。冰川径流总量的年际变化较小,但月径流的年际变化较为显著,11 月至翌年 4 月,径流主要由地下水和冰川中下部融水组成,年际变化较小,而夏季受气温波动的影响,径流变差系数在 0.13~0.35 间变化。受冰川规模及储排水效应的影响,径流的迟滞效应非常显著,径流峰值落后于最高气温 4~10 h,其中 6—9 月冰川消融强烈,迟滞时间也较短。

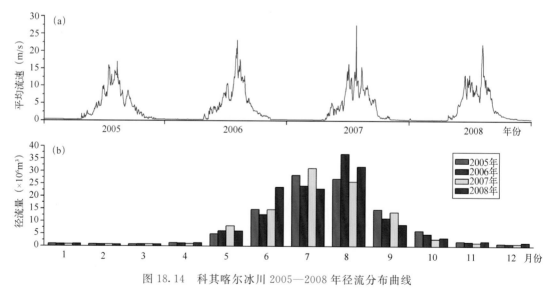

图 18.14 科其喀尔冰川 2005—2008 年径流分布曲线

Fig. 18.14 Distributive curve of melting runoff on Koqikaer glacier during 2005—2008

2. 径流组成

为深入分析科其喀尔冰川的径流组成及变化,以冰川区实测气象、水文数据等为基础,通过分布式水文模型对 2007 —2011 年融水径流组成进行了估算(表 18.5,图 18.15)。

表 18.5　科其喀尔冰川平均径流组成

Table 18.5　Composition of Koqikaer glacier runoff

径流组成	冰雪融水产流				非冰川产流	
占总径流比例	68.0%				32.0%	
径流组成	积雪	裸冰	埋藏冰	冰崖	地下水	液态降水
占分项比例	35.8%	30.7%	25.9%	7.6%	64.7%	35.3%

注:据模拟结果测算。

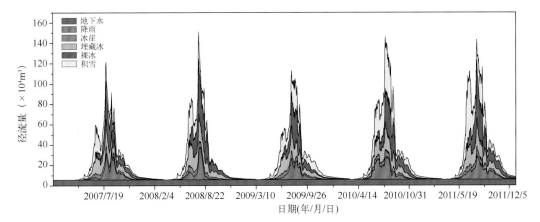

图 18.15　科其喀尔冰川 2007—2011 年径流组成及变化

Fig. 18.15　Composition and change of Kaqikaer glacier runoff during 2007—2011

由表 18.5 可知,科其喀尔冰川流域中,冰雪融水径流约占总径流的 68%,其他来自于地下水和液态降水产流。由于冰川中上部夏季降雪丰富,积雪随后即被融化,因此除春季融雪径流外,夏季冰川区的融雪径流也占较大比重;冰川区裸冰的面积仅占冰川总面积的约 13.2%,但提供了总径流量的约 21%;表碛区面积较大,冰舌部分几乎全为表碛所覆盖,但由于表碛的阻热作用,埋藏冰的消融量仅占总径流量的 17.6%;冰崖面积仅占表碛区面积的 5.29%,但提供了表碛区 22.7% 的融水量。

18.2.4　祁连山老虎沟冰川水文

1. 冰川融水观测

疏勒河流域冰川融水对河流的直接补给率在 32% 左右,冰川融水在水资源中占有重要地位。如果进一步考虑到融水对地下水的补给作用,融水的重要程度将更为突出。随着全球气候变暖和冰川不断萎缩,疏勒河流域的冰川变化对于区域水资源变化、水文循环和冰川自然灾害防治等的影响将越来越明显。

1959—1961 年使用日记式水位计和流速仪测量水位和流速对主要径流期的径流进行了观测,1959—1961 年年平均径流量为 0.20×10^8 m³,日平均流量为 1.33 m³/s,最大流量出现在 7 月中旬,为 9.32 m³/s (图 18.16)。

2009 年的总径流量为 0.4×10^8 m³,日平均流量为 0.54 m³/s,最大流量为 11.8 m³/s,最小流量为 0.35 m³/s(图 18.17)。

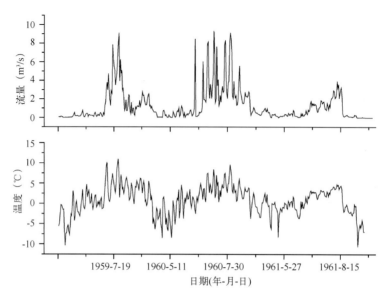

图 18.16 老虎沟 12 号冰川 1959—1961 年日平均流量和气温

Fig. 18.16 Daily mean discharge and air temperature of Laohugou glacier No. 12 during 1959—1961

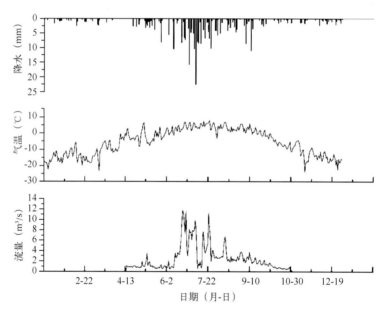

图 18.17 2009 年老虎沟 12 号冰川降水、气温、流量图

Fig. 18.17 Precipitation, temperature and discharge of Laohugou glacier No. 12 in 2009

2. 冰雪融水化学

冰雪融水中总溶解固体（TDS）浓度为 0.1～0.4 g/L，主要可溶阴离子浓度序列是：HCO_3^- > SO_4^{2-} > Cl^-，阳离子浓度序列为：Ca^{2+} > Mg^{2+} > Na^+ > K^+。

从水样的空间位置及表示水化学类型的 Piper 图可以看出（图 18.18），由老虎沟大雪山冰雪融水区到山前昌马洪积扇前缘泉水出露区，水化学演化遵循一般的水化学演化规律。总体上看，水化学类型由 HCO₃—Mg—Ca 过渡到 HCO₃—SO₄—Ca—Mg，表明冰雪融水与地下水存在密切的水力联系,在水—岩相互作用的过程中,重碳酸盐和硫酸盐矿物溶解,水的矿化度由 0.1 g/L 过渡到 0.5 g/L,矿化度明显升高。

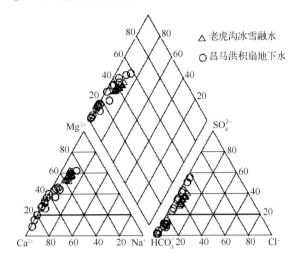

图 18.18 老虎沟小流域冰雪融水与地下水 Piper 图

Fig. 18.18 Piper map of ice-snow melting water and groundwater in Laohugou basin

3. 径流组成

利用同位素和水化学资料以及端元分析法对老虎沟流域 2009 年径流期冰川径流进行了分割,结果表明:冰川融水占 $71.8 \pm 2.7\%$,大气降水和地下水分别占 $13.8 \pm 2.3\%$ 和 $14.4 \pm 2.4\%$(图 18.19)。

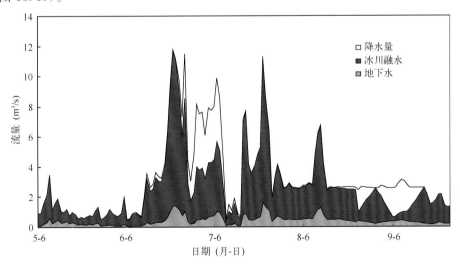

图 18.19 老虎沟小流域末端径流分割图

Fig. 18.19 Runoff segmentation in terminus of Laohugou glacier

18.2.5 唐古拉山冬克玛底冰川水文

冰川水文监测主要针对冰川融水流动物理过程和外界环境之间的关系。冬克玛底冰川作为长江河水补给来源之一,其冰川水文监测对于冰川径流形成与演化、冰川与环境的水交换、水量平衡等提供可靠的数据资料支持。

表 18.6 和图 18.20 为冬克玛底冰川水文观测结果。2005—2012 年观测到冬克玛底冰川径流量为 $0.15 \times 10^8 \sim 0.35 \times 10^8$ m³，平均为 0.2×10^8 m³ 左右，2009 年径流量增加是因为降水量增加所引起的；2010 年径流量高于平均年份是由于青藏公路维修，导致冰面污化、反照率降低，从而冰川表面净辐射增加，冰川消融量增加所致。2011 年初步分析径流量低的原因是由于气温、降水量较年平均值低。

表 18.6　冬克玛底河 2005—2012 年气温、降水及径流量
Table 18.6　Air temperature, precipitation and discharge of Dongkemadi basin during 2005—2012

年份	年均气温(℃)	径流量(m³)	降水(mm)
2005	—	2.05×10^7	662
2006	−5.1	2.01×10^7	597
2007	−5.2	1.94×10^7	584
2008	−6.3	2.22×10^7	651
2009	−5.2	3.44×10^7	709
2010	−4.8	2.75×10^7	509
2011	−5.5	1.63×10^7	582
2012	—	2.40×10^7	517*

注：* 指截止日期为 2012 年 10 月 1 日。

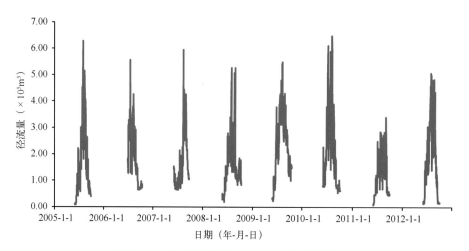

图 18.20　冬克玛底河 2005—2012 年径流过程
Fig. 18.20　The runoff process in Dongkemadi basin during 2005—2012

冰川水文与冰川物质平衡变化较为一致，主要受气温和辐射影响，其变化差异主要是降水量及降水类型导致。在年平均温度较高的年份，降水迅速补给河流；年平均温度较低年份，冰川消融减缓，降水以固态降水为主，抑制消融。这就是冰川融水对河川径流的调节作用。冬克玛底河流域几年的观测结果明显反映出了冰川融水的这种"填谷削峰"作用。

附　录　通量数据处理方法

1　野点剔除

湍流原始资料的野点(大的瞬发噪音)可能对方差、协方差值产生明显影响,其产生原因包括:①环境因子,如雨、雪、尘粒等对传感器声光程的干扰,瞬间断电等,称"Hard spikes";②电子电路,如 A/D 转换器、电缆(特别是长电缆)、电源不稳定等,称"Soft spikes"。对"Hard spikes",一般 CSAT3 或 LI－7500 会出现异常标志(diag $\neq$ 0,AGC>70),可直接排除。

通量数据处理软件 Edire 中所用野点判断方法如下:

①由原始时间序列求相邻点之差 Δx 的总体标准差 $\sigma_{\Delta x}$。逐点检查,如某点 $\Delta x \geqslant n \cdot \sigma_{\Delta x}$ (n=4～6),则为野点;

②连续数 5 个数据点都被判断为野点,则不做野点处理;

③在将"野点"去除后,将该点值用其前后相邻两点测值线性内插取代。

2　坐标旋转

原始湍流资料各风速分量即由超声仪测得的 u,v,w 是在所谓的"超声(仪器)坐标系"中(图 1)。因此,在地表与大气的物质与能量交换研究中,需要考虑超声风速计在应用于观测试验时所面临的怎样安装、如何确定安装角度等问题,所以在对通量观测数据进行有意义的分析讨论前,对数据进行坐标旋转是十分重要的环节。普遍的旋转方法是以测定平均风来定义每个观测时段(30 min)内的直角矢量为基础,称之为自然坐标系。该坐标系统 x 轴沿观测时段

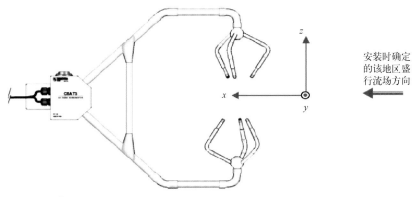

图 1　超声风速仪坐标系示意图

Fig. 1　Schematic of the sonic anemometer coordinate system

(30 min)的主导气流方向,局地地面的法向和平均标量梯度方向在 $x-y$ 平面,新的 z 轴垂直于地面,因此,不存在标量的水平平流,也不存在气流的辐合、辐散,从而消除了"倾斜"误差或湍流通量不同分量间的交叉干扰(Wilczak *et al.*,2001)。

对于二次坐标旋转,第一次旋转为 $x-y$ 平面绕 z 轴旋转,使 $x-z$ 平面与平均风向一致,平均 $v=0$。如测量的风速分量用下标 m 表示,则新坐标系的各分量为:

$$u_1 = u_m \cos\alpha + v_m \sin\alpha \tag{1}$$

$$v_1 = - u_m \sin\alpha + v_m \cos\alpha \tag{2}$$

$$w_1 = w_m \tag{3}$$

其中,旋转角 α 为:

$$\alpha = \tan^{-1}(\overline{v_m}/\overline{u_m}) \tag{4}$$

第二次旋转为新的 $x-z$ 平面绕 y 轴旋转,进而使平均 $w=0$:

$$u_2 = u_1 \cos\beta + w_1 \sin\beta \tag{5}$$

$$v_2 = v_1 \tag{6}$$

$$w_2 = - u_1 \sin\beta + w_1 \cos\beta \tag{7}$$

旋转角 β 为:

$$\beta = \tan^{-1}(\overline{w_1}/\overline{u_1}) \tag{8}$$

至此,平均风速 $u=U_{mean}= \sqrt{u^2+v^2+w^2}$,并沿平均流线。

3 频率响应修正

在涡动相关系统的通量计算中,湍流通量在低频区受到平均周期及高通滤波的影响,而在高频端又会受到仪器响应特征的影响。前者主要是由时段平均(block average)即取平均时间不够长及处理中由线性去趋步骤引起,后者则主要由传感器声程或光程引起的"路径平均"及安装时不同传感器之间的大的间距等造成(Moncrieff *et al.*,1997)。湍流通量 $\overline{w'x'}$ 可用单边协谱 $CO_{wx}(f)$ 的频率积分表示:

$$\overline{w'x'} = \int_0^\infty Co_{wx}(f)\,\mathrm{d}f \tag{9}$$

由于实测通量 $(\overline{w'x'})_m$ 有频率损失影响,其可表示为协谱与有关传递函数的乘积:

$$(\overline{w'x'})_m = \int_0^\infty T(f) \cdot Co_{wx}(f)\,\mathrm{d}f \tag{10}$$

相应的,其频率相应校正系数可表示为:

$$CF = \frac{\int_0^\infty T(f) \cdot Co_{wx}(f)\,\mathrm{d}f}{\int_0^\infty T_{HF}(f) T_{LF}(f) Co_{wx}(f)\,\mathrm{d}f} \tag{11}$$

式中:T_{HF} 和 T_{LF} 分别为高通、低通传递函数。

4 虚温修正

三维超声风速仪是一种快速响应的仪器,它用声学的原理来测量大气运动,利用脉动观测来直接计算感热通量和潜热通量。通常情况下，我们所得到的感热通量都是由超声虚温计算所得，超声虚温会受到空气湿度和速度脉动的影响（Schotanus *et al.*，1983）。超声仪所测温度 T_s 与空气温度 T 及湿度有如下关系：

$$T_s = T\left(1 + 0.3192 \cdot \frac{e}{P}\right) \cong T(1 + 0.514q) \tag{12}$$

式中：e 为水汽压，q 为比湿，P 为大气压，将上式中超声虚温进行雷诺分解，再与 w 做协方差可得：

$$H_s = H \frac{\overline{T_s}}{\overline{T}} + \rho C_p \frac{0.514 \cdot R_d \overline{T}^2}{P} \frac{LE}{\lambda} \tag{13}$$

式中：LE 为实际潜热通量，C_p 为定压比热容，λ 为蒸发潜热，$R_d = 287.05$。因此，最终的感热通量如下：

$$H = \left[H_s - \rho C_p \frac{0.514 \cdot R_d \cdot \overline{T}^2}{P} \frac{LE}{\lambda}\right] \cdot \frac{\overline{T}}{\overline{T_s}} \tag{14}$$

5　空气密度效应的修正（WPL）

当利用涡动相关技术观测水汽及 CO_2 等气体成分的湍流通量时，需要考虑因热量或水汽通量的输送所引起的水汽及 CO_2 的密度变化（Webb *et al.*，1980）。从质量守恒方程出发，某气体成分 C 的通量输送可表示为：

$$F_C = \overline{FC} = \overline{u}\overline{C} + \overline{w'C'} \tag{15}$$

通常假设 $\overline{w} = 0$，即不考虑由垂直平均流动引起的输送。如果空气密度有脉动，情况不应如此。由于 $\overline{w}$ 值很小难以实测，可由干空气的质量守恒方程来计算：

$$\overline{w\rho_d} = \overline{w}\overline{\rho_d} + \overline{w'\rho_d'} = 0 \tag{16}$$

$$\overline{w} = -\overline{w'\rho_d'} / \overline{\rho_d} \tag{17}$$

空气密度的脉动（ρ_d'）与气温脉动（T'）及水汽密度脉动（ρ_v'）有关。由混合气体状态方程：

$$\rho_d' = -\mu\rho_v' - \frac{\overline{\rho_d}(1 + \mu\sigma)T'}{\overline{T}} \tag{18}$$

式中：μ 为干空气与水汽分子量之比，σ 为干空气与水汽的密度比：

$$\mu = \frac{M_d}{M_v} = \frac{28.965}{18.015} = \frac{1}{0.622} = 1.608$$

$$\sigma = \frac{\overline{\rho_v}}{\overline{\rho_d}} \tag{19}$$

由此，

$$\overline{w} = \frac{\mu}{\overline{\rho_d}} \overline{w'\rho_v'} + \left(1 + \mu\sigma \frac{\overline{w'T'}}{\overline{T}}\right) \tag{20}$$

由此，水汽通量：

$$E = (1 + \mu\sigma) \cdot \left(\overline{w'\rho_v'} + \frac{\overline{\rho_v}}{\overline{T}} \cdot \overline{w'T'}\right) \tag{21}$$

对于 CO_2 通量则有：

$$F_c = \overline{w'\rho_c'} + \mu \cdot \frac{\overline{\rho_c}}{\rho_d} \cdot \overline{w'\rho_v'} + (1+\mu\sigma) \cdot \frac{\overline{\rho_c}}{T} \cdot \overline{w'T'} \tag{22}$$

其中，$\rho_d = P_a / R_d T$ 和 $\rho_v = e / R_v T$，故有：

$$\mu\sigma = \frac{M_d}{M_v} \frac{\overline{\rho_v}}{\rho_d} = \frac{\overline{e}}{P_a} \tag{23}$$

式(19)可改写为(P_a 为大气压)：

$$F_c = \overline{w'\rho_c'} + \mu \cdot \frac{\overline{\rho_c}}{\rho_d} \cdot \overline{w'\rho_v'} + (1+\frac{\overline{e}}{P_a}) \cdot \frac{\overline{\rho_c}}{T} \cdot \overline{w'T'} \tag{24}$$

式中：ρ_c 为 CO_2 密度，ρ_v 为水汽密度，ρ_d 为干空气密度($\overline{\rho_d} \approx \overline{\rho_a}$)。由(18)式和(21)式可见，直接算得的水汽通量须加上一个感热通量修正项；直接算得的 CO_2 通量须加上一个水汽通量修正项和一个感热通量修正项。

6 非定常性检验(IST)

定常，其意味着所有统计量不随时间变化，然而在一定程度上几乎所有的大气运动都是非定常的。非定常的产生与湍流统计量的日变化有关，也与中尺度、天气尺度的大气运动密不可分。Foken 等(2004)提出的非定常性指数 IST 的计算方法是：

(1)将观测时段(30 min)分为 6 个子段，每个 5 min。

(2)对 30 min 观测，计算总体协方差 CV30。

(3)分别计算各子段的协方差($CV1$,$CV2$,$CV3$,$CV4$,$CV5$,$CV6$)及其均值 $CVm = \sum CVi / 6$。

(4)计算非定常指数：$IST = |(CVm - CV30)/CV30|$。

(5)根据如下 IST 分类表(表 1)，进行质量判断。

表 1 IST 与 ITC 分类表
Table 1 Classification scheme for the steady state test after Foken

分级	范围	分级	范围
1	0%～15%	6	101%～250%
2	16%～30%	7	251%～500%
3	31%～50%	8	501%～100%
4	51%～75%	9	>1000%
5	76%～100%		

7 总体湍流特征检验(ITC)

总体湍流特征检验，物理上是湍流发展情况的检验。湍流充分发展情况下，Monin-Obukhov 相似理论成立，近地层大气的许多归一化无量纲参数如梯度、方差、能谱、协方谱等，只是稳定度 $\zeta = z/L$ 的函数。一般，参考 Foken 和 Wichura (1996)对各变量的归一化方差做检验(称为 ITC，即 integrated turbulence characteristics 检验)。归一化方差的函数形式已由许多微气象学实验给出：对各风速分量如式(25)所示，对某标量 x 则如式(26)所示。

$$\frac{\sigma_{u,v,w}}{u_*} = c_1 \zeta^{c_2} \tag{25}$$

$$\frac{\sigma_x}{x_*} = c_1 \zeta^{c_2} \tag{26}$$

式中：u_* 为摩擦速度，x_* 为某标量 x（如温度 T、水汽 q、CO_2 浓度 c）的特征尺度，c_1 和 c_2 为方差相似性常数（Foken et al.，2004）。检验时，将实际计算的归一化方差值与以往研究中的"标准值"比较，计算总体湍流特征指数（ITC），进而得到 ITC 分类表（表 1）。

$$ITC_\sigma = \left| \frac{(\sigma_x/x_*)_{\text{model}} - (\sigma_x/x_*)_{\text{measured}}}{(\sigma_x/x_*)_{\text{model}}} \right| \tag{27}$$

8　通量资料的总体质量评价

将 IST 检验与 ITC 检验相结合，根据资料整体质量划分标准，可实现观测资料的质量等级划分。对动量、感热、潜热和二氧化碳通量按以上方法做湍流平稳性检查和湍流发展检查的参数列在表 2 中。表 3 列出 Foken 等（2004）建议的总体质量标志。

表 2　各通量检验参数

Table 2　Overview of the applied tests for each test parameter

通量	IST	ITC
u_*	$\overline{u'w'}$，$\overline{v'w'}$	$ITC(\sigma_u/u_*)$，$ITC(\sigma_w/u_*)$
H	$\overline{w'T_{sv}}$	$ITC(\sigma_w/u_*)$，$ITC(\sigma_{T_s}/T_{s*})$
λE	$\overline{w'q'}$	$ITC(\sigma_w/u_*)$
F_C	$\overline{w'C'}$	$ITC(\sigma_w/u_*)$

表 3　由湍流平稳性和湍流发展性检查确定的总体质量等级

Table 3　Overall flag system according to IST and ITC

总体质量等级	1	2	3	4	5	6	7	8	9
IST	1	2	1～2	3～4	1～4	5	≤6	≤8	9
ITC	1～2	1～2	3～4	1～2	3～5	≤5	≤6	≤8	9

Mauder 和 Foken（2004）将湍流通量资料的总体质量评价划分为更简单的三类：级别 0 为高质量数据，可用于基本研究；级别 1 为中等质量数据，可用于长期观测资料处理；级别 2 为低质量数据，应舍弃。必要时对缺失值做插补。各类的判别如表 4 所示。

表 4　简化的总体质量等级

Table 4　Simplified scheme of overall flag system

IST	ITC	总体质量等级
（1～2）或（<30%）	（1～2）或（<30%）	0
（≤5）或（<100%）	（≤5）或（<100%）	1
（≤6）或（>100%）	（≤6）或（>100%）	2

附录参考文献

Foken T，GÄockede M，Mauder M，et al. 2004. Post-feld data quality control. Handbook of Micrometeorology：A Guide for Surface Flux Measurement and Analysis，Lee X，Massman W J，and Law B，Eds.，Kluwer，Dordrecht，The Netherlands，181-208.

Moncrieff J B, Massheder J M, de Bruin H, *et al*. 1997. A system to measure surface fluxes of momentum, sensible heat, water vapor and carbon dioxide. *Journal of Hydrology*, **188-189**: 589-611.

Van Dijk A, Moene A F, and de Bruin H A R. 2004. The principles of surface flux physics: Theory, practice and description of the ECPack library. Meteorology and Air Quality Group, Wageningen University, Wageningen, The Netherlands.

Vickers D, and Mahrt L. 1997. Quality control and flux sampling problems for tower and aircraft data. *Journal of Atmospheric and Oceanic Technology*, **14**: 512-526.

Webb E K, Pearman G I, and Leuning R. 1980. Correction of flux measurements for density effects due to heat and water vapor transfer. *Quarterly Journal of the Royal Meteorological Society*, **106**: 85-100.

Wilczak J M, Oncley S P, and Stage S A. 2001. Sonic anemometer tilt correction algorithms. *Boundary-Layer Meteorology*, **99**: 127-150.

参考文献

陈仁升,康尔泗,丁永建. 2014a. 中国高寒区水文学中的一些认识和参数. 水科学进展,**25**(3):307-317.

陈仁升,阳勇,韩春坛,等. 2014b. 高寒区典型下垫面水文功能小流域观测试验研究. 地球科学进展,**29**(4):64-71.

陈星,余晔,陈晋北,等. 2014.黄土高原半干旱区冬小麦田土壤热通量的计算及其对能量平衡的影响.高原气象,**33**(6):1556-1570.

焦克勤,井哲帆,成鹏,等. 2009. 天山奎屯河哈希勒根 51 号冰川变化监测结果分析. 干旱区地理,**32**(5):733-738.

金会军,王绍令,吕兰芝,等. 2010. 黄河源区冻土特征及退化趋势. 冰川冻土,**32**(1):10-17.

康尔泗,朱守森,黄明敏. 1980. 托木尔峰地区的冰川水文. 冰川冻土,**2**(4):18-21.

康世昌,陈锋,叶庆华,等. 2007. 1970—2007 年西藏念青唐古拉峰南北坡冰川显著退缩. 冰川冻土,**29**(6):869-873.

李韧,赵林,丁永建,等. 2009. 青藏高原季节冻土的气候学特征. 冰川冻土,**31**(6):1050-1056.

李振朝,韦志刚,文军,等.2008. 黄土高原典型塬区冬小麦地表辐射和能量平衡特征. 气候与环境研究,**13**(6):751-758.

李忠勤,李开明,王林. 2010. 新疆冰川近期变化及其对水资源的影响研究. 第四纪研究,**30**(10):96-106.

刘潮海,谢自楚. 1988. 祁连山冰川的近期变化及趋势预测. 科学通报,**8**:620-623.

刘树华,张霭琛,陈家宜. 1992. 黑河试验中心区的气候特征. 应用气象学报,**3**(2):220-227.

任福民,翟盘茂. 1998. 1951—1990 年中国极端气温变化分析. 大气科学,**22**(2):217-227.

任贾文,秦大河,井哲帆. 1998. 气候变暖使珠穆朗玛峰地区冰川处于退缩状态. 冰川冻土,**20**(2):184-185.

苏珍. 1992. 1991 年中苏联合希夏邦马峰地区冰川考察研究简况. 冰川冻土,**14**(2):184-186.

孙维君,秦翔,徐跃通,等. 2011.祁连山老虎沟 12 号冰川辐射各分量年变化特征.地球科学进展,**26**(3):347-354.

王介民,王维真,奥银焕,等. 2007. 复杂条件下湍流通量的观测与分析. 地球科学进展,**22**(8):791-797.

王璞玉,李忠勤,曹敏,等. 2010. 近 45 年来托木尔峰青冰滩 72 号冰川变化特征. 地理科学,**30**(6):962-967.

王璞玉,李忠勤,曹敏. 2011. 近 50 a 来天山博格达峰地区四工河 4 号冰川表面高程变化特征. 干旱区地理,**34**(3):464-470.

王若升,张彤,樊晓春,等. 2013. 甘肃平凉地区冰雹天气的气候特征和雷达回波分析. 干旱气象,**3**(2):373-377.

王少影,张宇,吕世华,等. 2012. 玛曲高寒草甸地表辐射与能量收支的季节变化. 高原气象,**31**(3):605-614.

王维真,徐自为,刘绍民,等. 2009. 黑河流域不同下垫面水热通量特征分析. 地球科学进展,**24**(7):714-723.

王维真,徐自为,李新,等. 2010. 大孔径闪烁仪在黑河流域的应用分析研究. 地球科学进展,**25**(11):1208-1216.

伍光和,张顺英,王仲祥. 1983. 天山博格达峰现代冰川的进退变化. 冰川冻土,**5**(3):143-152.

谢忠奎. 2006. 黄土高原荒漠草原区典型生态系统人工干预的水分效应研究. 兰州:中国科学院旱区寒区环

境与工程研究所.

姚檀栋. 1998. 1997 年中国十大科技进展之一——青藏高原海拔 7000 米冰芯的钻取及其意义. 冰川冻土，**20**(1):1-2.

叶笃正. 1992. 中国的全球变化预研究:总论. 北京:气象出版社.

张堂堂,任贾文,康世昌. 2004. 近期气候变暖念青唐古拉山拉弄冰川处于退缩状态. 冰川冻土,**26**(6): 736-39.

张祥松,孙作哲,张金华,等. 1984. 天山乌鲁木齐河源 1 号冰川的变化及其与气候变化的若干关系. 冰川冻土,**6**(4):1-12.

张玉宝,谢忠奎,王亚军,等. 2006. 黄土高原西部荒漠草原植被恢复的土壤水分管理研究. 中国沙漠,**26**(4): 574-579.

张智慧，王维真，马明国，等. 2010. "WATER"试验涡动相关通量数据处理方法及产品生成. 遥感技术与应用,**25**(6):788-796.

赵素平,余晔,陈晋北,等. 2012. 兰州市夏秋季颗粒物谱分布特征研究,环境科学,**33**(3):687-693.

Allen R G,Pereira L S,Raes D,*et al*. 1998. Crop evapotranspiration-Guidelines for computing crop water requirements-FAO Irrigation and drainage paper 56. *FAO,Rome*,**300**:6541.

Che T，Li X，Jin R，*et al*. 2008. Snow depth derived from passive microwave remote-sensing data in China. *Ann. Glaciol.* ,**49**:145-154.

Che T，Li X，Mool P K，Xu J. 2005. Monitoring glaciers and associated glacial lakes on the east slopes of mount Xixabangma from remote sensing images. *Journal of Glaciology and Geocryology*，**27**(6): 801-805.

Chen R S,Song Y X,Kang E S,*et al*. 2014. A Cryosphere-Hydrology observation system in a small alpine watershed in the Qilian Mountains of China and its meteorological gradient. *Arctic,Antarctic,and Alpine Research*,**46**(2):505-523.

Chen Feng，Kang Shichang，Zhang Yongjun，Qinglong You. 2009. Glaciers and lake change in response to climate change in the Nam Co Basin,Tibet. *Journal of Mountain Science*，**27**:641-47.

Dai L，Che T，Wang J，Zhang P. 2012. Snow depth and snow water equivalent estimation from AMSR-E data based on a priori snow characteristics in Xinjiang,China. *Remote Sens. Environ.* ,**127**:14-29.

Dery S J，Brown R D. 2007. Recent Northern Hemisphere snow cover extent trends and implications for the snow-albedo feedback. *Geophys. Res. Lett.* ,**34**.

Foken T，Gockede M，Mauder M，*et al*. 2004. Post-field data quality control. In: Lee X，Massman W，Law B (ed.), Handbook of Micrometeorology: A Guide For Surface Flux Measurement And Analysis. Springer.

He Yuanqing，Li Zongxing，Song Bo,*et al*. 2008. Changes of monsoonal temperate glaciers in China During the past several decades under the background of global warming. *Sciences*,59-67.

Howell T A,Evett S R,Tolk J A,*et al*. 1995. Evapotranspiration of Corn-Southern high plains. Evapotranspiration and Irrigation Scheduling. Proc. of the Int. Conf. ,San Antonio,TX. 3-6.

Huo Z，Dai X,Feng S，*et al*. 2013. Effect of climate change on reference evapotranspiration and aridity index in arid region of China. *Journal of Hydrology*,**492**:24-34.

Li Ren，Lin Zhao，Yongjian Ding，*et al*. 2012. Temporal and spatial variations of the active layer along the Qinghai-Tibet Highway in a permafrost region. *Chin Sci Bull*,57,doi:10.1007/s11434-012-5323-8.

Li X R，Tan H J，He M Z，*et al*. 2009. Patterns of shrub species richness and abundance in relation to environmental factors on the Alxa Plateau：Prerequisites for conserving shrub diversity in extreme arid desert regions，Science in China Ser. *D Earth Sciences*，**52**：669-680.

Li X R，Wang X P，Li T，*et al*. 2002. Microbiotic crust and its effect on vegetation and habitat on artificially stabilized desert dunes in Tengger Desert，North China. *Biology and Fertility of Soils*，**35**：147-154.

Li X R，Xiao H L，Zhang J G，*et al*. 2004. Long-term ecosystem effects of sand-binding vegetation in Shapotou Region of Tengger Desert，Northern China. *Restoration Ecology*，**12**：376-390.

Li X R. 2005. Influence of variation of soil spatial heterogeneity on vegetation restoration，Science in China Ser. *D Earth Sciences*，**48**：2020-2031.

Liu S，Hu G，Lu L，*et al*. 2007. Estimation of regional evapotranspiration by TM/ETM+data over heterogeneous surfaces. *Photogrammetric Engineering and Remote Sensing*，**73**(10)：1169.

Liu C，Song Y，Jin M. 1992. Recent change and trend prediction on glaciers in Qilian mountain. Mem. Lanzhou Inst. Glaciol. Geocryol.，Academica Sinica，7，1-9. ［In Chinese with English summary.］

Ma Linglong，Tian Lid，Pu Jianchen，*et al*. 2010. Recent area and ice volume change of Kangwure Glacier in the middle of himalayas. *Chinese Science Bulletin*，**55**(20)：2088-2096.

Nie Yong，Zhang Yili，Liu Linshan，*et al*. Glacial change in the vicinity of Mt. Qomolangma (Everest)，central high himalayas since 1976. *Journal of Geographical Sciences*，**20**(5))：667-86.

Pu Jianchen，Yao Tandong，Wang Ninglian，*et al*. 2004. Fluctuations of the glaciers on the Qinghai-Tibetan Plateau during the past century. *Journal of Glaciology and Geocryology*，**26**(5)：517-522.

Qin Xiang，Sun Weijun，Ren Jiawen，*et al*. 2011. Variations of the components of energy balance on the Laohugou No. 12 glacier in the Qilian Mountains during the ablation period. *Remote Sensing，Environment and Transportation Engineering* (RSETE)，5964897：2803-2809.

Qiu Yang，Wang Yajun，Xie Zhongkui. 2014. Long-term gravel-sand mulch affects soil physicochemical properties，microbial biomass and enzyme activities in the semi-arid Loess Plateau of North-western China. *Acta Agriculturae Scandinavica，Section B-Soil & Plant Science*，**64**：4，294-303.

Qiu Yang，Xie Zhongkui，Wang Yajun，*et al*. 2015. Long-term effects of gravel-sand mulch on soil organic carbon and nitrogen in the Loess Plateau of northwestern China. *Journal of Arid Land*，**7**(1)：46-53.

Shang L，Zhang Y，Lv S，*et al*. 2015. Energy exchange of an alpine grassland on the eastern Qinghai-Tibetan Plateau. *Science Bulletin*，doi：10. 1007/s11434-014-0685-8.

Shen Y，Liu C，Liu M，*et al*. 2010. Change in pan evaporation over the past 50 years in the arid region of China. *Hydrological Processes*，**24**(2)：225-231.

Stannard D I. 1993. Comparison of Penman-Monteith，Shuttleworth-Wallace，and modified Priestley-Taylor evapotranspiration models for wildland vegetation in semiarid rangeland. *Water Resources Research*，**29**(5)：1379-1392.

Steiner J L，Howell T A，Tolk J A，*et al*. 1991. Evapotranspiration and growth predictions of CERES maize，sorghum and wheat in the Southern High Plains. *Irrigation and Drainage*，ASCE. 297-303.

Sun Weijun，Qin Xiang，Du Wentao，*et al*. 2014. Ablation modeling and surface energy budget in the ablation zone of Laohugou Glacier No. 12，western Qilian Mountains，China. *Annals of Glaciology*，**55**(66)：111-120. (SCI)

Tong L，Kang S，Zhang L. 2007. Temporal and spatial variations of evapotranspiration for spring wheat in the Shiyang river basin in northwest China. *Agricultural water management*, **87**(3):241-250.

Wu Tonghua, Lin Zhao, Ren Li, *et al*. 2013. Recent ground surface warming and its effects on permafrost on the central Qinghai-Tibet Plateau. *International Journal of Climatology*, **33**:920-930.

Xie Z, Wu G, Wang L. 1985. Recent advance and retreat of glaciers in Qilian Shan. Mem. Lanzhou Inst. Glaciol. Cryopedol. *Academica Sinica*, 5, 82-90. [In Chinese.]

Xie Z K, Wang Y J, Cheng G D, *et al*. 2010. Particle-size effects on soil temperature, evaporation, water use efficiency and watermelon yield in fields mulched with gravel and sand in semi-arid Loess plateau of northwest China. *Agric. Water Manage*, **97**:917-923.

Xu Jianzhong, Wang Zebin, Yu Guangming, *et al*. 2013. Seasonal and diurnal variations in aerosol concentrations at a high-altitude site on the northern boundary of Qinghai-Xizang Plateau. *Atmospheric Research*, **120**:240-248.

Yu Y, Zhao S P, Xia D S, *et al*. 2011. Characteristics of aerosol particle size distributions in urban Lanzhou, north-western China. *WIT Transactions on Ecology and the Environment*, 147, 307-318.

Yu Z, Liu S R, Wang J X, *et al*. 2013. Effects of seasonal snow on the growing season of temperate vegetation in China. *Global Change Biol.*, **19**:2182-2195.

Zhang Tangtang, Wen Jun, Wei Zhigang, *et al*. 2014. Land-atmospheric water and energy cycle of winter wheat, Loess Plateau, China. *Int. J. Climatol.*, **34**:3044-3053.

Zhang G L, Pan Baotian, Wang Jie, *et al*. 2010. Research on the glacier change in the Gongga Mountain Based on remote sensing and GPS from 1966 to 2008. *J. Glaciol. Geocryol.*, **32**:454-460.

Zhao Lin, Ping Chienlu, Yang Daqing, *et al*. 2004. Changes of climate and seasonally frozen ground over the past 30 years in Qinghai-Xizang (Tibetan) Plateau, China. *Global and Planetary Change*, **43**(1-2):19-31.

Zhao Suping, Yu Ye, Yin Daiying, *et al*. 2014. Ambient particulate pollution during Chinese Spring Festival in urban Lanzhou, Northwestern China. *Atmospheric Pollution Research*, **5**:335-343.